农民致富机械丛书

农用运输工程机械使用与维修

主 编 李烈柳

编著者 徐天敏 李中煜 李依蓉

李中焜 曾智艳 舒秀峰

金盾出版社

内 容 提 要

本书详细介绍了我国农村现有的农用运输车、拖拉机、水上运输机械、摩托车、汽车和推土机、挖掘机、装载机、铲运机、压路机、平地机、汽车起重机、混凝土搅拌机、带式输送机、挖穴机等几十个品种的农用运输、工程机械的型号、结构、性能特点，安全操作驾驶技术，维护保养知识，常见故障及排除和修理方法等。

本书内容丰富、图文结合、通俗易懂、可操作性强，适合农村运输、工程机械的驾驶员和修理人员阅读，也可供农机安全监理部门、车辆管理部门、农机学校、农机人员培训机构和农机生产、流通、管理部门的干部、学生、员工学习参考。

图书在版编目(CIP)数据

农用运输工程机械使用与维修/李烈柳主编. --北京：金盾出版社，2010.5

(农民致富机械丛书)

ISBN 978-7-5082-6272-7

Ⅰ.①农… Ⅱ.①李… Ⅲ.①农业机械：运输机械—使用②农业机械：运输机械—维修 Ⅳ.①S229.07

中国版本图书馆 CIP 数据核字(2010)第 039426 号

金盾出版社出版、总发行

北京太平路 5 号(地铁万寿路站往南)

邮政编码：100036 电话：68214039 83219215

传真：68276683 网址：www.jdcbs.cn

封面印刷：北京凌奇印刷有限责任公司

正文印刷：北京兴华印刷厂

装订：双峰印刷装订有限公司

各地新华书店经销

开本：787×1092 1/32 印张：16.375 字数：368 千字

2010 年 5 月第 1 版第 1 次印刷

印数：1～10 000 册 定价：29.00 元

前　言

改革开放以来，我国农机化事业迅猛发展，农村拖拉机、农用车、汽车、摩托车和推土机、装载机、挖掘机等运输、工程机械的拥有量迅速增加。农村运输、工程机械驾驶员和修理人员迫切需要学习掌握较系统、全面、安全的驾驶技术和修理技能，以便在实际工作中，充分施展自己的聪明才智，更好地为支援工农业生产、繁荣城乡经济和全面建设小康社会服务。

为全面适应当前各地农机部门和机车管理部门对运输、工程机械驾驶员技术培训和交通安全法规教育学习的新形势和新任务，提高运输、工程机械驾驶员自身的技术素质和专业水平，帮助农民学好、用好致富机械，达到增收和提高农机系统员工支农服务技术水平的目的，我们特编写了此书。

本书理论联系实际，具有知识性和实用性强的特点，是运输、工程机械驾驶员、修理人员和农机系统员工学习技术、掌握技能的一本通俗读物。它可以使运输、工程机械驾驶员和修理工学到方便、快捷的安全驾驶技术，掌握维修车辆的小窍门和爱护车辆的新办法，从而达到提高农机操作人员专业技能，延长机车使用寿命，更好地发挥机车为农业生产、农民增收服务的作用。

本书在编写过程中，得到了中国农机总公司、江西省农机总公司、江西省农机局、江西省农机学会、江西省农机科研所、江西江铃汽车股份有限公司、江苏南京跃进汽车集团公司、安徽江淮汽车集团公司、山东时风集团公司、江西正力机械有限公司、南昌江铃拖拉机有限公司、重庆建设工业集团有限公司、江西宜春工程机械厂、《农机市场》杂志社、《南方农机》杂志社和《致富快报》社等单位领导和专家的热心支持和帮助。本书特邀余毛毛、李江华先生为全书审稿，叶蓉、李焕秋老师为本书制作彩图。在此，谨向上述单位领导和专家表示衷心感谢。

我们真挚希望这套《农民致富机械丛书》能在农机生产、流通与农民服务之间搭起一座联系的桥梁，成为广大农民朋友在农事运作方面的参谋和勤劳致富的帮手，在科技兴农的广阔天地里，充分施展自己的聪明才智。

本书所用的少数图表和疑题解释，引用了一些老前辈和同行的有关资料，特此说明，并顺致谢意。

由于作者水平有限，书中不妥之处在所难免，敬请读者批评指正。

作　者

目　录

农用运输工程机械概述

我国改革开放以来，工农业生产运输和城乡工程建设任务日趋繁重，城乡各类物流和工程建设，更加广泛地采用了各种类型的运输、工程机械，以确保农产品和工业品在城乡之间的顺利流通，保证城乡人民生产和生活的需要，保证城乡建设工程施工质量、加快施工速度、降低工程成本。本书介绍了我国现阶段各地农民独立自主经营的农村物流和工程作业过程中，常用的农用运输、工程机械，包括农用运输车、拖拉机、摩托车、汽车和推土机、挖掘机、装载机、压路机、平地机、混凝土搅拌机、挖穴机、汽车起重机等。这些运输、工程机械具有结构新颖、操作灵活，安装、使用、维修方便等特点，很适合各地普通农民使用。实践证明：农民使用运输、工程机械作业速度快、工效高、质量好、费工少、收益多。

随着我国农村产业结构大规模调整，农村已涌现了一大批种植大户（如种粮大户、种果大户等）和养殖大户（如养猪、养鸡、养牛、养鸭、养鱼大户等），这些种、养大户为了扩大经营规模，上水平、提高农业劳动生产率，从繁重的体力劳动中解放出来，迫切需要农用运输机械将农村丰富的粮、棉、油、瓜、果、菜、鸡、鸭、鱼、肉、蛋运输到国内外市场进行交易。同时把农民需要的农业生产资料，如农药、化肥、良种和生活必需品，如服装、鞋帽、家电商品运送到农村，从而满足农民日常需要。同时，由于党的扶助种植业和养殖业的富民政策出台，极大地调动了农民购买运输机械劳动致富的积极性。近年来，农民生活普遍提高改善，农村出现了建房、修路和农田水利基本建设的热潮，因而农民迫切需要工程机械进行施工作业，以减轻劳动强度、加速施工进度、保证工程建设质量。由此可见，农用运输、工程机械必将为我国农业增产、农民增收和建设小康社会，发挥其重要作用。

第一章　农用运输机械的使用与维修

第一节　农用运输车

一、农用运输车的用途和分类

我国农村原有的手推车、胶轮车、拖拉机等交通运输工具，早已不能满足农村运输业发展的要求。而农用运输车是一种价廉物美、适应农村道路条件的运输工具。

(1)用途　农用运输车是以柴油机为动力，中小吨位、中低车速，适应我国农村道路情况、运输特点，农民购买力水平和使用技术水平的一种农用运输机械(农用运输车以下简称农用车)。

(2)分类　国产农用运输车按行走装置分为三轮农用运输车和四轮农用运输车两大类。

二、农用运输车产品型号的编制

1. 三轮农用运输车产品型号的编制方法

各种三轮农用运输车按 NT89—74《农机产品编号规则》编制产品型号、牌号。

(1)组成　三轮农用运输车的型号由产品的类别代号、特征代号和主参数 3 部分组成。

(2)类别代号　按 NT89—74 第 13 条规定，三轮农用运输车的类别代号为7Y。

(3)特征代号　用1～3个大写拼音字母表示，字母的含义如下：

J——带驾驶室；

P——转向盘转向(转向把、无驾驶室、单功能，为基本型无特征代号)。

(4)主参数　主参数由3位数组成。左边第1位用发动机的功率值千瓦数表示，并根据实际配套的柴油机规格和功率值统一表示，如175型柴油机表示为5；180型柴油机表示为6；185型柴油机表示为7；190型柴油机表示为8；195型柴油机表示为9。左边第2、3位数字用额定载货量千克数的1/10表示，如载货量500千克表示为50；载货量750千克表示为75。

(5)结构特征标志　结构重大改变的改进产品应在原型号后加注字母A，如进行了数次改进，则在字母A后从2开始加注顺序号。

(6)型号示例　7Y-550表示配175型柴油机、额定载货量为500千克的基本型三轮农用运输车；7YJ-550表示加驾驶室的三轮农用运输车；7YPJ-975表示配195型柴油机、载货量750千克、转向盘转向、带驾驶室的三轮农用车。

2. 四轮农用运输车产品型号的编制

(1)组成　四轮农用运输车的型号包括拼音字母和数字两部分。由功率代号和载货量代号组成，必要时加注结构特征标志。

(2)功率代号　用发动机额定功率千瓦数表示。

(3)载货量代号　用额定载货量百千克数表示，小于1000千克的载货量，在百千克数前加0。

(4)结构特征标志　用1～3个大写拼音字母表示，字母含义如下：

D——单排座自卸式；

W——双排座非自卸式；

M——双排座自卸式；

S——四轮驱动型；

Z——折腰转向式；

P——排半；

C——长头；

Q——清洁；

L——冷藏；

H——活鱼；

SS——酒水；

F——吸粪。

(5)型号示例　如车型号2815SZM，表示该车的功率约为28千瓦，载重量约为1500千克，四轮驱动、折腰转向、双排座、自卸式农用运输车。

为了提高产品质量和保证行车安全，我国公安部会定期发布《三轮农用运输车生产企业产品目录》和《四轮农用运输车生产企业产品目录》(简称《目录》)，即经审查，不具备生产条件的企业及不能满足基本安全要求的机型，没有列入《目录》的企业及其产品，一律不核发行车牌证。农民购车不要购置《目录》上没有的三轮或四轮农用运输车，否则无法上牌证、无法在公路上行驶。

三、农用运输车的技术参数

①三轮变形小吨位农用运输车系列的技术参数见表1-1。

②四轮农用运输车系列的技术参数见表1-2。

表 1-1　三轮变型小吨位农用运输车系列的技术参数

	型号	TH905	TH905-Ⅰ	TH905-Ⅱ
整车参数	驾驶室形式/乘员数	平头/2人	平头/2人	平头/2人
	整车外形尺寸(长×宽×高)/(毫米×毫米×毫米)	3540×1450×1860		3300×1400×1750
	整备质量/千克	900	910	850
	装载质量/千克	500	500	500
	轮距(前后相同)/毫米	1240	1240	1220
	轴距/毫米	1850	1850	1820
	最小离地间隙/毫米	>185	>185	>185
	最小转向圆半径/米	<4.3	<4.3	<4.3
	货箱内部尺寸/毫米	2000×1370×295	2000×1370×295	1700×1325×270
	最高车速/(公里/小时)	<50	<50	<50
	最大爬坡度(%)	>20	>20	>20
	百公里油耗量/(升/100公里)	<3.8	<3.8	<3.8
发动机参数	发动机型号	S195M		S195GNM
	缸径×行程/(毫米×毫米)	95×115		95×115
	排量/升	0.815		0.815
	功率/千瓦	8.8		8.8
	标定转速/(转/分)	2000		2000
	最大转矩/(牛·米)	47.2		47.2
底盘参数	离合器	ϕ160 双片，干式	ϕ136 双片，干式	ϕ160 双片，干式
	变速箱形式	(3+1)挡，滑动齿轮式		
	后桥形式	与变速箱一体，半浮式半轴		整体琵琶式，半浮式半轴

续表 1-1

		TH905	TH905-Ⅰ	TH905-Ⅱ
底盘参数	型号	TH905	TH905-Ⅰ	TH905-Ⅱ
	前桥形式	钢管焊接式		钢管焊接式
	前轮外倾/度	1		0.5
	主销后倾/度	3.5		3
	主销内倾/度	7.5		7
	前束/毫米	4～6		3～6
	转向器	蜗轮蜗杆式，$i=13.6$		循环球式，$i=18.6$
	行车制动系统	液压双管路制动		
	驻车制动系统	机械钢索式后轮制动		中央制动
	传动轴		同 TY 系列	开式刚性十字节
	轮胎	6.00-13-8P		5.50-13-8P
附注		皮带传动，减速比 1.69	轴传动，锥齿轮箱减速比 1.56	皮带传动，减速比 1.56，主减速比 3.89

表 1-2　四轮农用运输车系列的技术参数

吨位(吨级)	0.5	0.75	1.0	1.5
基本型	4×2 单胎	4×2 单胎	4×2 单胎	4×2 单胎
装载货量/千克	500	750	1000	1500
发动机标定功率/千瓦	≤11	≤16	≤20	≤28
轮距/毫米	1200	1200	1350	1350
最小地隙/毫米	≥165	≥165	≥200	≥200
最高车速/(公里/小时)	≤50	≤50	≤50	≤50
最大爬坡度(%)	≥20	≥20	≥25	≥25
最小转向圆直径/米	≤9	≤9	≤11	≤11
变速箱挡数	≥(3+1)	≥(3+1)	≥(4+1)	≥(4+1)
空载静态侧向稳定角/度	≥35	≥35	≥35	≥35
功率输出装置	选装	选装	选装	选装

续表 1-2

吨位(吨级)	0.5	0.75	1.0	1.5
变型	自卸车、双排座客货两用车、公共事业变型	自卸车、双排座客货两用车、公共事业变型	自卸车、双排座客货两用车、公共事业变型	自卸车、双排座客货两用车、公共事业变型

四、农用运输车的结构特点

1. 三轮农用车的结构特点

三轮农用车由发动机、底盘(包括传动、行走、制动系统)和车身等组成。手把式三轮农用车的结构如图 1-1 所示。

三轮农用车配套动力一般为 6～12 马力单缸卧式柴油机,动力经由 V(三角)带传给底盘的传动系统。一般柴油机纵向前置,后轮双轮驱动。离合器采用手扶拖拉机干式双片常接合式离合器。变速箱的结构比较简单,有两挡位、三挡位、四挡位 3 种。后桥一般为非独立悬挂整体结构,变速箱与后桥之间用单排或双排套筒滚子链条传动。车架用无缝方管和角钢焊接而成。行走装置由前轮总成和后轮总成两部分组成。制动系统比较简单,前轮无制动机构、后轮为凸轮蹄式结构。载重量一般为 0.5～0.8 吨;时速为 30～40 公里;最小离地间隙为 170～190 毫米;爬坡能力为 10°～20°。三轮农用车振动和噪声较大,操作平稳性较差,是一种结构简单、维修方便、价格便宜的经济车型,目前农机市场上有无棚手把式和有棚转向盘式两种。

2. 四轮农用车的结构特点

四轮农用车由发动机、驾驶室、转向、传动、变速、制动、行走系统和车架等组成,四轮农用车的结构如图 1-2 所示。

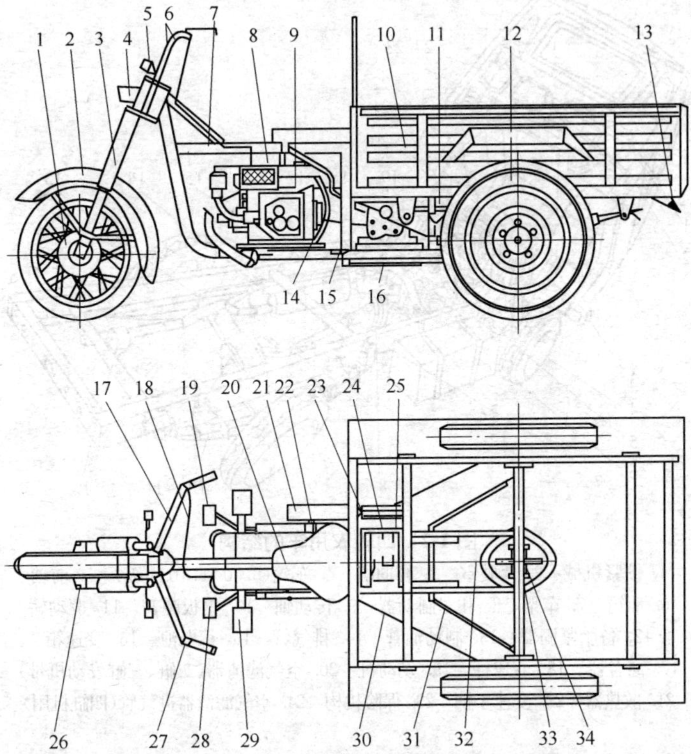

图 1-1　手把式三轮农用车的结构

1. 前轮总成　2. 前轮挡泥板　3. 前叉组件　4. 前大灯　5. 前转向灯　6. 手油门　7. 车架总成　8. 柴油机　9. 变速杆　10. 车厢　11. 钢板弹簧　12. 后轮总成　13. 尾灯　14. 制动主拉杆　15. 制动中间摆臂　16. 制动踏板回位弹簧　17. 转向手把　18. 手油门拉线　19. 离合器踏板　20. 坐凳　21. 带护罩　22. 发动机　23. V带　24. 离合器、带盘　25. 变速箱　26. 前轮轴　27. 组合开关　28. 制动踏板　29. 脚蹬板　30. 制动后拉杆　31. 斜推力杆　32. 链条　33. 后桥体　34. 差速器

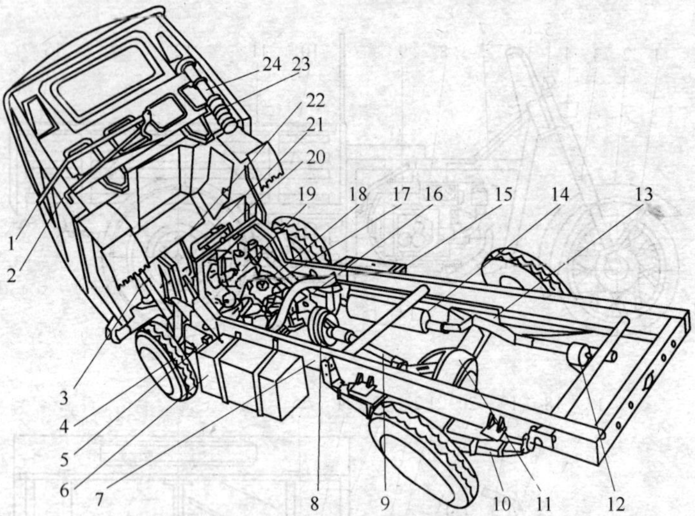

图 1-2　四轮农用车的结构

1. 锁紧机械　2. 驾驶室　3. 转向机　4. 车轮(6.50-16.10 层级)　5. 前轴　6. 油箱　7. 车架　8. 驻车制动器　9. 传动轴　10. 钢板弹簧　11. 驱动轿　12. 备胎紧固器　13. 制动油管　14. 排气管　15. 蓄电池　16. 变速箱　17. 离合器　18. 变速杆　19. 发动机　20. 空气滤清器(二缸、三缸发动机带)　21. 散热器　22. 变速手柄　23. 保险机构　24. 空气滤清器进气管(四缸机用)

四轮农用车大部分由农机、拖拉机制造厂生产制造,设计上就带有拖拉机的结构和性能特点。除配用柴油机外,还采用了某些拖拉机的总成,由于在乡村公路行驶,速度较低,也便于拖拉机驾驶员操作。多年来的发展 ,四轮农用车发动机由卧式单缸机发展到立式多缸机,功率由 9～11 千瓦发展到 24～28 千瓦;传动系统由带传动发展到齿轮传动,变速器普遍为 4 挡;最高车速从 20 公里/小时提高到 50 公里/小时,并具有完整的后桥悬挂系统及双管路制动装置;载重量由 500～750 千克发展到 1000～1500 千克;车型有单排、双排座，自卸车、客货两用车等。四轮农用车具有较好的动力性和经济性指标，是一种受农民欢迎的车型。

农用运输车产生于20世纪80年代初，全国农机行业年产销量最高曾达到320万辆。近年来全行业产销量维持在240万辆左右，其中四轮农用车大约40万辆，三轮农用车超过200万辆。

五、农用运输车操纵系统的类型和功能

(1)操纵机构的类型和功能 农用车的操纵机构均设在驾驶室内，其安装位置因车型不同而有所不同，但基本作用是相同的。农用车的操纵机构如图1-3所示，农用车操纵机构的功能见表1-3。

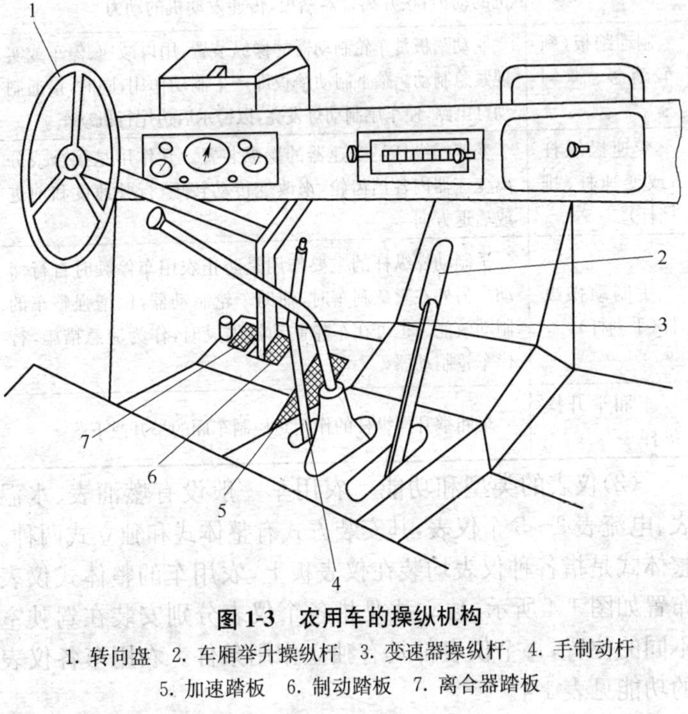

图1-3 农用车的操纵机构

1. 转向盘 2. 车厢举升操纵杆 3. 变速器操纵杆 4. 手制动杆 5. 加速踏板 6. 制动踏板 7. 离合器踏板

表 1-3 农用车操纵机构的功能

操纵机件	功 能
转向盘(方向盘)	转向盘安装在驾驶室的左边，是操纵农用车行驶方向的装置。向左转动转向盘，车行向左；向右转动转向盘，车行向右
加速踏板(油门踏板、脚油门)	加速踏板用于控制喷油泵柱塞有效行程的大小，从而调节供油量，使发动机转速按需要升高或降低。踏下加速踏板时，供油量增加，发动机转速升高；放松加速踏板时，供油量减少，发动机转速降低
离合器踏板	离合器踏板是离合器的操纵装置，用以分离或接合发动机与变速器之间的动力传递。踏下离合器踏板，切断发动机的动力；松开离合器踏板，传递发动机的动力
制动踏板(刹车踏板、脚刹车)	制动踏板是车轮制动器的操纵装置，用以减速、停车或实现紧急制动。踏下制动踏板即产生制动作用，同时，接通制动灯电路，使车尾制动灯发亮，以警示后边尾行机动车
变速操纵杆(或变速杆、排挡杆)	变速操纵杆是变速器的操纵装置。其作用是接合或分离变速器内各挡齿轮，来改变传动转矩、行驶速度和前进或后退方向
手制动操纵杆(手刹杆)	手制动操纵杆的主要作用是防止农用车停驶时自行溜动。另外在紧急刹车时，辅助车轮制动器，以增强整车的制动效能。也可在车轮制动器失灵时，作为应急措施，替代车轮制动器
车厢举升操纵杆	车厢举升操纵杆的作用是控制车厢的举升或下落

(2)仪表的类型和功能 农用车一般设有燃油表、水温表、电流表 3～5 个仪表，其安装方式有整体式和独立式两种。整体式是指各种仪表均装在仪表板上，农用车的整体式仪表布置如图 1-4 所示；独立式是指各个仪表分别安装在驾驶室不同的位置，每个仪表都具有独立作用条件。农用车各仪表的功能见表 1-4。

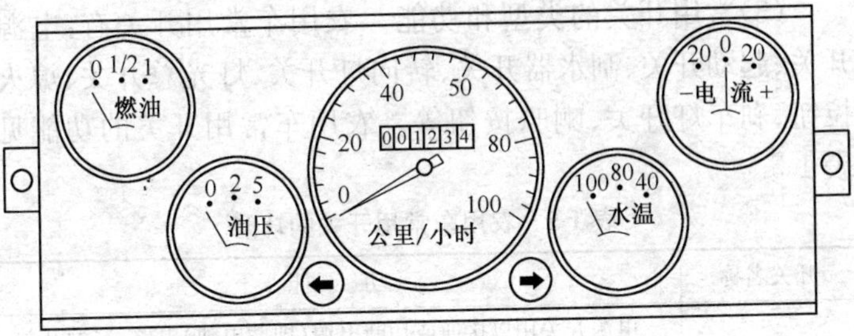

图 1-4　农用车的整体式仪表布置

表 1-4　农用车各仪表的功能

仪表名称	功　能
车速里程表	车速里程表是一种复合仪表，表盘上指针读数表示农用车的行驶速度，单位为公里/小时；表盘下部方框内的数字是累计行驶的总里程，单位是公里，同时提醒驾驶员进行定期保养和润滑；当总里程达到 99999 公里时，将从 0 重新开始计数，末尾的红色数字表示 1/10 公里的行程
燃油表	燃油表用以指示燃油箱的存储量，点火开关一转到起动的位置，指针就指示油箱的油量；表盘上的数字为 0、1/2、1，分别表示油箱内储油量为空、一半或满
机油压力表	机油压力表用以指示发动机润滑系统机油压力大小，农用车正常行驶时，机油压力表指针应指在 350～450 千帕之间
水温表	水温表用以指示发动机工作时冷却水的温度，表盘数字为：40、80、100，单位为℃（摄氏度），农用车正常行驶时，水温表指针应在 80℃～90℃之间
电流表	电流表用以指示蓄电池充电和放电情况，表盘数字为－20、0、＋20；蓄电池充电时，指针偏向"＋"号一边；蓄电池放电时，指针偏向"－"号一边，数字表示电流的大小，其单位为安培

(3)常用开关的类型和功能　农用车常用开关有：电源开关、起动开关、刮水器开关、转向灯开关、灯光总开关、熄火拉钮、刹车灯开关、喇叭按钮等。农用车常用开关的功能见表 1-5。

表 1-5　农用车常用开关的功能

开关名称	功　能
电源开关	电源开关用以接通或切断电源(即蓄电池)电路，这种开关用拉闸方式控制，拉起则电源接通，压下则电源切断
起动开关(或点火开关)	起动开关用以接通或切断起动机电路或电热塞电路，这种开关用旋钮操纵，有 3 个挡位；旋至第一挡位为接通电热塞电路，旋至第二挡位为切断电路，旋至第三挡位为接通起动机电路
刮水器开关	刮水器开关用以接通或切断刮水器电路，将开关拨到“开”的位置时，刮水器电路接通，刮水器来回摆动，以清除挡风玻璃上的雨、雪和灰尘，使行车视线清晰；将开关拨到“关”的位置时，刮水器的电路切断，刮水器的雨刮片不动
转向灯开关	转向灯开关用以接通或切断转向灯电路。将开关向左拨动时，农用车左侧前、后转向灯闪烁，仪表盘上的左侧转向指示灯发亮；将开关向右拨动时，农用车右侧前、后转向灯闪烁，仪表盘上的右侧转向指示灯发亮闪烁；将开关拨到中间位置时，转向灯光熄灭
灯光总开关	灯光总开关用以接通和切断前大灯、前小灯、后灯的电路，是一种拉钮式开关，有拉钮推到底、关闭灯光、拉出一半 3 个位置；拉出一半，前小灯和后灯亮；全部拉出，则前大灯和后灯亮
变光灯开关	变光灯开关用以变换前大灯的近光和远光。用脚操纵，每踏一次，前大灯的灯光变换一次
熄火开关	熄火开关用以控制喷油泵的供油状况，是一拉钮式开关，拉出拉钮，喷油泵停止供油，发动机熄火；推入拉钮，喷油泵恢复供油

续表 1-5

开关名称	功能
刹车灯开关	刹车灯开关用以接通和切断刹车灯电路，用制动踏板来控制，当踏下制动踏板，刹车灯电路被接通，刹车灯发亮；松开制动踏板，刹车灯电路被切断，刹车灯熄灭
喇叭按钮（或喇叭开关）	喇叭按钮用以接通和切断喇叭电路，按下喇叭开关，喇叭电路接通，喇叭发响；松开喇叭开关，喇叭不响
紧急开关（或双跳开关）	紧急开关用以接通和切断紧急开关电路，按下紧急开关，则紧急开关电路接通，农用车前部和后部的左、右侧转向信号灯同时发亮并闪烁，以表示农用车发生故障停车，同时仪表盘左、右转向指示灯亦发亮闪烁，再次按下紧急开关，则电路被切断，左、右转向信号灯熄灭

六、农用运输车操纵机构的正确使用

1. 转向盘的正确使用

转向盘也称为方向盘，是用来控制农用车的行驶方向及转向的。正确使用转向盘，是确保农用车沿着正确方向安全行驶的首要条件，并能减少转向机构和前轮轮胎的非正常磨损。

若把转向盘视为钟表的时钟面，两手在转向盘上的正确位置应是左手位于 9～10 时之间，右手位于 3～4 时之间，犹如时间为 3 时 40 分。两手在转向盘上的正确位置如图 1-5 所示。

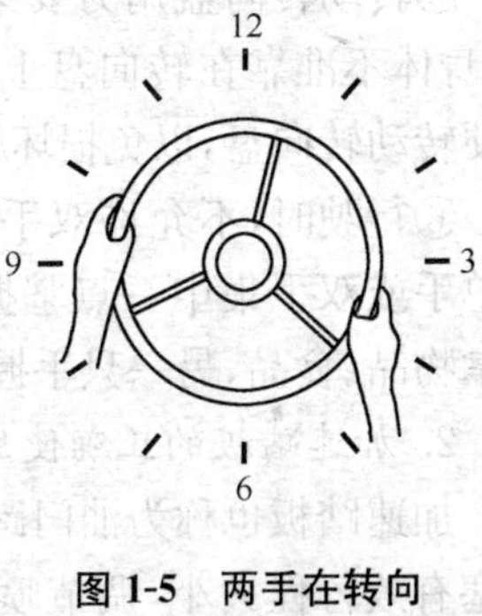

图 1-5 两手在转向盘上的正确位置

转向盘的正确握法是两手分别位于转向盘轮缘的左、右两侧，拇指自然向上伸直并靠住轮缘，勿勾转向盘边缘，四指由外向里握住轮缘。以左手为主，右手为辅，互相配合，当右手操纵其他机件时，左手仍应能自如地进行左、右转向。转向盘操作要点如下：

①在平直道路上行驶时，两手应稳握转向盘，并随时修正方向，使农用车保持直线行驶。修正方向时，左、右手动作要均衡，相互配合，要避免不必要的左、右晃动转向盘。

②在高低不平道路上行驶时，应降低车速，握紧转向盘（把），防止因农用车剧烈振动而引起转向盘回转，击伤或振伤手指或手腕。

③转弯时，根据方向和车速，一手转动转向盘，一手辅助推动，相互配合，快慢适当。向左转弯时应以左手拉动为主，右手推动为辅；向右转弯时，则以右手拉动为主，左手推动为辅。

④转急弯时，拉动和推送转向盘应两手交替操作，以加速转弯动作。为避免急剧的转向，应提前降低车速，在视线清楚不妨碍前方来车行驶的情况下，加大农用车的转弯半径。

⑤转动转向盘用力要柔和，不可用力过猛，不要猛推硬拉；身体不准靠在转向盘上，以免发生危险；停车后，严禁原地硬转动转向盘，以免损坏机件。

⑥行驶时，不允许双手同时离开转向盘，也不得长时间用单手或双手集中一点掌握转向盘；不准单手开车，即一只手拿物品、食品，另一只手握转向盘。

2. 加速踏板的正确使用

加速踏板也称为油门踏板，用来控制农用车发动机喷油柱塞有效行程大小，调节喷射到燃烧室内的燃油量，从而使发动机的转速或负荷适应运行条件的要求。

加速踏板的正确使用如图 1-6 所示,以右脚跟放在驾驶室底板作为支点,脚掌轻踏在加速踏板上,用踝关节的伸屈动作踏下或放松加速踏板。

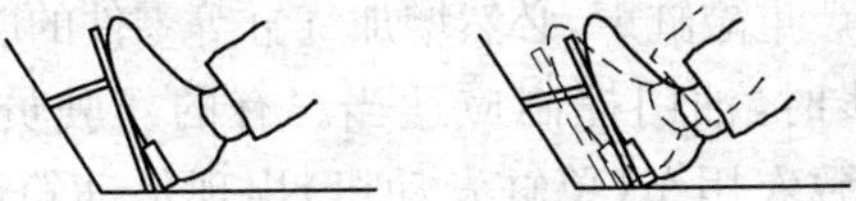
(a)

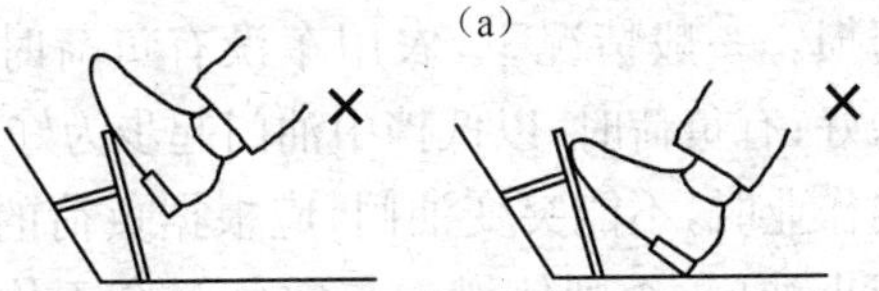
(b)

图 1-6　加速踏板的正确使用

(a)正确　(b)错误

加速踏板操作要点如下:

①踏下或放松加速踏板时,用力要柔和,做到"轻踏、缓放"。不宜过急,不可无故急踏、急放或连续踏放加速踏板,即乱轰油门。右脚除必须使用制动踏板外,其余时间都应轻放在加速踏板上。

②起动时,根据气温加油门。许多驾驶员在起动发动机时,往往将油门置于最大供油位置,强行起动,如一次起动不了,就连续起动多次,仍起动不着,便误以为发动机出了毛病,其实不然。数次起动未成功,是因为气缸内喷入的燃油过多,才导致起动不成功。一般来说,当气温在 15℃以上时,起动油门控制在略高于怠速油门为好。气温低于 15℃冷车起动时,开始不要加油门,空转曲轴数圈,感到轻松后,再加小油门起动。

③起动后,应在中、小油门位置运转一段时间,待冷却水温度升至 40℃时起步,60℃时才可以正式投入运输作业。因

为刚起动时，由于机温较低，特别是冬季，若此时马上加大油门，因燃烧不完全，使气缸易产生积炭，另外刚起动时各运动部件表面润滑油膜还未完全形成，若马上加大油门，转速骤增，会产生严重敲缸声，必然增加气缸等零件的磨损速度。

④起步时，油门控制应适当。有的驾驶员用大油门起步，结果导致农用车（单缸发动机）出现传动箱链条、挂钩及插销严重磨损。一般情况下，农用车没有负荷时，以中挡小油门起步为好；有负荷时，以低挡中油门起步为好。

⑤运输作业时，不能突变油门，应根据负荷的需要，缓慢地加大或减小油门，否则使燃油与空气混合不均匀，燃烧不完全，排气冒黑烟，燃烧消耗加剧，产生积炭，不仅加速气缸与活塞连杆组的磨损，而且由于积炭，易发生活塞或喷油嘴卡死，喷孔堵塞及活塞环结胶等故障。同时由于转速突变，曲柄连杆机构受力增加，易使连杆变形，曲轴折断。

3. 离合器踏板的正确使用

离合器踏板和制动踏板的正确使用如图 1-7 所示。左脚前半部（脚掌）踏在离合器踏板上，以膝关节和脚踝关节的屈伸动作踏下或放松。完全放松离合器踏板后，左脚要从离合器踏板上移开，放在踏板左下方的驾驶室地板上。

离合器踏板的操作要点如下：

①踏下离合器踏板即为分离，动作要迅速，且一次踏到底，使之分离彻底。

②放松离合器踏板即为接合时，要做到快、顿、慢 3 个动作层次，松抬离合器踏板的正确方法如图 1-8 所示。“快”就是迅速抬起一截离合器踏板，使离合器与压板将要接触，即压板的空行程；“顿”就是踏板在上述位置稍停顿，并轻踏加速踏板，略提高发动机转速；“慢”就是逐渐慢松踏板，使离合

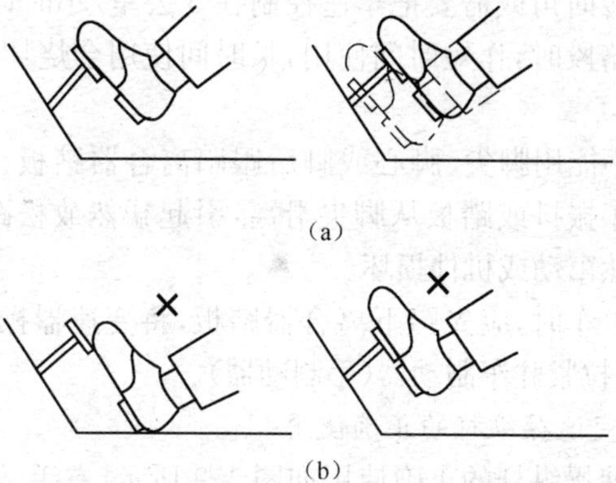

图 1-7　离合器踏板和制动踏板的正确使用

(a)正确　(b)错误

器片与压板平稳接合，踏板要停顿，同时，逐渐踏下加速踏板，使农用车平稳起步。

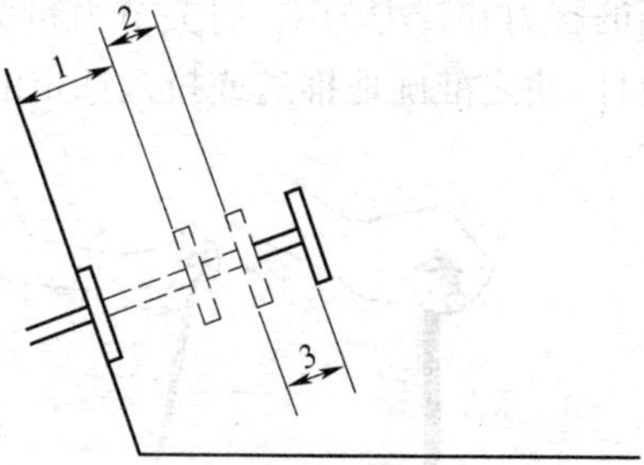

图 1-8　松抬离合器踏板的正确方法

1. 快抬阶段　2. 顿抬阶段　3. 慢抬阶段

③换挡时，应使用一脚或两脚离合器操作方法。禁止不踏离合器就换挡或脱挡。用一脚离合器换挡时，应掌握行车速度时机，及时而敏捷地换入。两脚离合器换挡即需踏两次离合踏板，一般应采用两脚离合器法换挡。

④农用车行驶中不使用离合器时，不得将脚放在离合器踏板上，以防产生半踏半放(俗称半联动)现象。

⑤离合器的半联动只能在起步、短距离内使前轮形成

较大的转向角或需要把车速控制在5公里/小时以下，或通过泥泞路段时，作短时间使用，长时间使用会烧坏离合器摩擦片。

⑥不能用脚尖、脚心或脚后跟踏离合器踏板，否则易造成农用车振抖或踏板从脚尖滑离，引起猛然放松踏板，使农用车突然窜动或机件损坏。

⑦停车时，应先踏下离合器踏板，将变速器操纵杆放入空挡，再拉紧驻车制动器(手制动器)。

4. 变速操纵杆的正确使用

变速操纵杆的正确使用如图1-9所示，右手掌心向下微贴变速杆球头的顶部，五指自然轻握杆球。在左脚踏下离合器踏板的同时，右脚松开加速踏板，按农用车的挡位图，以适当的腕力和臂力为主，肩关节力量为辅，沿挡位轨道推、拉变速杆，使之准确地推送或拉入选定的挡位。

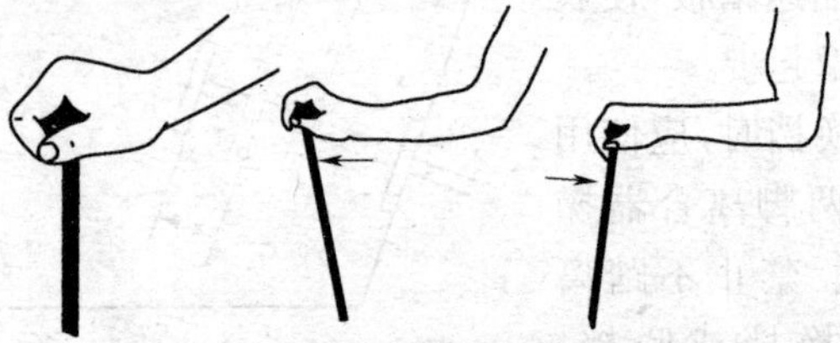

图1-9 变速操纵杆的正确使用

变速操纵杆的操作要点如下：

①换挡时，应一手握稳转向盘，另一手握变速杆球头，两眼注视前方，不得左顾右盼，或低头看变速杆，以防分散掌握车前情况的注意力，造成交通事故。

②农用车由前进变为后退，或由后退变为前进，必须在农用车停止时进行换挡，以免损坏变速齿轮。

③变换挡位，一般应逐级进行，不应越级换挡。

④挂、换挡位时，必须经过空挡位置。挂入空挡后，不要晃动变速杆，亦不能强拉硬推，以防造成错挡或齿轮碰击。

⑤若起步挂挡不进，可放松离合器踏板，再挂挡。或推入其挡位，摘下再挂挡。

⑥若行驶中挂不进挡，可踏下离合器踏板，将变速杆放入空挡位置略停，稍踏下加速踏板，再挂挡。

5. 制动器踏板的正确使用

农用车的减速和停车是驾驶员通过操纵制动装置来完成的。因此，正确地使用制动器是保证安全行车的重要条件，而且对节约燃料、减少轮胎磨损及延长制动机件的使用寿命都有很大的影响。

制动踏板的正确使用如图 1-7 所示，双手握稳转向盘，先放松右脚加速踏板，同时右脚踏下制动踏板。要求右脚前半部(脚掌)踏在制动踏板上，脚后跟离开驾驶室底板，以右脚膝关节的屈伸动作踏下或放松制动踏板。制动踏板的操作要点如下：

①一般制动应采取“平稳踏下，迅速抬起”的原则。

②对于采用液压制动的农用车，采用“一脚制动”的方法，即一脚将制动踏板踏到底。若一脚无效，应立即抬起踏板再踏第二脚。

③常规制动时，应先换入低挡，利用发动机的阻力降低车速，缓慢地使用制动踏板，再踏下离合器踏板，使农用车平稳地停下。

④紧急制动(即刹车)时，应迅速有力地将制动踏板踏到底，使其在最短距离内停车。

⑤在行车时，不要随便将右脚放在制动踏板上，但在减速行驶或准备制动时，为减少制动反应时间，可短时间将脚放在制动踏板上。

⑥在雨、雪、冰冻、泥泞和狭窄弯路等道路上行驶，不得刹车。

⑦一般下长坡应以发动机制动控制车速为主，并用脚制动踏板为辅，但踏、放的程度要适当。

⑧不能用脚尖踏制动踏板，以防制动踏板滑离右脚。影响制动效果，从而造成行车事故。

6. 手制动杆的正确使用

手制动杆的正确使用如图1-10所示。右手四指并拢，虎口朝上，大拇指在手制动杆上，握住手柄向后拉紧，即起制动作用。放松时，先握住手制动杆柄稍向后拉，然后用拇指按下杆头上的锁位按钮，再将手制动杆向前推送到底，即解除制动作用。

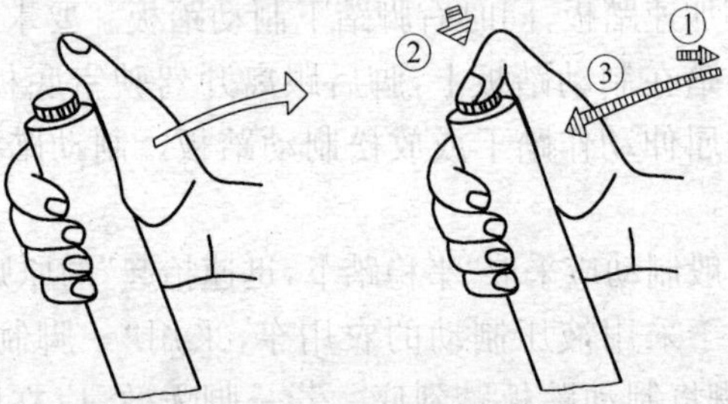

图1-10　手制动杆的正确使用

操纵顺序：①→②→③

手制动杆的操作要点如下：

①手制动杆是停车时固定农用车用的。行驶时，一般禁止使用手制动杆来减速。

②不得在农用车未停稳前，拉手制动杆。

③在紧急制动时，可迅速向后拉紧手制动杆，以配合脚制动器增加制动效果。

④当脚制动失灵时，可以用手制动杆救急。此时，应根据情况，采取逐渐拉紧或边拉边松的方法来操纵手制动杆，以达到平稳减速或停车的目的。

⑤当上坡起步时，必须用手制动器配合起步，以防止农用车向后溜滑，致使上坡困难。

七、农用运输车的起步和日常安全操作

1. 发动机的正确起动

农用车以柴油机为动力，其起动方式有人力起动和电力起动两种。人力起动无棚手把式三轮农用车是借助手摇柄直接由驾驶员转动曲轴使柴油机起动；电力起动有驾驶室四轮农用车，是用蓄电池作电源，由电动机带动柴油机曲轴旋转而起动柴油机。

(1)人力起动柴油机的起动步骤和操作注意事项

①将调速手柄扳到开始“供油”位置。

②用左手打开减压器。

③右手摇转起动轴，在听到喷油器发出“咯、咯”的喷油声后逐渐加速摇动。

④当转速摇到最快时，迅速将减压手柄扳回，此时气缸内气体受到压缩。

⑤右手再尽力摇1～2转，柴油机即起动。

应注意起动手柄不能沾油污，脚下地面要坚实平坦、无积水、不打滑，以确保安全。握起动手柄时，应五指并紧在同一侧，避免柴油机反转时损伤“虎口”；柴油机起动后，不能松开起动手柄，以免手柄随曲轴转动甩出去伤人。

(2)电动机起动柴油机的起动步骤和操作注意事项

①拉下减压杆。

②将脚油门踏下，处于中速位置。

③将点火开关钥匙插入点火开关孔，打开点火开关，起动机带动飞轮时，应立即将减压拉杆推回原位，柴油机即可起动。

④柴油机起动后，应立即放开按钮，将点火开关钥匙旋回正常位置。

应注意如果起动机工作 5 秒钟仍不能使柴油机起动时，应停止 2 分钟后再做第二次起动；如果连续 3 次不能起动，应检查原因，排除故障后再起动。

在严寒的冬季起动困难时，应将钥匙旋到预热位置 20～30 秒后再起动，或向水箱中加注热水，以提高机温帮助起动。

(3)柴油机起动后的操作注意事项

①起动后，先低速运转 3～5 分钟，查看机油压力表是否正常，如果机油压力表过高或过低，应停机检查。

②随时注意机器响声及排烟烟色，发现不正常声音或冒黑烟、蓝烟，应停机检查。

③经常注意仪表的读数，检查发电机是否向蓄电池充电(充电时电流表向"＋")，如果不充电应进行检查。

④经常查看水温表，正常水温为 80℃～90℃，只有水温超过 50℃以上时，才可加负荷工作。

2. 农用车的正确起步

农用车刚起步时，阻力较大，发动机产生的动力有一定的限度。因此，在起步时，要根据地形状况选择适当的挡位，以提高转矩，使农用车平稳起步，无冲击、振抖、熄火现象。

农用车起步时，一般采用Ⅰ挡。若空车在平坦坚实的道路或平地起步，可挂Ⅱ挡起步，其操作步骤如下：

①起动发动机后，观察各仪表工作是否正常。

②踏下离合器踏板，将变速杆挂入Ⅰ挡。

③通过后视镜查看有无来车，鸣喇叭。夜间、浓雾天气或视线不清时，必须开启前、后灯。

④放松手制动杆，缓松离合器踏板，逐渐踏下加速踏板，使农用车平稳起步。

要使农用车平稳起步，最关键的操作是离合器踏板和加速踏板之间要正确配合。在松抬离合器踏板过程中，开始一段可快一些，当听到发动机声音有变化、转速降低、车身稍有抖动现象时，离合器踏板应稍停一下，同时徐徐踏下加速踏板，缓松离合器踏板，使农用车负荷逐渐加到发动机上，从而获得充分的起步动力。农用车平稳起步后，应迅速将离合器踏板完全放松。

为防止起步挂挡时出现齿轮撞击声，应在踏下离合器踏板后稍停1～2分钟，待变速器第一轴转速减慢或停止转动后，再挂进所需挡位。如一次挂不进挡位，可松踏一次离合器踏板再挂，或者先试挂其他挡位，然后再挂起步挡位。

3. 农用车的正确换挡

农用车行驶中，由于道路、地形、行驶速度等的变化，变速杆的换挡操作频繁，能否及时、准确、迅速地换挡，对延长农用车使用寿命，保证农用车平顺行驶、节约燃料均有很大影响。同时也是衡量一个驾驶员技术优良的一项重要标志。换挡时操作方法如下：

(1)由低速挡换高速挡(即加挡)的操作方法及注意事项

农用车起步后，只要道路和交通情况允许，就可以立即加挡。加挡的关键，在于加挡前恰当提高车速。另外，在中速挡以下加挡过程中，当换入高一挡位后，离合器踏板松抬至半联动位置时，要稍停再慢抬起，使发动机动力平稳传递，避免农用车发生抖动。为使加挡平顺、无齿轮撞击声，除了加挡前适当提高车速和掌握换挡时机外，还必须用好“两脚离合器”的换挡方法。具体操作方法如下：

①平稳踏下加速踏板，以提高发动机转速，待车速适当换入高一级挡位时，立即抬起加速踏板，同时迅速踏下离合器踏板，将变速杆移入空挡位置。

②随即放松离合器踏板片刻，利用怠速降低变速器中间轴的转速，使将要啮合的一对齿轮的圆周速度相近，以免挂挡时出现撞击声。

③接着迅速踏下离合器踏板，将变速操纵杆拨至高一级挡位。

④最后，在松抬离合器踏板的同时，逐渐踏下加速踏板，待离合器平稳接合后，稍快松开离合器踏板，即完成加挡操作。

应注意加挡时眼睛要注视前方，不准看车速表（以外界参照物向后移动的快慢识别车速）和各操作机件，以免造成农用车跑偏出事故。

要注意手和脚的紧密配合，换入不同挡位时的不同动作要协调。

由于某一种原因不能升入高一挡位时，不得强行挂挡，以免造成变速器齿轮损坏。

升入高一级挡位后，加速踏板和离合器踏板配合衔接要紧密。不准出现抬离合器踏板过量，发动机空转、长时间半接合或踏加速踏板不及时等现象。

(2)由高速挡换低速挡（即减挡）的操作方法及注意事项

①先抬起加速踏板，同时迅速踏下离合器踏板，将变速

杆移入空挡位置。

②抬起离合器踏板，并迅速点踏一下加速踏板。

③再次迅速踏下离合器踏板，随即抬起加速踏板，将变速杆换入低一级挡位。

④一面抬起离合器踏板，一面踏下加速踏板，待离合器接合平稳后，稍快松起离合器踏板，使农用车继续行驶。

应注意减挡过程中，要合理地运用制动踏板平稳降速，克服行驶惯性，避免减挡时车速升高而造成减挡失败。

加大油门时，要用脚掌重踏，慢抬加速踏板；加小油门时，要用脚掌轻踏，快抬加速踏板。

减挡后，要注意加速踏板与离合器踏板的紧密配合，动作协调。不准出现过早、过晚或抬离合器过高、过低、过猛等现象。另外还要注意后方有无尾随车辆，左侧有无超车等情况。

4. 农用车的正确转向

农用车转向要做到平稳安全，必须根据路面宽度、车速快慢、弯道缓急等地形条件，确定转向时机和转动转向盘的速度。一般操作要根据道路弯度和车速，一手拉动转向盘，另一手辅助推送，相互配合、快慢适当。弯缓应早转慢打、少打少回；弯急则应两手交替操作快速转动转向盘。农用车转向时的操作要点如下：

①转弯时，应根据道路和交通情况，在开始转弯前100～30米处发现转弯信号，应减速靠路右侧徐徐转进，并做好制动的准备，行车做到“一慢、二看、三通过”。

②转弯过程中，转动转向盘要与车速相互配合，及时转、及时回、转角适度，并尽量避免在转弯过程中紧急制动和变速换挡。双手在转向盘的位置不能交叉。观察后视镜，注视

后方的情况，转弯时尽量避免超车。

③左转弯时，如果视线不清，要确定前方有无来车或其他情况，可增大转弯半径，即适当偏右侧行，由于转弯半径加大、离心力变小，可改善农用车转弯的稳定性。

④右转弯时，要等农用车驶入弯路后，再驶向右边，不要过早靠右，否则将会使右侧后面的轮子偏出路外或使农用车驶向路中，影响来往的车辆。

⑤急转弯时必须减速，沿道路外侧缓慢行驶，转向时机要适当推迟。一次不能通过时，要用倒车变更车轮位置后，再继续转向行驶。

⑥连续转弯时，除了根据弯道的具体情况进行相应操作外，在第一次转弯时，还要观察好第二个转弯道的情况，让农用车驶向第二个转弯道的外侧，控制好车速，稳住节气（油）门，选择好行驶路线，灵活地转动转向盘转向，并适当鸣喇叭，谨防与来车相撞。

⑦向右转弯、向右变更车道或靠路边停车时，应开右转向灯；向左转弯、向左变更车道或驶离停车地点时，应开左转向灯。

5. 农用车的正确调头

农用车调头是为了向相反方向行驶，需要进行 180°转向操作。为确保行车安全，调头时应尽量选择在岔路口、平坦宽阔、土质坚硬的安全地方进行。应尽量避免在坡道、狭窄地带等容易发生危险的路段进行调头。禁止在桥梁、隧道、涵洞、城门或铁路道口进行调头。

根据路面宽窄和交通情况，分别采用一次顺车调头、顺车与倒车相结合的调头和利用支线调头 3 种不同方法。

(1)一次顺车调头 在较宽的道路上，只要道路宽度在5米以上就可以进行一次顺车调头。将车驶入调头位置，先靠右侧停下，开左转向灯，挂入低速挡，鸣喇叭的同时观察行人和来车，确认安全后，再起步并迅速转动转向盘使车调头，待车身转过来后，迅速回正转向盘，关闭左转向灯。即完成一次顺车调头，如图1-11所示。

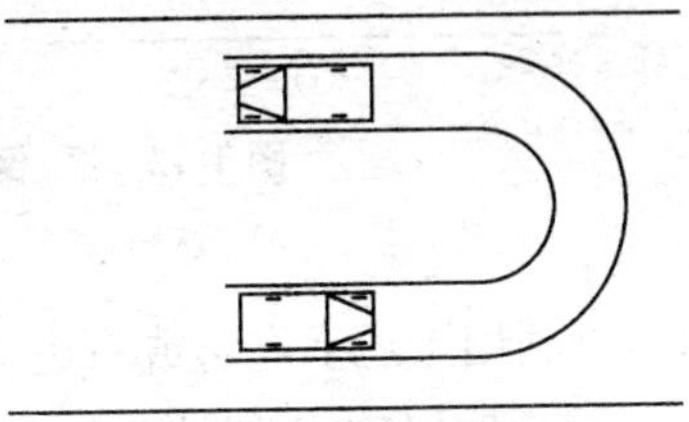

图1-11 一次顺车调头

(2)顺车与倒车相结合的调头 当调头的道路或场地较窄时，可采用顺车与倒车相结合的调头方法。具体操作方法是：

①将农用车驶入预调头地点，降低车速，将其驶到路边右侧，转向盘向左转足，缓慢地驶向道路的另一侧，待前车轮将要接近路边时，踏下离合器踏板，轻踏制动踏板，在农用车将要停止时，同时迅速将转向盘向右转足，将前轮转到后退所需要的新方向。

②后退时，应先观察清楚车后情况，然后慢慢起步，待车倒退至后轮将近路边时，即踏下离合器踏板，轻踏制动踏板停车，并利用停车这一时机，将转向盘迅速向左回转，使前轮转到前进所需要的新方向，即完成调头。一次顺、倒车如图1-12a所示。

③若在较窄的道路上进行调头，一次前进后退不能完成调头时，可按上述要点反复多次进行顺、倒车，直到完成调头为止。多次顺、倒车如图1-12b所示。

(3)利用支线调头 当农用车不宜在公路干道上调头

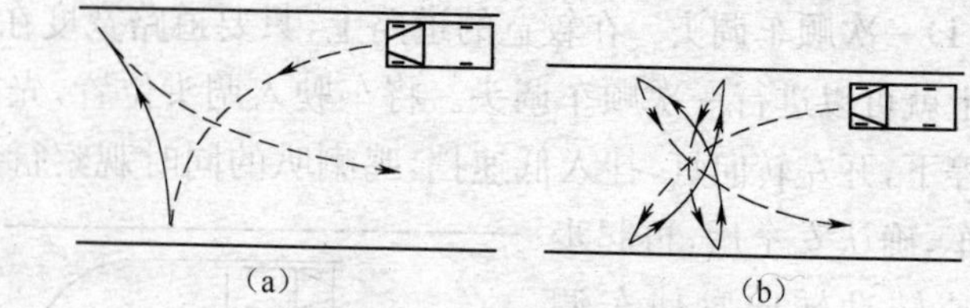

图 1-12　顺、倒车相结合调头

(a)一次顺、倒车　(b)多次顺、倒车

时，可利用干道上左边或右边支线进行调头。

①利用右边支线调头如图 1-13a 所示。先使农用车靠干线右侧行驶，待车尾驶过支线口后停车。开右转向灯，观察车后无障碍物时，挂倒挡起步倒入支线，关闭右转向灯。开左转向灯，前进左转，完成调头后，关闭左转向灯。

②利用左边支线调头如图 1-13b 所示。先开左转向灯，同时查看前、后方无来车、行人时，将车驶向左侧。待车厢驶入支路口后停车，挂倒挡并再次观察后面，起步倒入支线。开右转向灯，起步向右转弯，即完成调头，关闭转向灯。

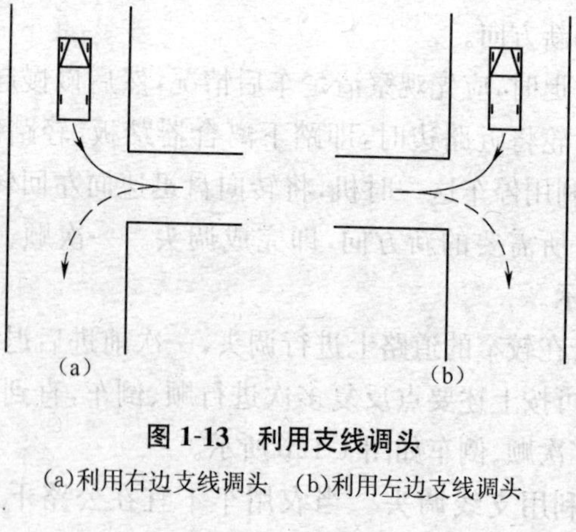

图 1-13　利用支线调头

(a)利用右边支线调头　(b)利用左边支线调头

(4)**调头时注意事项**

①在倾斜或较窄的路段进行调头，无论前进还是后退，除使用脚制动外，还必须使用手刹。

②在较危险地段调头，车尾应向较安全的一边，车头应朝向危险一边，以利观察情况，并留心挂错挡位，以防发生意外。

③倒车时，若路段上行人和机动车较多时，则应有人下车协助倒车，提示行人、车辆避让，确保倒车安全。

④切忌倒车不向后看而进行盲目倒车。

6. 农用车的正确倒车

农用车倒车行驶要比前进驾驶困难些，这主要是视线受到限制不易看清车后的道路情况，加上转向的特殊性，即倒车时原后轮在前、原前轮则在后了，控制转向位置也起了变化，所以，在倒车时转向就没有前进时的转向方便、灵活、准确。倒车时操作要点如下：

(1)**选择倒车的驾驶姿势**　根据农用车的轮廓和装载的宽度、高度及交通环境、道路状况，以及视线等进行倒车，倒车姿势有注视后方倒车和注视侧方倒车两种。注视后方倒车姿势如图 1-14a 所示。左手操纵转向盘，上身侧向右方，右手平放靠背上方支撑身体、保持平衡。头向后，两眼由后窗注视后方的目标。

注视侧方倒车姿势如图 1-14b 所示。右手操纵转向盘，左手开车门，将门稳在一定开度，两脚保持原位，上半身向左探出驾驶室外，回头从左臂上方观看倒车目标。

(2)**选择倒车目标**　由后窗注视倒车，以场地、车库门、停靠位置的建筑物等作为目标，然后根据目标倒退；由侧方注视倒车，可选择车厢角、后轮或场地、车库门或停靠位置的

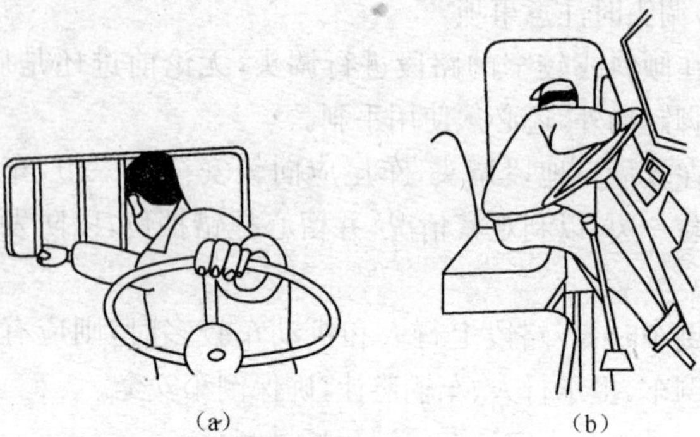

图 1-14　倒车姿势

(a)注视后方倒车　(b)注视侧方倒车

建筑物作为适当目标，然后根据目标后退行驶。

(3)倒车信号　倒车时，需先显示倒车信号(拨左转向灯)，鸣喇叭、观察周围情况，选定进退的目标。必要时，下车查看，并注意前后有无来车。选好倒车目标后，在农用车停止情况下换入倒挡，按照上述的倒车姿势之一进行倒车操作。

(4)直线倒车　应保持前轮正向倒退、转向盘的运用与前进一样，如车尾向左(右)偏斜，则应立即将转向盘向右(左)转，直至车尾摆直后迅速回正转向盘。

(5)转向倒车　变换方向的倒车，应掌握“慢行车、快转向”的操作方法。倒车时要注意车前、车后的情况，由于倒车转弯时，前面外侧车轮的半圆弧大于后轮半径圆弧，因此要注意车前外侧的车轮，避免碰及他物，同时应兼顾全车的动向。倒车速度不宜超过每小时 5 公里。在倒车中，如因地形或转向盘转向角度所限，必须反复前进及后退操作时，应在每一次后退或前进接近停车前的一瞬间，迅速利用农用车的移动回转转向盘,为再前进或后退做准备,不应在农用车停止后强力转动转向盘,以免损坏转向机件。

7. 农用车的正确制动

农用车在行驶中经常受到地形和交通情况的限制,驾驶员就必须根据具体情况使农用车减速或停车,以保证行驶的安全。正确和适当地运用制动,可使农用车在最短距离内安全停车,且不损坏机件。制动方式有预见性制动和紧急制动两种。

(1)预见性制动　是指驾驶员在驾驶农用车过程中,对已发现的行人、地形、交通等情况的变化,或预估可能出现的复杂局面,提前做好了思想和技术上的准备,准确、有目的地采取减速和停车。其操作方法如下:

①减速。发现情况后,应先放松加速踏板,并根据情况,间断、缓和地轻踏制动踏板,使农用车逐渐减低速度。

②停车。当农用车速度减到最慢时,踏下离合器踏板,同时轻踏制动踏板,使农用车平稳地完全停止。

(2)紧急制动　是指驾驶员在驾驶农用车过程中,遇到突发紧急情况,迅速采取制动措施,在最短距离内将车停住,以达到避免事故的目的。

紧急制动操作时,要握紧转向盘,迅速放松加速踏板,并立即用力踏下制动踏板,同时踏下离合器踏板,如情况十分紧急,可以踏离合器踏板,但传动装置易受损伤,并同时拉紧手制动杆,强迫农用车立即停住。

应注意紧急制动既会造成农用车“跑偏”、“侧滑”,从而失去控制而危及安全,同时又会造成各部件较大的损伤,因此,只有在万不得已的危急情况下方可采用。

8. 农用车的正确停车

农用车在行驶途中需要停车时,应采取预见性停车制动。

①松加速踏板,右脚放在制动踏板上,降低车速,开右转向灯,使车靠右侧缓行。

②在临近预定的停车地点时,踏下离合器踏板,轻踏制动踏板,使其平稳停在预定地点。

③拉紧手制动杆,变速杆挂入适当挡位,如平路停车挂空挡或一挡;上坡停车挂一挡;下坡停车挂倒挡。

④松起离合器踏板和制动踏板,关闭所有用电设备及电源开关。

⑤停车时应注意在公路上停车,应选择平坦坚实、视距较长和不影响其他车交会的安全地点,并顺交通方向(车头向前)停在道路一边。与其他机动车临近停放时,至少应保持 2 米的车间距离,不得与其他车在道路两侧并停。农用车的正确停放如图 1-15 所示。

⑥在市内停放,停在指定的停车场或许可停车的慢车道旁。依次停放,注意整齐,并保持随时驶出的间隔如图 1-15b、c 所示。

⑦在公路弯道上或隐蔽地点停车时,白天应设停车标志,夜间必须开小灯和尾灯,以防碰撞。

⑧在坡道停车时,要选择路面较宽,使来往机动车可以及早发现的地点暂停。停车时应拉紧手制动杆,将前轮朝向安全的方向。上坡停车挂一挡,下坡停车挂倒挡,并用三角木或石块塞住车轮,以免农用车滑动。

⑨河岸、水边、弯道、悬崖附近、道路视距较短的隐蔽地段,路面有油污或化学品的地方应避免停车。

⑩距交叉路口、弯道、桥梁、涵洞、狭路、陡坡、消防龙头、隧道、铁路道口、危险地段 20 米以内等地方,一律不得停车。

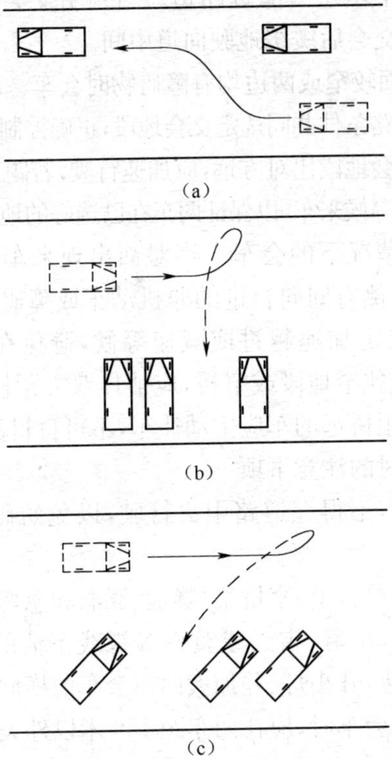

图 1-15　农用运输车的正确停放

(a)在公路上停放　(b)成 90°停放　(c)成 45°停放

9. 农用车的正确会车

会车是指与迎面汽车相遇，相互交会。会车时，应遵守交通规则，自觉遵守礼让，先让、先慢、先停，选择适当地点靠右边停车。

(1)在一般双车道公路上会车　双车道有充足的会车余地，可先减速，然后靠右侧行驶，既保证两车交会时有足够的横向间距，又不至于太靠近路边。当判明交会无障碍时，便可逐渐加速，交会后缓缓地驶向道中间。

（2）**在路面较窄或两边均有障碍物时会车** 应根据对方来车的速度和道路条件共同选定交会地段，正确控制自己驾驶的农用车。若离交会地段比对方远，应加速行驶；若距离较近则应降低车速或停车等候来车，以保证两车在已选好的地段交会。

（3）**其他情况下的会车** 当对面出现来车，而自己驾驶的农用车前右侧有同向行进的非机动车或障碍物时，必须根据具体情况决定加速越过或减速等候，避免在障碍物处会车。如行驶至狭窄地段或窄桥，应估计双方距桥的远近和车速。车速慢、距桥远的车应主动让车，不可盲目乱行。

（4）**会车时的注意事项**

①交会时，不得在道路中央行驶，以免妨碍来车行进或互相碰撞。

②不得在单行道、窄桥梁、隧道、涵洞和急弯处会车。

③在阴暗、雨雾、雪天或黄昏等视线不清的情况下会车时，应降低车速，开小灯、并加大两车会车的横向间距。

④在夜间会车时，应在两车距150米以外关闭远光灯，改用近光灯。

⑤会车时，应遵循以下原则：低速车让高速车，大汽车让小汽车，空车让重车，转弯车让直行车，支线车让干线车，货车让客车；下坡车让上坡车。

10. 农用车的正确超车和让超车

（1）**正确超车** 超车是指超越同向行驶的农用车。先向前车左侧接近，开左转向灯，在距离20～30米处鸣喇叭，以告知前车；夜间需断续开、闭大灯示意，必须让前车发现，在确认前车让超后，从前车左边加速超越。超越前车后，应继续沿左侧行驶，当自己的车尾与被超车有 20 米安全距离后，再开右转向灯，方可驶回原车道。正确的超车过程如图 1-16 所示。

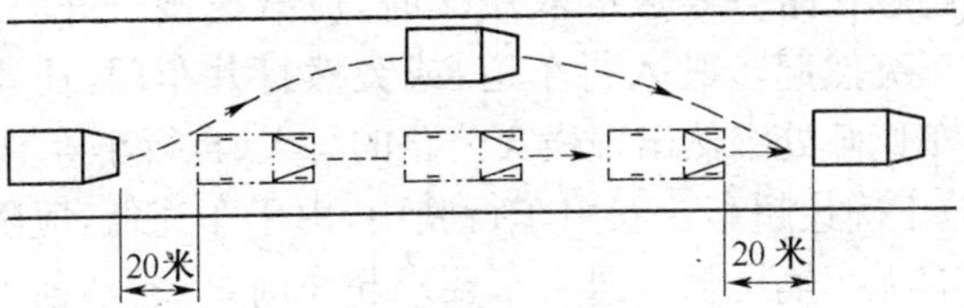

图 1-16　正确的超车过程

(2)超车时的注意事项

①超车时，应选择道路较宽、视线清楚，且前方 150 米以内无来车的地点进行。

②在超车的过程中，如发现左侧有障碍物或因横向间距小而有挤擦的可能时，要慎用紧急制动，以免引起侧滑而发生碰撞。应该是既能使农用车尽快减速，又能稳住方向，让两车在最短的时间内分离，待机再超。

③前车因故未及时避让，不得强行超车，更不能持急躁情绪，开赌气车。

④在超车过程中，若与前方来车有会车的可能时，不准超车。

⑤不准超越正在超车的农用车，不正确的超车过程如图 1-17 所示。

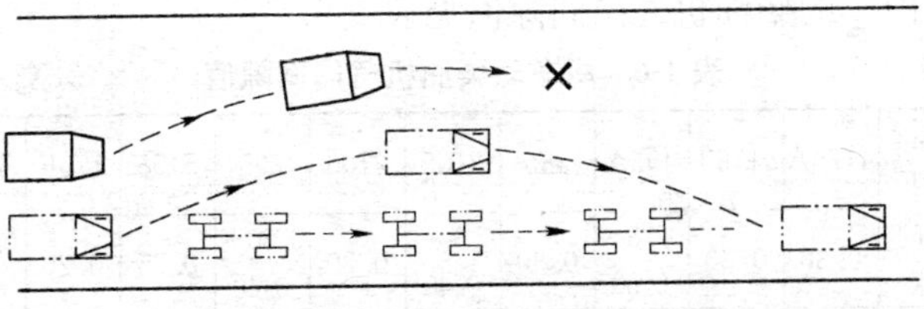

图 1-17　不正确的超车过程

⑥行经交叉路口、人行横道、漫水桥、水路、铁路道口、急弯、窄路、窄桥、隧道、陡坡、冰雪、泥泞等道路，不准超车。

⑦超越在路旁停放的农用车时，应减速慢行并鸣喇叭，防止该车突然起步驶入行车道，或突然打开车门，还要防止从被超车遮蔽处突然出现横穿公路的行人、自行车等情况。

(3)正确让超车　农用车行驶中，由于车速低，应随时注意车后有无车辆尾随。遇后车要求超车时，应看清前方有无来车，以及道路和交通情况是否适宜后车超越。在不影响安全的条件下，应选择适当路段靠道路右侧减速缓行，并开右转向灯或以手势示意后车超越。不得无故不让或示意让超后又不采取让超措施。

让车后，应扫视后视镜，确认再无其他车辆超越时，方可驶入正常行驶路线。

八、农用运输车的检查调整

1. 发动机的检查调整

(1)气门间隙的检查调整　当气门完全处于关闭状态时，气门杆尾端与摇臂之间的间隙称为气门间隙。气门间隙是给气门、推杆、挺柱等零件受热时留出的膨胀余地。在室温下装配时留的气门间隙称为气门的冷间隙；柴油机运转在热态下，为了使气门关闭时能密封好，也需要有一定气门间隙，称为热间隙。不同型号的柴油发动机有不同的气门间隙。冷车的柴油机气门间隙值见表 1-6。

表 1-6　冷车时柴油机气门间隙值　　（毫米）

柴油机型	4125A	4115T	495A	485	2105	2100	295	S195	170F	165F
进气门间隙	0.30	0.30	0.25～0.30	0.30	0.30～0.40	0.30	0.30～0.40	0.35	0.20	0.05～0.10
排气门间隙	0.35	0.35	0.30～0.35	0.35	0.35～0.45	0.35	0.35～0.45	0.45	0.25	0.10～0.15

发动机工作时，由于气门杆端部的磨损，会使气门间隙变大，此外，摇臂固定螺母、气缸盖螺母松动，以及气缸垫的更换也会引起气门间隙的改变。因此，必须定期检查调整气门间隙。调整气门间隙必须在冷车、气门完全关闭时进行。S195 型柴油机调整气门间隙的步骤如下。

①拆下气缸盖。盘动飞轮，使飞轮上的上止点刻线对准水箱上的刻线，如图 1-18 所示，并置活塞压缩于上止点。

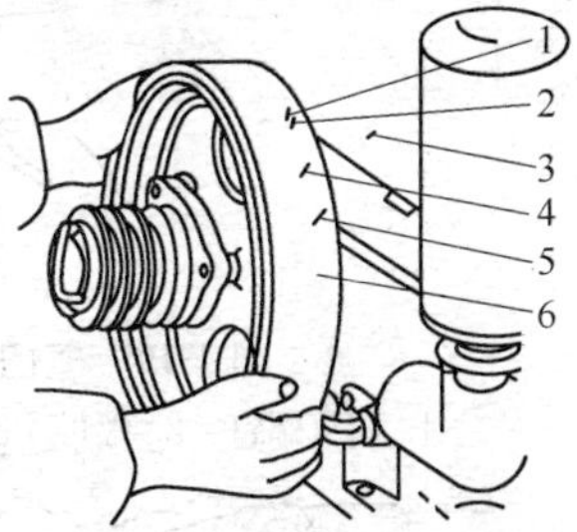

图 1-18　使飞轮的上止点刻线对准水箱上的刻线

1. 供油刻线　2. 进气门开刻线
3. 水箱刻线　4. 上止点刻线
5. 排气门开刻线　6. 飞轮

②松开锁紧螺母，用螺钉旋具(螺丝刀)调整螺钉，同时将塞尺插入气门杆与摇臂撞头之间进行调整，如进气门间隙为 0.35 毫米，排气门间隙为 0.45 毫米。

气门间隙的检查和调整如图 1-19 所示。调整时，用手来回抽动塞尺，稍感有阻力即为合适。调整到规定数值后，再将锁紧螺母拧紧，以免运转时自行松动。抽出塞尺，再复核一次。

(2)减压机构的调整　由于各农用车的减压机构不同，其调整方法也不同。

①290 型柴油机减压机构的调整方法是使减压摇臂轴处于不减压位置，轴上开口在垂直方向，用塞尺插入减压调整螺钉与减压摇臂之间，检查减压值是否在 0.9～1.0 毫米，减压机构的减压值及调整如图 1-20 所示。若不符合规定值，则松开锁紧螺母，用螺钉旋具调整减压螺钉，直到调至规定值为止，最后拧紧锁紧螺母。

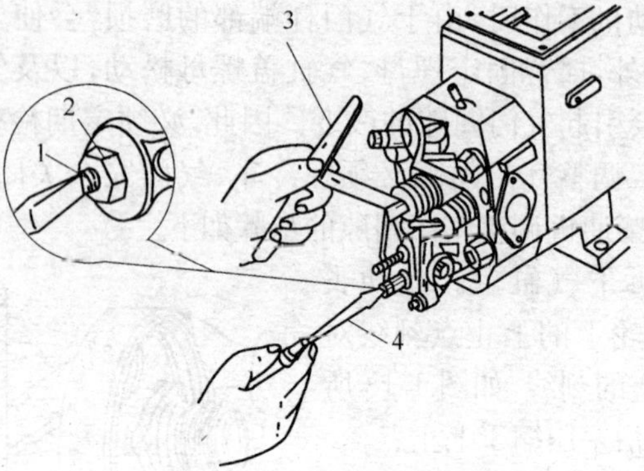

图 1-19　气门间隙的检查和调整

1. 调整螺钉　2. 螺母　3. 塞尺　4. 螺钉旋具(螺丝刀)

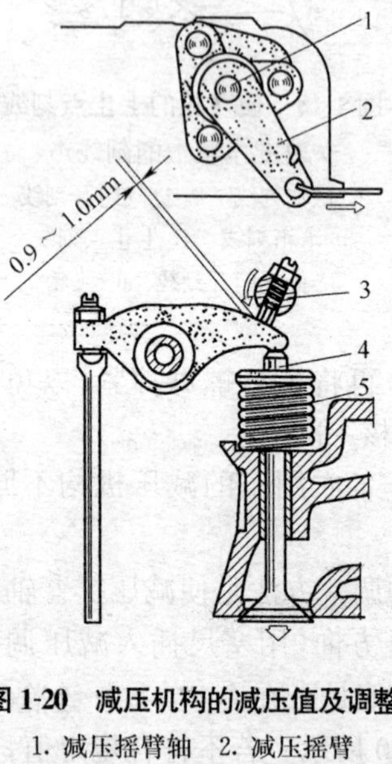

图 1-20　减压机构的减压值及调整

1. 减压摇臂轴　2. 减压摇臂

3. 调整螺钉　4. 气门　5. 气门弹簧

②485 型柴油机减压机构的调整方法是将减压手柄放在减压位置，松开锁紧螺母，用螺钉旋具调整螺钉使摇臂撞头，刚好与气门杆尾端接触，再将螺钉拧入 0.6 圈(减压值为 0.6 毫米)，最后拧紧锁紧螺母。

减压机构调整完毕，应打下减压，转动曲轴，检查活塞顶是否与气门相撞，若相撞应重新检查调整。

(3)喷油器的检查调整

喷油器使用过久、因运动件磨损、锥面封闭不严等原因，引起喷油压力与喷油质量降低，因此，必须对喷油器进行检查调整。其检查调整项目主要有喷油压力、喷油质量和喷雾锥角等。

①喷油器喷油压力检查调整与喷雾锥角检查如图 1-21 所示，一般在喷油器校验器上进行。拆除喷油器调压螺母，将喷油器装在校验器上，如图 1-21 所示，用手缓慢压动手柄，使喷油器喷油，用螺钉旋具拧动调压螺钉，使压力表指示数符合喷油器规定的喷油压力。各种型号柴油机的喷油压力不同，部分柴油机的喷油压力见表 1-7。

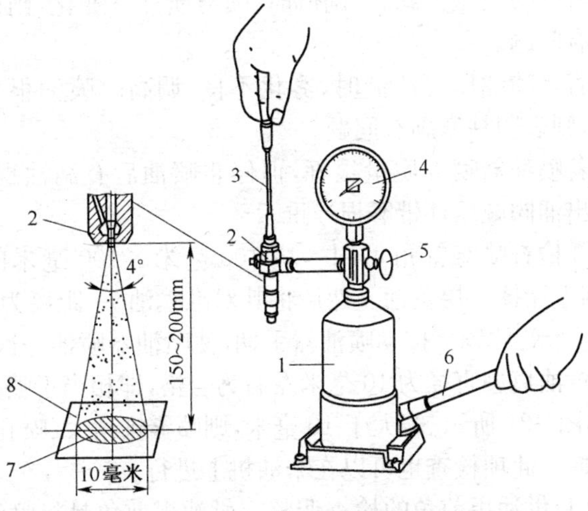

图 1-21 喷油器喷油压力检查调整与喷雾锥角检查

1. 油泵 2. 喷油器 3. 螺钉旋具 4. 压力表
5. 三通阀 6. 手柄 7. 钢丝网 8. 喷油痕迹

表 1-7 部分柴油机的喷油压力

机型	290Q 490Q	495	375、475、 285、485、 480G	290	N85QA 系列	4100QB	S195
喷油压力/兆帕	11.8±0.5 (118±5)	17.2±0.5 (172±5)	13.2±0.5 (132±5)	16.70 (167)	13.7±0.5 (137±5)	19.1±0.5 (191±5)	130±5 (130±5)

②喷雾质量是指优质的喷油器喷油时应发出清脆的“咯、咯”声，断油干脆。油束成均匀的细雾状，不得有肉眼能见的飞溅油沫、局部浓稀不均和单边喷油等不正常现象。多次喷射后，喷油器前端不应有滴油现象。

喷雾质量不好，并不一定都是喷油器的原因。若出油阀偶件和柱塞副磨损、损坏，也会造成喷雾质量差。可以通过调整喷油压力法来判别。

若将喷油压力调高、调低时，喷雾质量有变化，则说明喷油器有问题。

若将喷油压力调低时，雾化不良，调高时喷油很少或不喷油，则表明柱塞副有问题。

若喷油器喷雾质量很好，但停止喷油后有滴油现象，则表明出油阀减压环带磨损严重。

③检查喷雾锥角可用一块 100 毫米×100 毫米的铜丝网，网上涂抹一层黄油。然后将其对准喷油头，距离为 150～200 毫米处放置。按动喷油器手柄，使喷油器喷油一次，被喷掉的黄油痕迹直径为 10 毫米左右为合格，即相当于喷雾锥角 4°，如图1-21 所示。若大于 10 毫米，则喷雾锥角大、喷孔磨损，应更换。此项检查也可以在柴油机上进行。

(4)供油提前角的检查调整　供油提前角是指喷油泵开始供油时起，到压缩行程上止点所对应的曲轴转角。供油提前角的大小影响到柴油机的工作性能，不能过大或过小。若供油提前角过大(即过早供油)，会引起柴油机工作粗暴、功率下降、起动时排气管冒黑烟；若供油提前角过小(供油过迟)，则会引起柴油机机体过热、功率下降、起动困难、排气管冒灰白烟等现象。

柴油机经长期使用或更换、检修喷油泵后，都必须对供油提前角进行检查调整。

①将调速手柄处于供油位置，反复转动曲轴使喷油泵充满柴油。拧下第一缸高压油管，转动曲轴，使第一缸出油阀紧座口处也充满柴油。然后，顺柴油机旋转方向缓慢均匀地转动曲轴，并注意出油阀紧座口，当油面刚刚发生波动的瞬间，停止转动。检查曲轴带轮上的刻线与齿轮室盖上的记号是否对准，如未对准应调整，对准即可认为供油时间正确。

②调整进行时，松开喷油泵连接板上的3只紧固螺母，拧松油管接头螺母，用手扳动喷油泵泵体进行调整。从飞轮端看，顺时针方向转动（喷油泵泵体往柴油机一边旋转），则供油提前角增大（供油时间提早），反之，则供油提前角减小（供油时间推迟），直至符合要求数值为止后，再紧固3只紧固螺母。部分柴油机的供油提前角见表1-8。

表1-8 部分柴油机的供油提前角

柴油机型号	195	290QN、390Q、490Q	485QA	485QN	485G	480
不带提前器/度	18±2	17±1	185±1	18±1	15±1	16±1
带提前器/度	—	12±1	7±1	—	—	—

(5)机油压力的调整 机油压力是通过机油滤清器上调整阀的调整螺钉进行的，机油压力的调整方法如图1-22所示。

当机油压力偏低时，可松开锁紧螺母，用螺钉旋具拧紧调整螺钉，增加弹簧的预紧力，提高调压阀的开启压力，使机油压力升高；当机油压力偏高时，可采取上述相反方向调整。

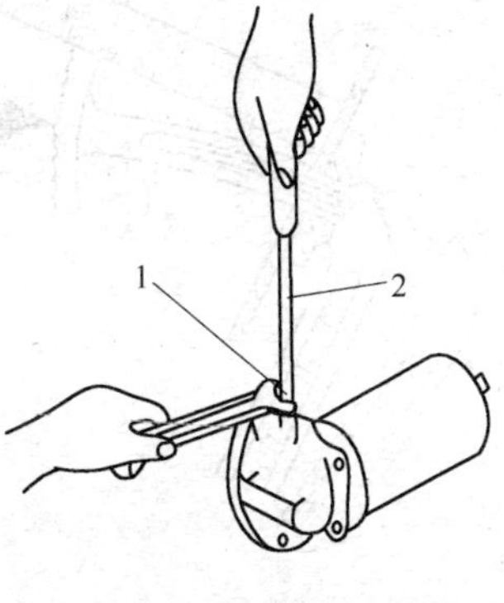

图1-22 机油压力的调整方法

1. 调压螺钉 2. 螺钉旋具

调整时，应将柴油机固定在

中油门位置，拧紧调整螺钉，观察机油压力表上压力变化，调到规定压力值为止。部分柴油机机油压力和温度的关系见表 1-9。

表 1-9　部分柴油机机油压力和温度的关系

机型		4125A	4115T	495A	485	2125	S195
机油压力	公斤力/厘米²	1.7～3	1.5～2.75	2～4	2～4	2.5～3.5	2.5～3.5
	千帕	166.77～294.3	147.15～269.7	196.2～392.4	196.2～392.4	245.25～343.35	245.25～343.35
机油温度/℃		70～90	70～95	<97	<97	60	60

若机油压力在调整时无变化，则说明原因不在调压阀，应将调压阀的调压螺钉调到原来位置，再找其他方面原因，如机油泵的泵油量减少、轴承间隙大、漏油等引起油压偏低；机油黏度大、油道局部阻塞等引起油压偏高。其次，检查调压阀是否失灵，如其钢球与阀座的密封不良，会导致泄油，使油压不能升高。

2. 底盘的基本调整

(1)离合器踏板自由行程的检查　离合器踏板自由行程是指踏下离合器踏板时，不感到费力的一段空行程，这一行程不起分离作用。

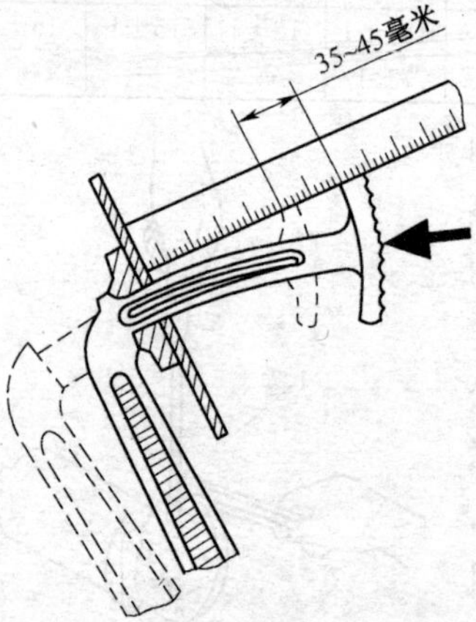

图 1-23　离合器踏板自由行程的检查

如图 1-23 所示，离合器踏板自由行程的检查方法是将有刻度的直尺支在驾驶室地板上，首先测出踏板在完全放松时的高度，再用手轻轻推压踏板，当感到阻力增大时,即分离轴承端面与分离杠杆内端面刚刚接触时停止推压,测出踏板高度。前后两次测出的高度差即为离合器踏板自由行程的数值。一般离合器踏板的自由行程为35～45毫米。

(2)离合器踏板自由行程的调整

①机械式离合器踏板自由行程的调整如图1-24所示,方法是拧动离合器分离拉杆上的调整螺母,改变拉杆的长度,从而调整踏板自由行程到规定值。调整过程是先拧松锁紧螺母,若自由行程太大,离合器不能彻底分离时,必须将球形调整螺母拧入,使拉杆有效长度缩短;若自由行程太小,离合器打滑时,必须将球形调整螺母拧出,使拉杆有效长度加长,调到规定值后再拧紧锁紧螺母。调整后,起动发动机,再检查离合器工作是否符合要求。

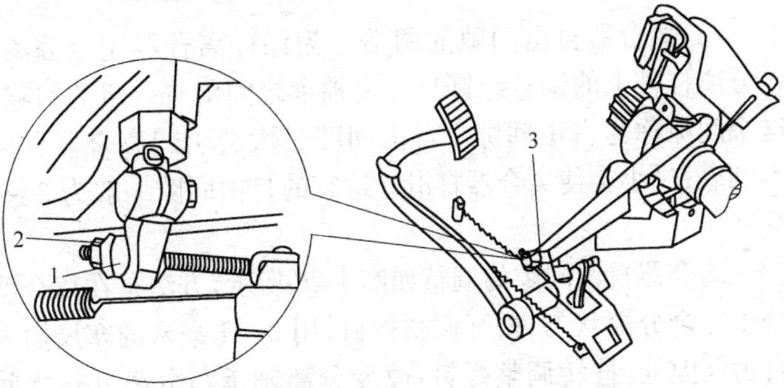

图1-24　机械式离合器踏板自由行程的调整

1. 球形调整螺母　2. 锁紧螺母　3. 分离拉杆

②液压式离合器踏板自由行程的调整如图1-25所示。方法是调整主缸活塞与推杆之间的间隙,从而达到调整分离杠杆内端面与分离轴承之间间隙的目的。分离杠杆内端面与分离轴承的间隙,是依靠改变主缸活塞推杆的长度来调整

的，即改变主缸活塞与活塞推杆间的间隙。一般采用调节偏心螺栓来进行调整，调好后拧紧锁紧螺母即可。

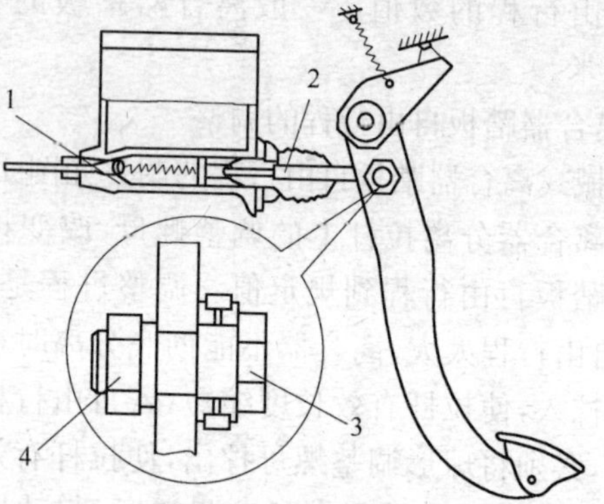

图 1-25　液压式离合器踏板自由行程的调整

1. 离合器总泵　2. 推杆　3. 偏心螺栓　4. 锁紧螺母

(3)**离合器自由间隙的调整**　为保证离合器完全分离，在分离杠杆上的调整螺钉与分离轴承之间留有一定的间隙，这个间隙称为自由间隙。自由间隙过大会引起离合器分离不彻底；过小会使离合器打滑。适宜的自由间隙一般为 3～4 毫米。

离合器自由间隙的调整如图 1-26 所示，方法是在离合器处于完全分离状态，松开调整螺钉，用 3～4 毫米的塞尺插入自由间隙处，拧转调整螺钉，改变分离轴承与分离杠杆之间的间隙。当抽动塞尺感到稍有摩擦感时为止，最后拧紧锁紧螺母。

(4)**制动踏板自由行程的调整**　制动踏板自由行程是指踩下制动踏板到制动总泵开始作用的这段时间内制动踏板的行程。若制动踏板自由行程过大，则有效工作行程减少，制动过迟，造成制动不良或失效；反之，若制动踏板自由行程

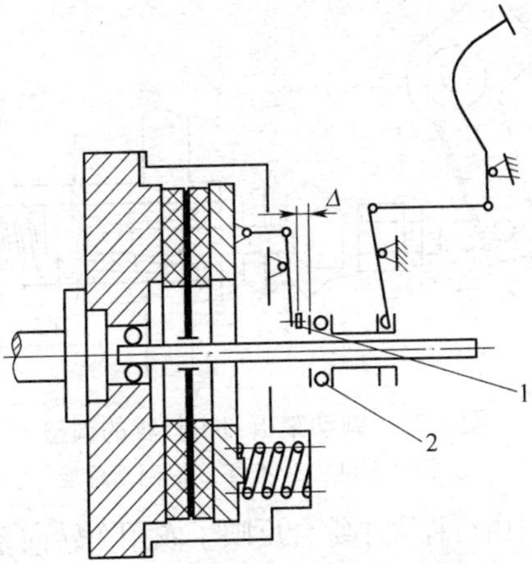

图 1-26 离合器自由间隙的调整

1. 调整螺钉 2. 分离轴承

过小，则制动不彻底，甚至造成制动拖滞，使制动蹄摩擦片与制动鼓磨损加快。

制动踏板自由行程的检查方法与离合器踏板自由行程的检查方法相似。

制动踏板自由行程的调整如图 1-27 所示，是通过调整制动总泵推杆与总泵活塞之间的间隙来进行的，其值为 2～3 毫米。调整方法是将制动总泵推杆的锁紧螺母松开，传动推杆加长，则制动踏板自由行程减少；反之推杆缩短，则制动踏板自由行程增加。当踏板自由行程调至符合要求时，应连续踏几下制动踏板，确认制动踏板自由行程无变化，即可将锁紧螺母拧紧。

(5)**转向盘自由行程的检查调整** 转向盘自由行程是指左、右转转向盘前轮不发生偏转，转向盘能自由转动的角度。

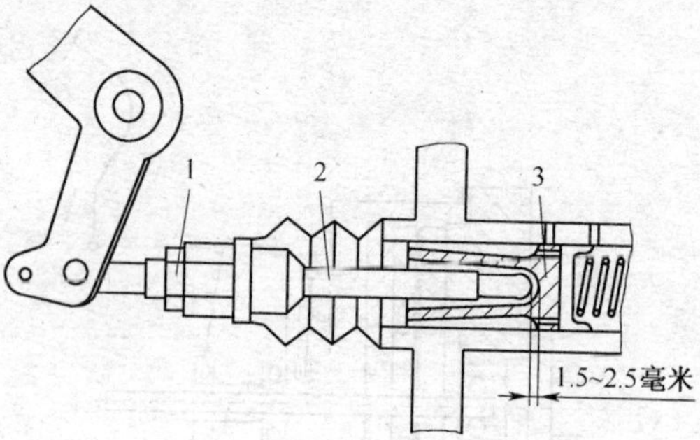

图 1-27　制动踏板自由行程的调整

1. 锁紧螺母　2. 推杆　3. 制动总泵

转向盘自由行程大小综合反映了农用车转向系统各主要零件的装配间隙。转向盘自由行程过小，将使转向沉重，操作困难，加速磨损；转向盘自由行程过大，将使转向灵敏度下降，影响安全行车。因此，要对农用车转向盘自由行程进行检查和调整。

①转向盘自由行程的检查如图 1-28 所示，首先使前轮处于直线行驶位置，将自由转动角检查器和指针（可自制）分别夹持在方向柱管和转向盘上，再向左、右转动转向盘，感到旋转转向盘刚有阻力为止，这时指针转过的角度就是转向盘自由行程。一般农用车的转向盘自由行程为 10°～20°（度），若超过 30°（度）就应该进行调整。

②转向盘自由行程调整前，先检查转向盘、转向器及其支架是否坚固可靠，转向拉杆接头及各部件是否紧固可靠，转向盘与转向轴之间的联接螺母是否锁紧，将这些部件的问题消除后，并将两前轮置于直线行驶位置，才可进行转向盘自由行程的调整。

调整转向盘自由间隙时，可先调整转向器侧盖上的调整螺钉，以消除转向器内传动副间的间隙，然后再通过增减转向器壳体与上、下盖间的调整垫片。

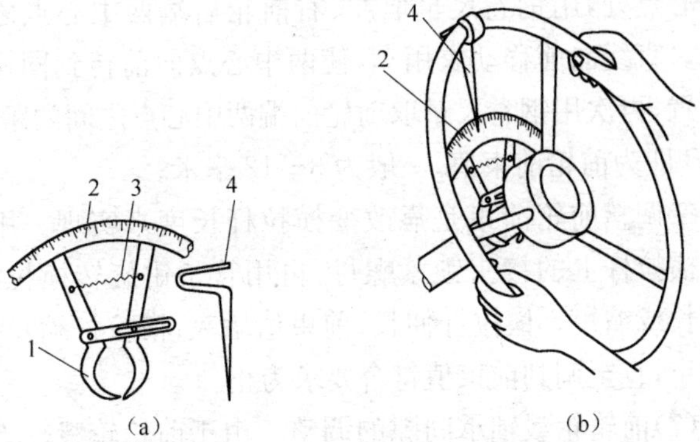

图 1-28　转向盘自由行程的检查

(a)自由转动角检查器　(b)检查自由行程

1. 夹臂　2. 刻度盘　3. 弹簧　4. 指针

(6)前轮前束的检查调整

①前轮前束的检查是将农用车停放在平坦地面上,使前轮处于直线行驶位置,如图 1-29 所示。在轮胎表面涂上白灰,测出胎冠的中心点,并用两个大头针分别插入左、右前胎

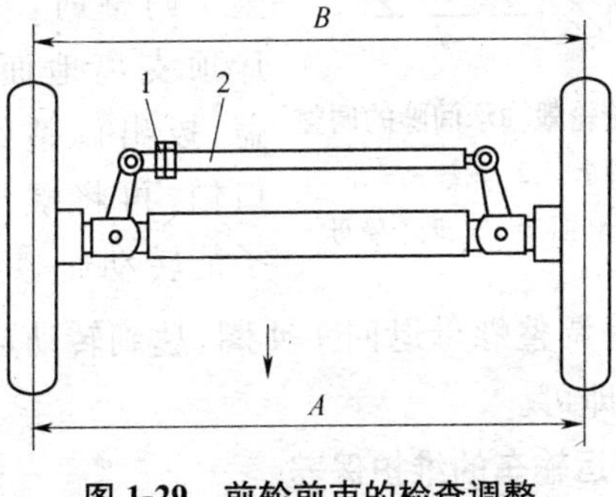

图 1-29　前轮前束的检查调整

1. 锁紧螺母　2. 横拉杆

冠中心点处，用钢卷尺量取左、右前轮后端两中心点之间距离 A。直线向前移动农用车，使两中心点向前转到同样高度的位置，再次用钢卷尺量取前轮前端两中心点之间的距离 B，$A-B$ 即为前轮前束值，一般为 3～12 毫米。

②调整前轮前束是靠改变横拉杆长度来实现。用扳手松开横拉杆上的接头锁紧螺母，再用管子钳旋转横拉杆，使其伸长或缩短。横拉杆伸长，前束值增大；横拉杆缩短，前束值减小，直至调到前束值符合要求为止。

(7)**前轮轮毂轴承间隙的调整** 由于前轮轮毂轴承的磨损使轴向间隙增大，会使农用车在行驶中出现前轮摇摆现象，当轴承间隙超过一定值时应调整。

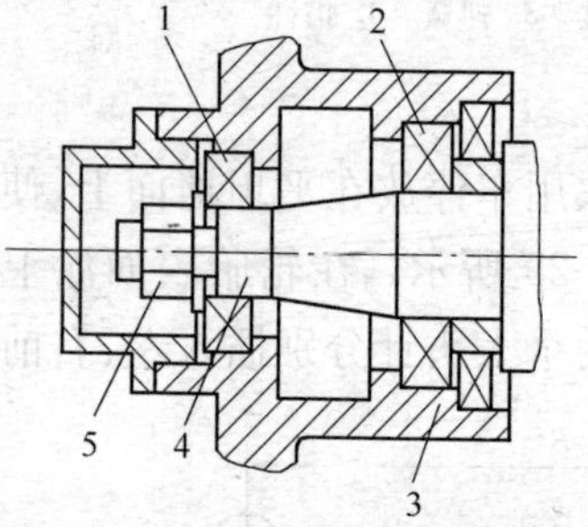

图 1-30 前轮轮毂轴承间隙的调整

1. 轮毂小轴承 2. 轮毂大轴承 3. 轮毂 4. 转向节 5. 调节螺母

前轮轮毂轴承间隙的调整如图 1-30 所示，是通过前轮两个圆锥滚子轴承支承在转向节上，其轴承松紧度用调整螺母进行调整。调整时，将前轮用千斤顶支离地面，拆下轴承盖，拔出调整螺母上的开口销，再将螺母拧紧到轮子能转动而感到有阻力时为止，然后将调整螺母退回 1/4 圈，达到转动灵活、用手扳动无间隙感即可。

九、农用运输车的维护保养

1. 农用车在走合期的维护保养

农用车的初驶期又称为走合期。走合期一般定为 1000

公里，在走合期内必须注意以下几点：

(1)**减少载货量**　在走合期内，农用车的载货量不能超过其额定载货量的80%，并不得拖带挂车和其他机械。在各种载货量下行驶所使用的挡位，必须由低到高，且各挡位都要走合，常用挡要多走合。载货量由少到多，逐渐增加。

(2)**控制车速**　一般农用车最高车速不得超过40公里/小时，同时不得拆除减速装置。

(3)**控制发动机工作温度**　农用车在冬季走合时，不能冷起动，应先将发动机预热到40℃以上再起动。在行驶中，冷却水应保持75℃～95℃。

(4)**选用优质燃油和润滑油**　在走合期内，应选用十六烷值较高的柴油和黏度小、质量好的润滑油，以防发动机工作粗暴和改善各部的润滑条件。

(5)**选择平坦道路行驶**　走合期不应在质量低劣的道路上行驶，不要爬陡坡道，以减少机件振动、冲击，防止负荷过大。

(6)**严格执行走合期的保养规定**　在走合期开始前，要进行全车的清洁工作，检查和补充各部的润滑油、润滑脂和特种液，检查紧固各部件。在行驶500公里左右时，要清洗发动机润滑系统和底盘各齿轮箱，并更换润滑油，对全车各润滑点加注润滑剂。检查制动效能和各部紧固件的技术状况。走合期结束后，应结合定程保养，做好发动机润滑系统、变速器、差速器和轮毂的清洗、换油工作，放出燃油箱内沉淀物，清洗各部滤清器，调整或拆除发动机限速装置。农用车走合期行驶里程载荷速度的限制见表1-10。

表 1-10　农用车走合期行驶里程载荷速度的限制

行驶里程/公里	载荷/千克	速度/(公里/小时)
0～80	0	≤10
80～280	500	≤25
280～600	750	≤25
600～1000	1000	≤30

2. 农用车的技术保养

农用车的技术保养分为每日保养、一级保养、二级保养、三级保养和换季保养。技术保养可根据农用车的使用状况、运行环境适当改变保养周期和内容，但以短周期、勤保养为宜。

(1)农用车每日保养

①出车前，检查发动机润滑油的油面高度，检查喷油泵和调速器壳体内的润滑油油面高度，应保证上述油面符合规定要求。检查散热器中冷却液的液面高度，不足应及时添加。根据出车行驶里程检查燃油油面，不足按需要添加。检查农用车各部分有无漏油、漏水和漏气现象。检查蓄电池电解液是否充足，接线柱是否连接紧固，所连接的低压线路是否松脱，以及有无漏电现象。检查转向装置的横、纵拉杆等各连接部分是否牢固，检查供油操纵机构和断油机构的连接情况。检查轮胎、半轴、传动轴、钢板弹簧螺母是否紧固。检查轮胎(包括备用胎)的气压是否符合规定值，检查随车工具和附件是否齐全。检查照明、信号、喇叭和刮水器工作情况，检查行、驻车制动器和离合器的工作情况。检查驾驶室门、窗及车厢栏板是否牢固可靠，检查物资装载或人员乘坐是否符合规定。检查农用车牌照、行驶证、养路费缴讫证、年检合

格证等是否齐全。起动发动机，检查发动机运转情况和响声是否正常，各种仪表工作是否良好。

农用车各部分经检查、调整，正常后方可出车。

②行驶途中(行驶2小时左右)，应注意检查各仪表、发动机和底盘各部件的工作状态。停车检查轮毂、制动鼓、变速器和后桥的温度是否正常。检查机油、冷却水是否有渗漏；检查传动轴、轮胎、钢板弹簧、转向和制动装置的状态及紧固情况。检查装载物的状况。

③停车后，应检查风扇皮带的松紧度。用大拇指按下皮带中部时，应能压下15～25毫米。切断电源，冬季放掉冷却水。清洁农用车车头、车厢和轮胎外表。发现故障及时排除。

(2)农用车一级保养

①一般每行驶2000～2500公里，需要清除空气滤清器积尘，清除发电机及起动机炭刷和整流子上的污垢。清洗柴油滤清器和柴油输油泵滤网，清洗机油滤清器，并更换新机油。

②检查蓄电池内电解液密度和液面高度，不足时应补充，紧固导线接头，并在接头处涂上凡士林，检查起动机开关的状态。检查气缸盖和进、排气管有无漏气，检查散热器及其软管的固定情况。检查、紧固转向系统，检查转向盘自由行程，必要时应调整转向器间隙。

③检查、调整手制动器和脚制动器的蹄片间隙，检查制动总泵、离合器分泵防尘罩和储油杯、油管接头是否正常。检查散热器及其软管的固定情况，更换发动机冷却水。检查、紧固传动轴万向节连接部分，检查变速器、后桥的齿轮油

面，不足时应补充。检查钢板弹簧是否断裂、错开，紧固螺栓是否完好。检查离合器、变速箱、减速器、发动机、手制动器、驾驶室和车厢的固定情况。润滑全车各润滑点。

(3)农用车二级保养

①每行驶8000～10000公里，应检查气缸压力，清除燃烧室积炭，并测量气缸的磨损情况，检查、调整气门间隙。检查、调整离合器分离杆与分离轴承的端面间隙。

②清洗柴油机润滑系统、更换机油滤清器滤芯；清洗燃油箱，更换柴油滤清器滤芯。按制动系统放气法，放掉制动分泵和离合器分泵中的脏油。

③用浓度为25%的盐酸溶液清洗柴油机冷却水道；更换喷油泵及调速器内的润滑油。检查、调整轮毂轴承间隙，并加注润滑油（脂）；检查各处油封情况，必要时更换。拆下喷油器，检查其喷油压力及雾化质量。检查液压系统接头紧固情况，并清除各部件上的积尘。

④检查发动机和起动机安装是否牢固，并检查炭刷和整流子有无磨损。检查轮胎胎面，并调换全车轮胎；检查驾驶室和车厢零部件是否完好，安装是否牢固。

(4)农用车三级保养

①每行驶24000～28000公里，检查、调整连杆轴承和曲轴轴承的径向间隙及曲轴的轴向间隙。清洗活塞和活塞环，并测量气缸磨损情况，必要时换新件。清洗、检查气门和气门座的密封情况，必要时进行研磨或换用新件。

②检查、调整机油压力，使之达到规定要求；检查、调整发电机调节器和大灯光束。清除进、排气管和消声器内的炭灰。

③拆检变速器，检查各齿轮啮合及磨损情况，检查滑套及花键轴的磨损情况，检查变速器壳、换挡臂，以及各拉杆有无裂痕。拆检传动轴，检查传动轴有无裂纹及弯曲变形，弯曲超过0.5毫米应进行校直。检查万向节各零件的磨损情况，必要时换用新件。检查前轴各传动部位的配合间隙，检查转向轴销和横、直拉杆球头有无裂痕。

④拆检后桥，检查后桥壳、减速器壳及差速器壳有无裂纹及破损；检查各齿轮啮合情况及磨损程度；检查、调整传动件间的间隙。拆检制动总泵、分泵，清洗制动管路。检查车架的纵、横梁有无裂损和明显变形，检查各支架焊缝有无裂纹。

⑤拆检钢板弹簧，除锈、整形，并润滑。检查车轮摆动情况，检查、调整前轮前束。检查、润滑里程表软轴。拆下散热器，清除外部灰尘及夹在散热器芯管间的杂物、油垢和内部的水垢。

⑥检查驾驶室有无明显变形，焊缝有无裂纹，门窗的开闭及密封情况是否良好。检查车厢的纵、横梁有无折断及破裂，外形有无损伤及变形。检查全部电气设备工作是否正常。

(5)农用车换季保养　换季保养是根据不同季节及气温，对农用车更换相应牌号的柴油、机油、齿轮油，使农用车在该季节条件下正常运行。

①清洗发动机供油系统，使用适合该季节气温相应牌号的柴油。

②清洗发动机润滑系统，换用适合该季节牌号的机油。

③清洗变速箱、转向器、后桥主传动轴，换用该季节牌号

的齿轮油。

④清洗蓄电池，调整电解液的密度，并进行补充充电。

3. 农用车夏季冷却系统的保养

夏季气温高，保养好冷却系统可延长车辆使用寿命。

①检查百叶窗有没有开，各叶片与散热器有没有成 90°角，若没有应进行调整。

②检查风扇叶片有无断裂或变形，检查水泵外壳有无裂纹和漏水，若有应修复或更换。

③检查风扇皮带的张力，在风扇和发动机带轮之间的连接皮带上，施加 39 牛左右的压力，使皮带压进 15 毫米左右，若不符合要求，用移动发电机的方法进行调整。

④检查节温器的工作情况，当冷车起动后，如冷却水的温度上升很慢，再打开散热器检查水温。如果气缸体水套里的水和散热器的水同时升温，说明节温器工作不正常或失效，应修复或更换节温器。

⑤清洗水箱和气缸水套的积垢。先用 8%的盐酸与水搅拌均匀后加入水箱，起动发动机 40 分钟后放出清洗物。然后关闭水阀，加入 8%的苛性钠溶液，起动发动机运转 40 分钟后放出清洗物。再用水冲洗，直至放出的水变清为止。最后，将水垢挡板拆下，清洗沉淀污垢。

4. 农用车的润滑保养

对农用车进行正确的润滑，能大大减少其零部件的磨损和摩擦阻力，延长使用寿命。由于农用车品牌不同，其结构也有差别，做好其润滑工作的方法也略有不同。现以南昌丰收系列农用车为例，发动机及底盘的润滑部位如图 1-31 所示。润滑时，加注润滑油的部位必须清洁。

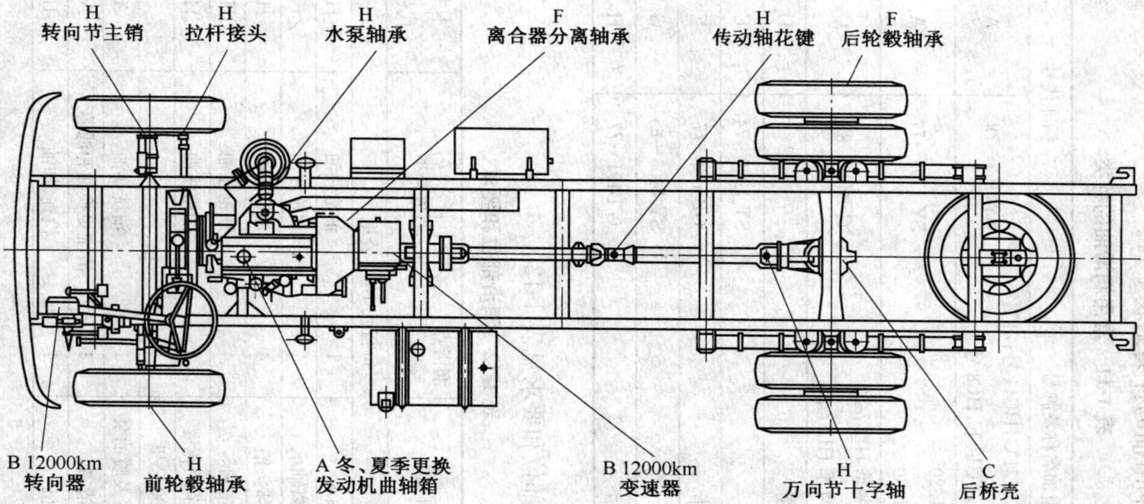

图 1-31　发动机及底盘的润滑部位

①常用润滑油的种类见表 1-11。

表 1-11　常用润滑油的种类

润滑油名称及牌号	标准代号	
柴油机机油4℃～21℃，HC11 号；21℃以上，HC14 号；4℃以下，HC8 号	SY1152—79	A
齿轮油冬季 HL-20 夏季 HL 30	SY 1103—77	A
双曲线齿轮油冬季 HL57-22 夏季 HL57-28	G B485—81	C
1 号醇型制动液		D
专用淀子油	SY 1206—74	E
2 号钙基润滑脂	GB 492—77	F
石墨润滑脂	SY 1405—65	G
3 号钙基润滑脂	G B491—77	H

②润滑部位和要求见表 1-12。

表 1-12　润滑部位和要求

润 滑 部 位	润滑点数量	润滑要求	本书代号
每行驶 1000 公里			
水泵轴承	1	油枪注油	H
离合器分离轴承	1	油枪注油	F
转向拉杆球头销	4	油枪注油	H
转向节主销	4	油枪注油	H
传动轴万向节及花键	3	油枪注油	H
每行驶 3000 公里			
发动机油底壳及喷油泵	1	清洗换油	A
机油滤清器	1	清洗更换油和滤芯	A
转向机	1	检查、加油	B

续表 1-12

润滑部位	润滑点数量	润滑要求	本书代号
每行驶 3000 公里			
变速器	1	检查、加油	B
后桥	1	检查、加油	C
每行驶 6000 公里			
前轮毂	1	清洗换油	H
后轮毂	1	清洗换油	F
变速器	1	清洗换油	B
后桥	1	清洗换油	C
制动系统油杯	1	检查、加制动液	D
每行驶 12000 公里			
前减振器	2	拆洗、换油	E
前、后钢板弹簧	2	拆洗表面、涂石墨润滑脂	G
转向机	1	拆洗、换油	B
发动机	1	清洗轴承、换油	H
起动机	1	清洗轴承、换油	H

5. 农用车长期停车的保养

农用车长期停车，必须执行下列保养工作，并定期检查，使车辆经常处于良好的技术状况。

①停车后放出油和水，并清洗整车。

②用塞子或黄油等堵住车上所有孔口。

③向各油嘴压注黄油，并保持油嘴外清洁。

④车辆应放在棚内，避免与酸、碱等腐蚀性物质存放在一起。如果不得已存放在露天，要用篷布遮盖。存放地面应坚实平整，远离火源。车辆用木头垫起，使前、后轮离地。

⑤不要把轮胎内空气放尽，轮胎不要沾油。

⑥卸下蓄电池另行保管。

十、农用运输车的常见故障、产生原因及排除方法

1. 农用车故障表现特征

农用车各零部件在发生故障时，往往都会表现一种或几种特征，归纳起来有：

(1)作用反常　如柴油发动机不易起动，制动失效，发电机不发电，车辆牵引力过小，柴油机转速不正常，柴油或机油油耗增多，车辆跑偏，制动单边，各种机件松动，间隙增大，液压自卸车厢不能上升等。

(2)声音反常　如各运动部件发出不正常的敲击声。

(3)温度反常　如柴油机过热，离合器、轴承、手制动器过热，机油温度和水温过高等。

(4)气味反常　如有橡胶件烧焦的气味，机油燃烧臭味，摩擦烧焦的臭味等。

2. 农用车故障产生的原因

农用车使用一段时间后，由于自然磨损和各种因素的影响，它的技术状态就要变坏，常常会出现这样或那样的故障。如果驾驶员能严格遵守各项操作规程，认真做好各项技术保养，及时、正确进行检修，就能避免和减少故障发生。农用车故障产生原因很多，归纳起来可分为慢性原因和急性原因两种。慢性原因是指农用车在使用过程中因自然磨损，使零部件失去正常配合，丧失正常工作能力而产生的故障；急性原因是由于日常保养工作没有做好或使用不当而引起的故障。常见急性原因有：

(1)供应缺乏　如油箱缺油，水箱缺水、蓄电池缺电，制动系统缺制动液等。

(2)油路堵塞　如油管、喷油器堵塞等。

(3)杂物侵入　如油箱进水、空气进入油管、滤网积污、电线浸油、沙石泥水进入机体等。

(4)安装调整错乱　如供油提前角及配气相位错乱，气门间隙和其他间隙错乱等。

3. 农用车故障的分析判断

排除农用车故障的关键在于正确分析判断故障的部位，而正确的分析判断来源于实践。要正确分析判断农用车的故障，不仅要熟悉农用车的结构和工作原理，而且要有一定的实际操作经验，并对故障现象及其发生的过程有所了解，把看到、听到、嗅到、触到的各种故障现象加以综合分析，找出故障的原因和部位，然后再进行排除。

分析、判断故障的一般原则是结合构造、联系原理，弄清征兆、具体分析，从简到繁、由表及里，按系分析、推理检查。农用车发生故障后，要对故障进行详细分析，弄清情况，查明原因和症状，抓住实质，确定排除方法，然后才动手排除，绝不能盲目乱拆乱动。否则，非但不能排除故障，反而引出新故障，甚至搞坏零部件。

4. 农用车常见故障及排除方法

农用车常见故障及排除方法见表1-13。

表1-13　农用车常见故障及排除方法

故障现象	故障原因	排除方法
一、柴油机常见故障及其排除		
1. 柴油机不能起动或起动困难	(1)起动系统故障： ①电气线路未接通； ②蓄电池电量不足或接头松动； ③起动电机炭刷与整流子接触不良； ④起动电机齿轮不能嵌入飞轮齿圈	 ①检查，接通线路； ②充电，拧紧接头，必要时修复接线柱； ③修理或更换炭刷； ④将曲轴稍转一个角度，正确调整单向接合器齿轮与飞轮齿圈的啮合，并消除起动电机与齿圈轴线不平行现象

续表 1-13

故障现象	故障原因	排除方法
一、柴油机常见故障及其排除		
1. 柴油机不能起动或起动困难	(2)燃油系统故障： ①油箱开关未开或油箱储油不足； ②燃油系统中有空气，油中有水，接头处漏油； ③油路堵塞； ④输油泵不供油； ⑤喷油器喷油不良； ⑥喷油泵柱塞偶件磨损，出油阀漏油； ⑦供油提前角不对	 ①打开油箱开关，并检查油箱存油，如不足应添加； ②排除空气，找出漏气处并排除。排除油中的水或另换柴油，拧紧接头； ③清洗油管及柴油滤清器，或更换滤清器滤芯； ④检查输油泵进油管是否漏气，检修输油泵； ⑤换用调整正确的喷油器； ⑥研磨修复或更换零件； ⑦按规定调整
	(3)气缸压缩力不足： ①气门间隙过小； ②气门漏气； ③气缸盖衬垫处漏气； ④活塞环磨损、胶结，开口位置重叠； ⑤活塞、气缸套磨损严重	 ①按规定进行调整； ②研磨气门； ③更换气缸盖衬垫，按规定力矩拧紧气缸盖螺母； ④更换，清洗，调整； ⑤检查，如磨损过度应更换
	(4)机油黏度太大或温度太低	可在水箱中加热水，预热起动，并使用符合规定牌号的机油

续表 1-13

故障现象	故障原因	排除方法
一、柴油机常见故障及其排除		
2. 柴油机转速不稳定	①柴油质量不好或油中有水; ②燃油系统内有空气或油箱盖通气孔堵塞; ③高压油管有裂纹或油管接头螺母没有拧紧而漏油; ④个别气缸喷油器针阀卡死; ⑤喷油泵出油阀密封不良或损坏; ⑥喷油泵油量调节拉杆不灵; ⑦调整弹簧失灵	①选用符合规定的柴油,并定期放出油箱中沉淀的水分; ②排除燃油系统中的空气,用钢丝穿通油箱盖的通气孔; ③更换油管,拧紧螺母; ④检查喷油器,必要时更换; ⑤研磨修复或更换; ⑥调整或修理; ⑦更换
3. 柴油机功率不足	①油箱开关未开足; ②空气滤清器及柴油滤清器堵塞(排黑烟); ③进、排气门间隙调整不对; ④气缸压缩力不足; ⑤喷油器工作不良; ⑥供油提前角不对; ⑦喷油泵、喷油器柱塞偶件磨损或喷油压力不对; ⑧柱塞弹簧折断; ⑨消声器堵塞; ⑩燃油系统有空气	①开足开关; ②清洗或更换滤芯; ③调整气门间隙; ④检查原因并排除; ⑤检查、调整或更换; ⑥检查、调整供油提前角; ⑦研磨或更换偶件,调整喷油压力; ⑧更换弹簧; ⑨清除消声器积炭; ⑩排除空气
4. 机油压力过低	①机油油面过低; ②油管破裂,油管接头未拧紧而漏油; ③机油滤清器滤芯堵塞; ④机油泵严重磨损; ⑤机油泵调压弹簧弹力不足或折断; ⑥各轴承配合间隙过大; ⑦油道螺塞松动而漏油; ⑧机油太稀; ⑨机油压力表失灵	①加足机油; ②焊修,拧紧; ③清洁滤芯或更换滤芯; ④修理或更换; ⑤更换弹簧; ⑥检查、调整或更换; ⑦检查并紧固; ⑧检查或更换机油; ⑨检修

续表 1-13

故障现象	故障原因	排除方法
一、柴油机常见故障及其排除		
5. 机油压力过高	①机油黏度过高； ②机油泵限压阀弹簧调整过紧； ③主油道堵塞	①根据不同季节选用合适的机油； ②重新调整； ③清洗主油道
6. 机油消耗量太大	①润滑管路接头漏油或油道油封漏油； ②气缸套、活塞、活塞环严重磨损，机油窜入气缸内燃烧； ③活塞环开口分布不符合规定（开口对开口）； ④活塞环上油环与环槽咬合，或油环油孔被积炭阻塞； ⑤使用不适当的机油	①拧紧管路接头，更换油封，检查并清除漏油处； ②修理或更换； ③按规定重装活塞环； ④折下清洗，清除积炭或更换油环； ⑤改用符合规定的机油
7. 润滑油面升高	①气缸盖、机体、气缸垫密封不良，冷却水流入曲轴箱； ②多缸柴油机有的气缸喷油不燃烧，燃油沿着气缸壁流回油底壳； ③气缸套防水圈漏水	①按规定力矩拧紧气缸盖螺母，气缸垫损坏应更换； ②检查并修理喷油器； ③更换防水圈
8. 排气冒烟	(1)冒黑烟： ①发动机负荷过大； ②气门间隙不对； ③气门密封不良； ④供油时间太迟； ⑤燃烧室积炭严重； ⑥喷油器雾化不良； ⑦活塞、活塞环、气缸套严重磨损； ⑧进气管、空气滤清器太脏，进气不畅	 ①减少负荷后，如烟色好转，说明是负荷过大，应减小负荷。如烟色仍黑，应进行检查并排除； ②按规定进行调整； ③研磨气门； ④按规定调整； ⑤检查并清除积炭； ⑥调整或更换； ⑦修理或更换； ⑧清洗或更换滤芯

续表 1-13

故障现象	故障原因	排除方法
一、柴油机常见故障及其排除		
8. 排气冒烟	(2)冒白烟： ①柴油机未预热即加负荷； ②柴油中含水； ③气缸盖、气缸垫、气缸套之间渗水； ④喷油压力太低，雾化不良，有滴油现象	①预热后工作； ②排除燃油系统水分； ③修理或更换损坏零部件； ④检查、调整、修复或更换喷油嘴偶件
	(3)蓝烟： ①机油油面过高； ②活塞环卡孔积炭或磨损过大； ③活塞环与气缸套未磨合好； ④锥面气环上下方向装反； ⑤活塞、气缸套磨损严重	①放出多余的机油； ②清除积炭或更换； ③减少负荷，增加磨合时间； ④按规定安装； ⑤检查并更换损坏的零件
9. 柴油机运转时有不正常响声	①供油提前角过大，气缸内有节奏的金属敲击声； ②喷油嘴滴油和针阀咬住，造成突然发出“嗒、嗒、嗒”的声音； ③气门间隙过大，有清晰的、有节奏的敲击声； ④活塞碰气门，有沉重而均匀的、有节奏的敲击声； ⑤活塞碰气缸盖底部，可听到沉重有力的敲击声； ⑥气门弹簧折断、气门推杆弯曲、气门挺柱磨损，使气门机构发出轻微敲击声； ⑦活塞与气缸套间隙过大的响声，随柴油机走热后减轻； ⑧连杆轴承间隙过大，转速突然降低可听到沉重有力的撞击声； ⑨连杆衬套与活塞销间隙过大，声音轻微而尖锐，在怠速时尤为清晰； ⑩曲轴止推片磨损，轴向间隙过大时，在怠速可听到曲轴前后游动碰击声	①调整供油提前角； ②清洗、修复或更换针阀偶件； ③调整气门间隙； ④适当加大气门间隙，修正连杆轴承的间隙或更换连杆衬套； ⑤更换气缸盖衬垫； ⑥更换弹簧、推杆或挺柱等，并调整气门间隙； ⑦视磨损情况更换气缸套或活塞； ⑧更换连杆轴瓦； ⑨更换连杆衬套； ⑩更换曲轴止推片

续表 1-13

故障现象	故障原因	排除方法
一、柴油机常见故障及其排除		
10. 柴油机过热	①冷却水量不足； ②水泵流量不足； ③水泵叶轮损坏或断裂； ④风扇皮带打滑； ⑤冷却系统管路堵塞或水套内水垢过多； ⑥节温器失灵； ⑦气缸盖衬垫破损，燃气进入水道； ⑧柴油机负荷过重	①添加冷却水； ②检查叶轮，必要时更换； ③检查、更换叶轮； ④调整皮带紧度或更换皮带； ⑤清洗冷却系统及水套； ⑥检查节温器工作情况； ⑦更换气缸盖衬垫； ⑧减小负荷
11. 发动机运转中自行熄火	①燃油箱内无油； ②燃油系统中进入大量空气； ③输油泵不供油； ④柴油滤清器堵塞； ⑤油管破裂； ⑥喷油嘴针阀咬死，弹簧折断； ⑦喷油泵出油阀卡孔，柱塞弹簧折断，调速器滑动盘轴套卡住； ⑧活塞“咬”缸，轴颈被轴瓦“咬”死	①添加燃油； ②检查并排除空气； ③检查输油泵； ④清洗柴油滤清器； ⑤修理或更换； ⑥更换损坏的零件； ⑦检修或更换有关零件； ⑧调整配合间隙，修理或更换损坏零件
12. 其他（如发现下列情况时应立即停车检修）	①转速忽高忽低； ②突然发出不正常的响声； ③排气突然冒黑烟； ④机油压力突然下降	①检查调速系统是否工作正常灵活，输油管路中有无空气，根据具体原因予以排除； ②仔细检查每一个运动零部件及紧固件，并进行处理； ③检查燃油系统，重点检查喷油器，并适当处理； ④检查润滑系统，认真检查机油滤清器及润滑油道是否堵塞，机油泵工作是否正常

续表 1-13

故障现象	故障原因	排除方法
二、底盘常见故障及其排除		
1. 轮胎爆损	①轮胎气压过高或过低； ②前轮前束不对，外胎磨损过快(吃胎)	①轮胎应按规定的气压充气； ②前束调整到规定值
2. 皮带打滑，车速减慢	①皮带及皮带槽沾附油污； ②皮带磨损过大； ③皮带过长	①用碱水把皮带和槽表面洗净，用干布擦干； ②更换皮带； ③调整皮带的松紧度
3. 离合器打滑或发热	①离合器踏板自由行程太小； ②离合器弹簧变软或折断； ③摩擦片沾有油污或磨损变薄、硬化，铆钉头外露	①把离合器踏板自由行程调整到规定值； ②调整或更换弹簧； ③清洗或更换摩擦片
4. 离合器分离不彻底	①离合器踏板自由行程太大； ②分离杠杆不在同一个平面上，且与分离轴承间隙太大； ③摩擦片翘曲变形； ④离合器轴花键磨损； ⑤分离爪和带爪轴承盖斜面过度磨损	①把离合器踏板自由行程调至规定值； ②三个分离杠杆必须调整在同一平面，且与分离轴承的间隙为规定值； ③更换摩擦片； ④堆焊修复或更换； ⑤修复或更换零件
5. 离合器前、后轴承发热	①皮带太紧； ②两端轴承润滑不足或轴承严重磨损	①调整皮带的松紧度； ②拆下轴承清洗并加足黄油或更换轴承
6. 分离轴承发热	①分离轴承润滑不良； ②分离轴承与分离杠杆球头相碰无间隙	①把分离轴承拆下清洗并加足黄油； ②按规定调整间隙

续表 1-13

故障现象	故障原因	排除方法
二、底盘常见故障及其排除		
7. 自行脱挡	①齿轮轮齿磨损过大成锥形； ②齿轮与轴上的花键磨损过大或齿轮传动时上下摆动、窜动； ③齿轮定位装置失效； ④拨叉行程过小； ⑤变速杆变形	①更换齿轮； ②检修或更换零件； ③检修或更换零件； ④调整； ⑤校正
8. 乱挡	①变速杆球头定位销松旷、损坏或球头磨损严重； ②变速杆严重变形； ③挡位板锁紧螺钉松旷或挡位板移位； ④变速杆拨头与拨叉槽磨损过大； ⑤花键轴过度磨损	①检修或更换零件； ②校正； ③调整并锁紧螺钉； ④检修； ⑤检修
9. 挂挡困难	①离合器分离不彻底； ②变速杆变形，球头与拨叉槽松旷； ③齿轮端面倒角面碰毛，拨叉与拨叉轴有毛刺； ④花键损坏产生台肩	①按前述方法调整； ②校正或检修； ③修去毛刺； ④修复或更换
10. 变速器发响	①齿轮端面或齿顶有毛刺，使齿轮啮合不正常或齿隙过大、过小； ②齿轮、轴承过度磨损； ③齿轮与轴的花键过度磨损造成摆动； ④变速箱内缺油或油质变坏； ⑤齿轮、拨叉等零件的非工作部位相互接触； ⑥变速杆球头与变速拨叉槽松旷； ⑦手制动盘因松旷而摆动	①检修或调整； ②更换零件； ③修复或更换零件； ④加油或换新油； ⑤检修； ⑥检修； ⑦检修

续表 1-13

故障现象	故障原因	排除方法
二、底盘常见故障及其排除		
11. 变速器漏油	①油封安装方向不对，油封自锁弹簧损坏、过松或脱落； ②变速箱盖纸垫损坏或盖未紧固； ③加油过多； ④加油螺塞通气孔被堵住	①正确安装油封或更换自锁弹簧； ②更换纸垫或紧固； ③放油至规定量； ④疏通通气孔
12. 传动轴异响	①万向节滚针轴承严重磨损； ②传动轴与伸缩套配合的花键严重磨损而松旷； ③紧固螺栓松动； ④车辆经常用高速挡走低速车； ⑤传动轴弯曲、凹陷，运转中失去平衡	①更换； ②用塞尺测花键侧隙，侧隙不应超过 0.5 毫米，否则采用局部更换加以修复； ③紧固各螺栓； ④避免用高速挡走低速车； ⑤把传动轴安在车床或平板上的两块 V 形铁上，用百分表测量时，中间弯曲应不超过 0.5 毫米，超过时应在压床上冷态校正
13. 驱动桥异响	①齿轮或轴承磨损而松旷； ②主、被动圆锥螺旋齿轮啮合不良； ③主、被动圆锥螺旋齿轮或轴承间隙调整不当； ④齿轮的轮齿折断或轴承损坏	①调整或更换零件； ②调整； ③调整； ④更换零件
14. 驱动桥漏油	①油封磨损或装配不当； ②轴颈磨损； ③纸垫损坏或螺栓松动； ④加油过多	①重新安装或更换； ②堆焊修复或更换； ③更换纸垫或拧紧螺栓； ④放油至规定值

续表 1-13

故障现象	故障原因	排除方法
二、底盘常见故障及其排除		
15. 驱动桥过热	①齿轮啮合间隙过小； ②缺少齿轮油	①正确调整其间隙； ②齿轮油加至规定量
16. 后轮偏摆	①轮辋翘曲变形； ②轮毂轴承松动，螺母滑扣或脱落	①校正或更换； ②调整或更换零件
17. 转向沉重	①转向器蜗杆上、下轴承调整过紧或损坏； ②转向器蜗杆与滚轮啮合过紧； ③转向器的转向轴弯曲或管柱凹瘪，引起互相刮碰； ④转向器、转向节销、横直拉杆等球销关节部位和轴承部位调整过紧或接头缺油； ⑤转向节销与衬套装配过紧或缺油； ⑥转向节销与转向节止推轴承缺油或损坏； ⑦前束调整不当； ⑧前轮气压不足	①调整或更换轴承； ②调整啮合间隙； ③校正； ④调整间隙或加注黄油； ⑤调整间隙或加注黄油； ⑥加注黄油或更换轴承； ⑦正确调整； ⑧按规定的气压充气
18. 转向盘不稳	①转向器蜗杆上、下轴承及滚轮与蜗杆的间隙过大； ②横、直拉杆球节磨损松旷，紧固螺母松动； ③转向节销与衬套磨损严重，间隙过大； ④前轮轮毂轴承松旷或固定螺母松动； ⑤前束过大； ⑥转向器与机架安装螺栓松动； ⑦钢板弹簧U形螺栓中心夹紧螺栓松动或损坏	①正确调整间隙； ②检修或更换零件，紧固螺母； ③更换零件； ④正确调整轴承间隙或紧固螺母； ⑤正确调整前束； ⑥紧固螺栓； ⑦紧固螺栓或更换零件

续表 1-13

故障现象	故障原因	排除方法
二、底盘常见故障及其排除		
19. 跑偏	①前轮的左、右轮胎气压不一样； ②单边制动或一边制动拖滞； ③钢板弹簧折断或两边弹力不均匀； ④左、右轮毂轴承松紧调整不一致； ⑤前轴、车架、转向节臂或转向节变形； ⑥前轮定位失准(如前束)或两边轴距不相等	①按规定气压充气； ②正确调整4个制动鼓与刹车带的间隙； ③更换钢板弹簧； ④按规定值把左、右轮毂轴承间隙调整一致； ⑤校正或更换零件； ⑥调整
20. 转向盘左、右转向角不足	①转向垂臂装配不灵或垂臂上内齿与转向器轴上外齿啮合位置不当； ②转向角限位螺栓太长； ③前轴前后窜动	①拆下重新装配； ②缩短螺栓长度； ③紧固螺栓
21. 制动失效	①油管破裂或接头漏油； ②总泵内无油或缺油； ③油管堵塞； ④总泵的皮碗踏翻或损坏，使刹车油无法进入分泵； ⑤连接部位突然脱开	①更换油管或紧固接头螺母； ②加刹车油至规定量； ③疏通油管； ④更换皮碗； ⑤检修
22. 制动不灵	①踏板自由行程过大； ②总泵、分泵皮碗变形、损坏，活塞与气缸筒磨损过甚引起漏油； ③油管和分泵内有空气； ④总泵出油阀损坏或补偿孔与通气孔堵塞； ⑤制动鼓与摩擦片间隙过大，接触面太少； ⑥制动鼓失圆、有沟槽或鼓壁过薄； ⑦摩擦片沾有油污、硬化或摩擦片铆钉外露，摩擦力降低	①调整； ②检修或更换零件； ③排除油管和分泵里的空气； ④疏通补偿孔与通气孔，检修出油阀或更换零件； ⑤检修； ⑥更换； ⑦清洗或更换摩擦片

续表 1-13

故障现象	故障原因	排除方法
二、底盘常见故障及其排除		
23. 单边制动	①左、右车轮摩擦片与制动鼓间隙大小不一； ②长期使用后，左、右制动蹄回位弹簧拉力相差太大； ③左、右轮胎气压不一致； ④个别车轮的摩擦片沾有油污、硬化或铆钉外露，造成左、右车轮摩擦力不一样； ⑤个别油路或分泵有空气，活塞运动不灵活，或者某油管的油路堵塞； ⑥摩擦片材料不一样或新旧摩擦片搭配不均	①检修； ②更换回位弹簧，使拉力符合规定值； ③使左、右轮胎气压一致且符合规定值； ④清洗或更换摩擦片； ⑤疏通油路或排除油路中的空气； ⑥检修或更换摩擦片
24. 制动拖滞或咬死	①制动总泵无自由行程或回油孔堵塞； ②油管有污物堵塞，回油不畅； ③总、分泵活塞回位弹簧太软或碗胶圈发胀卡死，活塞活动不灵； ④制动鼓与摩擦片间隙太小或回位弹簧失效； ⑤制动蹄的支承销锈死，无法活动	①把总泵自由行程调至 30～50 毫米 ②疏通油路； ③检修或换用新零件； ④检修或换用新回位弹簧； ⑤检修
25. 手制动失灵	①摩擦片与制动盘之间的间隙太大； ②摩擦片沾有油污或摩擦片磨损过度、表面硬化、铆钉外露、表面凹凸不平而与制动鼓接触不良	①把间隙调至 1.5～2 毫米； ②检修或更换零件

续表 1-13

故障现象	故障原因	排除方法
二、底盘常见故障及其排除		
26. 手制动发热与发响	①摩擦片与制动盘间隙太小； ②各销轴与孔磨损而松旷； ③制动盘固定螺栓、摩擦片调整螺栓松动	①正确调整间隙； ②检修； ③紧固螺栓
27. 悬架钢板弹簧经常折断	①超载或钢板弹簧夹子松动，片间错开接触不良引起受力不均； ②满载时紧急制动引起； ③满载转弯时车速过高，单边负荷重； ④在凹凸不平的乡间小路满载时高速行驶； ⑤钢板弹簧失去片间的相对活动能力，因而减低了钢板弹簧的承载能力	①不要超载或锁紧钢板弹簧夹子； ②避免满载时紧急制动； ③避免满载时高速转弯； ④道路条件差应减速慢行； ⑤检修或更换钢板弹簧片
28. 液压自卸车厢不能上升、“中立”	①油箱油面太低，供油不足； ②吸油滤清器堵塞； ③安全阀开启压力太低； ④油泵进油管漏气； ⑤齿轮泵磨损，使进、出油口串腔； ⑥溢流阀阻尼小孔堵塞或阀芯被卡住，阀开口很大，致使泵处于卸荷状态； ⑦油缸的进油腔中没有足够的压力，这可能是管路被污物堵塞或油缸密封不好，使压力油腔和回油油腔串腔（内泄漏）严重造成	①加液压油至规定量； ②清除脏物； ③安全阀调至规定的压力； ④检修； ⑤检查、调整齿轮泵轴向间隙，必要时更换零件； ⑥清洗并更换液压油，修复或更换有关零件； ⑦检查管路和油缸的工作情况，并清洗或修复

续表 1-13

故障现象	故障原因	排除方法
三、电气系统常见故障及其排除		
1. 发电机不发电	(1)接线断路、短路或接触不良、接错。 (2)发电机: ①爪极松动或转子线圈断路; ②整流元件损坏; ③电刷接触不良 (3)调节器: ①调整电压太低; ②线路接错; ③触点烧毛或氧化; ④断电器线圈烧坏	检修 ①检修; ②更换整流元件; ③用0号砂纸磨电刷接触面 ①把触点工作气隙调为0.3~0.4毫米,铁心工作气隙调为1.2~1.3毫米,使输出电压稳定在14.2~14.8伏; ②检修; ③用0号细砂纸砂磨触点或更换触点; ④用直径为0.29~0.33毫米的漆包线重绕(700±10)圈,20℃时电阻值为(7.2±0.5)欧姆
2. 蓄电池充电不足	(1)发电机: ①整流管损坏; ②电刷接触不良,弹簧压力不足,滑环有油污; ③恒磁材料碎裂; ④V带太松 (2)调节器: ①调整电压太低; ②触头烧毛 (3)蓄电池: ①电解液太少; ②蓄电池陈旧	 ①更换损坏的整流管; ②用0号砂纸砂磨电刷,更换弹簧,清除滑环上的油污; ③更换恒磁材料; ④按规定调整V带松紧度 ①按规定调整电压; ②用0号砂纸砂磨或更换触头 ①加注蒸馏水,使电解液比重调至规定值; ②检修或更换

续表 1-13

故障现象	故障原因	排除方法
三、电气系统常见故障及其排除		
3. 充电不稳	(1)发电机： ①V带太松； ②电刷接触不良，弹簧压力不足； ③接线柱松动或接触不良 (2)调节器： ①触头脏污； ②调节失常	①调整； ②检修或更换零件； ③检修 ①清除污物； ②检修
4. 发电机不正常响声	①安装不当，转动部分与固定部分相碰擦； ②轴承损坏； ③定子线圈局部短路或元件短路	①检修； ②更换； ③检修
5. 发电机烧毁	①发电机元件短路或定子、转子擦铁； ②调节器调压线圈烧毁或触点烧结引起失控； ③调节器调压线圈或电阻接线断路	①检修或更换零件； ②重绕线圈或更换触点； ③检修调压线圈和电阻线，加速电阻可用 ϕ0.5Q/Ds9-65 康铜线绕制，其电阻值为(0.4±0.03)欧姆；附加电阻、补偿电阻可分别用 ϕ0.3、ϕ0.2Ni80Cr20 镍铬丝烧制，其电阻值各为(9±0.6)欧姆、(20±1.5)欧姆
6. 起动机不转	①连接线断路或接触不良； ②熔断丝熔断； ③蓄电池无电或电压太低； ④电刷没和换向器接触； ⑤起动机内部短路	①检修或换用新线； ②换用新熔断丝； ③蓄电池充电； ④调整电刷； ⑤检修

续表 1-13

故障现象	故障原因	排除方法
三、电气系统常见故障及其排除		
7. 起动机空载可以运转,但无力起动发动机	①轴衬磨损过多,电枢与磁极碰擦; ②电刷与换向器接触不良; ③换向器表面烧毛或有油污; ④电枢线圈与换向器脱焊; ⑤导线接触不良; ⑥开关触点烧毛,接触不良; ⑦蓄电池充电不足或电压远低于规定值; ⑧冬季发动机润滑油凝固,起动阻力大	①换用新轴衬; ②调整电刷与换向器的接触面; ③清除油污或用砂纸磨光; ④焊接; ⑤检修; ⑥检查并砂磨开关接触点; ⑦蓄电池充电或更换; ⑧烘暖发动机并换用冬季润滑油
8. 发动机工作后起动机齿轮不能退出而继续旋转	开关接触点熔在一起	检查开关接触点,并锉平、砂光烧毛不平处
9. 起动机齿轮与发动机齿圈顶住未能啮合	①起动机与发动机齿圈中心不平行; ②开关行程没有调整好	①重新安装起动机,消除不平行现象; ②将开关的联接螺钉拧出调节
10. 起动机齿轮未和发动机齿圈啮合就转动	开关行程太小	将开关的连接螺钉拧进调节

续表 1-13

故障现象	故障原因	排除方法
三、电气系统常见故障及其排除		
11. 蓄电池自行放电	①电解液含有杂质； ②蓄电池隔板局部损坏或极板下部沉淀物过多，使极板短路； ③蓄电池表面因电解液溢出过多，使正、负极接线柱短路	①更换电解液； ②更换损坏隔板或清除极板下面的沉淀物； ③保持蓄电池表面和接线柱的清洁
12. 不充电或充电率低	①极板硫化； ②发电机传动V带过松或损坏； ③电路中导线接触不良电阻增大； ④调节器调压太低或损坏	①轻微硫化进行脱硫处理，严重时更换极板； ②正确调整V带松紧度或更换V带； ③消除导线接头污锈并重新接线； ④检修或更换有关零件
13. 容量不足	①电解液密度过小； ②电解液液面过低； ③极板间短路； ④极板硫化； ⑤导线接触不良； ⑥极板活性物质脱落； ⑦发电机、调节器工作不正常	①更换电解液； ②液面应高出极板10～15毫米，若低于此数值，应加注蒸馏水，使电解液密度调至规定值； ③调至规定值； ④清除沉淀物或更换损坏的隔板； ⑤按上述方法处理； ⑥沉淀少者，清除后继续使用；沉淀多者，更换极板； ⑦检修
14. 蓄电池温度过高	①内部短路； ②充电电流过大	①检查并消除； ②检查调节器

注：2004年5月1日实施新《道路交通安全法》，将农用运输车由农机部门归口公安部门管理，农用运输车中的四轮车改称为低速汽车，三轮车改称为三轮汽车，但在实际使用过程中，农民仍俗称它们为四轮、三轮农用车。

第二节 农用拖拉机

一、拖拉机的用途和分类

1. 用途

拖拉机是一种移动式的农用动力机械，它能牵引、悬挂并驱动各种农机具，在农业中完成耕、耙、播、收、中耕、运输等多种作业。

2. 按用途不同分类

(1)工业拖拉机　主要用于筑路、矿山、水利、石油和建筑等工程上，也可用于农田基本建设作业。

(2)林业拖拉机　主要用于林区集材，即把采伐下来的木材收集并运往林场。佩带专用机具也可以进行植树、造林和伐木作业，如J-80型和J-50A型拖拉机。一般带有绞盘、搭载板和清除障碍装置等。

(3)农业拖拉机　主要用于农业生产。

①普通拖拉机　主要用于一般条件下的农田移动作业、固定作业和运输作业等，如丰收-180、泰山-25、上海-50、铁牛-650等型号的拖拉机。

②中耕拖拉机　主要适用于中耕作业，也兼用于其他作业，如长春-400型万能中耕拖拉机。

③园艺拖拉机　主要适用于果园、菜地、茶林等地作业。它的特点是体积小、机动灵活、功率小，如金狮-61型园艺多功能拖拉机。

④特种形式拖拉机　它适于在特殊工作环境下作业或适应某种特殊需要的拖拉机，如湖北-12型、江西-12型机耕

船、机滚船、山地拖拉机、水田拖拉机等。

3. 按行走装置不同分类

(1)**履带式拖拉机** 主要适用于土质黏重、潮湿地块田间作业,农田水利、土方工程等农田基本建设工作,如东方红-75、东方红-802、东方红-70T、上海-120、红旗-150 等型号拖拉机。

(2)**轮式拖拉机** 它的行走装置是轮子,按其行走轮数量不同可分为手扶式拖拉机和轮式拖拉机两种。轮式拖拉机可用于牵引作业,如牵引犁、耙进行农田作业,也可牵引挂车进行运输作业,如东风-12、丰收-180、上海-50 型等拖拉机。

4. 按功率大小不同分类

(1)**大型拖拉机** 功率为 73.6 千瓦(100 马力)以上。

(2)**中型拖拉机** 功率为 14.7～73.6 千瓦(20～100 马力)。

(3)**小型拖拉机** 功率为 14.7 千瓦(20 马力)以下。大、中、小型三种轮式拖拉机如图 1-32 所示。

二、拖拉机产品型号的编制方法

根据国家专业标准 ZBT 60004—88,介绍《农林拖拉机型号编制规则》如下:

①拖拉机型号一般由系列代号、功率代号、型号代号、功能代号和区别标志组成,按规定顺序排列如下:

□ □ □ □——□

系列代号 功率代号 型号代号 功能代号 区别标志

②系列代号用不多于两个大写汉语拼音字母表示(后一个字母不得用 L 和 O),用以区别不同系列或不同设计的机型,如无必要,系列代号可省略。

③功率代号用发动机标准功率值附近的圆整数表示，功率的计量单位为千瓦(kW)。

图 1-32　大、中、小型三种轮式拖拉机

(a)长江 91-101 手扶拖拉机　(b)丰收-180 型拖拉机

(c)泰山-254 型四轮驱动拖拉机　(d)上海-50 型拖拉机

(e)铁牛-650 型拖拉机　(f)洛阳菲亚特 100-90 型拖拉机

拖拉机型号代号、功能代号及其含义见表 1-14。

表 1-14 拖拉机型号代号、功能代号及其含义

数字符号		字母符号	
型号代号	含义	功能代号	含义
0	后轮驱动四轮式	（空白）	一般农业用
1	手扶式（单轴式）	G	果园用
2	履带式	H	高地隙中耕用
3	三轮式或并置前置前轮式	J	集材用
4	四轮驱动式	L	营林用
5	自走底盘式	P	坡地用
6	—	S	水田用
7	—	T	运输用
8	—	Y	园艺用
9	船形	Z	沼泽地用

④拖拉机型号的组成及编制方法

⑤结构经重大改进后，可加区别标志，区别标志用阿拉伯数字表示。

⑥型号示例：

91——9 千瓦的手扶拖拉机。

110-1——11 千瓦的后轮驱动四轮式拖拉机，第一次改进。

362-J——36 千瓦的履带式集材用拖拉机。

B104G——B 系列，10 千瓦的四轮驱动式果园用拖拉机。

三、拖拉机的技术性能和各部功用

1. 拖拉机的技术性能

①我国部分小型手扶拖拉机主要技术参数见表 1-15。

②我国部分轮式和履带式拖拉机主要技术参数见表 1-16。

表 1-15　我国部分小型手扶拖拉机主要技术参数

序号	产品型号	配套发动机		结构质量/千克	轮距/毫米	离地间隙/毫米	驱动轮规格	外形尺寸 长×宽×高/(毫米×毫米×毫米)	变速挡数	离合器型式	转向机构型式	最终传动型式
		型号	功率/千瓦 转速/(转/分)									
1	CN-31	170	2.94　2200	181	560～740	177	5.00-12	1980×760×1100	3+1	皮带张紧或双片式	牙嵌式	两级直齿
2	金风-4	175F	3.31　2500	132	455～679	125	4.00-10	1620×680×1200	(3+1)×2	单片干式	牙嵌式	无
3	TY-61	R175	4.41　2600	210	640～700	180	5.00-12	2100×845×1300	(3+1)×2	双片干式	啮合套式	一级直齿
4	江淮-51	R175	4.41　2600	197	650～720	200	5.00-12	2042×860×1130	(3+1)×2	单片干式	牙嵌式	两级直齿
5	GN-51	R175	4.41　2600	208	600～700	175	5.00-12	2060×870×1160	(3+1)×2	双片干式	牙嵌式	两级直齿
6	东风-61A	R175	4.11　1600	236	680～780	200	5.00-12	2065×870×1180	(3+1)×2	三片干式	啮合套式	一级直齿
7	长江-61	R175	4.41　260	202	635～715	194	5.00-12	2050×870×1165	(3+1)×2	单片干式	牙嵌式	两级直齿
8	农友-6	R175	4.41　2600	206	680～700	176	5.00-12	2000×720×1150	3+1	单片干式	啮合套式	一级直齿

续表 1-15

序号	产品型号	配套发动机		结构质量/千克	轮距/毫米	离地间隙/毫米	驱动轮规格	外形尺寸 长×宽×高/(毫米×毫米×毫米)	变速挡数	离合器型式	转向机构型式	最终传动型式
		型号	功率/千瓦 转速/(转/分)									
9	工农-8	180	5.15 2200	237	500～700	192	6.00-12	2250×840 ×1340	(3+1) ×2	三片干式	牙嵌式	两级直齿
10	峨眉-7A	180	5.15 2200	274	630～730	190	5.00-12	2100×870 ×1180	(3+1) ×2	双片干式	牙嵌式	两级直齿
11	江西 TY-81	180	5.15 2200	245	720～780	190	6.00-12	2260×910 ×1200	(3+1) ×2	双片干式	啮合套式	一级直齿
12	长江-51	R180	5.15 2600					2180×890 ×1250	(3+1) ×2			

表 1-16 我国部分轮式和履带式拖拉机主要技术参数

型号		泰山 12	邢台 140	东方红 150	丰收 180	泰山 25	神牛 254	长春 400	上海 50	江苏 504	铁牛 55C	铁牛 650	东方红 802
外形尺寸	长/毫米	2540	2170	2520	2550	3005	2900	3960	3100	3590	4100	4220	4280
	宽/毫米	1160	1200	1170	1155	1335	1400	1958	1670	1660	1934	1934	1850
	高/毫米	1240	1235	1270	1340	1470	1450	2465	2330	1780	1910	1910	2432
拖拉机质量/千克		990	660	950	880	1210	1320	2530	1860	2280	3000	3200	6200
拖拉机最低离地间隙/毫米		245	275	251	290		282	630	400	360	640	640	260
最小转弯半径/米		2.6	2.95	1.97	2.3	2.8	2.9	4.2	3.01	3.8	5.0		
额定牵引力/牛		2942	3500	3500	3920	6700	7500	9800	11760	15000	13730	13720	35110

续表 1-16

型号		泰山 12	邢台 140	东方红 150	丰收 180	泰山 25	神牛 254	长春 400	上海 50	江苏 504	铁牛 55C	铁牛 650	东方红 802
速度/(千米/小时)	Ⅰ档	1.90	2.0	2.31	1.06	1.66	1.66	4.15	2.15	2.12	1.32	1.53	4.71
	Ⅱ档	4.40	3.82	3.80	1.4	2.09	2.09	5.74	3.45	3.19	1.76	1.85	5.50
	Ⅲ档	5.97	5.84	5.43	2.6	3.40	3.40	7.11	6.71	5.21	2.17	2.28	6.86
	Ⅳ档	7.07	7.59	8.48	4.6	5.40	5.40	9.92	8.58	7.03	4.03	4.24	8.20
	Ⅴ档	13.90	14.48	6.48	5.5	6.49	6.49	20.76	14.13	8.48	6.21	6.54	10.80
	Ⅵ档	22.17	22.14	10.65	7.4	8.20	8.20	28.67	26.86	12.76	6.09	7.09	
	Ⅶ档			15.22	13.5	13.34	13.34			20.84	8.14	8.57	
	Ⅷ档			23.77	23.7	21.20	21.20			28.12	10.02	10.54	
	Ⅸ档										18.58	19.56	
	Ⅹ档										28.64	30.15	
	倒Ⅰ档	4.58	2.0	3.06	1.2	1.55	1.55	5.36	2.84	2.79	1.32	1.40	3.18
	倒Ⅱ档		7.59	8.58	6.5	6.06	6.06	7.31	11.35	11.16	6.10	6.43	
发动机	型号	195	195	S1100	J285T	295T	295T	495A	495A	495A	4115TA1	X4115T1	4125A4
	缸径×冲程/(毫米×毫米)	95×115	95×110	100×120	85×101.6	95×115	95×115	95×115	95×115	95×115	115×130	115×130	125×152
	活塞总排量/升				1.15	1.63	1.63	3.26	3.26	3.25	5.4		
	压缩比				19	19	19	16.5	16.5	16.5	18.5		
	额定功率/千瓦/相应转速/(转/分)	8.8/2000	8.8/2000	11/2000	13.2/2200	17.7/2000	17.7/2000	29.4/1600	36.8/2000	36.8/200C	40.5/1500	47.8/1700	58.8/1550

注：* Ⅰ档～Ⅴ档为低Ⅰ档～低Ⅴ档，Ⅵ档～Ⅹ档为中Ⅰ档～中Ⅴ档，此外，还有高Ⅰ档～高Ⅴ档，其速度为 10.46～28.70 千米/小时，倒Ⅱ档为 13.8 千米/小时。

2. 拖拉机各部的功用

拖拉机形式和大小各不相同,但它们都是由发动机、底盘和电气设备三大部分组成。

(1)发动机的功用　它是拖拉机产生动力的装置。其功用是将燃料的热能转变成为机械能向外输出动力。我国目前生产的农用拖拉机都采用柴油机。

(2)底盘的功用　它是拖拉机传递动力的装置。其功用是将发动机的动力传递给驱动轮和工作装置使拖拉机行驶,并完成移动作业和固定作业。拖拉机的作业是通过传动系统、行走系统、转向系统、制动系统和工作装置相互配合、协调工作来实现的,同时它们又组成了拖拉机的骨架和身躯。因此,上述四大系统和一大装置统称为底盘。

(3)电气设备的功用　它是保证拖拉机实现各种功能的用电装置。其功用是解决照明、安全信号和发动机的起动。

四、拖拉机的起动和日常安全操作

1. 起动前的准备

使用前对拖拉机进行认真检查,可以保证机车正常起动,同时也可以消除隐患,有效地防止事故发生,安全地完成生产和运输任务。起动前应做好以下准备工作:

①检查柴油机、底盘有无漏油、漏水、漏气等现象,必要时进行检修和故障排除。

②检查柴油机水箱的水是否加足,不足应加入清洁的雨水、河水等软水,切勿加混浊的泥水和井水等硬水。

③检查柴油机油箱的柴油、油底壳的机油、底盘变速箱的齿轮油的油面高度及质量,必要时应添加或更换。

④检查拖拉机前、后轮胎气压,必要时应充气。

⑤作业前，检查拖拉机与配套的农机具和挂车的挂接情况，如有松动应紧固。

⑥按每班保养的要求，向机车各润滑点加注润滑脂。

⑦夜间作业前，检查灯光照明设备，如无灯光应检修。

2. 拖拉机的起动

(1)采用机械起动的大、中型拖拉机的起动

①用手摇把转动曲轴数圈，排除油路中的空气。

②将减压手柄放在减压位置。

③低温起动应先预热机件，接通电预热开关，预热 10～15 分钟，直到有“噗、噗”的着火声为止；有预热指示器的，应直到电阻丝发红为止。

④将手油门放到最大供油位置。

⑤变速杆放到空挡位置。

⑥将离合器踏板踩到底。

⑦用钥匙接通电路，将起动开关转到“起动”位置；发动机转动后，推下减压手柄；待发动机着火后立即断电，随即将油门放到怠速位置。

每次起动时间不应超过 5 秒钟。若一次起动不着，应停 2～3 分钟再次起动，三次起动无效，应查出原因、排除故障后再起动。

当热车起动时，可简化上述起动操作程序。

(2)采用手摇起动的小型拖拉机的起动

① 打开燃油箱开关，扳动拖拉机油门手柄，使发动机调速把手置于转速指示牌的“开始”位置。

②左手开启减压机构把手，右手用起动手柄摇转柴油机，逐渐加快到一定转速时，迅速放下减压手柄，同时右手继续用力加速摇转，直至柴油机起动运转。当柴油机转速逐渐

加快，起动手柄靠起动轴斜面的推力自行滑出。柴油机起动后，起动手柄仍应紧握在手，以免起动手柄甩出伤人；握起动手柄时，应注意五指并拢在同一侧，以免柴油机反转时损伤手。

③起动后，检查机油压力指示阀的红色标志是否升起，倾听柴油机运转声音是否正常，观察柴油机排气烟色，确认一切正常空运转 5～10 分钟后才能起步。

3. 拖拉机的起步操作程序

①柴油机起动后，预热发动并检查传动情况和仪表读数，待水温升到 40℃以上方可起步。

②拖拉机起步前，应检查拖挂的农具或挂车的连接情况，查看周围有无人、畜等障碍物，起步前悬挂的农机具应升起。

③起步时，应挂低速挡、鸣喇叭，再缓松离合器踏板，适当加大油门平稳起步，夜间及浓雾视线不清时，需同时打开前、后灯。

④上坡途中起步，应一手握住转向盘，一手控制油门(适当加大)，右脚缓慢松开制动器，左脚同时缓慢松开离合器，使拖拉机缓慢起步。

⑤在下坡途中起步，应在慢松制动器的同时，缓松离合器，使机车平稳起步而又不发生滑坡现象。

⑥在田间作业起步，应在缓松离合器的同时加大节气(油)门，若使用双作用离合器，应先使作业机械运转正常后再行起步。

⑦正在犁地作业的拖拉机起步，应使农具升起，同时使拖拉机缓慢倒退，待农具离开地面后，再挂前进挡，并下降农具进行正常作业。

4. 拖拉机的转向

正确的转向，除应对弯道的角度有正确的估计外，还应了解拖拉机限制转弯度的两个因素。

(1)最小转弯半径　就轮式拖拉机而言，将转向盘由右(左)转到极限位置，绕圆圈行驶，其外侧前轮轨迹的半径，即为拖拉机最小转弯半径。转向的转动角度大、轴距短的拖拉机转弯半径就小，反之则大。

(2)内轮差　拖拉机转弯时，内侧前轮轨迹和内侧后轮轨迹的半径差称为内轮差。内轮差的大小与转向角度、轴距有关。转向角度愈大、轴距愈长、内轮差愈大；反之则小。拖拉机牵引挂车运输时的内轮差要比单车大。

因此，拖拉机转弯时，就要估计最小转弯半径和内轮差，既要注意不使前轮越出路外，又要防止后轮掉入沟中或碰路上障碍物。还要做到减速缓行，运用转向盘与车速配合，及时转、及时回，转角适当，平稳转弯；要根据道路和交通情况，在弯道前50～100米发出转弯信号，并随时做好制动准备。

5. 拖拉机换挡变速

拖拉机在行驶途中，由于负荷和道路情况的变化，驾驶员需要经常变换速度。轮式拖拉机在公路上行驶，应在不停车状态下换挡，但要掌握时机，采取“两脚离合器”操作法，即在两个啮合齿轮的速度趋于相等时换挡，这样可做到无声啮合。

(1)由低速变高速时，“两脚离合器”操作要领

①稍加节气(油)门，提高车速。

②缩小节气(油)门，踩下离合器踏板，同时迅速将变速杆移入空挡位置，随即放松离合器踏板。

③再次踩下离合器踏板，将变速杆移入高一级挡位后，

放松离合器踏板，加大油门，使拖拉机继续行驶。在操作熟练后，也可不必踩两次离合器踏板，只需在第一次踩下离合器踏板时，使变速杆在空挡稍停一会儿，然后再挂入高速挡位。

(2)由高速换低速时，“两脚离合器”操作要领

①缩小油门，降低车速。

②踩下离合器踏板，迅速将变速杆移入空挡位置，随即放松离合器踏板。

③迅速轰一下油门，提高发动机转速，再次踩下离合器踏板，将变速杆移入低一级挡位，放松离合器踏板。换挡过程中，动作要迅速、敏捷、准确，使变速杆在踩离合器和节气(油)门时的掌握上互相配合好，节气(油)门加大或减小的程度应根据车速适当控制，车速越快，节气(油)门变动量也应越大。

④载重拖拉机在上、下坡前，应根据情况提前换低速挡，严禁上、下坡途中变换挡位，防止换不上挡而造成空挡滑行出事故。

⑤换挡时，两眼要注视前方道路，左手握紧转向盘，注意道路及行人车辆情况。

6. 拖拉机的制动

拖拉机制动方法按其性质分为预见性制动和紧急制动两种。

(1)预见性制动　驾驶员在行车途中，根据道路、障碍、行人及交通情况，提前做好思想准备，有目的地减速或停车。方法是减小油门，利用发动机的牵阻作用来降低拖拉机的惯性力，使车速减慢，这种方法也称为发动机制动。若要进一步尽快减速，应先踩下离合器踏板，再踩制动踏板，使车速迅速降低，直到停车。

(2)紧急制动　在行车时遇到突然情况，迅速准确地使用离合器和制动器，使拖拉机紧急停车。其方法是用手握紧转向盘，迅速减小油门，脚急踩离合器和制动器踏板，随即摘挡。紧急制动对拖拉机各部件和轮胎都有较大损伤，所以只在紧急情况下才采用。

7. 拖拉机的倒车

倒车时，如需使车尾向左，则左转转向盘，或分离左操纵杆、踩下左制动器踏板；如需使车尾向右，则右转转向盘，或分离右操纵杆，踩下右制动器踏板，并根据选定的目标及时回正。拖拉机倒车应注意车后的道路、障碍物和行人。

8. 拖拉机的停车和熄火

停车要选择适宜地点，以保证安全、不影响交通和便于出车为原则。停车的方法是减小油门，踩下离合器踏板，随即摘挡，踩制动器踏板停车，再拉熄火按钮，使发动机熄火，坡道上一般不允许停车。如遇特殊情况需停车时，可踩下制动器踏板并锁定好，后轮要用三角木或石块垫好。也可用熄火后挂上挡的方法，如上坡停车可挂前进挡，下坡停车可挂倒退挡。在水温较高的情况下需要熄火时，发动机需低速运转几分钟，待水温下降后再熄火。

五、拖拉机的维护保养

1. 拖拉机技术保养操作要点

拖拉机进行技术保养前，必须使发动机熄火，带有农具时，应将农具落地。技术较为复杂的保养必须在室内进行。

(1)拖拉机的清洗　经常清洗，可保持拖拉机的清洁，在加注燃油或润滑油时，可避免尘土、杂物进入机内。并可及时发现外部隐患，防止堵塞、破损及零件腐蚀。因此，每班作业后，要认真清除拖拉机外部的尘土、油污才能进行其他保养工作。

(2)润滑脂的加注　要按技术保养规程规定的润滑点、注油时间间隔及加注数量，加注新鲜润滑脂。加注中，往往因黄油枪中存在空气，造成实际注入量不足，因此，要切实保证加注进去润滑油的数量。

(3)滤清装置的保养　空气、燃油和润滑油滤清器是阻留杂质、减少机件磨损的关键部件，定期对它们清洗和更换滤芯，是保养的重点项目。

空气滤清器的保养，主要是清除积杯中的尘土，清洁中央进气管道，清洗滤网及盛油盘并更换机油。

柴油、机油滤清器的纸质滤芯用久后，杂质皆阻留在表面微孔内，逐渐使滤网性能降低，滤芯内外压力差增加，甚至将折叠片压拢或压坏，故要勤加检查。当滤芯堵塞不严重时，可浸在柴油中用打气筒自内向外吹洗，以恢复其过滤能力；堵塞严重时，应予更换。

(4)机油的添加与更换　拖拉机的机油，在使用中会有少量消耗。因此，在每次起动机车前应予检查，必要时按油尺刻度补齐。油尺刻线有上下两条，两条刻线之间的机油容量，是供正常运转下经常性消耗的。通常油面应在两刻线之间，并接近上刻线为宜。

机油在使用中因高温氧化，产生胶质、积炭，混入磨屑，造成机油变质、脏污，润滑作用变差。故机油使用一定时间后，应按技术保养规程要求，予以更换，否则将会加速机件磨损。

(5)清洗发动机油道　更换机油的同时，要清洗油道，以除去润滑油道内残存的脏机油及污垢。否则，会污染新加入的机油，降低其使用质量。

(6)**清除冷却系统水垢** 发动机冷却系统要求使用清洁的软水，以延缓水垢的形成，保证散热效率。否则，冷却系统内形成水垢，将会因散热不良造成发动机过热，功率不足，严重的还会造成烧瓦、拉缸等事故。因此，保持冷却系统清洁，清除冷却系统水垢，是不容忽视的保养操作项目。

(7)**清除活塞、喷油器及其他零件表面的积炭** 清除表面积炭不能用金属物品刮擦，以免损坏零件表面，应当将清洗零件在金属清洗剂中浸泡后，用毛刷、软布除去，不易除去的部分可用竹、木片轻轻刮除。

2. 拖拉机在磨合期内的维护保养

新购的或大修后的拖拉机，由于各部件的加工表面比较粗糙，相互配合的间隙也小，运行后磨落的金属细屑较多；工作时相互摩擦，零件表面温度比较高，润滑不良；各部机件的连接，经过初步使用后也会松动。因此，运行初期，需要经过一定的里程进行磨合，即为磨合期。磨合期是拖拉机使用中的一个重要时期。

①必须严格按照拖拉机产品说明书中规定的磨合里程进行磨合。

②磨合期内，应选用低黏度的优质润滑油。

③注意观察拖拉机各部件的工作状况，如有异响或发动机过热等异常现象，应停车检查。

④磨合期内负荷必须由小到大，行驶速度必须由低速挡到高速挡。

⑤磨合期内应该在路面条件比较好的道路上行驶。

⑥磨合期后，应按规定对拖拉机进行全面保养，以延长拖拉机的使用寿命。

3. 拖拉机在高温和低温条件下使用的维护措施

(1)在高温条件下使用的维护保养 主要问题是发动机过热和润滑性能下降。

①清除冷却系统的水垢，保持良好的冷却效果。

②换用夏季润滑油。

③调整发电机调节器，减小充电电流，保持蓄电池电解液的密度和液面高度。

④行车途中经常检查轮胎温度和气压。

⑤冷却水沸腾时应停车，让发动机怠速运转几分钟后再加冷却水。

(2)在低温条件下使用的维护保养 柴油蒸发困难，使发动机起动困难，造成磨损加剧。

①使用冬季润滑油。

②柴油发动机使用低凝点柴油。

③调整发电机调节器，增大充电电流，注意保持蓄电池电解液的相对密度。

④加装保温被，注意保持发动机的工作温度。

⑤正确使用防冻液。

4. 拖拉机润滑脂的加注

拖拉机加注润滑脂时，必须先擦净加注点的油污，排除黄油枪中的空气，再用黄油枪对准加注点先挤出泥水，直至清洁的润滑脂被挤注出为止。

①上海-50 型拖拉机的润滑部位见表 1-17。

②东风-12 型手扶拖拉机的润滑部位见表 1-18，润滑点如图 1-33 所示。

表 1-17　上海-50 型拖拉机的润滑部位

序号	润滑部位	润滑点数	润滑油	润滑周期/小时	润滑说明
1	前桥摆轴	2	钙基润滑脂	10	用黄油枪注油
2	转向接杆前球接头	2	钙基润滑脂	10	用黄油枪注油
3	转向主销	2	钙基润滑脂	10	用黄油枪注油
4	前轮轮毂	2	钙基润滑脂	10	用黄油枪注油
				1000	清洗后更换新机油
5	发动机油底壳	1	柴油机油	10	检查油面,不足添加
				250	清洗后更换新机油
6	喷油泵	1	柴油机油	50	检查油面,不足添加
				500	清洗后再换新机油
7	转向盘止推轴承	1	钙基润滑脂	250	用黄油枪注油
8	转向器	1	汽油机油	500	检查油面,不足添加
9	发电机两端轴承	2	钙基润滑脂	10000	更换润滑脂
10	风扇水泵轴	1	钙基润滑脂	50	用黄油枪注油
11	转向拉杆后部球接头	2	钙基润滑脂	10	用黄油枪注油
12	变速箱后桥	1	汽油机油	50	检查油面,不足添加
				1000	清洗后更换新机油
13	离合器踏板轴	1	钙基润滑脂	10	用黄油枪注油
14	制动器踏板轴	2	钙基润滑脂	10	用黄油枪注油
15	左右升降杆	2	钙基润滑脂	10	用黄油枪注油
16	升降杆齿轮室	1	钙基润滑脂	10	用黄油枪注油
17	最终传动	1	汽油机油	250	检查油面,不足添加
				1000	清洗后更换新机油

表 1-18　东风-12 型手扶拖拉机的润滑部位

图上编号	润滑部位	润滑点数	润滑油品种	加油说明
1	各操纵杆铰链连接点	若干	机油	每 1～2 班加油一次，加油时用油壶滴几滴机油
2	耕耘尾轮螺杆	1	钙基润滑脂	拧出尾轮螺杆，清洗后涂上润滑脂，每工作 500 小时进行一次
3	犁刀传动箱	1	齿轮油	①每 30～50 小时检查一次，不足时应添加；拧下检油螺塞，以油从检油螺孔开始溢出为止 ②每工作 500 小时清洗换油
10	传动箱	1		
9	变速箱	1		
4	犁刀轴左轴承	1	钙基润滑脂	拆下轴承盖并涂上润滑脂，每工作 100 小时进行一次
5	耕耘尾轮轴套	1	钙基润滑脂	拆下尾轮轴套，清洗后涂上润滑脂，每工作 30 小时进行一次
6	空气滤清器	1	清洁的废机油	①一般每 100 小时清洗换油一次；在灰尘特别多的环境下工作时，每几班清洗换油一次，加油至油盘上所示油面高度 ②如果是纸质滤芯，则不可加油，应保持干燥
7	离合器分离轴承	1	复合钙基润滑脂	拆下分离轴承，清洗后放在润滑脂中加热注入；每工作 500 小时进行一次
8	发动机油底壳	1	柴油机机油，冬用 HC-8，夏用 HC-14	每班检查油面，必要时应添加；检查时发动机应放平

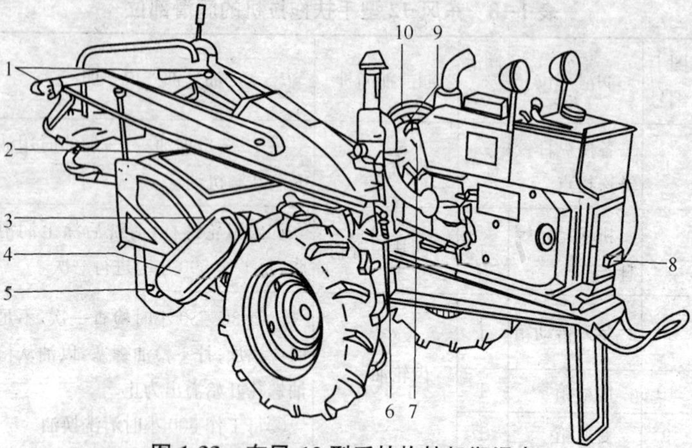

图 1-33 东风-12 型手扶拖拉机润滑点

1～10. 润滑点编号

5. 拖拉机保养周期的计算

定期地对拖拉机进行系统的清洗、检查、调整、紧固、润滑和更换部分易损件的维护措施，统称为对拖拉机的技术保养。目前拖拉机大多采用四级三号保养(也有些机型采用五级四号保养)，即每班技术保养和一、二、三号定期保养。各号技术保养的时间间隔叫“技术保养周期”，保养周期的计算方法有按工作小时计算和按主燃油的消耗量计算，常见拖拉机的技术保养周期见表 1-19。

表 1-19 常见拖拉机的技术保养周期

保养机型	一号保养		二号保养		三号保养		四号保养	
	单位机型							
	工作小时	耗主燃油（千克）	工作小时	耗主燃油（千克）	工作小时	耗主燃油（千克）	工作小时	耗主燃油（千克）
手扶拖拉机	100	200	500	1000	1500	3000		
上海-50	125		500		1000			
铁牛-55	50	400	150	1200	300	2400	900	7200
东方红-75	50～60	500～700	240～250	2500～3000	480～500	5000～6000	1400～1500	15000～18000

(1)每班技术保养

①清洁整机外部,消除漏油、漏水、漏气现象。

②检查联接紧固件情况,如轮胎的固定螺母、柴油机底盘固定螺母、旋耕刀紧固螺母等。

③检查柴油、机油、冷却水、油底壳、犁刀传动箱、空气滤清器中的油面,不足时添加。

④按润滑图表加注润滑油(脂)。

⑤检查轮胎气压和 V(三角)带紧度。轮胎气压应为 $(13.7\sim19.6)\times10^4$ 帕;V 带紧度以拇指按下 V 带中部,V 带离开原来位置 20 毫米为宜。

⑥在拖拉机运行中,检查转向机构、变速箱、离合器、制动器、油门、机油指示器、水位浮标等工作是否正常。

⑦检查随车工具是否齐全。

(2)一号技术保养　每耗油 200 千克或工作 100 小时进行。

①完成每班技术保养各项工作。

②清洗柴油滤清器的滤芯和油箱加油滤网。清洗滤芯,可将滤芯一端的孔堵住,从另一端向孔里用打气筒打气,吹出滤芯污物的方法如图 1-34 所示,如纸滤芯破损、端盖脱胶应换新件。

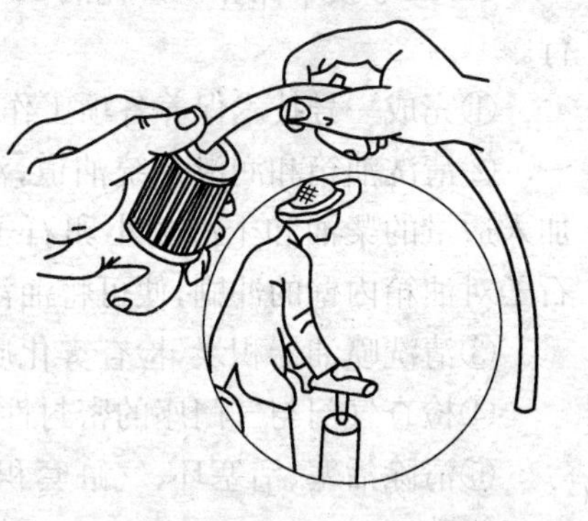

图 1-34　吹出滤芯污物的方法

③清洗集滤器,检查油底壳机油,若机油太脏、变质、过稀应趁热放掉,并用柴油清洗油

底壳和滤芯。

图 1-35　用软刷子清洗纸质滤芯

1. 软刷子　2. 塞头　3. 纸质滤芯

④清洗空气滤清器中滤芯表面的尘土。必须用刷子清洗纸质滤芯，如图1-35 所示，不能用油洗，以防“飞车”。如是湿式滤清器，应更换油盘内机油。

⑤检查调整气门间隙和减压机构间隙。

⑥检查调整离合器分离轴承与分离杠杆的间隙。

⑦检查变速箱加油螺塞通气孔是否畅通。

⑧按规定加注润滑油(脂)。

⑨单轴平衡的发动机应检查连杆螺母、平衡块螺母、飞轮螺母等紧固情况。

(3)二号技术保养　每耗油 1000 千克或工作 500 小时进行。

①完成一号技术保养各项工作。

②清洗油箱和润滑系统油道，清洗油箱时，把油箱拆下，加入适量的柴油和干净的小卵石子，然后晃动油箱，靠小卵石子对油箱内壁的冲刷，便可将油污洗掉。

③清洗喷油器积炭，检查雾化质量、校正机油压力。

④检查气门与气门座的密封性，清除排气管积炭。

⑤清除活塞、活塞环、气缸套积炭，检查活塞环的弹力和开口间隙。

⑥清除冷却系统水垢。

⑦清洗传动箱、变速箱、犁刀箱，更换齿轮油，清洗犁刀轴油封并涂油。

⑧按规定加注润滑油(脂)。

(4)三号技术保养　每耗油3000千克或工作1500小时进行。

三号技术保养也称为检修，主要内容是全机拆卸、检查、更换达到磨损极限的零件，进行调整、装配。

①拆开发动机进行清洗检修，磨损严重的零件应更换。

②拆开并清洗传动箱、变速箱、最终传动箱、犁刀传动箱等部件的齿轮、轴承、油封，必要时更换。

③检查拨叉和转向弹簧工作可靠性，必要时更换。

④检查和调整各操纵机构工作可靠性，离合器、摩擦片、制动环、轮胎若过量磨损应更换。

六、拖拉机的常见故障及排除方法

1. 拖拉机常见故障的原因

拖拉机在使用过程中，技术状态变差，不能正常工作或不能工作，称为故障。常见故障的原因有四方面。

(1)操作不当　没有严格按操作规程操作，造成零部件损坏，引起故障。如新的或大修后的拖拉机，不经过充分磨合和试运转便投入重负荷作业，造成零件严重磨损；拖拉机行驶中把脚放在离合器踏板上，造成离合器摩擦片严重磨损；起步时离合器接合过猛，造成传动系统损坏等。

(2)维护保养不良　由于使用者对技术保养不重视，不能及时进行保养或保养质量不高，造成零件的加速磨损和破坏，引起故障。如不及时添加冷却水和润滑油，造成机体过热，润滑不良，导致严重磨损，甚至“拉缸”、“抱轴”、“烧瓦”。

(3)装配和调整不当 拖拉机的零部件都有严格的装配和调整要求，若不按规定装配、调整，有关部件不能正常工作就会引起故障。如气缸套活塞间隙、气门间隙、正时齿轮室啮合间隙、供油提前角等，若装配、调整不当，都会使机器不能正常工作或不能工作。

(4)拖拉机零件不合格 由于零件的材质、加工精度不符合要求或零件有内在缺陷，出厂时没有认真检验，被装到拖拉机上，造成拖拉机的故障。

2. 拖拉机常见故障的征象

拖拉机在使用过程中，伴随着故障的发生，拖拉机将产生一些异常现象，称为故障征象。

(1)作用异常 某些机构或零、部件不能按要求完成规定动作，如不能起动、操纵困难等。

(2)温度异常 发动机或某些传动部件过热，水温、油温过高等。

(3)声音异常 如发动机有敲缸、放炮、啸叫、刮擦声等。

(4)外观异常 如排气颜色和浓度异常、灯光不亮、零部件变形或移位、漏油、漏水、漏气等。

(5)气味异常 有烧机油味、摩擦片烧焦味，烧电线绝缘橡胶味等。

故障征象是和拖拉机故障原因相联系的，它反映了拖拉机技术状态变化的规律和变化的程度。

故障分析应遵循结合构造、联系原理、搞清征象、具体分析、从简到繁、由表及里、按系分段检查的分析原则。

排除故障一定要熟悉构造和原理，认真判明故障征象，仔细分析故障原因及部位后，慎重地进行。切忌盲目动手乱拆、乱卸。

3. 拖拉机的调整

(1)手扶拖拉机 V(三角)带松紧度的调整 手扶拖拉机农忙时可下田作业,农闲时可从事运输。农机销售市场以中南、华东、西南地区为主,主要销售机型有东风-12、工农-12、工农-12K、红卫-12 等 8.8 千瓦(12 马力)定型产品。V(三角)带传动装置的调整如图 1-36 所示。其调整方法是松开柴油机横架和机架之间的 4 个六角固定螺母,将柴油机向前移动为调紧,向后移动为调松。调整恰当与否,可用拇指按压 V 带的中部(用力 4.9～7.8 牛),V 带下降量为 20～30 毫米,即为调整合适,然后拧紧 4 个六角固定螺母。调整时,主、从动

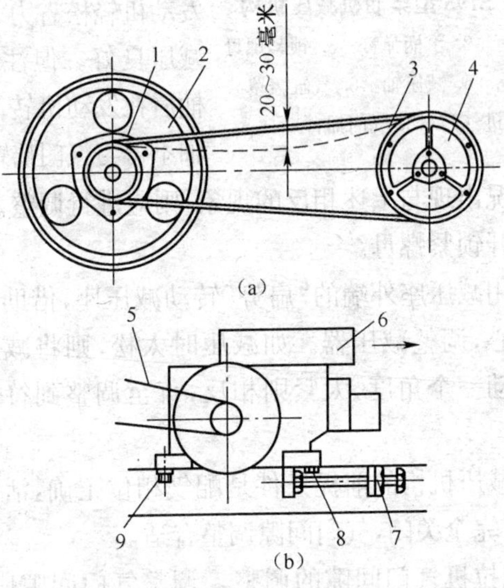

图 1-36 V(三角)带传动装置的调整

1. 主动带轮 2. 飞轮 3、5. V(三角)带 4. 被动带轮
6. 发动机 7. 调整螺母 8. 拉紧螺母 9. 固定螺母

带轮轮轴中心线应平行，轮槽中心线应对齐，不允许有偏斜。

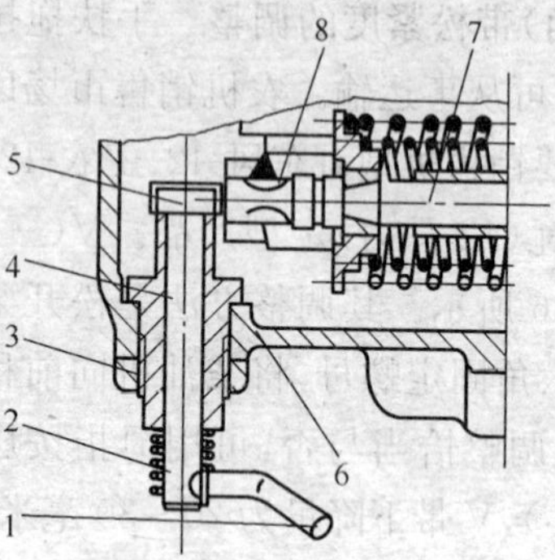

图 1-37　S195 型柴油机减压机构

1. 减压手柄　2. 手柄弹簧　3. 锁紧螺母　4. 减压座　5. 减压轴　6. 气缸盖罩　7. 进气门　8. 气门摇臂

(2)**手扶拖拉机发动机减压器的调整**　手扶拖拉机的发动机一般是柴油机。S195 型柴油机减压机构如图 1-37 所示。用左手顺时针方向转动减压器手柄，在这一过程中，靠手柄旋转时手的感觉，如感觉用力过大，气门被压下，转动发动机轻松省力，则减压器减压良好。但注意放入手柄后在发动机转动时，减压轴不得与气门摇臂相撞。

如情况出现与上述相反的现象，则应进行调整。

①松开锁紧螺母。

②利用减压座外端的"扁势"转动减压座，借助其外圆与内孔的偏心，调整减压器。如减压时太松，则将减压座顺时针方向转动一个角度，太紧则相反，直至调整到符合要求时为止。

调整减压机构的前提条件是配气相位正确，活塞处于上止点，气门完全关闭，气门间隙调整合适。

(3)**拖拉机气门间隙的调整**　调整气门间隙应在冷车、活塞处于压缩上止点位置时进行。现以上海-50 型拖拉机的 495A 型柴油发动机两次调整法为例说明如下：

先找一缸（靠近风扇皮带的那只缸）压缩至上止点摇转

曲轴，当看到四缸进气摇杆开始动的瞬间，即停转曲轴，此时即为一缸压缩上止点或上止点附近位置。495A型柴油机气门排列顺序和编号见表1-20，按顺序进行调整。

表1-20 495A型柴油机气门排列顺序和编号

缸号	一缸	二缸	三缸	四缸
气门排列顺序	进、排	进、排	进、排	进、排
气门排列编号	1、2	3、4	5、6	7、8

第一次先调编号为1、2、3、6的4个气门的气门间隙，再摇转曲轴一圈，使四缸处于压缩上止点或上止点附近位置。第二次便可调编号为4、5、7、8的4个气门间隙。调整时用塞尺分别塞入进、排气门杆末端与摇臂头之间来回抽动，以能轻松抽动又稍感阻滞为宜。否则，可拧松摇杆上调整螺母，用螺钉旋具(螺丝刀)拧动调整螺钉进行调整，直至调到该机型规定的气门间隙值(进气门间隙为0.25～0.30毫米，排气门间隙为0.30～0.35毫米)为止。

(4)**拖拉机前轮前束和后轮轮距的调整** 为保证轮式拖拉机直线行驶的稳定性和转向操作灵活，减少轮胎磨损，前轮并不与地面垂直，其上端略向外倾斜，称为前轮外倾；前端略向里收拢，称为前轮前束；转向节主轴上端略向里倾斜和向后倾斜，称为转向节轴内倾和后倾，以上4种统称为前轮定位。天津铁牛-55C型拖拉机转向节主轴内倾角为7°、后倾角为5°，前轮外倾角为2°。上海-50型拖拉机转向轴内倾角为9°、后倾角为0°、前轮外倾角为2°，前轮前束则需要通过调节左、右横拉杆或纵拉杆的长度进行调整。

①前轮前束的检查调整是转向盘处于居中位置时，在前轮正前方，左右轮胎面中间，于车轮中心高度处做一个“十”

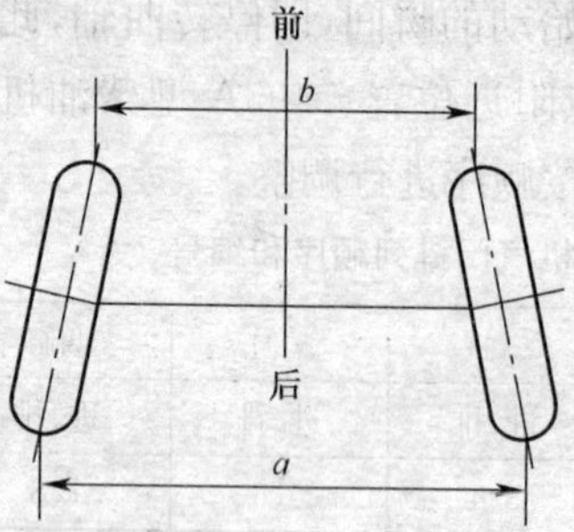

图 1-38 前轮前束

字，测取两标记的距离为 b，然后将该标记转到正后方同样高度位置，再次测取标记间的距离为 a，$a-b$ 即为前束值。前轮前束如图 1-38 所示。铁牛-55 型拖拉机和上海-50 型拖拉机的前束值分别为 7～13 毫米和 4～12 毫米。如不符合要求，前者通过调节转向梯形的横拉杆，后者通过调节左、右纵拉杆的长度进行调整。

②后轮轮距的调整是通过改变轮毂在半轴上的位置、安装方向和轮辐安装方向进行调整。铁牛-55 型拖拉机调整范围为 1200～1800 毫米。上海-50 型拖拉机为有级式调节，可调节为 1346 毫米、1392 毫米和 1498 毫米 3 种轮距。

4. 拖拉机常见故障的检查方法

不同的机车故障，必然有不同形式、不同程度的征象。准确、全面地把握住故障的征象是排除故障的关键。要充分利用口问、耳听、鼻闻、眼看、手摸或借助仪器检测等手段，准确地判定故障的性质和特点，进而通过分析检查的方法来确定故障发生的原因和部位。

(1)部分停止法　停止某部分或某系统的工作，比较停止工作前、后故障征象的变化，以判断故障的部位或出故障的机件。例如，对发动机采用断缸法来比较某缸的零部件工作是否正常。

(2)交叉对比法　分析故障时，若对某一零部件的技术状态有怀疑，可用技术状态正常的备件去替换，比较更换前后故障征象有无变化，以判明故障原因是否出在原来的零部件。

(3)试探法　改变局部范围内的技术状态来观察故障征象的变化，以判断故障的原因。如气缸压缩压力不足，怀疑是气缸套、活塞密封不良，可向气缸内加入少量机油，此时若发动机压力增大，证明分析是正确的。

(4)听诊法　判断异常响声常用此法，用一根约半米长的细钢棍，一端磨尖，触到待检查部位，另一端做成圆形，贴在耳朵上，可以较清晰地听到机器异常响声的部位和大小。

5. 拖拉机修理造成的人为故障及预防措施

(1)乱拆乱装，零件脏污　有的农机修理点，设备简陋，场地条件差；有的搭个棚在路边从事修理；有的走村串户，未带专用修理工具；有的修理工，拆装零配件时蛮干，乱拆、乱扔、乱摔，致使一些零件磕碰、损坏。“带病”的零配件装在车上后会出现故障。零配件表面脏污、有尘土，没洗装机，也将引起故障。

(2)安装错位，调整错乱　有的修理工，工作粗心大意，在修理拖拉机的正时齿轮室的齿轮、曲轮与飞轮，变速箱内的齿轮，空气滤清器和机油滤清器的滤芯及垫圈时，没有严格按照相互之间要求的位置和标记安装，因零件之间相对位置改变而造成各种故障。拖拉机各调整部位，如气门间隙、轴承间隙、供油时间等，在修理时必须按要求范围调整，才能保证各系统在规定的技术条件下正常工作，若调整不当，便会发生各种故障。

(3)“宁紧勿松，宁多勿少”　有的修理工，在维修机件时，有“宁紧勿松，宁多勿少”的修理习惯，认为紧一点保险，其实不然。如连杆螺栓拧得过紧，容易引起烧瓦抱轴；轮毂轴承装配过紧，拖拉机跑不起来而且费油，机件磨损加快。

发动机内、空气滤清器内机油加得过多，容易引起“飞车”，若制止“飞车”措施不当，将发生机件严重损坏事故。

(4)图便宜，装劣件　拖拉机维修换用新件，若检查疏忽，购便宜伪劣零配件，明知有缺陷还继续装机，无疑会造成人为故障。如螺栓螺纹断扣、轴承材质不好、转向节处有裂纹等，还凑合装机使用，必将造成安全隐患。

人为故障应以预防为主，严格遵守修理操作规程。在修理中，除要使装配零配件的材质、规格符合技术要求外，还要坚持零配件无锈蚀、无油污、无毛刺和零件不落地的原则。搞好文明生产、完善修理工艺和设备，提高修理质量，才能避免修理中的人为故障。

6. 拖拉机常见故障及排除方法

拖拉机常见故障及排除方法参见本章第一节农用运输车的常见故障产生原因及排除方法。

七、拖拉机挂车的正确使用

挂车由拖拉机牵引后，可在农村公路上进行农药、化肥、种子、粮食等运输作业。

1. 拖拉机挂车的种类

拖拉机挂车俗称为拖车，可分为半挂车和全挂车两类。

(1)半挂车　无行驶动力设备，与牵引车共同承载，由牵引车牵引行驶，如单轴、两轮式半挂车一般与手扶拖拉机和小四轮拖拉机配套使用。挂车部分质量由拖拉机的牵引装置支承，有利于发挥拖拉机驱动轮的牵引性能。其结构简单、质量轻、倒车方便，适用于农村田间、山区、丘陵地区运输作业。

(2)全挂车　无行驶动力设备，独立承载，由牵引车牵引行驶。大中型拖拉机配套的挂车多为全挂车，有的还装有液压自卸系统，其结构比半挂车复杂，承载量比半挂车多，适用于农村公路进行运输作业。

2. 拖拉机挂车的使用注意事项

拖拉机在拖带挂车时，只准拖带一辆，挂车的载货量不准超过其额定载货量，挂车的连接装置必须牢固、可靠，挂车的制动器、标杆、标杆灯、制动灯、转向灯、尾灯必须齐全有效，挂车在行驶中必须注意陷车，一旦陷车需采取以下措施：

①挂车陷在泥坑中，车轮打滑空转时，不要加油门猛冲，必须停车时，在车轮下垫石块、木块后再行驶。

②当挂车陷入不深，且前后辙较长时，可将长木板塞插在轮前车辙中，增加车轮摩擦力，抬高车轮胎位，从而帮助驶出。当载料重心后移时，可将物料卸去，也可使挂车驶出泥坑。

③当挂车车轮埋没 1/2 以上时，可用钢丝绳将深陷的挂车用其他机车牵引出泥坑。

3. 拖拉机挂车的结构

①7C-1 型单轴半挂车的结构如图 1-39 所示。它主要由车厢、行走装置、制动装置、牵引装置组成。

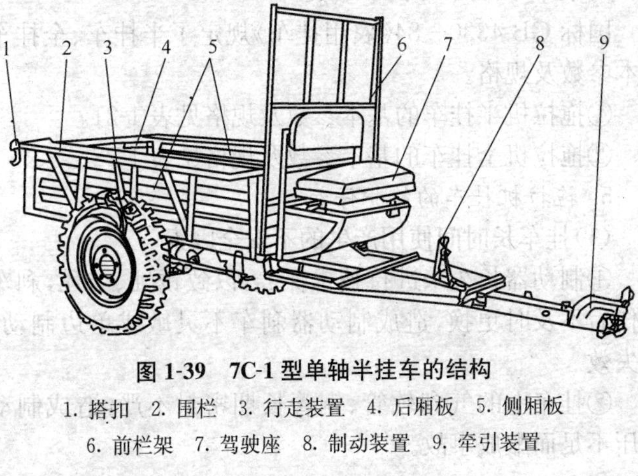

图 1-39 7C-1 型单轴半挂车的结构

1. 搭扣 2. 围栏 3. 行走装置 4. 后厢板 5. 侧厢板
6. 前栏架 7. 驾驶座 8. 制动装置 9. 牵引装置

②液压倾卸式双轴全挂车的结构如图1-40所示。它主要由车厢、车架、牵引架和制动、液压、信号照明系统等组成。采用液压自卸装置可向后、向左右两侧自动倾斜卸料。

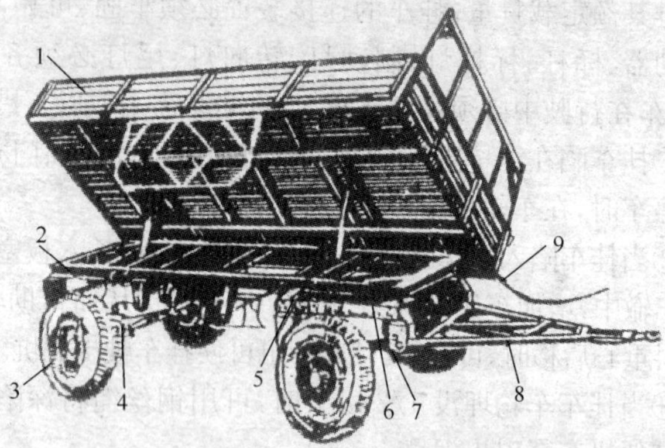

图1-40 液压倾卸式双轴全挂车的结构

1. 车厢 2. 车架 3. 轮轴总成 4. 制动系统 5. 液压倾卸系统 6. 转向机构 7. 悬架 8. 牵引架 9. 信号照明电路系统

4. 拖拉机挂车的技术参数

国标GB 4330—84《农用挂车》规定了半挂车、全挂车的基本参数及规格。

①拖拉机半挂车的基本参数及规格见表1-21。

②拖拉机全挂车的基本参数及规格见表1-22。

5. 拖拉机挂车的维护保养

(1)挂车长时间使用产生的不安全因素

①制动器长久未进行技术保养,以致锈蚀、卡死,刹车带烧伤后不及时更换,造成制动器刹车不灵敏或单边制动,甚至失效。

②挂车上的气刹软管、铜管长期密封不严,造成制动时气压不足而酿成事故。

表 1-21　拖拉机半挂车的基本参数及规格

载货量/吨		0.5	1	1.5	2	3	4
推荐车厢规格*/米³		0.3,0.4	0.6,0.7	1,1.4	1.4,1.8	2.6	3.4
满载时牵引点	承重/千克	50～100			300	400	500
	下沿高度/毫米	360±30		360±75			
轮胎规格(层级)/英寸		4.50—12(6)	6.50—16(6)	7.50—16(8)	7.50—16(12)	9.00—16(12)	9.00—16(14)
		4.50—16(4)	7.00—16(8)	32×6(10)	9.00—16(10)	12.5L—16(14)	
		6.00—16(6)		7.00—16(10)	7.50—20(10)		
制动系统形式		脚踏机械式制动		气动或脚踏液压式制动(山区用)、惯性机械式制动(平原用)	脚踏液压式或气压制动	气压制动	
自卸方向、形式倾斜角度		后向,机械式 ≥42°			后向,用符合 NJ131—76《农机用伸缩式套筒液压缸》规定的液压缸举升 ≥45°		
轴承规格		7200 系列		7500 系列			
悬架形式		无悬架或板簧弹性悬架		板簧弹性悬架			
牵引环孔径/毫米		$20^{+0.49}_{-0.16}$		22	43		

注：* 车厢规格表示车厢容积 m^3 值，根据使用要求可按 GB 4330—84《农用挂车》标准的表 22 中的规定选用。

表 1-22　拖拉机全挂车的基本参数及规格

载货量/吨	2	3	4	5	6	7	8
推荐车厢规格/米^3	1.8	2.7	3.4	4.1	4.5	5.3	6.8
满载时牵引杆后端高/毫米	≤650			≤700			
轮胎规格(层级)/英寸	6.50—16(8)	7.50—16(8)	7.50—16(12)	9.00—16(12)	12.5L—16(14)	950×350(10)	1100×395(12)
	7.50—16(6)	7.50—20(8)	9.00—16(10)	9.00—20(10)	9.00—16(12)	9.00—20(10)	
			7.50—20(10)	12.5L—16(12)	7.50—16(10)（双胎）	7.50—16(10)双胎	9.00—20(10)（双胎）
制动系统形式	气压或脚踏液压式制动	气压制动		断气制动			
自卸方向、形式、倾翻角度	侧向、后向或侧后三向倾翻，用符合 NJ131—76 规定的液压缸举升；侧向、后向倾翻角≥45°，三向倾翻的侧向倾翻角不大于 75°，后向倾翻角不小于 40°						
轴承规格	7200 系列	7500 系列					
悬架形式	板簧弹性悬架						
转向形式	轴转向，钢球式无轴转盘						
牵引环孔径/毫米	43						

③挂车转向系统磨损过度或卡死，造成挂车转向不灵而翻车。

④牵引装置磨损过大，没有设置保险链或钢丝绳，牵引销没有锁销而造成拖拉机与挂车分离。

⑤车架松动、断裂，前后轴与轴承长期润滑不良，配合间隙不当，以致轴承损坏、轴颈断裂、轮胎飞出等事故。

⑥栏板不全、挂钩磨损严重，双轴挂车两侧前后之间没有设置安全护网，造成货物外卸。

⑦轮胎气压不正常，钢板弹簧缺损、轮毂螺钉不全、滑扣，造成轮胎早损或轮毂松脱。

⑧挂车的转向灯、刹车灯、尾灯损坏后不及时更换，会给夜间行车酿成事故。

(2)挂车钢板弹簧的使用注意事项 挂车的钢板弹簧是用来缓和与吸收车辆行驶中受到的冲击和振动，以保证各种力的传递。因此，它的损伤不利于拖拉机运输作业正常行驶。

①忌紧急制动。尤其是满载货物时，以避免紧急制动板簧弯曲应力过大而折断。

②忌车速过快。在不平路面行驶，如车速过快，会使板簧变形幅度加大和变形次数增多，促使弯曲应力加大和疲劳加剧。

③忌转弯过急。因为转弯过急，增加外倾板簧负荷，转弯越急负荷越大，对钢板弹簧的损坏作用越大。

④忌严重超载偏载。超载和偏载会使钢板弹簧受力不均，板簧拱度减少甚至没有拱度，久而久之，钢板弹簧失去弹性，刚度下降。

⑤忌长改短。以长改短或拼凑的板簧将就凑合在一起，会使整副板簧受力不均，总体强度降低。

⑥忌将就使用。如遇板簧折断，中心螺栓断裂等故障，切忌继续使用，应及时更换。

⑦忌长期不保养。钢板销、套长期缺油，润滑不良，U 形螺栓松动等，都将对板簧造成损坏，故应经常保养。

(3)对拖拉机挂车维护保养的要求

①每天作业后，在清洗拖拉机的同时也要按要求清洗挂车，清洗后开进车库内存放。

②检查挂车前、后轴上的钢板弹簧、U 形螺栓是否松动移位，钢板弹簧是否有裂纹折断，横梁有无脱焊或裂纹，如有应及时检修。

③检查挂车车厢栏板是否牢固，有无破损变形，如有应修复。

④挂车各油嘴处应保持清洁，并按规定加注钙基润滑脂。

⑤检查各轮毂轴承间隙，必要时进行调整。

⑥每次出车前，应检查轮胎气压情况，不足应充足到规定气压值。

⑦检查各车轮上螺母紧固情况，牵引三角架连接装置紧固情况，如有松动应固牢。

⑧检查挂车制动性能、灯光照明设备是否处于良好技术状态，不良应检修。

⑨车厢在装运石块、铁器等坚硬而沉重之物时，要轻稳放入，不可猛烈冲击，以免损坏厢板和围栏。

⑩车厢在装运农药、化肥等腐蚀性大的物品时，应及时冲洗并扫刷干净，以免锈蚀。

八、拖拉机运输作业操作及节油技巧

1. 拖拉机运输作业选择挡位的技巧

①拖拉机在满负荷、道路平坦、车流量不大时，应选择高速挡大油门。

②在负荷轻、道路凸凹不平、车流量不大时，应选择高速挡小油门。

③在崎岖不平的道路上行驶，车流量较大时，以及跨越沟、坎时，应挂低速挡。

④在上坡时，如坡度不大，坡道较长，应提前挂上低速挡，上坡途中应避免中途换挡。

⑤拖拉机下坡时，应提前挂上低速挡，严禁空挡滑行。下坡前换挡时，不要将变速杆放在高速挡位置上，踏下离合器踏板滑行，以防机车失控发生事故。

⑥在横坡道上行驶，要挂低速挡慢速行驶，以防侧翻。

⑦运输货物通过泥泞道路时，应低速直线行驶，中途不要换挡和停车。

⑧在转弯下坡时，应采用低速挡小油门，严禁高速挡大油门急转弯。装有转向离合器的手扶拖拉机和履带式拖拉机下坡转弯时，可采用“反向操纵法”，即下坡向左转弯操纵右转向离合器；向右转弯操纵左转向离合器，否则易侧翻车掉入深沟。

⑨运输作业到达指定地点在停车时，应减小油门，降低车速，分离离合器，将变速杆置于空挡位置，然后再踏下制动器踏板而停车，停车后仍需挂低速挡，以防机车滑行出事故。

2. 拖拉机运输作业时避免翻车的措施

拖拉机翻车并非完全是因地势险恶，而往往是由于驾驶员在复杂的情况下采取措施不力，或一时疏忽、麻痹大意、违反安全操作规程。翻车主要是在拖拉机行走倾斜时，它的重心垂直线超过了左、右任一轮胎与地面接触范围所致。

①尽量避免过横坡。拖拉机在田间进行农药、化肥、粮食、牧草等运输作业，有时会遇横坡，因拖拉机在横坡上已有倾斜的趋势，往往由于一堆土、一块石头或一处凹洼，使拖拉

机突然颠动失去平衡而翻车。因此，在横坡行驶时，应挂低挡位，严禁向上坡方向转弯，因转弯所产生的离心力将使拖拉机向下坡方向翻倒。

②拖拉机牵引载重挂车下坡时更应注意采用低速挡行驶，不可分离离合器滑行。如下坡速度快、惯性大、遇冰雪路滑，制动不及时就会翻车。手扶拖拉机牵引载重挂车下弯坡，有自动下滑趋势时，驾驶员要沉着、稳定、心不慌，为使其直线行驶，必须牢记运用“反向操纵法”。因为当分离一侧的转向离合器时，能使手扶拖拉机向相反方向转弯而安全行驶，当沿坡直线行驶时，驾驶员若不用反向操作，而错用了转向离合器就会翻车。

③拖拉机运输作业在山坡或堤岸上高速行驶时，应将左、右制动踏板连在一起，防止只踏一边制动踏板，以致急转向而发生事故。

④进行夜间作业的驾驶员，白天应有充足的睡眠，作业时要精力集中，不得麻痹大意，在山坡或堤岸上行驶，至少要离边缘 1.5 米以上，并要求车灯光照明设备在良好状态下运行。

3. 拖拉机运输作业时的节油技巧

①拖拉机在运输作业前，要进行检查维修，防止带“病”作业；拖拉机维修保养后可在正常工况状态下作业，否则功率下降、油耗增加。

②避免发动机空转和怠速运转，如停车 5 分钟以上时，最好熄火。

③拖拉机运行时，尽量不用或少用刹车，以减少动力燃油消耗。

④要正确选用牵引挂车，做到既不超载，又不“大马拉小车”，更不跑空车。拖拉机正确牵引挂车型号，如动力 8.8 千

瓦手扶拖拉机，牵引江苏常州江南机具厂生产的东风 7C-1 型农用挂车，或浙江金华挂车厂生产的 7CH-1 型农用自卸挂车；动力 8.8～11 千瓦小四轮拖拉机，牵引河北张家口拖车总厂生产的 7CBQ-1.5A 型农用挂车；动力 18.4 千瓦拖拉机，牵引湖北拖车厂生产的 7C-3 型农用挂车，或河南漯河车辆总厂生产的 7CC-3 型自卸农用挂车；动力 36.8 千瓦拖拉机，牵引北京挂车厂生产的 7C-5 型农用挂车，或辽宁北镇农牧挂车厂生产的 7CC-6SA 型侧卸青饲挂车；动力 40.4～47.8 千瓦拖拉机，牵引沈阳挂车厂和北京挂车厂生产的 7C-7 型农用挂车等。

⑤要搞好燃油净化，保持燃油清洁，杜绝燃油滴漏，定期对发动机进行耗油技术测试，可安装油量校正器及安装回油管。并保证润滑油的清洁和质量，润滑油要充分，以保证机件润滑。

⑥机车应尽量满负荷工作，如负荷不足，应采用高速挡小油门作业，避免低速挡大油门工作。

⑦发动机水温应保持在 80℃～90℃，因为这段水温之间的效率高、耗油量最小。

⑧保持较高的轮胎气压，一般充气压力比规定值高 98～147 千帕/厘米^2，但不超过最高气压。

⑨保证发动机的正常压缩比，气缸压缩力越大，混合气燃烧越快越充分，热量损失越小，发动机的动力性和经济性就越好，有利于燃料充分燃烧，节省燃油。

第三节　农用水上运输机械

一、农用水上运输机械的用途和分类

农用水上运输机械有船用挂机和挂桨两种。挂机和挂桨与农用船（木船、水泥船、铁船）相匹配，可获得理想的航

速，并可完成拖网捕捞和水上运输作业。

二、农用船挂机的结构特点

如图 1-41 所示，定螺距挂机由发动机、上箱体、操纵手柄、拨叉、离合器、下箱体、螺旋桨、桨轴、中间轴管、中间轴、圆锥齿轮、胶带轮等组成。发动机有风冷和水冷柴油机两种，动力经胶带轮、上箱体内的轴和圆锥齿轮等进行第一次减速。中间轴管部分包括下圆锥齿轮、传动轴、中间轴管、轴承等，其功用是将动力自上箱体传至下箱体，再由下箱体内的圆锥齿轮、离合器、换向拨叉、桨轴等，进行第二次减速，以

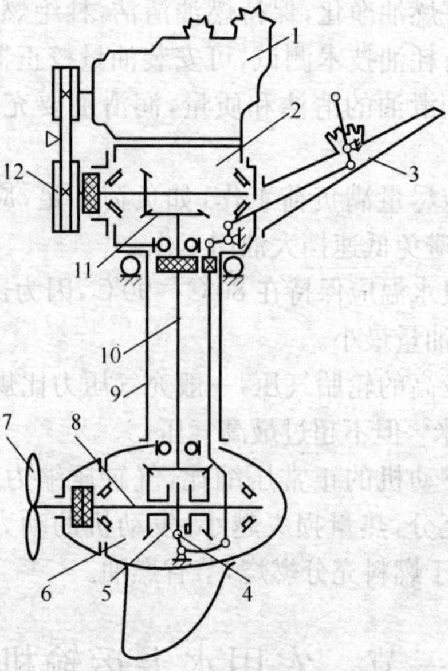

图 1-41　定螺距挂机

1. 发动机　2. 上箱体　3. 操纵手柄　4. 拨叉　5. 离合器　6. 下箱体　7. 螺旋桨　8. 桨轴　9. 中间轴管　10. 中间轴　11. 圆锥齿轮　12. 胶带轮

达到螺旋桨的设计转速 700～1000 转/分。螺旋桨由桨叶和桨毂两部分组成，桨叶一般采用三片式，桨叶与桨毂铸造为一体，工作时靠桨叶向船后推水，利用水的反作用力推船前进。

挂机配套功率为 2.2～2.4 千瓦柴油机，配置 1.5～5 吨单船，船满载航速达 6.5～8 公里/小时，最大牵引力达 775 牛。挂机有的无舵，有的有小死舵，其质量达 49～85 千克。

三、农用船挂桨的结构特点

如图 1-42 所示，手动式可变螺距挂桨由上箱体、操纵手

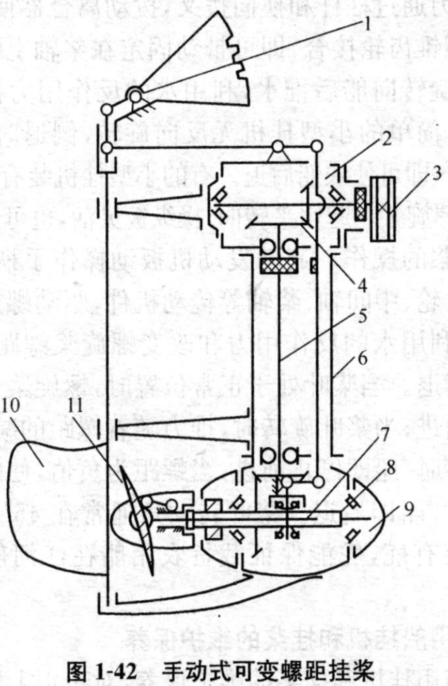

图 1-42　手动式可变螺距挂桨

1. 操纵手柄　2. 上箱体　3. 胶带轮　4. 圆锥齿轮
5. 中间轴　6. 中间轴管　7. 变距杆　8. 桨轴
9. 下箱体　10. 舵　11. 螺旋桨

柄、中间轴、桨轴、下箱体、舵、螺旋桨等组成。挂桨的上、下箱体和中间轴、管的结构基本上与挂机类似。桨叶与桨毂分开铸造，然后把桨叶装在桨毂上，在装置中设有桨叶的变距和旋转机构，挂桨一般装有活舵或死舵。

挂桨配套功率为5.9～8.8千瓦柴油机，拖载货20吨时，船速达6～8公里/小时，最大牵引力可达1912牛，挂桨质量为95～135千克，较大吨位的货船一般在船尾装置双挂桨。

四、农用船挂机和挂桨的正确使用

(1)挂机的操作 起动发动机正常运转后，当扳起操作手柄时，动力通过杠杆和换向拨叉，拨动离合器使之与左边，或右边的圆锥齿轮接合，即可带动固定在桨轴上的螺旋桨正向，或反向旋转向船后推水，利用水的反作用力推动农船前进或后退。简单的小型挂机无反向旋转，倒退时，将操作手柄转向180°，即可使农船后退。有的小型挂机装有小面积的死舵，其舵与螺旋桨一起水平转向，操纵极灵活，也可使船回转。

(2)挂桨的操作 起动发动机扳动操作手柄，动力经农船的圆锥齿轮、中间轴、桨轴等传动机件，驱动螺旋桨在船后旋转推水，利用水的反作用力和改变螺旋桨螺距，使农船前进、停止、后退。当桨叶处于正常位置时，螺旋桨发出向后的推力使船前进；当桨叶旋转时，推力随着螺距的减小而减小；当螺距为零时，船即停止前进；当螺距为负值，使螺旋桨产生向前推力时，船即后退。桨叶转动角通常在45°～50°之间。挂桨一般装有舵，舵能保证载货农用船在江河航行的稳定性。

五、农用船挂机和挂桨的维护保养

做好船用挂机和挂桨的维护保养，对于水上安全航行关系重大。

①刚买回的新机或经过更换齿轮等重要零件后的挂机或

挂桨，使用100小时左右，需要用清洁柴油冲洗上、下箱体，更换润滑油。南方夏季选用20号、冬季选用30号润滑机油。

②在第一次清洗换油后，以后每运转300小时，清洗换油一次，桨毂内的黄油每运转200小时更换一次。

③使用1000小时左右，需进行全面拆洗，检查运动部件和密封件的磨损情况，磨损量较大的机件和影响密封的橡胶件应及时更换。

④每天出航前，应检查发动机的工况和各传动部件的紧固情况，经维护保养、试机，处于工作良好状态，才能起航作业。

⑤每天航运作业后，撤下舵柄，翘起螺旋桨，检查桨叶是否完好，否则应修复或更换，并要排除桨叶上的缠草，桨叶破损应及时更换。

六、农用船挂机和挂桨的常见故障及排除方法

(1)农用船无法起航　若是圆锥齿轮磨损严重、间隙太大，或桨轴折断，切断了动力传递，应拆机检修或更换新件。若是螺旋桨叶在靠岸时触礁石损坏严重，影响推水功能，应检修更换新件。

(2)发动机不能起动或起动后熄火　发动机常见故障及排除方法，请参考本章第一节所述农用运输车柴油机常见故障及排除方法。

第四节　摩　托　车

一、摩托车的用途和分类

(1)用途　在农村，二轮轻便摩托车主要用于赶集、放牧、了解和沟通农产品市场营销信息等，充当快速便捷的交通工具。三轮摩托车主要用于运输农户生产的瓜果、水产、禽、蛋、粮、油等农副土特产品到城镇农贸市场，以搞活商品流通，满足城市居民生活的需要。

(2)分类

①按排量和最高设计时速不同，可分为轻便摩托车和摩托车。轻便摩托车发动机工作容积不超过50毫升，最高设计时速不大于50公里；摩托车指发动机工作容积大于50毫升、最高设计时速超过50公里的两轮或三轮摩托车。

②按车轮的数量和位置不同，可分为两轮车、边三轮车和正三轮车3类。

国产两轮摩托车的分类如图1-43所示。

(a)

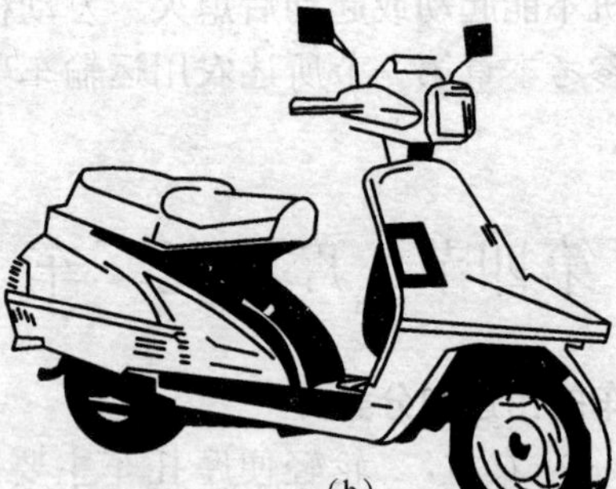

(b)

图1-43 国产两轮摩托车的分类

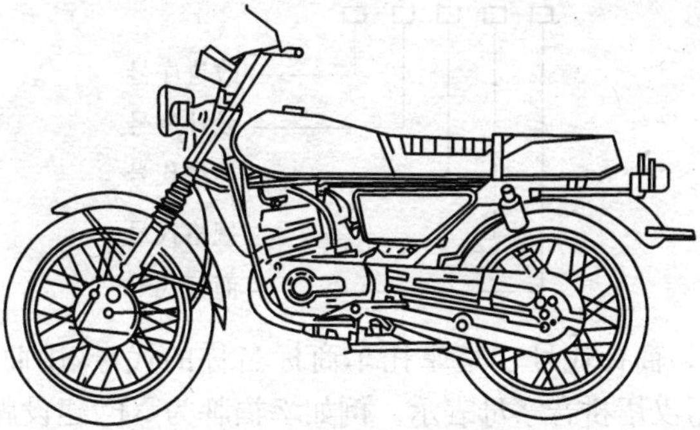

（c）

（d）

图 1-43　国产两轮摩托车的分类(续)

(a)轻便摩托车　(b)微型摩托车

(c)普通摩托车　(d)越野摩托车

二、摩托车型号的编制方法

摩托车的型号是由商标代号、规格代号、类型代号、设计序号及改进序号组成。

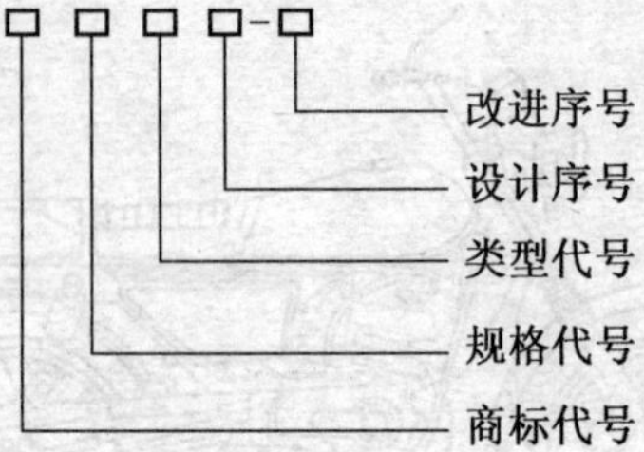

(1)商标代号　是摩托车商标名称的代号，用商标名称的大写汉语拼音字母表示。例如幸福牌为XF、建设牌为JS、五羊牌为WY、南方牌为NF等。

(2)规格代号　用发动机气缸总排量表示，排量单位为厘米^3，例如五羊WY125摩托车，排量为125厘米^3。为区别摩托车和轻便摩托车，按标准规定，轻便摩托车在规格代号后加字母Q。

(3)类型代号　是由摩托车的种类代号和车型代号组合而成的，种类代号和车型代号分别用名称中有代表性的大写汉语拼音字母表示。摩托车类型代号见表1-23。

表1-23　摩托车类型代号

种类		车型			类型代号
名称	代号	名称		代号	
两轮车	—	普通车		—	—
		微型车		W	W
		越野车		Y	Y
		普通赛车		S	S
		微型赛车		WS	WS
		越野赛车		YS	YS
		特种车	开道车	T	K

续表 1-23

种类		车型			类型代号
名称	代号	名称		代号	
边三轮车	B	普通车		—	B
		特种边三轮车	警车	J	BJ
			消防车	X	BX
正三轮车	Z	普通正三轮车	客车	K	ZK
			货车	H	ZH
		专用正三轮车	容罐车	R	ZR
			自卸车	Z	ZZ
			冷藏车	L	ZL

(4)设计序号　是当同一生产厂，同时生产商标、总排量、类型相同，但不是同一个基本型的车辆时，应用设计序号以示区别，设计序号用阿拉伯数字 1、2、3……依次表示，序号 1 省略。

(5)改进序号　是在基本型上加以改进，用大写拉丁字母 A、B、C……依次表示车辆改进顺序。

(6)型号编制示例

XF250YS-A——幸福牌商标，气缸总排量为 250 厘米^3，第一次改进的两轮越野车。

JS50Q2-C——建设牌商标，气缸总排量为 50 厘米^3，轻便摩托车，第二次设计、第三次改进型。

三、摩托车的结构特点和技术参数

摩托车由发动机、传动系统、行走系统、制动系统、转向系统和电气仪表设备组成。二轮摩托车整车构造及各部件名称如图 1-44 所示。

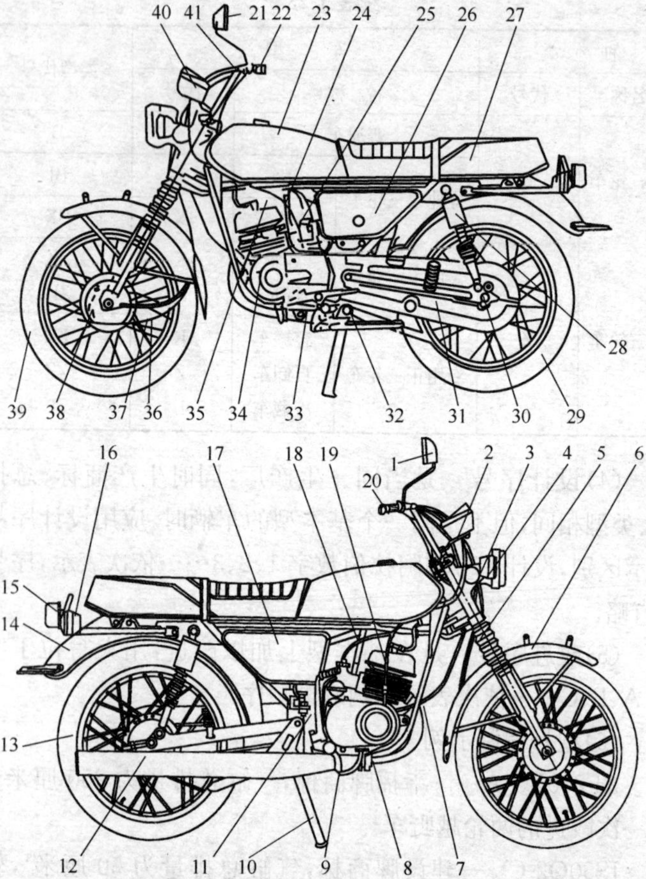

图 1-44　二轮摩托车整车构造及各部件名称

1. 右后视镜　2. 发动机转速表　3. 前大灯　4. 前转向灯　5. 前减振器　6. 前挡泥板　7. 转速表软轴　8. 排气管　9. 后制动踏板　10. 支撑架　11. 起动蹬杆　12. 消声器　13. 后制动鼓　14. 后挡泥板　15. 尾灯　16. 后转向灯　17. 右护盖　18. 油门拉索　19. 机油泵拉索　20. 前制动手把　21. 左后视镜　22. 离合器手把　23. 油箱总成　24. 放油开关　25. 化油器　26. 左护盖　27. 坐垫　28. 后减振器　29. 后轮　30. 后摇架　31. 链壳　32. 撑杆　33. 变速踏板　34. 发动机　35. 离合器拉索　36. 里程表软轴　37. 前制动拉索　38. 前制动鼓　39. 前轮　40. 车速里程表　41. 方向把

1. 摩托车发动机的结构特点

①发动机是摩托车的动力装置，常见的为二冲程汽油机或四冲程汽油机。

②风冷冷却有自然风冷却和强制风冷却两种。一般机型采用依靠行驶中空气吹过气缸盖、气缸套的散热片，带走热量而冷却。大功率摩托车发动机，采用装风扇和风扇罩，利用强制导入的空气吹冷散热片而冷却。

③发动机转速高，一般在5000转/分以上。升功率大(升功率指每升发动机排量的有效功率)，一般在60千瓦/升左右。

④发动机结构紧凑，发动机的曲轴箱与离合器、变速箱设计成一体。

⑤二冲程摩托车发动机结构如图1-45所示，四冲程摩托车发动机结构如图1-46所示。

2. 摩托车离合器的结构特点

(1)湿式多片摩擦式离合器 由主动、从动和分离接合三部分组成，湿式多片离合器如图1-47所示。发动机的动力经链轮式齿轮传到主动罩14，罩的周边开有沟槽，5片嵌有橡胶软木摩擦材料的摩擦片(主动片)1，其外沿的凸块放置在主动罩的沟槽中，随之一同旋转为离合器的主动部分。4片钢质从动片3通过内齿与从动片固定盆11相连接，构成从动部分。主、从动片交错安装，固定盆用内花键与变速箱主轴26相连，在压盖9上的4个离合器弹簧10，紧压着摩擦片和从动片，将动力传到变速箱。离合器为常接合型，当紧捏离合器手把，通过钢索使螺套21在左罩19内转动，螺套中调节螺钉右移，推动分离推杆和压盖，弹簧压力消失，摩擦片与从动片分离。

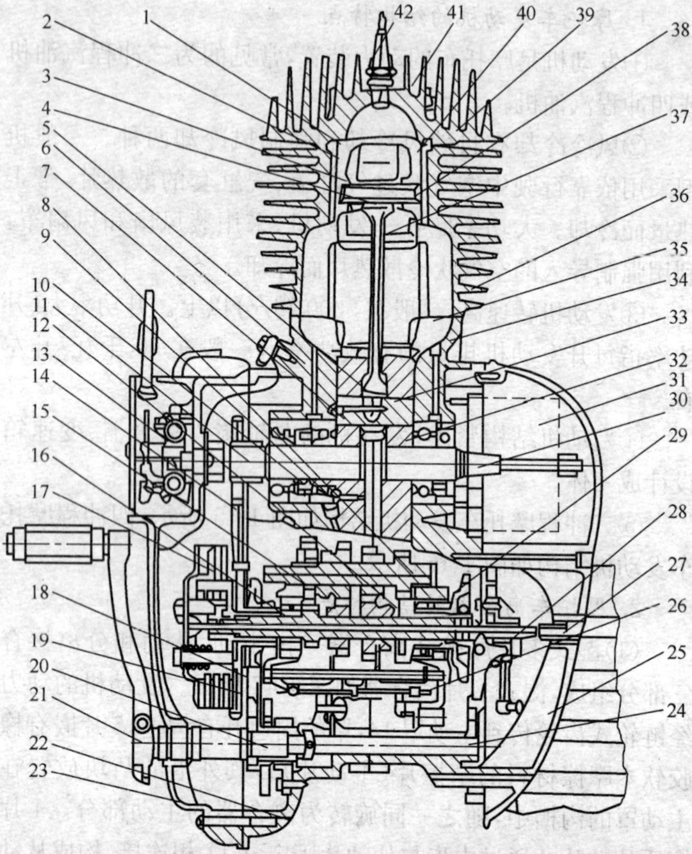

图 1-45　二冲程摩托车发动机结构

1. 气缸盖垫片　2. 活塞环衬环　3. 活塞销卡圈　4. 小头滚针轴承　5. 大头滚针轴承　6. 单向阀安装座　7. 集油盘　8. 变速箱副轴　9. 曲轴链轮　10. 曲柄　11. 曲轴　12. 变速箱主轴　13. 机油泵总成　14. 前链条　15. 变速箱齿轮　16. 起动棘轮　17. 离合器总成　18. 拨叉　19. 扇形齿轮　20. 起动变速轴　21. 起动变速杆　22. 曲轴箱左半部　23. 曲轴箱左盖组合　24. 拨爪轴组合　25. 曲轴箱右盖组合　26. 凸轮槽机构组合　27. 离合器调整螺钉　28. 分离臂　29. 主轴链轮　30. 右曲轴组合　31. 发电机总成　32. 曲轴油封组合　33. 曲柄销　34. 曲轴箱右半部　35. 气缸体纸垫　36. 气缸组合　37. 连杆　38. 活塞销　39. 活塞组合　40. 活塞环　41. 气缸盖　42. 火花塞

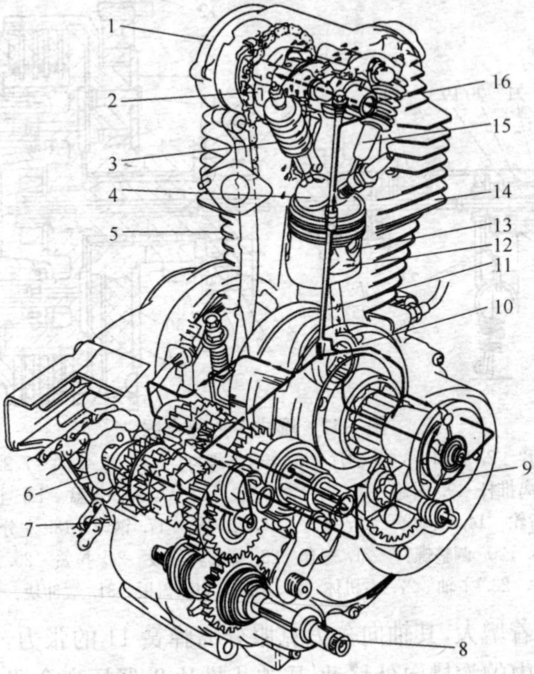

图 1-46　四冲程摩托车发动机结构

1. 气门室罩　2. 正时链条　3. 气门弹簧　4. 气门　5. 气缸　6. 次级传动齿轮　7. 传动链条　8. 起动轴　9. 机油泵　10. 曲轴　11. 连杆　12. 活塞　13. 活塞环　14. 气缸盖　15. 火花塞　16. 凸轮轴

(2)自动离心式离合器　如图 1-48 所示，自动离心式离合器用在雅马哈 CY80、铃木 FR50 型等轻便摩托车上，根据发动机转速的高低来自动控制离合器的分离与接合。离合器由主动、从动和分离接合机构组成。主动部分由离合器外罩 1、止推片 2、离合器片 3 等组成。从动部分由摩擦片 8、中心套 6 等组成。当发动机运转时，随着转速的升高，钢球 12 所产生的离心

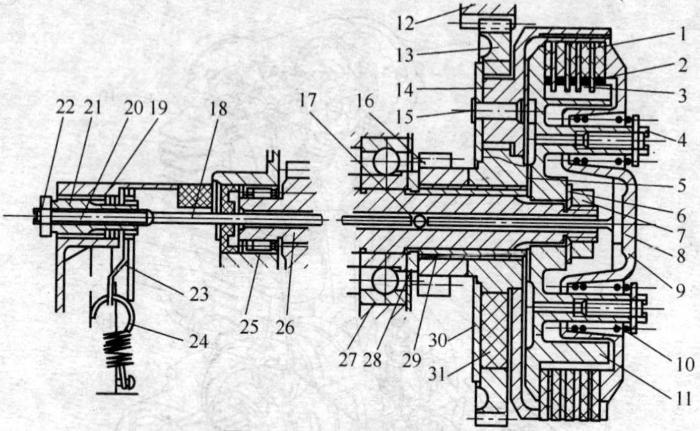

图 1-47　湿式多片离合器

1. 摩擦片　2. 胶圈　3. 从动片　4. 离合器螺钉　5、6、28. 垫圈　7、22. 螺母　8. 右分离推杆　9. 压盖　10. 离合器弹簧　11. 从动片固定盆　12. 主动齿轮　13. 大齿轮　14. 主动罩　15. 铆钉　16. 小齿轮　17. 钢球　18. 左分离推杆　19. 左罩　20. 调整螺钉　21. 螺套　23. 螺套转位板　24. 拉簧　25. 左机体　26. 主轴　27. 右机体　29. 轴套　30. 盖板　31. 缓冲块

力也随着增大，其轴向分力克服分离弹簧 11 的张力，沿离合器外罩内的沟槽向外移动，压迫止推片 2，紧压离合器片 3，摩擦片 8 使离合器处于接合状态，将动力输出。当发动机转速降至怠速或熄火时，钢球离心力减小或没有，分离弹簧的张力克服钢球离心力，使钢球沿沟槽退回原位，离合器分离。

(3)**蹄块式自动离合器**　如图 1-49 所示，蹄块式自动离合器在微型摩托车上使用，主动部分由曲轴带动固定座 4，座上有 3 个蹄块总成，并用销轴 2 联接在固定座上。弹簧 3 将蹄块拉向曲轴中心，使蹄块总成的蹄片与从动部分的离合器盘之间保持一定的间隙。当转速增高时，蹄块产生的离心力大于弹簧的拉力时，就向外甩开，当离心力大到一定值时，就与离合器盘接合，产生摩擦力带动从动部分转动传递动力。

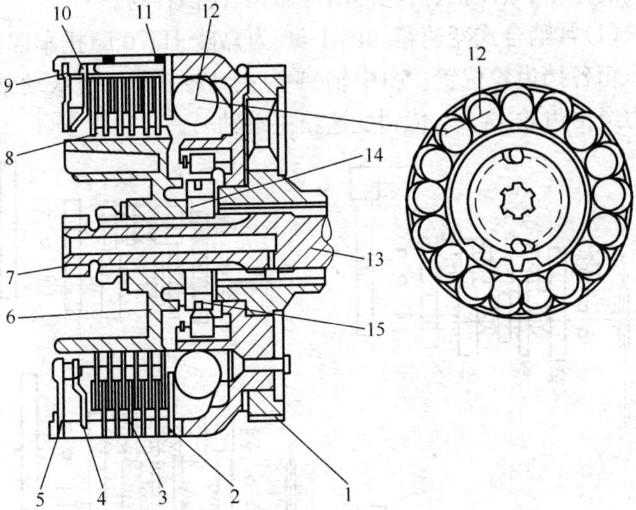

图 1-48 自动离心式离合器

1. 离合器外罩 2. 止推片 3. 离合器片 4. 压板组合 5. 压板 6. 中心套 7. 紧固螺母 8. 摩擦片 9. 弹性挡圈 10. 压力弹簧 11. 分离弹簧 12. 钢球 13. 主轴 14. 起动棘轮体 15. 棘爪簧

3. 摩托车变速箱的结构特点

摩托车的变速箱由变速机构和变速换挡操纵机构组成。目前市场上的两轮摩托车一般均采用各挡齿轮成对常啮合式、两轴多级(Ⅱ挡至Ⅴ挡)变速机构。齿轮常啮合式变速箱的优点是换挡时不会出现齿轮

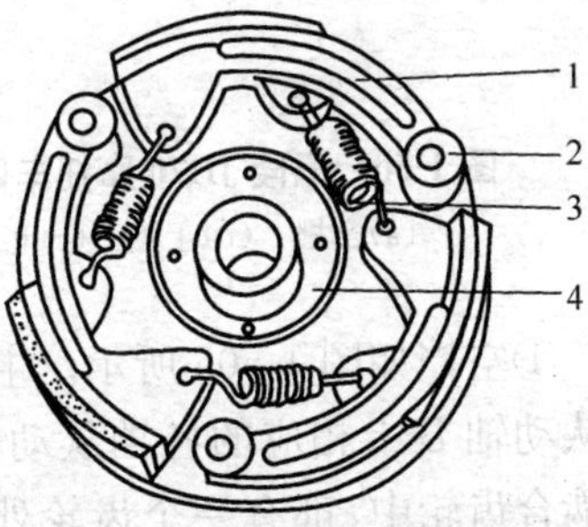

图 1-49 蹄块式自动离合器

1. 蹄块总成 2. 销轴 3. 弹簧 4. 固定座

齿端的冲击、噪声低、齿轮使用寿命长、换挡容易。

(1)常啮合式变速箱　图 1-50 为嘉陵 JH70 摩托车四挡变速箱各挡齿轮位置。图中轴 A 为主动轴，轴 B 为从动轴，动力经由齿轮 Z_1、Z_2 传到变速箱主动轴 A。

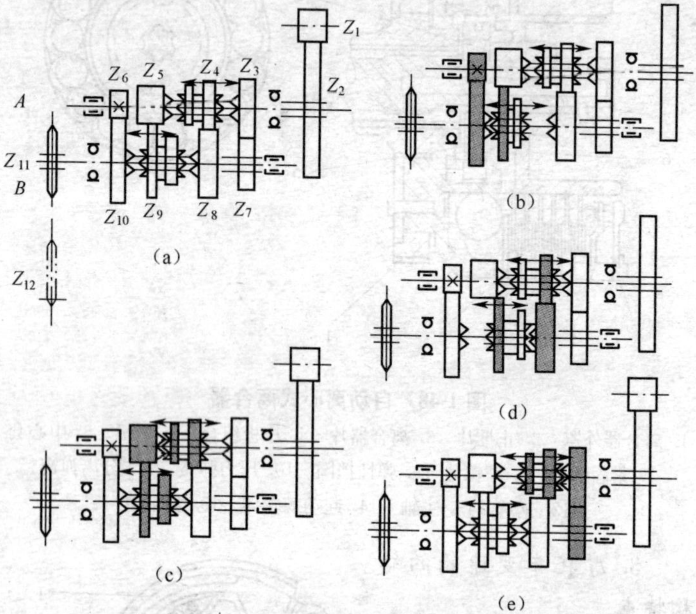

图 1-50　嘉陵 JH70 摩托车四挡变速箱各挡齿轮位置

(a)空挡　(b)Ⅰ挡　(c)Ⅱ挡　(d)Ⅲ挡　(e)Ⅳ挡

①空挡如图 1-50a 所示。主动轴 A 上的各挡主动齿轮，与从动轴 B 上相应的各挡从动齿轮，都处于啮合状态，但每对啮合齿轮中，都有一个齿轮处于自由转动的状态，故当主动轴转动时没有动力输出。

②Ⅰ挡如图 1-50b 所示。Ⅰ挡主动齿轮 Z_6 与主动轴 A

连接成一体，Ⅰ挡从动齿轮 Z_{10} 空套在从动轴 B 上转动，挂Ⅰ挡时，向图中左侧方向移动，可在花键轴上滑动，带牙嵌的Ⅱ挡从动齿轮 Z_9 使之与齿轮 Z_{10} 齿牙嵌合，带动从动轴转动，动力传递路线见图中带阴影的齿轮。

③Ⅱ挡如图 1-50c 所示。Ⅱ挡主动齿轮 Z_5 空套在主动轴 A 上转动，挂Ⅱ挡时向图中左侧方向移动可在花键轴上滑动、带牙嵌的Ⅲ挡主动齿轮 Z_4 使之与齿轮 Z_5 齿牙嵌合，带动 Z_5、Z_9 驱动从动轴转动，动力传递路线见图中带阴影的齿轮。

④Ⅲ挡如图 1-50d 所示。Ⅲ挡从动齿轮 Z_8 空套在从动轴 B 上转动，挂Ⅲ挡时向图中右侧方向移动可在花键轴上滑动、带牙嵌的Ⅱ挡从动齿轮 Z_9 使之与齿轮 Z_8 的齿牙嵌合，带动从动轴转动，动力经由Ⅲ挡主动齿轮 Z_4、Ⅲ挡从动齿轮 Z_8、Ⅱ挡从动齿轮 Z_9 驱动从动轴转动，动力传动路线见图中带阴影的齿轮。

⑤Ⅳ挡如图 1-50e 所示。Ⅳ挡主动齿轮 Z_3 空套在主动轴 A 上转动，Ⅳ挡从动齿轮 Z_7 用花键与从动轴 B 联接在一起。挂Ⅳ挡时向图中右侧方向移动可在花键轴上滑动，带牙嵌的Ⅲ挡主动齿轮 Z_4 使之与齿轮 Z_3 齿牙嵌合，动力由 Z_4、Z_3 带动Ⅳ挡从动齿轮 Z_7 驱动从动轴转动，动力传递路线见图中带阴影的齿轮。

(2)变速换挡操纵机构 主要由变速踏板、变速凸轮轴、定位板、导向销、分挡拨叉、回位弹簧等组成。换挡时踏下变速踏板，变速凸轮轴随之转动。变速凸轮轴上有两条封闭的曲线槽，导向销分别与变速凸轮轴两条曲线槽相配合，当每换一挡、凸轮轴转动一格时，分挡拨叉就按所换挡次，分别拨动有内花键槽、可在轴上移动的Ⅲ挡主动齿轮 Z_4 和Ⅱ挡从动齿轮 Z_9，向左或向右移动，达到各挡齿轮传递动力的组合。变速凸轮轴可顺转 360°，也可反转 360°，即循环式换挡。换挡后通过回位弹簧使变速踏板复位。

4. 摩托车化油器的结构特点

化油器是摩托车燃料供给系统中的一个重要部件，位于空气滤清器和发动机进气口之间。一般摩托车发动机均采用进气气流方向为平吸式，节气阀为柱塞式，浮子室化油器。摩托车化油器结构如图 1-51 所示，主要由浮子室和混合室两

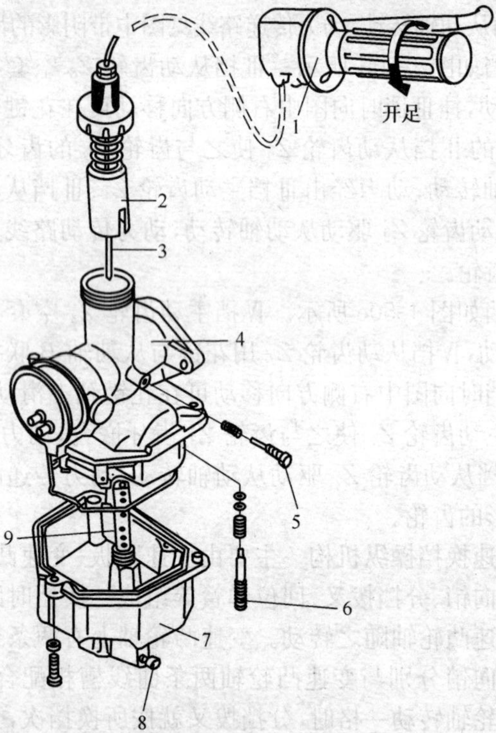

图 1-51 摩托车化油器结构

1. 油门把柄 2. 节气阀 3. 喷油针 4. 混合室 5. 怠速调节螺钉 6. 调节螺钉 7. 浮子室 8. 排油塞 9. 主喷管

大部分组成。浮子室位于化油器下方,有油管经油门开关通油箱,通过浮子的针阀,保持浮子室内油面一定的高度,使供油压力稳定。混合室的作用是将汽油蒸发雾化与空气混合,使发动机在各种负荷和转速下,能得到所需的混合气。它由节气阀、喷油针、喷油管等组成。

通过摩托车油门手柄的转动,带动油门钢丝索操纵节气阀与喷油针上下移动,改变进气喉管截面和供油量,以适应不同转速、负荷下对混合气的需要。多缸发动机一般为每缸一个化油器,在工作中多缸化油器要进行同步调整,以取得多个气缸动力输出的平衡。

5. 摩托车前、后减振器的结构特点

(1)**前减振器** 用以衰减由于前轮冲击载荷引起的振动,保持摩托车行驶平稳。前减振器如图 1-52a 所示,它由套管、柄管、减振杆、前叉弹簧等组成。前减振器下腔内装有减振油,当车行驶在凸起路面时,套管与前叉弹簧被压缩,减振杆上移,柄管不动而下腔体积变小,油压上升,油从减振杆下端两小孔流入减振杆内部。当减振杆中部两小孔处于齿环上方时,杆内的油又流回弹簧空腔起阻尼作用,配合弹簧使振动衰减,起到减振作用。

(2)**后减振器** 它与车架的后摇臂组成摩托车的后悬挂装置。后悬挂装置是车架与后轮之间的弹性连接装置,承担摩托车的负荷,缓冲、吸收因路面不平而传给后轮的冲击和振动。图 1-52b 为弹簧-液力阻尼式后减振器,由内外油缸、活塞、阻尼阀、弹簧、上下接头、支柱等组成。油缸内装有减振油,当路面不平,后轮上跳,弹簧被压缩,缸筒组合向上移动,活塞相对下移,下腔容积变小,油压上升,油从阻尼阀的常通孔流到气缸体与内缸筒之间的储油腔。活塞向下移动,阻尼阀上常通孔通

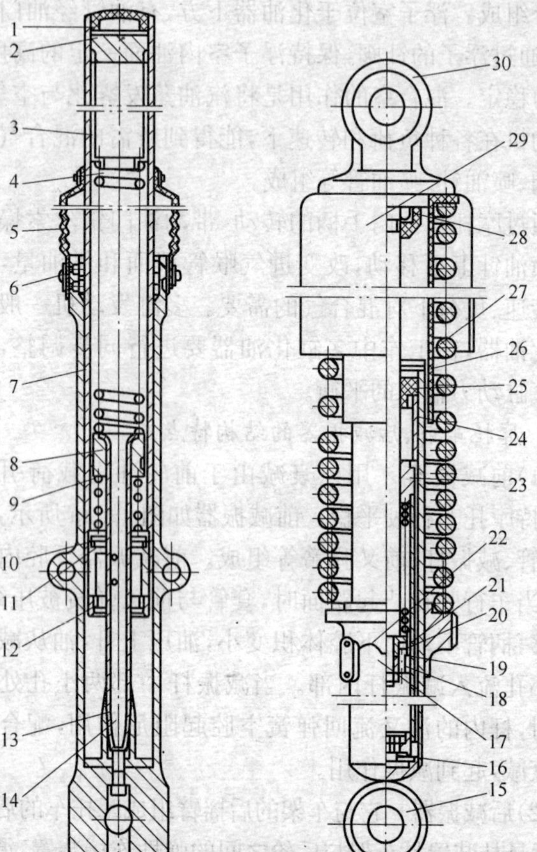

图 1-52　减振器

(a)前减振器　(b)弹簧-液力阻尼式后减振器

1. 堵盖　2. 钢丝挡圈　3. 柄管　4. 弹簧　5. 防尘护罩　6. 油封　7. 套管　8. 活塞　9. 弹簧　10. 中间套　11. 齿环　12. 套　13. 支承座　14. 减振杆　15. 下接头　16. 阻尼阀座　17. 缸筒组合　18. 活塞　19. 膜片　20. 阀片　21. 内缸筒　22. 调整座　23. 导向套　24. 衬圈　25. 油封　26. 防尘套　27. 弹簧　28. 减振垫　29. 护罩　30. 上接头

过的油量有限，下腔被挤的油通过活塞上的6个小孔冲开阀片进入上腔。车轮的弹跳受到弹簧和活塞上下油腔油液的阻尼作用，减轻了车架的振动。

6. 摩托车仪表电路的结构特点

(1)仪表及点火开关的布置　WY125型摩托车的仪表和指示灯如图1-53所示。图中左侧的车速里程表是由车速表和里程表组成的复合表，车速表指示行车速度(公里/时)，里程表则累计行驶的公里数。右侧的转速表，指示数字乘1000

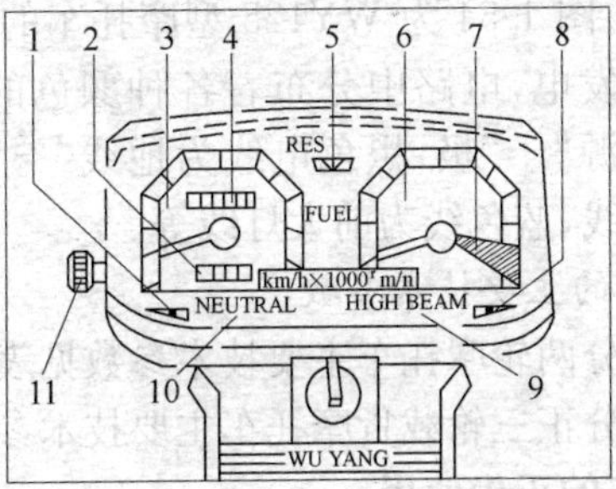

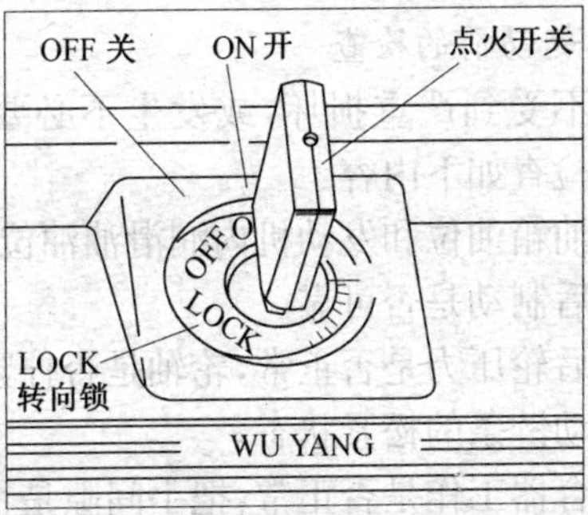

图1-53　WY125型摩托车的仪表和指示灯

1. 转向指示灯　2. 短距离里程表　3. 车速表　4. 里程表　5. 燃油量表
6. 转速表　7. 转速表红色带　8. 转向指示灯　9. 远光指示灯
10. 空挡指示灯　11. 短距离里程表调零(复位)旋钮

表示发动机的转速，表盘上的红色带表示转速已达到最高极限，要注意不能长期使用高转速。在上述两个表之间有燃油油量表，油量表中的“F”表示装满，“E”表示燃油用完，其间的“RES”(备用)表示油箱内存油不多，应注意加油。在仪表板的下方有点火开关，“ON”表示开，整个电路接通，发动机可以起动；“OFF”表示关，整个电路断开，钥匙可以取出；当钥匙转至转向锁(LOCK)位置，电路断开，将摩托车的方向把向左或向右转至尽头，压下钥匙车轮转向即被锁住。

(2)**电路** 图1-54为WY125型摩托车的电路。该车使用交流发电机发电，电路中分布着各种颜色的电线，习惯上红色电线为电源“＋”极，黑色电线为地线“－”极，黄色线为通向点火线圈线，蓝色线为前大灯线等。

7. 摩托车的主要技术参数

①国产部分两轮摩托车主要技术参数见表1-24。

②国产部分正三轮载货摩托车主要技术参数见表1-25。

四、摩托车的正确使用

1. 摩托车起动前的检查

为使车辆不受到严重损坏，或发生不必要的事故，摩托车在起动前应检查如下内容：

①检查燃油箱油位和发动机内润滑油油位。

②检查前后制动是否可靠。

③检查前后轮压力是否正常，轮轴是否拧紧。

④检查传动链条的松紧状态。

⑤检查离合器工作是否正常，把手间隙是否适当。

⑥检查油门把手的转动是否灵活。

⑦检查各类指示灯、方向灯、刹车灯、喇叭等是否良好。

⑧检查各紧固件是否牢靠。

⑨检查携带随车工具及穿戴安全装备。

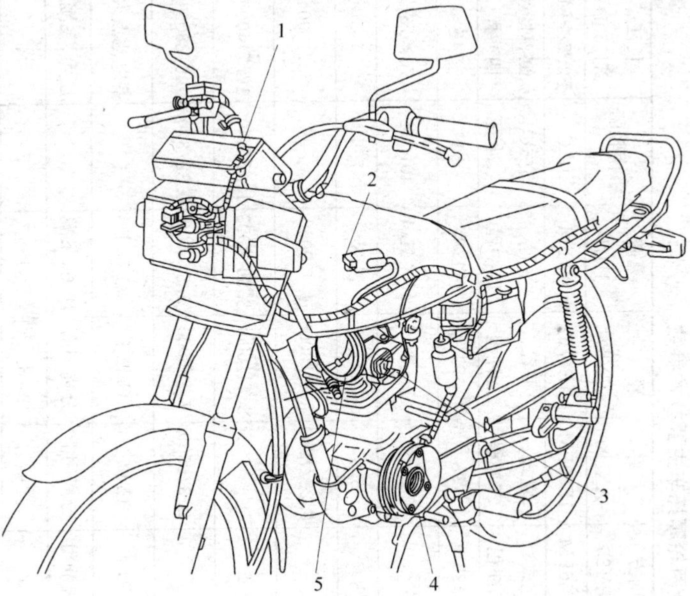

(a)

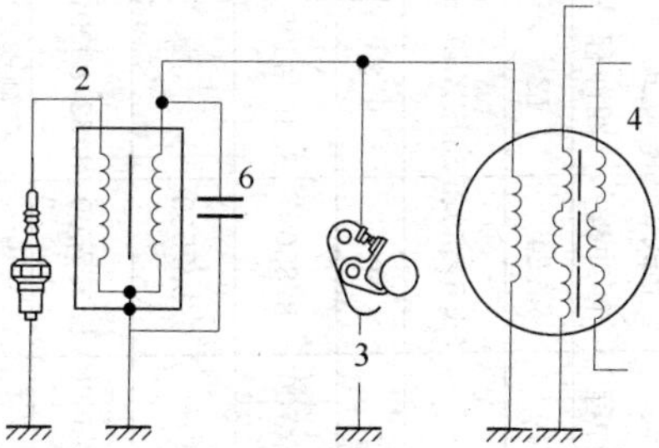

(b)

图 1-54　WY125 摩托车的电路

(a)电气元件所在部位　(b)电路图

1. 点火开关　2. 点火线圈　3. 断电器触点　4. 交流发电机

5. 火花塞　6. 电容器

表 1-24　国产部分两轮摩托车主要技术参数

产品型号	幸福 XF250	幸福 XF125	五羊 WY125	南方 NF125	长春 AX100	雅马哈 CY80	嘉陵 JH70	济南轻骑	长江 XJ750B
发动机型号	1E65FM	XF157FM	157FM	1E56FM	1E50FM	1E47F	147FM	15C	F2P78FM
发动机形式	立式、二冲程	立式、四冲程	立式、四冲程	立式、二冲程	立式、二冲程	平置、二冲程	平置、四冲程	立式、二冲程	双缸、对置、四冲程
排量/厘米^3	249	124	124	123	98	79	71.8	55	746
缸径×行程/(毫米×毫米)	65×75	56.5×49.5	56.5×49.5	56×50	50×50	47×45.6	47×41.1	40×44	78×78
压缩比	7	9	9.2	6.6	6.6	7	8.8	7.5	7
最大功率/[千瓦/(转/分)]	8.8/4700	8/8500	8.46/9500		6.29/7200	4.26/6000	4.4/9000		22/5000
标定功率/[千瓦/(转/分)]		6.5/7500				3.41/6000	3.96/8000	1.47/4500	17.7/4000
最大转矩/[牛米/(转/分)]	19.6/3500	8.3/7500	8.82/8000		8.3/6500	7.2/5000	5.5/6000	0.32/3000	46/3800
点火方式		C.D.I	有触点电容放电	C.D.I	C.D.I	C.D.I	C.D.I		蓄电池点火
润滑方式	混合润滑	压力、飞溅	压力、飞溅	分离润滑	分离润滑	分离润滑	压力、飞溅		压力、飞溅
变挡位数	4	4	5	5	4	3	4	2	4

续表 1-24

产品型号	幸福 XF250	幸福 XF125	五羊 WY125	南方 NF125	长春 AX100	雅马哈 CY80	嘉陵 JH70	济南轻骑	长江 XJ750B
外形尺寸(长×宽×高)/(毫米×毫米×毫米)	2030×710×1030	1900×735×1025	2010×755×1065	1975×700×1250	1865×725×1050	1840×660×1025	1800×995×750	1072×650×1050	2320×1650×1145
空车质量/千克	135	105	105	104	82	81	79	56	390
装货量/千克	145	140	150			140	150		260
轴距/毫米	1350	1200	1280	1250	1215	1170	1175		1488
轮距/毫米									1175
最小转弯直径/毫米	5380	3800			3600	3600	3900		6065(左)
最小离地间隙/毫米	100	140			140	135	135		140
油箱容积/升	11	8.5	11	9.5	12		6	4.2	26
起动方式	脚踏	脚踏	脚踏	脚踏	脚踏	脚踏	脚踏反冲式	脚踏	脚踏、电
变挡方式	左脚操纵	左脚操纵	左脚操纵	左脚操纵	左脚操纵		脚踏循环式	左脚操纵	手、脚联动
经济车速油耗/(升/100公里)		2	1.85	2.3	2	1.4	0.95	1.5	6
离合方式	湿式、多片	湿式、多片	湿式、多片	湿式、多片	湿式、多片	湿式、多片、自动	湿式、多片	湿式	干式、双片

续表 1-24

产品型号		幸福 XF250	幸福 XF125	五羊 WY125	南方 NF125	长春 AX100	雅马哈 CY80	嘉陵 JH70	济南轻骑	长江 XJ750B
轮胎型号	前轮	3.25-16	2.50-18	2.75-18	2.75-18	2.50-18	2.25-17	2.25-17	2.25-17	3.75-19
	后轮	3.25-16	2.75-18	3.00-18	3.00-18	2.50-18	2.50-17	2.50-17	2.25-17	3.75-19
最高车速/(公里/小时)		95	95	105	95	85	75	75	50	100
制动距离/米(30公里/小时)		7	7		6	7	6	6.5		8
最大爬坡能力/(°)			20	20	22		23	16	15	15
最低稳定车速/(公里/小时)		25	22					22		25

表 1-25 国产部分正三轮载货摩托车主要技术参数

产品名称	赤兔马牌	飞豹牌	福田五星牌	福莱特牌	跃进牌	新鸽牌
产品型号	CTM150ZH-2	CM150ZH-8	FT150ZH-5	LOR160ZH	YJ175ZH	XG150ZH-4
发动机型号	162FMJ	CL162FMJ-2	ZS162FMJ	162FM-1	162FMK	ZS162FMJ
发动机排量/毫升	150	149.4	149	149.4	173.6	149.5
整机质量/千克	250	300	340	325	330	370
载货量/千克	300	400	200	200	280	350
生产单位	江苏省 赤兔马摩托车 有限公司	吉林省长春 长豹摩托车 有限公司	福田雷沃 国际重工股份 有限公司	江苏常州 福莱特摩托车 有限公司	江苏镇江 跃进机械 有限公司	河南省 新鸽摩托车 有限公司

2. 摩托车起动时的操作

检查合格后,脚蹬起动方式的摩托车按下列步骤操作:

①首先将变速箱内变速挡置于空挡位置。

②把油箱开关拨到开(ON)位置,燃油进入化油器。

③插入点火开关钥匙,拨到开(ON)位置,接通电源。

④把阻风门手柄提到全关闭的位置。

⑤慢慢转动油门把手,开大油门。

⑥踩发动机起动蹬杆式起动机构(俗称为起动变速杆),如图 1-55 所示。摩托车的起动以脚蹬方式为主,如幸福 XF250 型摩托车、赤兔马 CTM100A 型摩托车均采用脚蹬起动方式,使发动机起动。

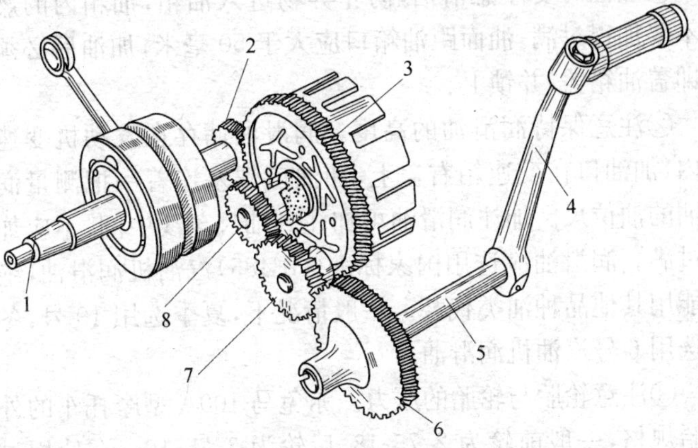

图 1-55 起动蹬杆式起动机构

1. 曲轴 2. 起动小齿轮 3. 离合器齿轮 4. 起动蹬杆 5. 起动蹬杆轴 6. 起动蹬杆传动齿轮 7. 空转齿轮 8. 从动齿轮

⑦慢慢将油门把手放到怠速状态,使发动机预热。

⑧发动机预热半分钟后,把阻风门手柄拨到全打开的

位置。

⑨适当加大油门，继续对发动机预热，直到发动机正常运转。

⑩握紧离合器把手，左脚操纵换挡挂入一挡，同时逐渐加大油门，随即缓慢松开离合器把手，摩托车正常起步。

⑪当摩托车接近20公里/小时速度时，再缓慢加大节气（油）门，并同时握紧离合器把手，即用脚踩换挡进入二挡，放开离合器把手。如此不断循环，最后达到三挡或四挡，使发动机处于最佳运转状态。

3. 摩托车行驶中的注意事项

以上海赤兔马CTM100A型摩托车为例说明。

①加油时要注意清洁，防止异物进入油箱，油箱内的燃油不要加得过满，油面距油箱口应大于50毫米，加油后必须立即盖油箱盖，并锁上。

②注意保持润滑油的高度。润滑油储存在发动机变速箱内，加油口在变速箱右盖上，加油口螺塞连着一把测量润滑油的油位尺。加注润滑油可加注到油尺刻线中间，不应加注过满。润滑油应选用国家标准（GB485）汽油机润滑油，绝不能用其他品种油类代替。一般情况下，夏季选用10号，冬季选用6号汽油机润滑油。

③注意轮胎与轮胎的压力。赤兔马100A型摩托车的外轮胎规格，一般前轮为2.75-18，后轮为3.25-16。在使用过程中要求前胎压力220千帕（2.20千克力/厘米^2）、后胎压力250千帕（2.5千克力/厘米^2）。每日出车前应注意检查轮胎压力，必要时应补充充气。因为轮胎压力不当会造成外胎花纹不规则磨损或爆裂，充气不足会使轮胎在行驶时松脱，造成行车危险，外胎花纹磨损接近磨平滑时，应及时更换。

④在行驶过程中严禁使用离合器减速，或在半分离状态下行驶，以确保行车安全。

⑤驾驶摩托车必须戴安全帽，并严禁超载、超速。

⑥摩托车的指示灯、方向灯、刹车灯、喇叭等，在行驶中必须良好，并要遵守交通规则。

⑦摩托车在行驶中，前后制动装置必须安全可靠，尽量避免急制动，以提高摩托车寿命。

五、摩托车的检查调整

1. 摩托车的检查

首先进行外观检查，车轴的零部件应完好，没有缺件，油漆层、镀铬层、镀锌件应光泽明亮，没有划伤脱落。车辆应有产品合格证、出厂证、产品使用说明书及三包证件，并按装箱单验收随车备件及工具等。然后进行起动检查，常温下，冷车起动不超过三次，热车应一次脚踏起动成功。起动后发动机运转应无异常及敲击响声，怠速运转稳定，无渗漏汽油、机油现象。以上检查供农友在选购摩托车时参考。

2. 摩托车的调整

(1)前轮制动调整　前轮制动由右手操纵，首先检查其自由行程。所谓自由行程，就是指从手把开始动作，到制动开始起作用为止的这段行程。行程过小，前制动蹄块与前轮制动鼓未能全部脱离，影响行车速度；行程过大，影响制动效率，不能及时刹车。摩托车前轮制动自由行程（钢丝绳游隙）为 5～8 毫米，前轮制动调整如图 1-56 所示，行程的调节是通过手把处调整螺栓来进行的。调整时先将锁紧螺母拧松，再调节调整螺栓，摩托车游隙增多应顺时针旋转调整螺栓，逆时针旋转调整螺栓其游隙减少，直至调到规定的自由游隙时，再拧紧锁紧螺母。

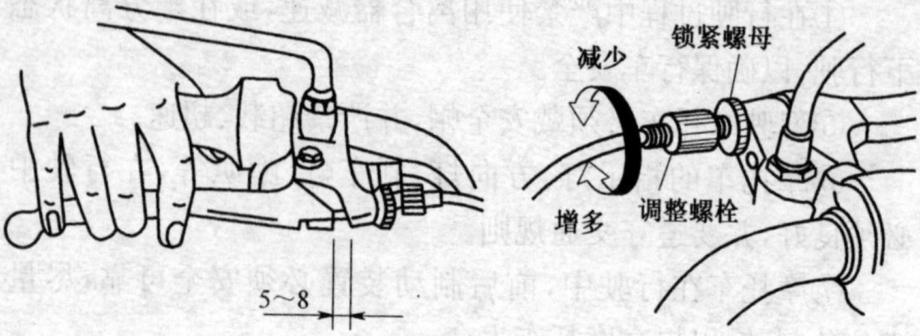

图 1-56　前轮制动调整

(2)后轮制动调整　后轮制动由脚踏操纵，首先要检查制动踏板的自由行程，后轮制动调整如图 1-57 所示，一般自由行程为 20～30 毫米。行程的调节是通过后轮制动臂处调整螺母来进行的，其调整方法与前轮制动调整方法相类似。

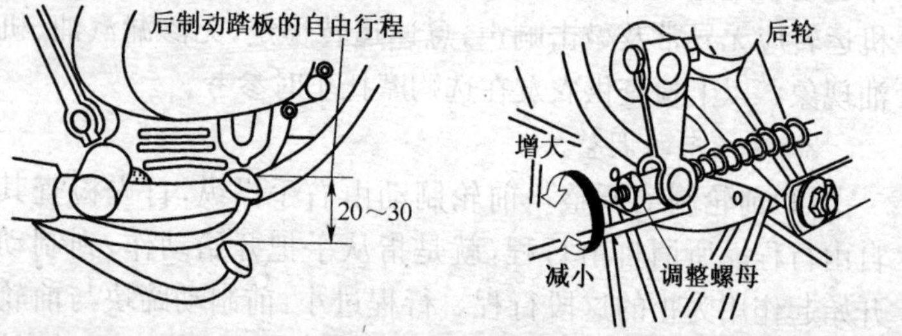

图 1-57　后轮制动调整

(3)离合器调整　离合器一般由左手操作，调整时先检查其自由行程，离合器调整如图 1-58 所示，一般自由行程（钢丝绳游隙）为 3～5 毫米。行程的调节是通过转动调整螺母，并用锁紧螺母固定得到。自由行程过大，会引起离合器分离不彻底，换挡困难；自由行程过小，致使离合器打滑，发动机输出动力不足。调整时，先拧松锁紧螺母，再调节调整螺母，顺时针旋转调整螺母其游隙增加，逆时针旋转游隙减小，直至调整到生产厂规定的数据为止，再拧紧锁紧螺母。

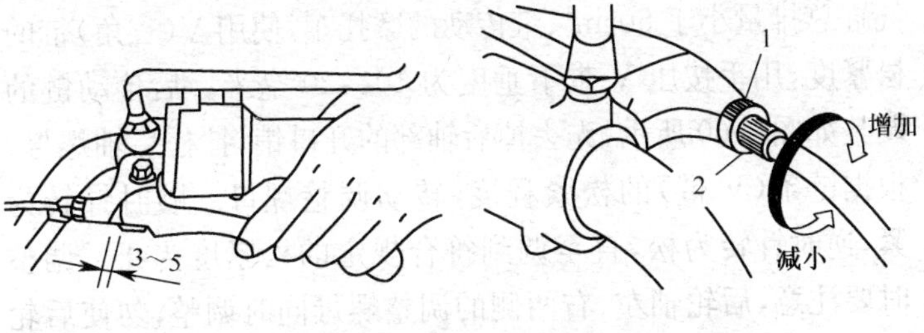

图 1-58　离合器调整

1. 锁紧螺母　2. 调整螺母

(4)后减振器调整　后减振器调整如图 1-59 所示，图中的调整座下沿制有 3～5 个曲线凹槽调节挡位。调整时先拧松固定螺钉，再转动调整座，转向最上边凹槽位置时弹性最强，最下边位置时弹性最弱，调好后拧紧固定螺钉。调整时要注意车辆左、右两减振器凹槽位置应相同。

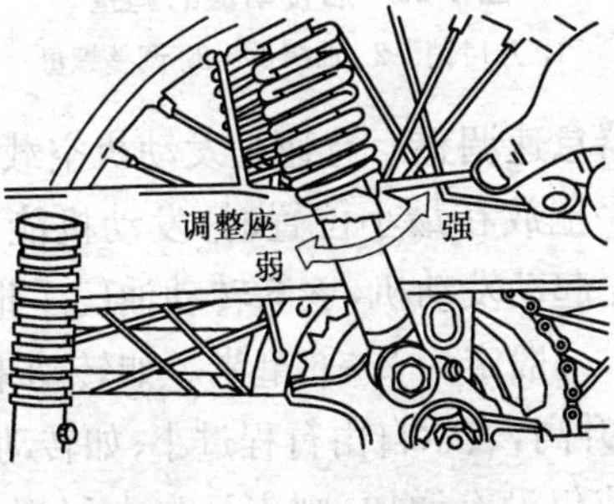

图 1-59　后减振器调整

(5)后传动链调整　后传动链调整主要是检查传动链条

（传动带）的松紧度，检查部位在前后链轮（带轮）之间的中间位置，用手指上下拨动链条，看上下移动的距离，链条式小型摩托车为10～20毫米、普通摩托车为20～30毫米。发动机气缸总排量小于50cm³、带传动的摩托车，使用V（三角）带的松紧度，用手按压V带下垂度为10～20毫米。后传动链的调整如图1-60所示，先去掉后轴部的开口销，拧松后轴螺母，根据链条（V带）的松紧程度，转动调整螺母。顺时针转为紧，逆时针转为松，直至调到符合规定的松紧度为止。调整时要注意，后轮轴左、右两侧的调整螺母同时调整，勿使后轮偏斜。调整后再拧紧后轴螺母，插入开口销。

图1-60　后传动链的调整

1. 开口销　2. 轴螺母　3. 调整螺母

(6)**化油器怠速调整**　怠速是发动机空载时的最低稳定转速，当油门手把放在最小位置时，发动机能够保持连续运转。调整时，先起动发动机，逐渐转动油门手把，检查油门手把的自由行程，一般定为2～6毫米。如转动未超过2毫米，发动机转速就升高，表示自由行程过小；如转动行程超过6毫米，发动机转速仍没有增加，则表示自由行程过大。调整方法如图1-61a所示，先拧松手把油门钢索的锁紧螺母，转动调节螺管进行调整。当自由行程需要进行较大调整时，应调整化油器上端的调节螺管。自由行程调好后再调怠速如图 1-61b 所示。调怠速前,先使发动机低速运转 2～3 分钟预热到正常工作温度,将油门手把放到最小位置,用螺钉旋具(螺丝刀)拧入图中化油器节气阀止挡螺钉②稍加大节气阀的开度,然后顺时针方向将怠速油路的怠速调节螺钉①拧到底,再逆时针方向退回 1～1.5 圈。再拧退止挡螺钉②减小节气阀开度,使发动机转速降低,再调止挡螺钉②使转速逐渐升高,直至形成稳定怠速运转规定值为止。如 CTM100A 型赤兔马牌摩托车怠速为(1400±100)转/分。

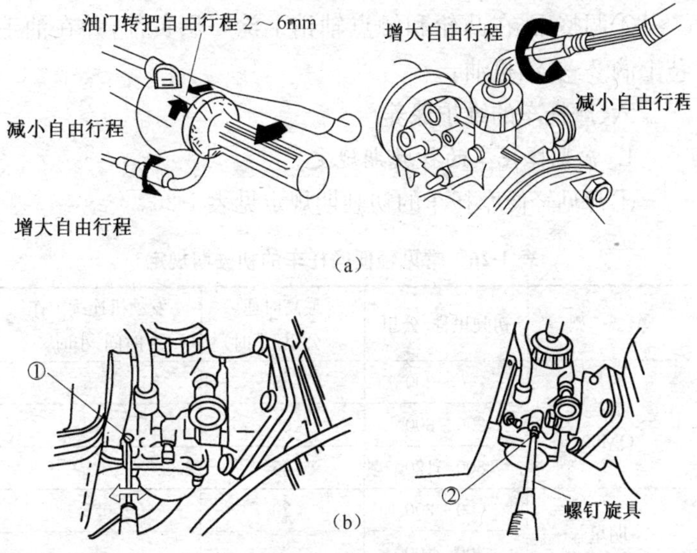

图 1-61　化油器怠速调整

(a)自由行程调整　(b)怠速调整

(7)断电触点(白金触点)间隙调整　断电触点间隙过大或过小都会影响发动机工作,因此应定期检查调整。

①检查断电触点是否有烧损现象，如有应用细砂纸或油石磨平。

②将凸轮旋至触点张开最大位置，松开触点固定螺钉，旋转调整螺钉，边调边用圆形厚薄规检验，直到调至标准间隙，如长江750型摩托车触点间隙为0.4～0.6毫米、东风BM021型摩托车触点间隙为0.3～0.4毫米，然后将固定螺钉拧紧。

③调整时要注意让触点面完全接触、对正，并保持触点表面清洁。

④调整后，在凸轮和触点轴销上涂一层黄油，并在油毛毡上滴2～3滴机油。

六、摩托车的维护保养

1. 常见摩托车的初驶期规定

①常见轻便摩托车的初驶期规定见表1-26。

表1-26 常见轻便摩托车的初驶期规定

车型	初驶里程/公里	最高时速/(公里/小时)	发动机连续工作时间/小时
木兰QM50	0～200	25	0.5
	200～800	35	1
	800～1200	45	2
明星MX50	0～200	20	0.5
	200～1000	25	1
	1000～1500	35	2
建设JS50	0～200	25	0.6
	200～800	35	1.2
	800～1500	45	2

续表 1-26

车　型	初驶里程/公里	最高时速/(公里/小时)	发动机连续工作时间/小时
玉河 YH50	0～200	25	0.5
	200～1000	35	1.2
	1000～1500	45	2

②常见三轮摩托车的初驶期规定见表 1-27。

表 1-27　常见三轮摩托车的初驶期规定

车型	初驶里程/公里	各挡最高车速/(公里/小时)				连续工作时间/小时	载货量/千克
		1	2	3	4		
长江 CJ750 边三轮	0～300	10	25	35	40	0.3	80
	300～600	15	30	40	50	0.5	160
	600～1000	15	35	45	60	0.8	160
	1000～1500	15	35	45	60	1.2	240
东风 BM021A 正三轮	0～200	8	15	20	30	0.6	空车
	200～400	10	20	25	35	0.6	150
	400～800	10	20	30	40	1.2	250
	800～1000	10	20	30	40	1.2	350

③常见摩托车的初驶期规定见表 1-28。

表 1-28　常见摩托车的初驶期规定

车型	初驶里程/公里	各挡最高车速/(公里/小时)					连续工作时间/小时	载货量/千克
		1	2	3	4	5		
建设 JS60	0～200	25	25				0.5	80
	200～800	30	35				1.2	80
	800～1500	35	45				2	160

续表 1-28

车型	初驶里程/公里	各挡最高车速/(公里/小时)					连续工作时间/小时	载货量/千克
		1	2	3	4	5		
嘉陵 JH70	0～350	15	25	35	45		0.3	80
	350～650	20	30	40	50		0.5	160
	650～1300	23	35	50	60		0.8	160
重庆 CY80	0～500	10	20	30			0.4	80
	500～1000	20	30	50			0.8	150
迅达 K80	0～200	11	17	24	28	35	0.5	80
	200～700	14	23	32	40	45	0.8	150
	700～1000	18	27	38	48	55	1.6	150
天虹 TH90	0～500	25	30	35	40		0.8	
	500～1000	25	35	45	55		1.2	
	1000～1500	25	50	70	90		2	
金城 AX100	0～160	10	18	25	35		0.8	80
	160～800	18	25	35	45		0.8	100
	800～1600	20	35	45	55		1	150
幸福 XF125	0～200	10	20	30	40		0.5	100
	200～800	15	25	40	50		1	100
	800～1500	20	35	50	60		1	145
幸福 XF250	0～300	10	24	30	40		0.5	80
	300～600	15	30	35	50		0.5	100
	600～1000	15	30	40	50		1	145
	1000～1500	15	30	50	60		1	145

2. 摩托车初驶期行驶注意事项

①每次熄火停车后，应检查发动机是否过热，若有过热

现象应检查原因并排除故障。

②检查各部位螺栓、螺母有无松脱，如有应紧固。

③检查润滑油位是否符合要求，并按规定更换润滑油。如磨合里程达300公里更换变速箱内润滑油，磨合里程达1000公里更换前后减振器内润滑油。

④在最初600公里磨合行驶中，尽量避免坡道和凸凹不平路面，以免发动机过热或振坏机件，并严禁超载、超速行驶。

⑤更换润滑油或加注燃油要注意清洁，并按规定的汽油、机油牌号使用。汽油使用GB484汽油90号、机油使用GB485规定的汽油机机油（一般情况下，夏季用10号、冬季用6号）。二冲程汽油发动机（配套小型摩托车）没有独立的润滑系统，而是用混合油中的机油来进行润滑。所使用的混合油的比例是按照汽油和机油的体积比进行混合的，一般磨合初期汽油与机油的比例为18∶1，磨合后期为20∶1，磨合期满后为22∶1。但由于车型及润滑油的质量不同，应按出厂产品说明书中规定进行配制。若配制不当，混合油中机油过多会造成发动机不易起动；机油过少会使发动机润滑不良，缩短发动机使用寿命。

3. 摩托车的日常保养

①定期用净水刷洗车辆。汽油化油器、制动系统、电气和灯光等装置不应用水清洗。电镀件、油漆层用软布擦干净，再用车蜡将车擦亮。

②检查发动机润滑油位，不足应补足。

③检查车辆各紧固件是否牢靠。

④检查前后制动是否可靠，否则应调整。

⑤检查电路、导线插接、灯光、指示灯、喇叭工作是否可靠，不可靠应维修完好。

⑥检查发动机怠速运转情况，必要时应调整。

⑦每行驶 200～300 公里后清除空气滤清器灰尘。

⑧润滑整车各运动部位，加注润滑油(脂)。

4. 一级保养

每行驶 500 公里时，进行一级保养。

①完成日常一般保养。

②发动机润滑油每行驶 300～500 公里更换一次，在换油时放干发动机润滑油箱，再用煤油冲洗，放净煤油后，再加注润滑油。

③放净燃油箱汽油，清洗燃油箱。

④检查蓄电池电解液情况，不足添加蒸馏水。

⑤检查各部件紧固件情况，恢复各运动部件的原有间隙。

⑥检查电气线路各插接及焊接头连接紧固情况。

⑦更换前后减振器油。

⑧清洗润滑传动链条。

5. 二级保养

每行驶 1000 公里进行二级保养。

①完成一级保养。

②拆卸前后车轮，清除污垢，校正轮圈。

③拆卸制动鼓盖，检查制动蹄、制动片、凸轮、回位弹簧等技术状况，进行保养修理。

④检查车架、后轮叉等焊接件的焊接情况，及时清除隐患。

⑤拆洗链条，清洗传动链轮。

⑥检查制动控制系统各部件，进行保养调整。

⑦二级保养后，按原装配调整好整车，进行细心的试行驶，确保安全后再投入正常行驶。

七、摩托车的常见故障及排除方法

摩托车的常见故障及排除方法见表 1-29。

表 1-29 摩托车的常见故障及排除方法

故障现象	故障线索	故障原因		排除方法
起动困难或不能起动	操作	操作不当		改进操作方法
	燃油供给系统	无油	油箱燃料用完	加燃油
			油箱开关堵塞	疏通
			油箱开关取压管未接化油器负压口	接上
		气缸内未进混合气	进气系统漏气	拧紧进气系统密封口螺钉
			油路堵塞	疏通
		气缸内积有燃油		拆开火花塞排除气缸内积油
		空气滤清器堵塞		清洗滤清器滤芯
		倒喷		整平簧片阀
				更换簧片
				清洗消声器
		燃油过脏或有水		清洗油箱、化油器,更换燃油
	气路	漏气	火花塞漏气	拧紧火花塞
			气缸盖或气缸体接合面漏气	擦净平面、装好垫片、拧紧气缸盖螺母
			曲轴箱漏气	更换曲轴箱油封或分解曲轴箱重涂密封胶
			活塞环或气缸体磨损严重	更换活塞环或气缸体
			活塞环折断或被积炭卡死	更换活塞环或清理活塞环与活塞积炭

续表 1-29

故障现象	故障线索	故障原因		排除方法
起动困难或不能起动	气路	排气不畅	消声器阻塞	清洗疏通
			气缸体排气口和消声器内积炭	清除积炭
		混合气过浓或过稀		调整化油器
	电气系统	火花塞故障	火花塞大量积炭	清除积炭并用汽油清洗干净
			火花塞绝缘体损坏	更换火花塞
		点火线圈烧坏		更换
		磁电机故障	低压线短路或断路	寻找短路或断路处修复或更换
			CDI 点火器损坏	更换
		蓄电池电量不足		拆下进行充电，并排除引起蓄电池电量不足的原因
	传动部分及其他	起动杆蹬踩无力，起动爪盘磨损或脱落		修复或更换
		电起动	超越离合器损坏	修理或更换
			起动电机转子咬死	更换
		其他机械咬死故障，如连杆大头滚针轴承咬死		检查排除
		汽油、机油混合比不对	曲轴箱漏气	更换燃油
			活塞环或气缸体磨损严重	调整机油泵

续表 1-29

故障现象	故障线索	故障原因	排除方法
发动机怠速不良	无怠速	化油器调整不当	重新调整怠速螺钉
		油路、气路堵塞	清洗油路、气路
		浮子室油路过高	调整浮子室油面
		曲轴箱漏气	更换曲轴箱油封，或分解曲轴箱重涂密封胶
	怠速过高	化油器节气门弹力太小	更换
		油门调整位置不对，开度太大	重新调整
		电磁加浓阀电线插头未接	接上
		怠速量孔超大	更换
	怠速不稳	点火时间太早	按规定调整点火时间
		混合气过浓或过稀	调整化油器
		空滤器堵塞	清洗滤芯
		火花塞间隙过小	调整间隙至规定值

续表 1-29

故障现象	故障线索	故障原因	排除方法
汽油机工作不稳定	电气系统	高压线或点火线圈漏电	更换
		点火线接触不良	重新接好
		火花塞电极间隙积炭过多	清除积炭
		CDI 烧坏或击穿	更换
	油路	油路处于半堵塞状态	疏通油路
汽油机过热	散热条件差	气缸散热片有油污、泥沙	清除
		冷却风泄漏	重新装好导风罩
		风扇油污堆积太多或风扇损坏	清洗或更换
	操纵方法与传动系统问题	高速行驶后突然停车	改变操作方法
		V 带或离合器打滑	检查排除或更换
	点火系统故障	点火不良	按起动困难中电气系统故障有关方法排除
		点火过迟或过早	调整点火角度

续表 1-29

故障现象	故障线索	故障原因		排除方法
汽油机过热	燃油系统故障	燃油混合比不对		调整机油泵与化油器匹配
		混合气过稀或过浓		调整化油器
		汽油辛烷值太低		更换汽油，辛烷值符合要求
	润滑不良	润滑油不符合要求		更换
		油量不足		添加机油
	其他	消声器堵塞		清洗
汽油机自动停车	燃油系统故障	燃油耗尽		补充加油
		燃油供不上	油路堵塞	排除
			油开关损坏	更换或修理
			化油器堵塞	清洗
	电气系统故障	断火		从火花塞到磁电机按顺序检查电气线路
	发动机抱缸或咬死	汽油机严重过热		按汽油机过热有关方法排除
		严重抱缸、活塞咬死		修复或更换
		连杆大头轴承因润滑不良而咬死		修复或更换
		其他机械咬死故障		查明后修复或更换

第五节 汽　　车

一、汽车的用途和分类

（1）用途　汽车是我国道路上从事运输的车辆，主要分布在工业、农业、商业、物流等部门，用于城乡客货运输、人员流动、物资交流等。它是重要的运输工具。

（2）分类　汽车按其用途不同可分为载货汽车、越野汽车、轿车、客车、变型车等几大类。本节主要介绍载货汽车中的普通货车。

载货汽车简称为货车。货车按结构不同可分为普通货车、特种货车、自卸货车和载货列车。普通货车具有标准形式的栏板货厢。按载货量分级：<3.5 吨的为轻型货车，如北京 BJ 130 型汽车、跃进 NJ130 型汽车；载货量 4～8 吨的为中型货车，如解放 CA141 型汽车、东风 EQ140 型汽车；载货量>8 吨的重型货车，如黄河 JN162 型 10 吨车、红岩 CQ30290 型 18 吨车、东风 EQ153 型 8 吨车等。特种货车是普通货车的变型，如一汽 CA141E 型、二汽 EQ140-1A 型均为高栏板，用于运输轻泡货物的货车。自卸汽车是货厢能自动举升，并倾斜散装货物的货车，如二汽 EQ140-1L 型。载货列车一般分为全挂汽车列车和半挂汽车列车，如半挂列车由半挂牵引车（如二汽 EQ140-1K 型）与载货半挂车组成。挂车用铰接式转盘承托在牵引车的后端，载货量 10 吨以下的半挂车多是车厢式的，载货量 15 吨以上的都是平板式。

目前，在农机市场上轻型货车较受农民青睐，如北汽福田 BJ1028E 系列、北京 BJ1022EZC 系列汽车、南京跃进

NJ1026D 系列汽车、南昌 JMC 江铃五十铃汽车、合肥江淮 HFC1030 系列汽车等。这些车型因价格低、吨位小、适合农村道路行驶。

二、汽车型号的编制方法

我国汽车型号的编制执行《汽车产品型号编制规则》(GB 9417—88)。汽车产品型号由企业名称代号、车辆类别代号、主参数代号、产品序号组成，必要时附加企业自定代号。对于专用汽车还应增加专用汽车分类代号(其位置设在产品序号后、企业自定代号前的中间)。汽车产品型号的构成如下：

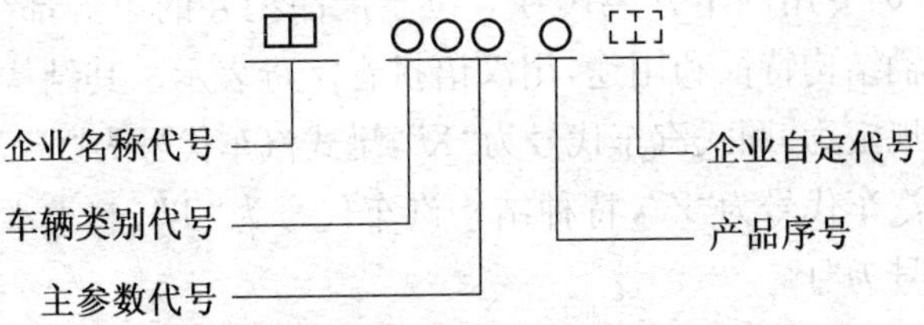

说明：□用汉语拼音字母表示；○用阿拉伯数字表示；⬚用汉语拼音字母或阿拉伯数字表示。

(1)**企业名称代号** 位于产品型号的第一部分，用代表企业名称的 2～3 个汉语拼音字母表示。

部分汽车制造厂的企业代号见表 1-30。

表 1-30 部分汽车制造厂的企业代号

第一汽车制造厂	第二汽车制造厂	北京汽车制造厂	南京汽车制造厂	天津汽车制造厂	上海汽车制造厂	济南汽车制造厂
CA	EQ	BJ	NJ	TJ	SH	JN

(2)**车辆类别代号** 位于产品型号的第二部分，用一位阿拉伯数字表示。汽车类别代号见表 1-31。

表 1-31 汽车类别代号

车辆类别代号	1	2	3	4	5	6	7	8	9
车辆种类	载货汽车	越野汽车	自卸汽车	牵引汽车	专用汽车	客车	轿车	挂车	半挂车及专用半挂车

(3)主参数代号　位于产品型号的第三部分,用两位阿拉伯数字表示。主参数代号见表 1-32。

(4)产品序号　位于产品型号的第四部分,用阿拉伯数字表示。

(5)专用汽车分类代号　位于产品型号的第五部分,反映车辆结构特征和用途,用汉语拼音字母表示。其结构特征代号规定为:厢式汽车代号为“X”,罐式汽车代号为“G”,专用自卸汽车代号为“Z”,特种结构汽车代号为“T”,起重举升汽车代号为“J”。

(6)企业自定代号　位于产品型号的最后部分,同一种汽车结构略有变化而需要区别时,如发动机、长短轴距、单双排座驾驶室、左右置转向盘等,可用汉语拼音字母或阿拉伯数字表示,位数也由企业自定。

(7)汽车型号示例

EQ140 型——EQ 为第二汽车制造厂,1 为载货汽车,4 为载货量 3～5 吨,0 为产品代号(第一代产品)。

CA141 型——CA 为第一汽车制造厂,1 为载货汽车,4 为载货量 3～5 吨,1 为产品代号(第二代产品)。

BJ2020N 型——原北京 BJ212N 型吉普车,BJ 表示北京汽车工业联合公司,2 为越野车,0 为载货量 1 吨以下,20 为第三代产品。

表 1-32　主参数代号

名称	种类代号	参数代号								
		1	2	3	4	5	6	7	8	9
三轮汽车	0	~0.25	>0.25~0.5	>0.5~1	>1~1.5	>1.5~2				
载货汽车	1	~0.6	>0.6~1.5	>1.5~3	>3~5	>5~9	>9~15			
越野汽车	2	~0.6	>0.6~1	>1~2	>2~4	>4~7	>7~12	>12~15		
倾卸汽车	3			~2.5	>2.5~4.5	>4.5~7.5	>7.5~15	>15~30	>30~50	>50
特种用途汽车	4 5					>4.5~7.5				
载客汽车	6	~8	>8~15	>15~22	>22~30	>30~40	>40			
轿车	7	~0.4	>0.4~0.7	>0.7~1.3	>1.3~2	>2~3	>3~4.5	>4.5~6		
挂车	8	~0.5	>0.5~1	>1~2	>2~3	>3~4	>4~7.5	>7.5~25	>25~70	
半挂车及长货挂车	9	~5	>5~7.5	>7.5~10	>10~18	>18~32	>32~50	>50~80	>80~120	>120~200

注：①表中三轮、载货、越野、倾卸、特种用途汽车和挂车、半挂车及长货挂车的主参数代号为车辆的总质量(吨)。

②表中客车的主参数代号为车辆长度(米)。

③表中轿车的主参数代号为发动机排量(升)，应精确到小数点后一位，以其值10倍数值表示。

④主参数不足规定位数时，在参数前以"0"占位。

东风 EQ140 系列和解放 CA141 系列常用汽车的新旧型号对照见表 1-33。

表 1-33 东风 EQ140 系列和解放 CA141 系列常用汽车的新旧型号对照

序号	新型号	旧型号	备注
1	EQ1090E	EQ140-1	E 表示驾驶室平面玻璃、单排座
2	EQ1090F	EQ140-1	F 表示驾驶室曲面玻璃、单排座
3	EQ1090EA	EQ140-1A	A 表示高栏板车厢
4	EQ1090EO	EQ140-1C	O 表示高原车
5	CA1090	CA141	
6	CA1090L2	CA141L2	L2 表示长轴距车
7	CA1090K2	CA141K2	K2 表示柴油车

三、汽车的技术参数

①江淮 HFC1030 系列载货汽车技术参数见表 1-34。

②跃进 NJ1061W 系列和南汽 40.10/40.10S 型载货汽车主要技术参数见表 1-35。

③解放 CA1110P1KLA90 系列载货汽车技术参数见表 1-36。

④北汽福田 BJ1028E 系列柴油汽车技术参数见表 1-37。

四、汽车的结构特点

国产汽车类型虽然很多,但汽车的基本结构都是由发动机、底盘、车身和电气设备组成。发动机是汽车的动力装置,一般中小型汽车发动机采用汽油机为主;重型载货车和农用运输车的发动机多采用柴油机。底盘接受来自发动机的动力,使汽车产生运动,并保证汽车的正常行驶。底盘由传动、行走、转向、制动系统组成。车身用于安置驾驶员、乘客和装

表 1-34 江淮 HFC1030 系列载货汽车技术参数

序号	车辆型号	发动机型号	外形尺寸（长×宽×高）/毫米×毫米×毫米	货厢内部尺寸（长×宽×高）/毫米×毫米×毫米	轴距/毫米	轮胎规格	轮距（前/后）/毫米	总质量/千克	载货质量/千克	最高车速/(千米/小时)
1	HFC1030K1	YSD490Q YND485Q	4920×1868×2100	3250×1710×370	2600	6.50-15	1420/1395	3020	995	90
2	HFC1030K1R1	YSD490Q YND485Q	4920×1868×2100	2920×1710×370	2600	6.50-15	1420/1395	3020	995	90
3	HFC1031K	YSD490Q 新昌 490B	4920×1868×2100	3250×1710×370	2600	6.50-15	1420/1395	3430	1480	90
4	HFC1031K1	QC490Q(DI)	4290×1868×2100	3250×1710×370	2600	6.50-15	1420/1395	3430	1285	90
5	HFC1031K1R1	QC490Q(DI)	4290×1868×2100	2920×1710×370	2600	6.50-15	1420/1395	3430	1285	90
6	HFC1031K2	YND485Q N485QA	4920×1868×2100	3250×1710×370	2600	6.50-15	1420/1395	3445	1300	80
7	HFC1031K2R1	YND485Q N485QA	4920×1868×2100	2920×1710×370	2600	6.50-15	1420/1395	3445	1300	80
8	HFC1031KR1	YSD490Q 新昌 490B	4920×1868×2100	2920×1710×370	2600	6.50-15	1420/1395	3430	1480	90

表 1-35　跃进 NJ1061W 系列和南汽 40.10/40.10S 型载货汽车主要技术参数

型号	40.10	40.10S	NJ1061W/1061LW	NJ1061DEW/1061DELW
乘坐人数	2+1	6+1	3+1	
整车质量/千克	2200	2330		
额定装载质量/千克	2000	1450	3000	
满载总质量/千克	4200	4200		
轴距/毫米	3310		3308/3800	
外形尺寸(长×宽×高)	5970×2150×2024	5930×2150×2245	5990×2076×2319/6990×2076×2319	
车厢内部尺寸(长×宽×高)/(毫米×毫米×毫米)	3600×2060×400	2910×2060×400	3740×1970×380/4440×1970×380	
最高车速/(公里/小时)	105		90	85
最大爬坡度(干硬路面)	38%		≥30%	
最小转弯直径/米	12.1		15.2	
制动距离/米(30 公里/小时)	≤7		≤8	
百公里油耗/升(50 公里/小时)	≤9		14.5	10.5
燃油箱容量/升	70			
发动机型号	SOF1M8140.27S		NJG427A	NJ4102Q(D433B)
形式	直列、四缸、四冲程、水冷、直喷增压式柴油机		直列、四缸、化油器式汽油机	直列、四缸、直喷式柴油机
排量/升	2.499		2.67	3.268
压缩比	18∶1			
最大功率/千瓦(转/分)	74.3～78.7(3800)		66(90 马力)(4000)	62.5(85 马力)(3500)
最大转矩/牛米(转/分)	215～229.5(2200)		186(2500)	201(2200)

表 1-36 解放 CA1110P1KLA90 系列载货汽车技术参数

	型号		$CA1110P1KL_5A90$	$CA1110P1KL_7A90$	$CA1110P1KL_8A90$	$CA1110P1KI_9A90$
基本参数	空车质量/千克		6510	6740	7000	7090
	载货质量/千克		5000			
	最小离地间隙(满载时后桥下)/毫米		$255(CA1110P1KL_9)$			
	前轮距/毫米		2020			
	后轮距/毫米		1847			
	百公里油耗/升		18			
	最大爬坡度		30%			
	制动距离(车速为 30 公里/小时)/米		≤10			
	轴距/毫米		5440	5640	5950	6290
	最小转弯直径/米		20	21	22	23
	最高车速(满载公里/小时)		110	110	110	110
整车车架参数	外形尺寸	长/毫米	9545	10045	10545	11045
		宽/毫米	2500	2500	2500	2500
		高/毫米	2910	2910	2910	2910
	车厢尺寸	长/毫米	7200	7700	8200	8700
		宽/毫米	2300	2300	2300	2300
		高/毫米	540	540	540	540

续表 1-36

发动机参数	型号	CA6110 型、CA6113 型
	形式	四冲程、直列六缸、水冷、直喷式柴油发动机(增压和不增压)
	最大功率/千瓦(转/分)	132(147)/2900(2500)
	最大转矩/牛米(转/分)	510(647)/1700～1900(1400～1600)

表 1-37　北汽福田 BJ1028E 系列柴油汽车技术参数

目录号	外廓尺寸(长×宽×高)/(毫米×毫米×毫米)	货厢内部尺寸(长×宽×高)/(毫米×毫米×毫米)	发动机	变速箱	轮　胎	轮距(前/后)/毫米
BJ1028E1	4460×1610×1800	2810×1515×342	480Q	CG4-10T7	后轮单胎 6. 00-14	1300/1300
BJ1028PE1	4430×1610×1860	2400×1515×342				
BJ1028AE1	4430×1610×1860	1855×1515×342				
BJ1028E2	4460×1695×1805	2810×1600×342	480Q	CG4-10T7	后轮双胎 6. 00-14	1300/1240
BJ1028PE2	4430×1695×1865	2400×1600×342				
BJ1028AE2	4530×1695×1865	1855×1600×342				

载货物。电气设备用于起动发动机和照明、音响、采暖、制冷，包括电源、发动机起动、点火系统和照明信号设备等。解放 CA10B 型载货汽车的基本组成如图 1-62 所示。

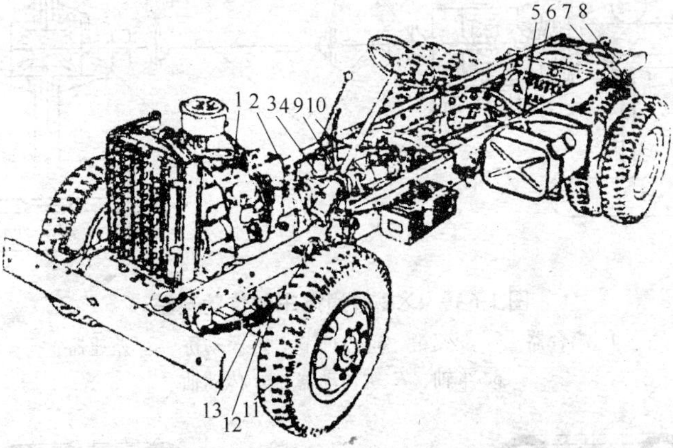

图 1-62　解放 CA10B 型载货汽车的基本组成

1. 发动机　2. 离合器　3. 变速器　4. 传动轴　5. 后桥　6. 车架　7. 后钢板弹簧　8. 后轮　9. 转向机　10. 手制动器　11. 前轮　12. 前轴　13. 前钢板弹簧

1. 汽车的传动系统

传动系统的功用是将发动机发出的动力传给驱动轮，降低发动机传出的转速，增大转矩，保证汽车平稳起步、换挡，实现汽车的前进、倒退。它由离合器、变速箱、万向传动装置和驱动桥组成。

传动系统布置形式用 A×B 表示。A 为车轮数(是指汽车车桥数乘 2，不是汽车装用的轮胎数)；B 为驱动轮数(计算方法同前)，4×2 普通汽车的传动系统如图 1-63 所示。4×4 越野汽车的传动系统如图 1-64 所示。

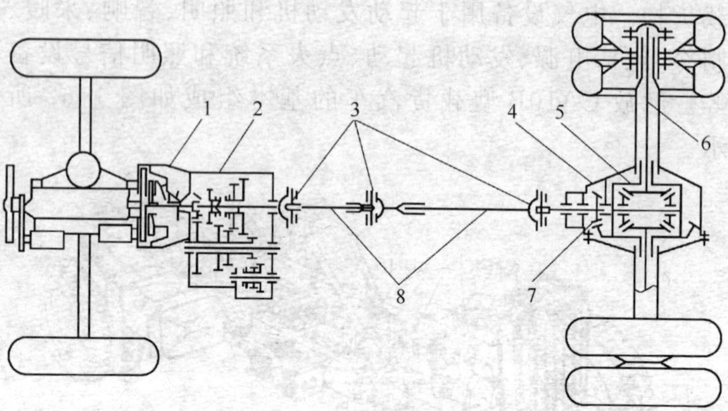

图 1-63　4×2 普通汽车的传动系统

1. 离合器　2. 变速箱　3. 万向节　4. 驱动桥　5. 差速器
6. 半轴　7. 主传动器　8. 传动轴

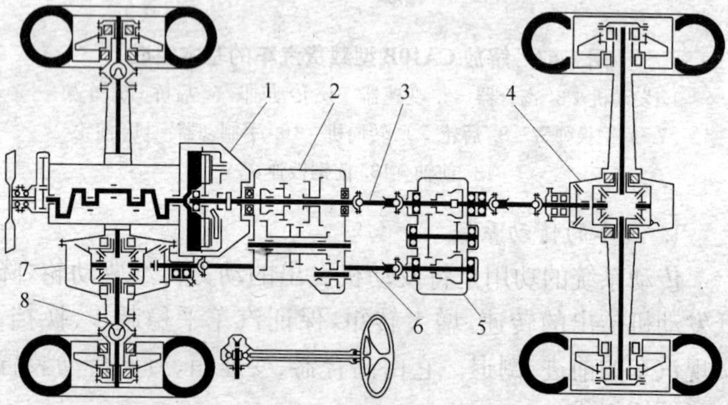

图 1-64　4×4 越野汽车的传动系统

1. 离合器　2. 变速箱　3、6. 万向传动装置
4、7. 驱动桥　5. 分动箱　8. 万向节

(1)离合器　汽车离合器的工作原理基本上与拖拉机相

同，一般为单片和双片、多弹簧干式离合器。

双片、多弹簧离合器多用在载货量大的、个别中型载货车，如解放 CA141 型、黄河 JN150 型、长征 XD250 型等。解放 CA141 型汽车双片离合器结构如图 1-65 所示。其主动部分由飞轮 5、传动销 14、中间主动盘 4、压盘 3 和离合器盖 13 组成；从动部分由两个从动盘 1、2 和从动轴组成。工作时，当

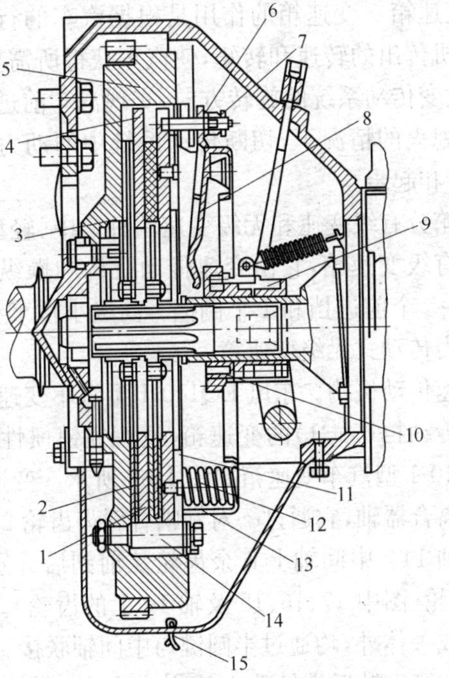

图 1-65　解放 CA141 型汽车双片离合器结构

1、2. 从动盘　3. 压盘　4. 中间主动盘　5. 飞轮
6. 分离杠杆连接螺栓　7. 调整螺母　8. 分离杠杆
9. 分离套筒　10. 分离轴承　11. 隔热垫　12. 压紧弹簧
13. 离合器盖　14. 传动销　15. 磁性开口销

驾驶员踩下离合器踏板，踏板力经杠杆传给分离叉，使其产生摆转，推动分离轴承10向左移动，压迫分离杠杆8使压紧弹簧压缩，从动部分与主动部分分离起到动力分离作用。驾驶员放松踏板时，压盘受压紧弹簧的作用，使离合器又恢复到接合状态。用双片式离合器的目的，是在不加大离合器摩擦片外圆尺寸的情况下，增加摩擦面积传递较大的转矩。

(2)变速箱　变速箱的作用是根据汽车的行驶条件，改变从发动机传出的转速和转矩，使汽车获得所需要的牵引力和车速；改变传动系统的旋转方向，实现汽车前进或倒退；在发动机不熄火的情况下，切断传动系统中的动力传递，实现停车、滑行和起步。

变速箱分有级变速和无级变速两种。中、轻型汽车多采用齿轮式有级变速箱，它由变速传动机构和操纵机构组成，一般有3～5个前进挡和1个倒挡。高级小轿车和重型货车常采用液力传动式无级变速箱。

①变速传动机构。东风EQ140-1型汽车变速箱，是三轴式带直接传动挡(5＋1)的变速箱，设有锁销惯性式同步器。东风EQ140-1型汽车变速箱如图1-66所示。变速箱的第一轴1就是离合器轴，它通过一对常啮合斜齿齿轮2、18将动力传给中间轴14。中间轴上其余齿轮从前到后分别为Ⅳ、Ⅲ、Ⅱ、Ⅰ挡齿轮(图中17、16、15及轴14上的齿轮)。除Ⅰ挡齿轮与轴制成一体外，均通过半圆键与中间轴联接。第二轴11前端支承在第一轴后端轴孔中的滚针轴承上，轴上从前到后的Ⅳ、Ⅲ、Ⅱ挡从动齿轮(图中6、7、9齿轮)，都通过滚针轴承浮套在轴上。这些齿轮与中间轴上相对应的齿轮常啮合并由后者驱动，但常处于不向第二轴传递动力的可转动状态。这些挡位以及直接传动挡的动力传递，要通过换挡机构拨动

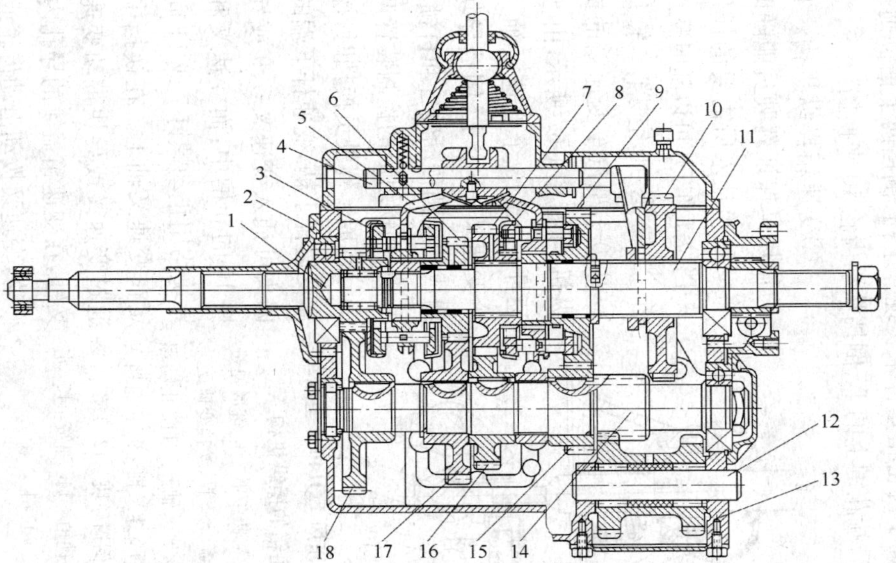

图 1-66　东风 EQ140-1 型汽车变速箱

1. 第一轴　2. 主动常合齿轮　3. Ⅳ、Ⅴ挡同步器　4. 拨叉轴　5. 拨叉　6. Ⅳ挡从动齿轮　7. Ⅲ挡从动齿轮　8. Ⅱ、Ⅲ挡同步器　9. Ⅱ挡从动齿轮　10. Ⅰ、倒挡从动齿轮　11. 第二轴　12. 倒挡齿轮轴　13. 倒挡齿轮　14. 中间轴　15. Ⅱ挡齿轮　16. Ⅲ挡齿轮　17. Ⅳ挡齿轮　18. 中间轴常合齿轮套在第二轴前后两只花键齿固定齿轮上的两只滑动啮合套之一，使之与第二轴相应挡位斜齿齿轮或第一轴斜齿齿轮上特制的花键小齿轮相套合来实现。Ⅰ挡、倒挡两个挡位则仍靠第二轴后端花键上的Ⅰ、倒挡从动齿轮 10 来换挡。

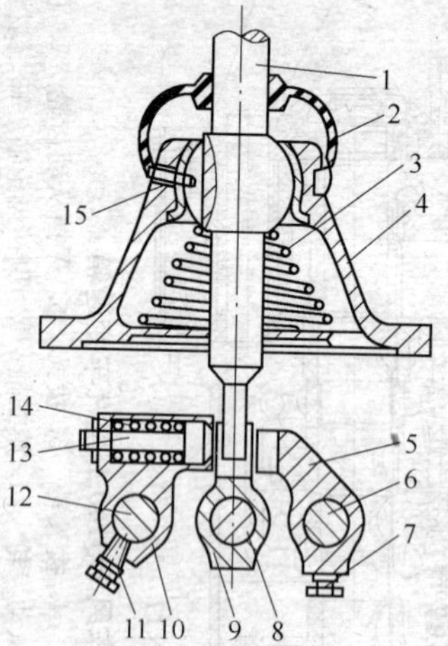

图 1-67　东风 EQ140-1 型汽车变速箱的操纵机构

1. 变速杆　2. 防尘罩　3. 锥形弹簧　4. 变速箱盖　5. Ⅳ、Ⅴ挡变速叉　6. Ⅳ、Ⅴ挡变速叉轴　7、11. 止动螺钉　8. Ⅱ、Ⅲ挡变速叉轴　9. Ⅱ、Ⅲ挡变速叉　10. Ⅰ、倒挡导块　12. Ⅰ、倒挡变速叉轴　13. 锁销　14. 弹簧　15. 定位销

②变速箱操纵机构。它的作用是保证驾驶员能随时将变速箱挂入所需要的任何一挡位工作；并可以随时从工作挡位退到空挡。东风 EQ140-1 型汽车变速箱的操纵机构如图 1-67 所示，由变速杆、上盖、3 个变速叉轴、3 个变速叉、一个Ⅰ、倒挡导块组成的换挡传动装置和自锁、互锁、倒锁组成的控制装置两部分构成。驾驶员换挡时，操作变速杆手柄，变速杆下端的偏头可插入变速叉 5、9 或导块 10 的导槽中，而变速叉和导块均用止动螺钉 7 或 11 固定在变速叉轴上。在换挡中通过变速叉或导块带动变速叉轴，在变速箱盖 4 的导孔内移动，变速叉拨动滑动齿轮或齿套，换入需要的挡位。为防止自动挂挡、自动脱挡、行驶中误挂倒挡，变速箱设置了自锁、互锁和倒挡锁装置。东风 EQ140-1 型汽车变速箱的自锁和互锁装置如图 1-68 所示。

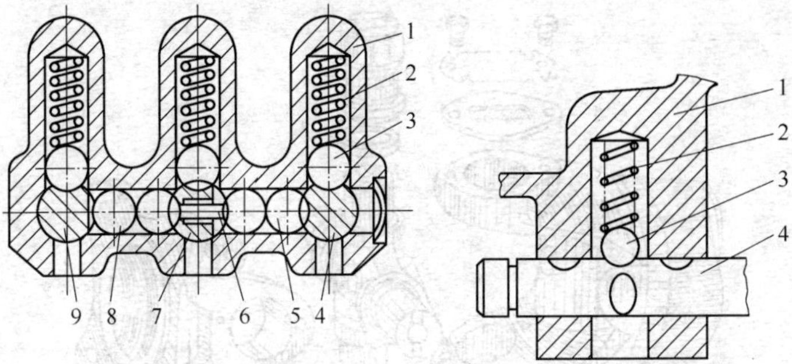

图 1-68　东风 EQ140-1 型汽车变速箱的自锁和互锁装置

1. 变速箱盖　2. 自锁弹簧　3. 自锁钢球　4. Ⅳ、Ⅴ挡变速叉轴
5、8. 互锁钢球　6. 顶销　7. Ⅱ、Ⅲ挡变速叉轴　9. Ⅰ、倒挡变速叉轴

(3)万向传动装置　其作用是连接经常变化的变速箱输出轴与驱动桥输入轴,并保证正常传递动力。它一般由万向节和带有伸缩花键的传动轴及中间支承等零件组成。

①万向节。图 1-69 为汽车常用的普通十字轴刚性万向节。这种万向节可以在两轴交角≤15°的情况下,平稳地传递动力。两万向节叉 2、6 上的孔分别活套在十字轴 4 的两对轴颈上。这样当主动轴转动时,从动轴既可随之转动,又可绕十字轴中心在任意方向摆动。为了减少摩擦损失,提高传动效率,在十字轴颈和万向节叉孔间装有滚针 8 和套筒 9 组成的滚针轴承。为防止轴承在离心力作用下从万向节叉内脱出,套筒 9 用螺钉和轴承盖 1 固定在万向节叉上,并用锁片将螺钉锁紧。

②传动轴。农用运输车和中小型汽车使用的传动轴总成,由于前后轴间距离较短,一般由一根可伸缩的传动轴和两个普通十字轴刚性万向节组成。传动轴是一转速相当高的长轴,实践证明,高速转动时长轴易发生抖动、损坏。为

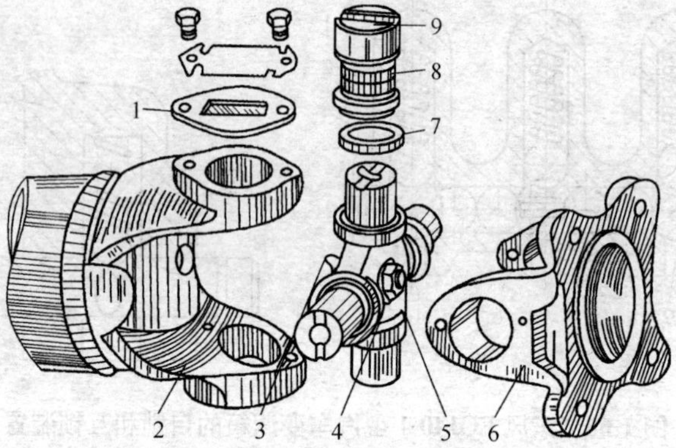

图 1-69　汽车常用的普通十字轴刚性万向节

1. 轴承盖　2、6. 万向节叉　3. 油嘴　4. 十字轴
5. 安全阀　7. 油封　8. 滚针　9. 套筒

此，在一些轴距较长的汽车上将传动轴分为两段，传动轴为管状，由三套十字轴式万向节连接。前段传动轴由中间支承装置支承在车架横梁下。解放 CA141 型汽车传动轴总成如图 1-70 所示。东风 EQ140 型汽车也是采用这种传动轴。

(4)驱动桥　驱动桥的功用是将万向传动装置输入的动力传给驱动轮，在传递中将动力的方向回转 90°，并降低转速，增大转矩，以保证汽车有足够的驱动力和适当的车速。驱动桥主要由桥壳 1、主减速器 2、差速器 3 和半轴 4 等组成。驱动桥如图 1-71 所示。

2. 汽车的行走系统

行走系统的作用是将传动系统传来的动力转变为推动汽车行驶的驱动力(滚动力)；承受全车的质量；承受并传递路面作用于车轮上的反力及其形成的力矩；吸收振动，缓和不平路面对汽车的冲击，保证汽车平稳行驶。它由车架、转向桥、车轮和悬架等组成。

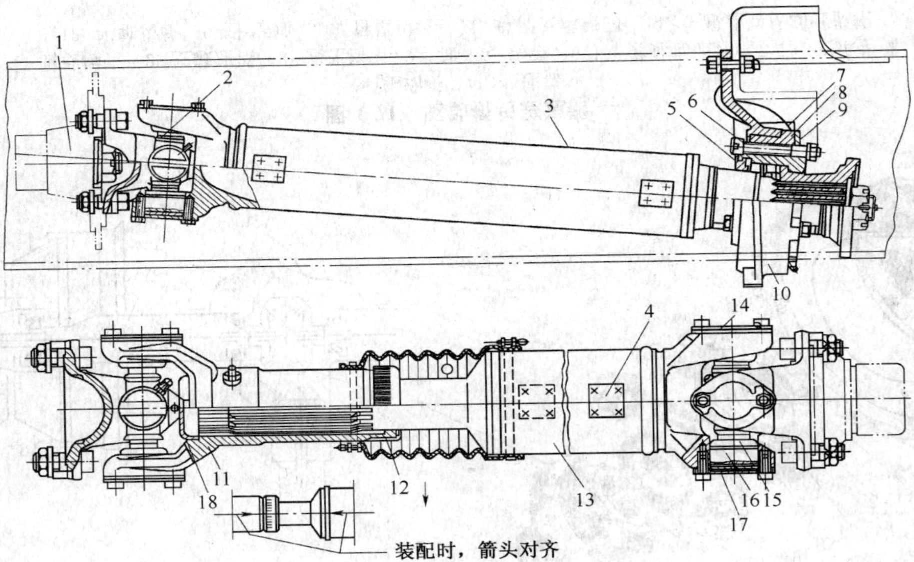

图 1-70　解放 CA141 型汽车传动轴总成

1. 凸缘盘叉　2. 万向节十字轴　3. 中间轴轴管　4. 平衡片　5. 中间轴承油封　6. 中间轴承前盖　7. 橡胶垫环　8. 中间轴承　9. 中间轴承后盖　10. 中间轴承支架　11. 万向节滑动叉　12. 油封　13. 主传动轴轴管　14. 锁片　15. 万向节滚针轴承油封　16. 万向节滚针轴承　17. 滚针轴承支承片　18. 堵盖

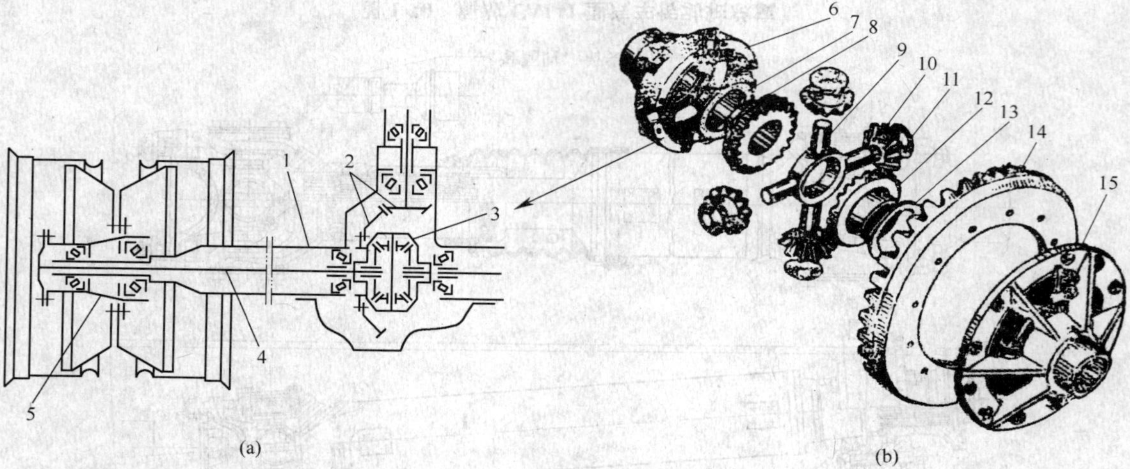

图 1-71　驱动桥与差速器

(a)驱动桥　(b)差速器

1. 驱动桥壳　2. 主减速器　3. 差速器　4. 半轴　5. 轮毂　6、15. 差速器壳体　7、13. 支承垫圈　8、12. 半轴齿轮　9. 十字轴　10. 行星齿轮　11. 球面支承垫圈　14. 主减速器从动锥齿轮

①车架。汽车车架是安装和固定汽车上大部分总成和部件的基体,并在汽车行驶中承受各种动载荷,车架具有足够的强度与刚度,且具有降低汽车重心、提高汽车行驶稳定性的作用。车架的结构形式基本上分中梁式车架和边梁式车架两种。而边梁式车架又分为倾斜边梁式、弯曲边梁式(多用于轿车)和平行边梁式(货车车架)3 种。解放 CA141 型货车车架如图 1-72 所示。

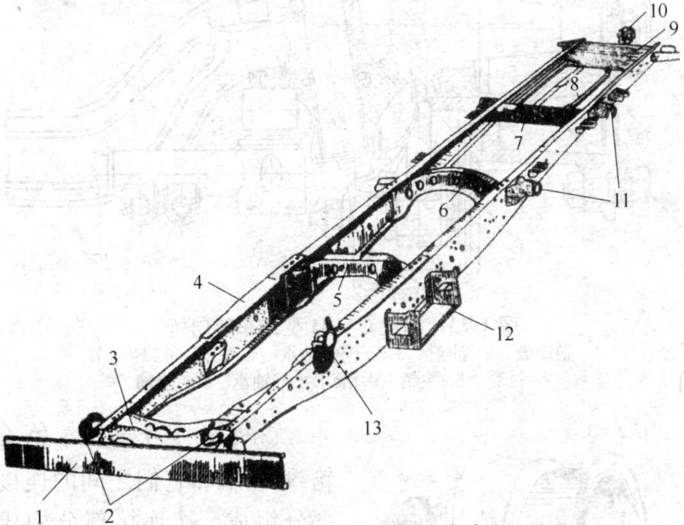

图 1-72　解放 CA141 型货车车架

1. 保险杠　2. 挂钩　3. 前横梁　4. 纵梁　5. 第二横梁　6. 第三横梁　7. 第四横梁　8. 备胎架　9. 后横梁　10. 拖钩　11. 后钢板弹簧支架　12. 蓄电池托架　13. 转向器

②转向桥。转向桥(前桥)承受和传递地面与车架之间的反力,利用转向节的铰链装置,使前轮偏转实现汽车的转向。转向桥主要由前轴、转向节、主销和轮毂组成。解放 CA141 型汽车转向桥如图 1-73 所示。

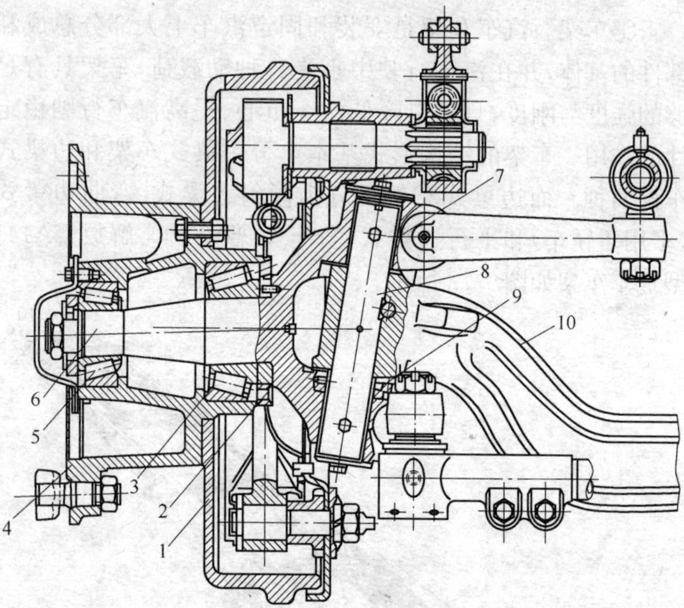

图 1-73　解放 CA141 型汽车转向桥

1. 制动鼓　2. 油封　3、5. 轮毂轴承　4. 轮毂　6. 转向节
7. 衬套　8. 主销　9. 滚子止推轴承　10. 前轴

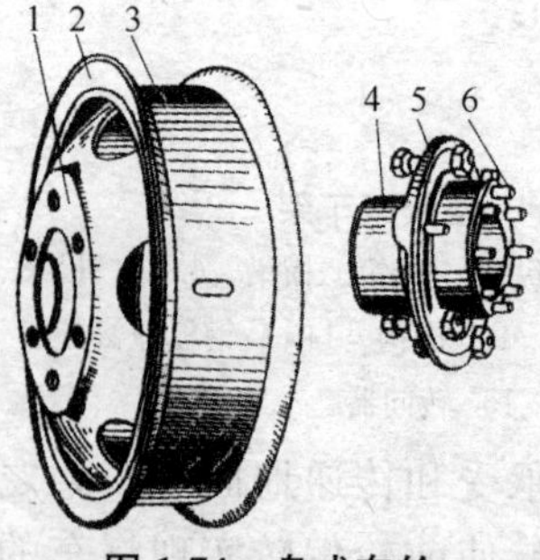

图 1-74　盘式车轮

1. 轮盘　2. 挡圈　3. 轮辋
4. 轮毂　5. 凸缘　6. 螺栓

③车轮。汽车的车轮由轮毂、轮辋和它们之间的连接部分组成。按连接部分构成不同，车轮可分为盘式和辐式两种。盘式车轮如图 1-74 所示。轮辋用于安装轮胎。

④悬架。汽车悬架是车架与车桥之间的弹性连接传力部件。悬架一般由弹性元件、导向装置和减振器 3 部分组成。

解放 CA141 型汽车悬架如图1-75 所示。悬架分非独立悬架和独立悬架两大类，货车上普遍采用结构简单的非独立悬架。

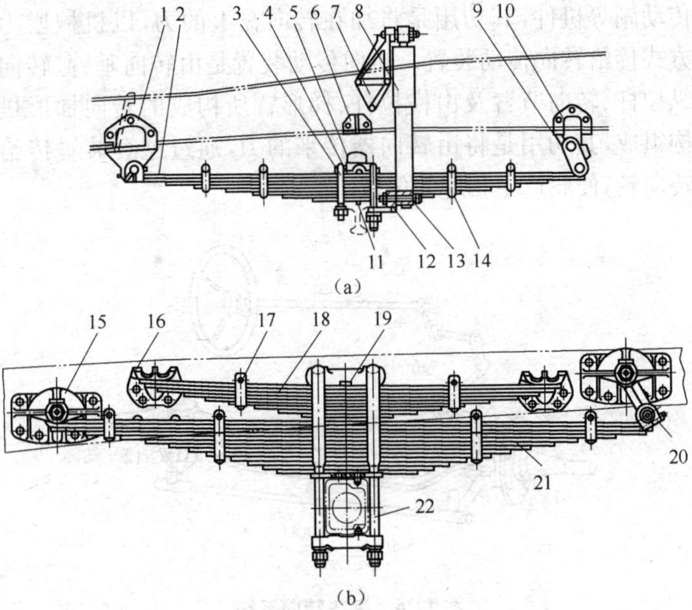

图 1-75　解放 CA141 型汽车悬架

(a)前悬架　(b)后悬架

1. 前支架　2. 前钢板弹簧　3. U 形螺栓　4. 盖板　5. 缓冲块　6. 限位块　7. 减振器上支架　8. 减振器　9. 吊环　10. 吊环支架　11. 中心螺栓　12. 减振器下支架　13. 减振器连接销　14. 钢板夹子　15. 后钢板弹簧支架　16. 副钢板弹簧支座　17. 钢板弹簧夹　18. 副钢板弹簧　19. 压板　20. 后钢板弹簧吊耳　21. 后钢板弹簧　22. 骑马螺栓

3. 汽车转向系统

汽车在行驶中的转向是通过转向轮(前轮)，在路面上偏转一定角度来实现的。由驾驶员操纵的、用来使转向轮偏转的一整套机构称为汽车转向系统。转向系统的作用是改变汽车的行驶方向和保持汽车稳定的直线行驶。转向系统由转向器和转向传动装置两部分组成。汽车转向系统如图1-76所示。转向器包括转向盘、转向轴、由蜗杆与齿扇组成的传动副等机件，其功用是将加在转向盘上的力，以机械增力方式传给转向传动装置。转向传动装置是由转向垂臂、转向纵拉杆、转向节臂及由横拉杆、梯形臂所构成的转向梯形机构组成，其功用是将由转向器传来的力，通过这套装置传给转向轮，使轮产生相应的偏转。

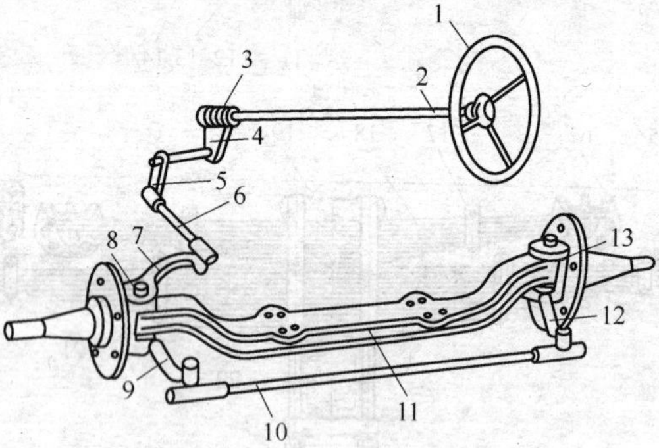

图1-76　汽车转向系统

1. 转向盘　2. 转向轴　3. 蜗杆　4. 齿扇　5. 转向垂臂　6. 转向纵拉杆　7. 转向节臂　8. 主销　9、12. 梯形臂　10. 转向横拉杆　11. 前轴　13. 转向节

①转向器。按所采用的传动副的结构形式分成多种类型。目前广泛采用的有球面蜗杆滚轮式、螺杆曲柄指销式(东风EQ140-1型汽车采用)和循环球式结构的转向器。

如图1-77所示，北京BJ130型汽车的循环球式转向器由两对传动副组成，一对是螺杆、方形齿套；另一对是齿条(螺套的一个面切成齿条)、扇齿。在螺杆、方形螺套传动副中加进了传动元件钢球9，使滑动摩擦变为滚动摩擦，因而传动效率提高，转向轻便灵活。

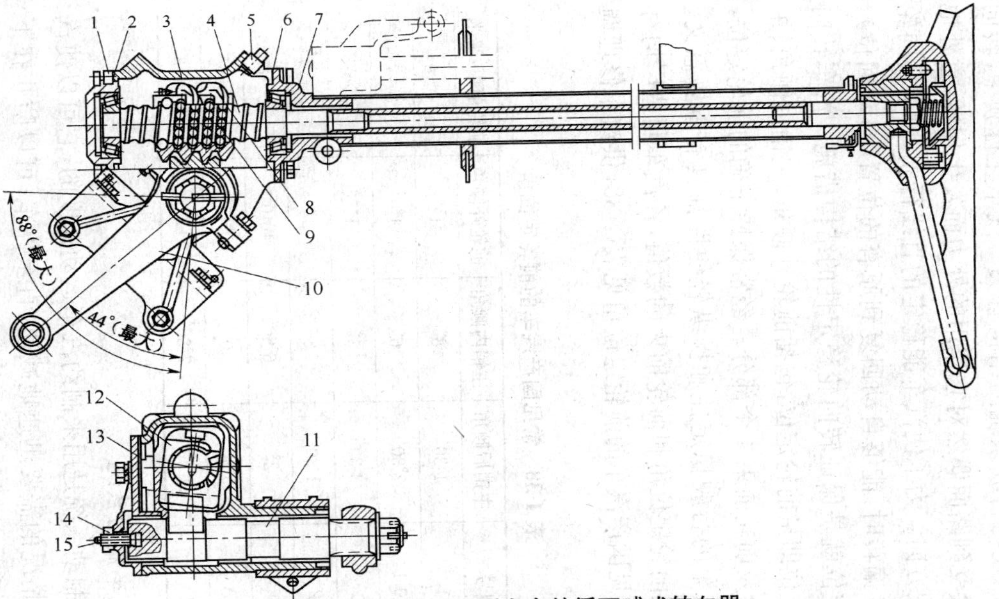

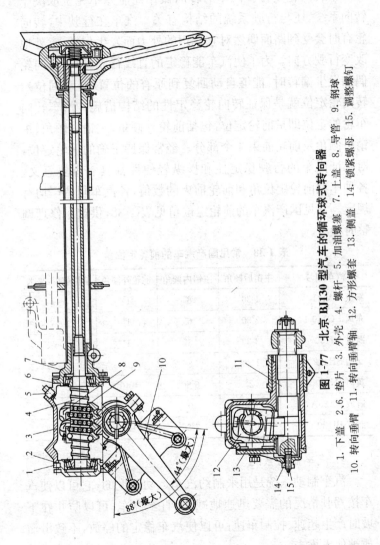

图 1-77　北京 BJ130 型汽车的循环球式转向器

1. 下盖　2、6. 垫片　3. 外壳　4. 螺杆　5. 加油螺塞　7. 上盖　8. 导管　9. 钢球　10. 转向垂臂　11. 转向垂臂轴　12. 方形螺套　13. 侧盖　14. 锁紧螺母　15. 调整螺钉

②转向轮定位。汽车的转向操作性能并不完全取决于转向系统，还与行驶系统的结构有关。汽车在行驶中，转向轮有时会受到路面偶然对它作用的外力而发生偏转，意外地改变行驶方向。为了使汽车能稳定的直线行驶，要求转向轮偶尔发生偏转时，能够自动回复到原有的位置（自动回位）。转向轮定位就是保证转向轮稳定性的结构措施。汽车转向车轮的定位即指前轮定位，包括前轮外倾角、主销内倾角、主销后倾角及前轮前束 4 个部分。经常保持正确的前轮定位，对保证汽车的行驶稳定性和操纵轻便性都具有重要意义。各种车型前轮定位角和前轮前束的数值，各汽车制造厂均有规定。常见国产汽车的前轮定位角见表 1-38，供汽车修理调整时参考。

表 1-38　常见国产汽车的前轮定位角

汽车型号	主销后倾角	主销内倾角	前轮外倾角	前轮前束/毫米
解放 CA141	1°30′	8°	1°	2～4
东风 EQ140-1	2°30′	6°	1°	3～7
跃进 NJ130	3°30′	8°	1°	1.5～3
交通 SH142	1°30′	8°	1°	8～12
黄河 JN150	2°	6°50′	1°40′	6～8
解放 CA30A	5°30′	0°	0°45′	2～5
北京 BJ130	1°30′	7°30′	1°	1.5～3

4. 汽车制动系统

汽车制动系统是用来制约汽车运动速度的，它可以使汽车按驾驶情况的需要迅速地减速，直至停车；可以防止在下坡时产生超速、控制车速；可以使汽车稳定的停放，不致滑溜或被他人推走。

一般汽车制动系统包括两套独立制动装置，一套为行车制动装置，又称为脚制动装置；另一套为停车装置，又称为手制动装置。两种制动器按其结构不同，可分为鼓式（蹄式）制动器和盘式制动器。国产汽车的车轮制动器，多采用鼓式制动器。鼓式制动器按其结构及性能可分为简单非平衡制动器和平衡式制动器两种。

图 1-78 为简单非平衡制动器。制动时，制动蹄 1、2 在相等的分开力 P 的作用下，分别绕其销轴 3、4 旋转，并压紧在制动鼓 5 上。转动着的制动鼓则对两只制动蹄分别作用有法向反力 Y_1 和 Y_2 及切向反力（即摩擦力 X_1 和 X_2）。当车轮按图上方箭头方向旋转时，在 X_1 力作用下，蹄 1 与制动鼓压得更紧，制动蹄 1 也就称为“增势蹄”。而与之相反的力 X_2 将使蹄 2 推离制动鼓，制动蹄 2 也就称为“减势蹄”。两只制动蹄制动力矩不等，所以称之为“简单非平衡制动器”，它是最常见的一种液压传动制动器。

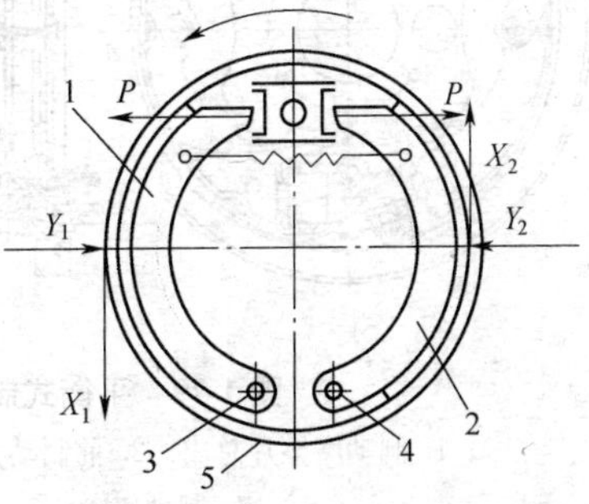

图 1-78　简单非平衡式制动器

1、2. 制动蹄　3、4. 销轴　5. 制动鼓

①平衡式制动器。为了改进上述缺点，采取了平衡措施，使两制动蹄各用一个单活塞的制动分泵，并且两制动分泵和两支承销都各设置在制动底板的相对边。两个分泵用连接油管连通，因而其液压相等。这样当汽车在前进的状态下制动时，两蹄都成为“增势蹄”，而制动器的制动效果能得到提高，但倒车时，其效能不如非平衡式制动器。平衡式制

动器总成如图 1-79 所示。

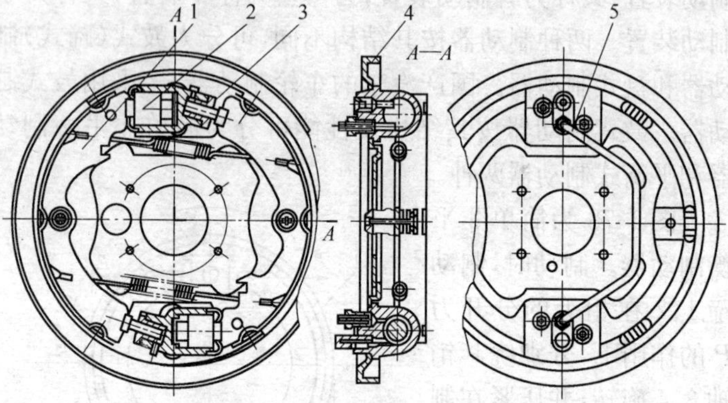

图 1-79　平衡式制动器总成

1. 制动摩擦片总成　2. 前制动分泵总成　3. 调整螺母　4. 制动底盘　5. 连接油管

②盘式中央制动器(手制动器)。手制动装置多装在变速箱输出轴后端,图 1-80 为解放 CA10B 型(部分 CA141 型也用这种结构)汽车的中央制动器。制动盘装在变速箱第二轴的接合盘上,由铸铁制成,中间有供散热用的轴向通气道。支架固定在变速箱壳体上。制动盘的前后各有一块铆有摩擦片的制动蹄,它分别与前后制动蹄臂铰接销做活动连接。前后制动臂用销安装在支架上,不使用时两臂及蹄片分开。使用时拉动手操纵杆,拉杆前推,驱使前后制动蹄片向制动盘移动、压紧而产生制动作用。由于手操纵杆下端的销扣与齿板上的齿相啮合,使手制动器保持在制动位置(手操纵杆往后拉,制动解除)。按规定手制动器的作用应能保证汽车停留在约 11°的坡路上。

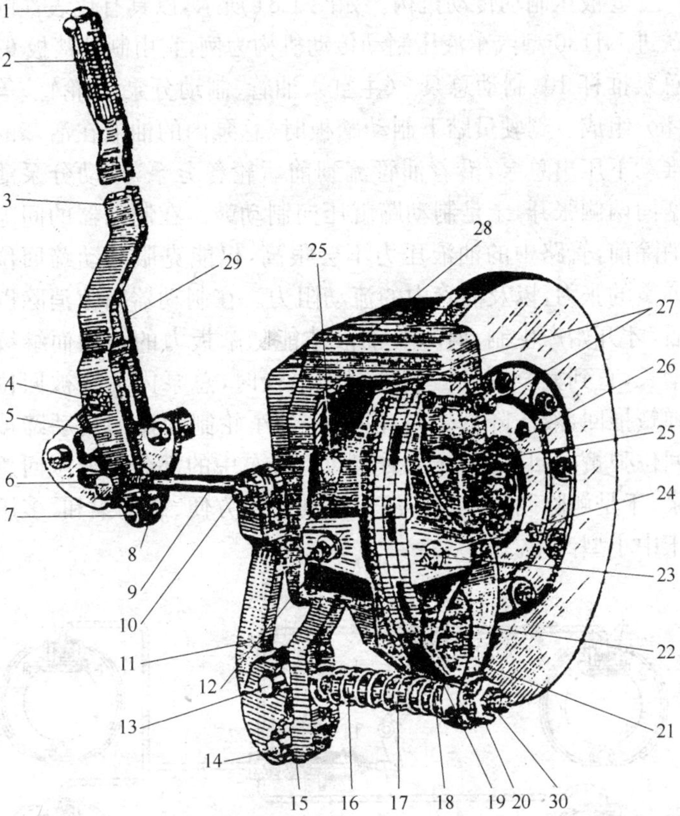

图 1-80　解放 CA10B 型汽车的中央制动器

1. 锁扣按钮　2. 拉杆弹簧　3. 手制动杆　4. 螺栓及螺母　5. 齿板　6. 轴销　7. 锁扣轴　8. 锁扣　9. 拉杆　10、13、14. 销子　11. 驱动臂　12. 前制动蹄　15. 前制动蹄臂　16. 制动蹄臂传动杆　17. 制动蹄臂拉杆弹簧　18. 制动蹄拉紧弹簧　19. 制动盘　20. 调整螺母　21. 后制动蹄臂　22. 后制动蹄　23. 制动蹄销锁片　24. 制动蹄销　25. 制动蹄臂销　26. 制动蹄臂销止动螺钉　27. 制动蹄调整螺钉　28. 手制动器支架　29. 锁扣拉杆　30. 锁止螺母

③液压制动传动机构。如图1-81所示，以具有代表性的跃进NJ130型汽车液压制动传动机构为例，它由制动踏板6、总泵推杆10、制动总泵7（主缸）、油管、制动分泵3（轮缸）等部分组成。驾驶员踏下制动踏板时，总泵内的油液在活塞的推动下压出总泵，沿着油管流到前后轮各分泵，推动分泵活塞向两侧张开，于是制动蹄就压向制动鼓。在制动器的间隙消除前，管路中的油液压力不会很高，仅能克服制动蹄回位弹簧的张力，以及油管中的流动阻力。在制动器间隙消除以后，才开始产生制动作用，油液才能随踏板力的增加而继续增长，直到完全制动。放松制动踏板时，总泵内活塞被回位弹簧推回，液压降低。与此同时，各车轮制动器的制动蹄被回位弹簧拉回原位，分泵活塞便将分泵中的部分油液压回总泵，于是解除制动作用。液压制动使用方便、制动柔和，多用于中小型汽车。

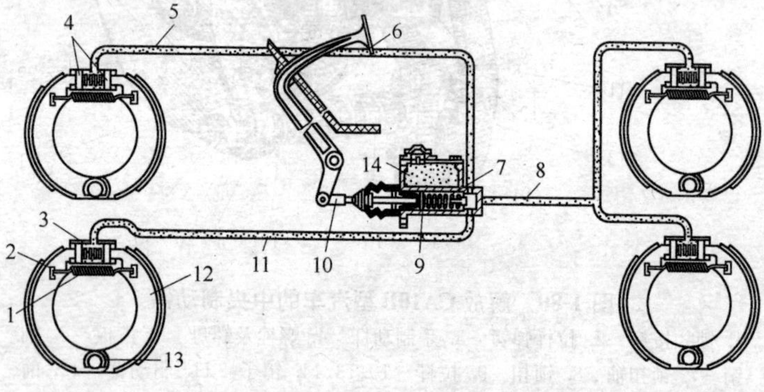

图1-81 跃进NJ130型汽车液压制动传动机构

1. 回位弹簧 2. 制动蹄 3. 制动分泵 4. 分泵活塞 5. 油管 6. 制动踏板 7. 制动总泵 8. 油管 9. 总泵活塞 10. 总泵推杆 11. 油管 12. 摩擦片 13. 支承销 14. 储油室

④气压制动传动机构，是利用空气压缩机压缩空气的压力作为制动原动力。驾驶员只需控制制动踏板的行程，便可控制制动气室的气压，从而得到不同的制动强度。气压制动传动装置的布置有单管路和双管路两种。双管路气压制动传动管路如图 1-82 所示，它主要由空气压缩机、气压表、储气筒、制动气室、安全阀、气喇叭等组成。制动时，空气压缩机 1 产生的压缩空气通过单向阀 4 进入湿储气筒 6 后，再经两个并联的单向阀 4，将压缩空气送进前后储气筒 14 和 17 内，这两个储气筒又分别与双腔制动阀 3 的后前腔连通。制动阀 3 的后腔与前制动气室 2 相通，前腔与后制动气室 10 相通，形成两个彼此独立的制动系统。当两条管路系统中的任意一条损坏或漏气时，另一套管路系统仍然照常工作，提高了制

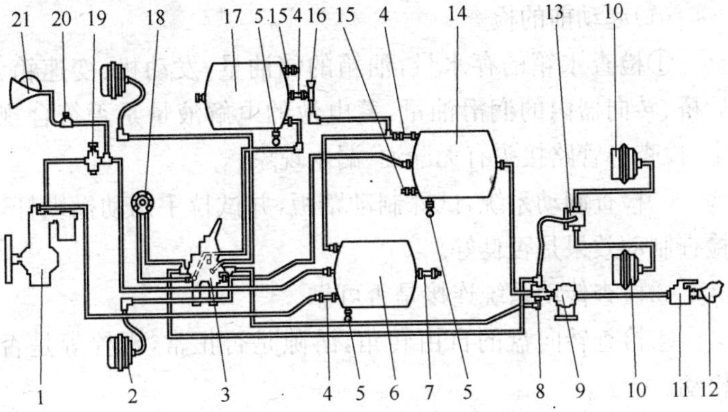

图 1-82　双管路气压制动管路

1. 空气压缩机　2. 前制动气室　3. 双腔制动阀　4. 储气筒单向阀　5. 放水阀　6. 湿储气筒　7. 安全阀　8. 双向阀　9. 挂车制动阀　10. 后制动气室　11. 挂车分离开关　12. 连接头　13. 快放阀　14. 主储气筒（供前轴车轮）　15. 低压报警器　16. 取气阀　17. 主储气筒（供后桥车轮）　18. 双针气压表　19. 气压调节阀　20. 气喇叭开关　21. 气喇叭

动系统的可靠性和安全性。制动系统中装有双向阀 8,其作用是由两个独立气源给一条控制管路充气;快放阀 13 的作用,是使后制动气室 10 的放气时间缩短,保证后轮制动迅速解除。双管路一条控制前轴车轮和挂车的制动,另一条控制后车轮和挂车的制动。东风 EQ141-1 型汽车就是采用双管路气压制动管路。

5. 汽车仪器仪表

江淮汽车组合仪表如图 1-83 所示,均安装在汽车驾驶室内,供驾驶员驾车时使用。汽车仪器仪表有车速里程表、燃油表、水温表、电流表和转向灯开关、电源开关、起动开关、刮水器开关等。

五、汽车的正确使用

(1)起动前的检查

①检查水箱的存水量,油箱的储油量,发动机、变速箱、后桥、转向器内的润滑油量,蓄电池的电解液量是否符合规定,检查各管路接头有无漏油、漏水现象。

②检查制动系统,试踩制动踏板,并试拉手制动操纵杆,检查制动效果是否良好。

③检查传动系统连接是否可靠。

④检查转向盘的自由转角,游隙是否正常,螺栓等是否松动。

⑤检查电气设备、灯管仪表工作是否正常。

⑥检查变速器、操纵部分是否正常,各挡是否正确,换挡是否自如。

⑦检查轮胎气压是否符合标准。

⑧检查风扇皮带的松紧度是否正常。

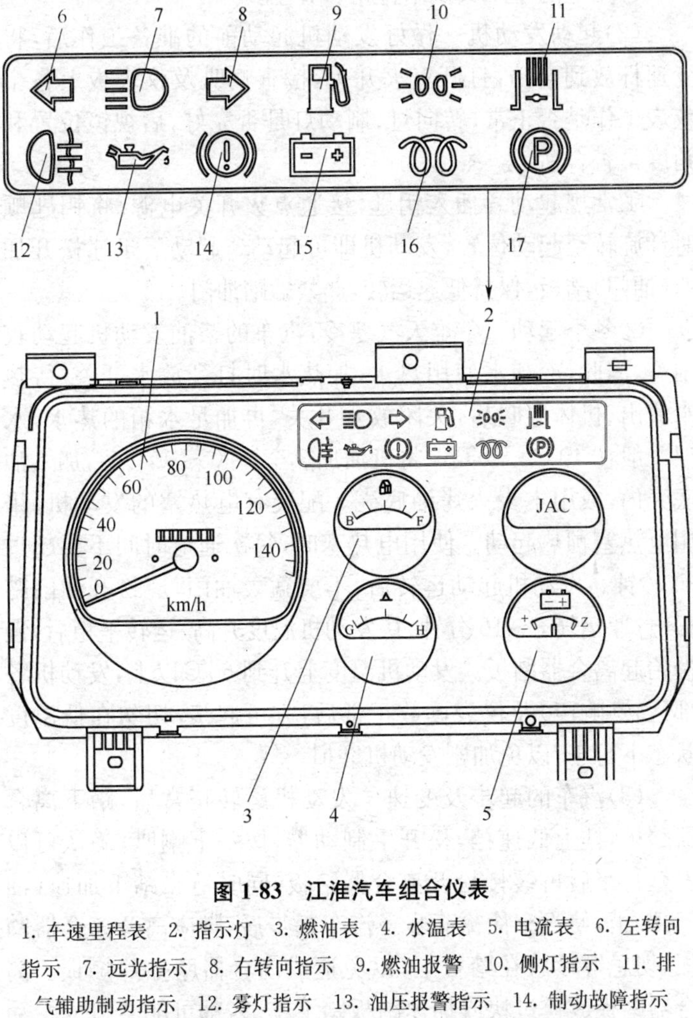

图 1-83　江淮汽车组合仪表

1. 车速里程表　2. 指示灯　3. 燃油表　4. 水温表　5. 电流表　6. 左转向指示　7. 远光指示　8. 右转向指示　9. 燃油报警　10. 侧灯指示　11. 排气辅助制动指示　12. 雾灯指示　13. 油压报警指示　14. 制动故障指示　15. 充电指示　16. 预热指示　17. 驻车制动指示

⑨检查风窗玻璃是否清晰透明。

⑩检查随车工具及附件是否齐全。

(2)起动发动机　做好发动机起动前的准备工作后，将变速杆放到空挡，打开点火开关，检查喇叭及仪表板上各个仪表工作是否正常，转向灯、制动灯是否完好，后视镜位置和角度是否合适。

①常规起动。插入钥匙，接通点火开关电源，将钥匙顺时针旋转至起动位置，发动机即可起动。起动后迅速松开加速(油门)踏板，保持低速运转，严禁猛踏油门。

②冬季起动。冬季天气寒冷，汽车的柴油发动机起动较困难，因此，冷却水使用热水，加热水时打开放水开关，待热水流出、机体温暖后，关闭放水开关，再加足水箱的热水，水温一般在40℃～50℃。将机油加热至80℃～90℃后，加入油底壳内，或用木炭火烤油底壳。配装有电热塞的发动机，采用电热塞预热起动。使用电热塞时，每次通电时间不要超过30秒钟。发动机起动运转后，不要猛轰油门，应松开油门踏板，怠速运转5～10分钟，待发动机温度升高、运转平稳后，慢慢抬起离合器踏板。发动机温度上升到60℃以上，发动机各部运转(响声)及仪表读数正常后，方可起步，切勿在低温度状态下行车，以免加剧发动机磨损。

(3)汽车的起步及变速　发动机运转正常后，踏下离合器踏板，挂上低速挡，松开手制动器，按一下喇叭，确认可以安全行车后再缓慢松开离合器踏板，同时适当踏下加速(油门)踏板，使汽车徐徐起步。汽车起步后，脚应离开离合器踏板，切忌继续放在踏板上，以免造成离合器摩擦片烧损。离合器踏板放松过快或加速踏板踏下不够，都可能会造成发动机熄火。因此，操作时要相互协调配合好，同时注意使用低速一、二挡起动时，不宜过长，以免增加磨损和油耗。

汽车行驶时，应根据道路、交通、地形的变化，相应的变换挡位。变速换挡时，左手要握稳转向盘，两眼注视前方，右手掌心微贴在变速操纵杆顶部，用右手腕的力量推或拉操纵杆到需要的挡位中。在确保安全行车前提下，转弯、过桥、会车时，可用中速挡行驶，在行驶条件较好的情况下，可用高速挡行驶，此时车速高、燃料省，经济性好。

（4）汽车的正确运行　汽车在平路上行驶时，应与前面行驶的车辆保持一定的车距，根据车型、任务和道路的具体情况确定车速，一般用50～70公里/小时的经济车速为宜。汽车起步、重载上坡、行驶于崎岖不平的道路或有障阻情况时，应使用一、二挡，但在正常行驶中应注意一、二挡使用的时间不宜过长。下坡行驶，不允许将发动机熄火，下陡坡应将变速挂入低速挡，并间断制动，不使车速过快。汽车行驶时，不宜忽快忽慢或无故晃动转向盘，应注意倾听发动机有无不正常的响声，经常查看各种仪表读数和指示灯是否正常，汽车如有异响或不正常现象时，应立即停车检查，进行必要的调整或修理。

（5）汽车的正确转弯　汽车转弯时会产生离心力，车速越高离心力越大，严重时会造成汽车横向翻车。因此，在转弯前50～100米处应鸣喇叭、打开转向灯、减低车速，遇冰冻、泥泞道路或较大阴雾、风沙天气时，应将车速降至10公里/小时以下，靠道路右侧徐徐转弯。转弯时，应根据道路情况均匀转动转向盘，转向轨迹应圆滑过渡，不要太大、太小或猛转、猛回，并应尽量避免转向时制动，特别是紧急制动。转向时如前轮侧滑，应抬起油门踏板将转向盘向相反方向转动；如后轮侧滑，则应顺侧滑反方向适当转动转向盘，待侧滑停止后，再修正行驶方向。

(6)汽车的正确调头　汽车若180°方向调头时，应选择交通流量小的大型路口或平坦宽阔的道路，采用一次顺车调头方式进行，在距离调头地点50～100米处开始降低车速，挂低速挡并发出调头信号。当采用顺倒结合的方法调头时，先发出调头信号，降低车速，靠向道路右侧，接近预定调头点时，注意观察道路情况，迅速将转向盘向左打到底，使汽车慢慢地驶向道路左侧，接近路边时，迅速向右回转转向盘，立即停车。观察车后情况后再起步倒车，同时将转向盘向右打足，当汽车接近路边时，再迅速向左回转转向盘。立即停车，如一次不成，可按上述方法反复进行。

(7)汽车的正确倒车　换入倒挡或由倒挡换入前进挡，都应将汽车完全停住后才能进行，挂入倒挡后，倒车灯亮。倒车速度不应超过5公里/小时。若车上装有货物，驾驶员看不见车后情况时，一定要有人在车下指挥，千万不可盲目倒车。

(8)汽车的正确停车　汽车准备停车时，应减速或采用脱挡减速滑行，并以转向灯示意，待车停住后，再拉紧手制动操纵杆。如因某种原因必须在路上停车时，应使车靠近路边；特别情况因车抛锚在路中间时，应在车前、后100～200米处各放一个警示牌。汽车停后，不要立即熄火停机，应使发动机继续运转几分钟，待水温降低至70℃以下再停机。

(9)汽车行驶的省油要诀

①缓慢加速。汽车用低速挡起步，然后缓慢加速，比采用急加速方法，燃油要节省不少。

②使用经济车速。汽车在经济车速行驶时，磨损最小、油耗最低。但经济车速行驶会影响运输生产率，所以在实际生产中，汽车常以略高于经济车速的中速行驶，其经济效果

更好。

③脚轻手快。指脚踩加速踏板要轻而缓抬，手换挡要快而及时。轻踩加速踏板能省油，是因为汽油发动机化油器中有加速和加浓装置，若猛踩加速踏板其装置起作用额外供油，使油耗增加。若突然抬加速踏板，又会因发动机转速突然降低而起牵引作用，抵消了一部分行驶惯性，而使耗油量增加。

④正确使用制动。在保证安全情况下，尽量少用制动，也是节油的一项有效措施。而采用提前抬起加速踏板，使汽车自然减速的“以滑代刹”的方法，不仅可省油，还可减少机件磨损。

⑤安全滑行。滑行时发动机一般怠速运转，变速杆置于空挡位，滑行省油但必须注意安全。

六、汽车的维护保养

1. 走合期的维护

新车的正确走合（磨合），对延长汽车使用寿命，提高汽车工作的可靠性和经济性有很大关系，新车的走合里程规定为2000～2500公里。

①新车应在平坦良好的路面上行驶，行驶800～1500公里时，载荷分别不超过额定值的50%～75%。过载不仅会缩短汽车使用寿命，而且会给安全行车带来危险。

②要限速行驶，Ⅰ挡行驶速度不超过7公里/小时；Ⅱ挡不超过14公里/小时；Ⅲ挡不超过26公里/小时；Ⅳ挡不超过40公里/小时；Ⅴ挡不超过56公里/小时。

③初驶阶段，应检查后桥、变速箱、传动轴、制动鼓等处温度，应注意感觉底盘有无异响，发现问题应立即停驶，待查明原因、排除故障后方可继续行驶。

④应特别注意发动机冷却水温和机油压力。车起动后，当水温低于60℃时不应开车；当水温低于正常水温（80℃～90℃）时，切勿高速行驶。

⑤应经常检查发动机气缸盖、轮胎螺母、车厢和钢板弹簧的U形螺栓是否紧固，检查转向制动及离合器工作是否正常，检查转向盘自由转动量，检查制动器踏板、离合器踏板工作行程。

⑥新车走合至2500公里时，应在热车状态下更换一次发动机机油，以后在二级维护时更换机油。

⑦走合后，更换机油滤清器滤芯、更换变速器及后桥齿轮油，更换转向器润滑油，更换轮毂轴承润滑脂。

⑧走合后，按规定力矩检查拧紧全车外部螺栓和螺母。拧紧气缸盖螺栓应在冷机时进行，并按照从中间向两端、两排交叉的次序分两次拧紧。

⑨走合后，汽车各润滑部位应加注润滑脂，并按一级维护项目进行保养。

2. 日常维护

①出车前应检查燃油、机油、冷却水量是否加足，是否渗漏；排除各油路中的空气；在不同转速下，检查发动机和仪表工作是否正常；检查转向、制动、轮胎、灯光、喇叭、雨刮器和牵引装置的状态；检查装载是否合理、可靠；检查随车工具及附件是否齐全。

②行驶中应注意各种仪表、发动机及底盘各部分的工作情况，行驶时检查轮毂、制动器、变速器、后桥的温度是否正常，检查传动轴、轮毂、钢板弹簧、转向和制动系统的紧固情况，轮胎气压是否正常，胎面有无铁钉嵌入，车轮螺母是否松动。

③每日停驶后，应清洁车身内外和底盘各部位，切断电源，加添燃油、润滑油、冷却水，根据需要酌情润滑各润滑点。严冬季节，冷却水若未加添防冻液，应放尽过夜。检查并按规定充足轮胎气压。清洁蓄电池外部，并检查其安装固定情况，在特别寒冷的情况下，应将蓄电池取回暖房过夜，要保证汽车五足（水足、燃油足、润滑油足、蓄电池蒸馏水足、轮胎气压足），四不漏（不漏油、不漏水、不漏气、不漏电）。

3. 一级维护

汽车的一级维护除执行日常维护项目外，其主要内容有：

①检查汽车空气滤清器和燃油滤清器。

②检查发动机、变速箱、后桥、转向器、喷油泵等处是否渗漏，机油和齿轮油是否充足，并清洁各处通气孔。

③清洁蓄电池表面污垢尘土，疏通盖上小孔。检查电解液密度、液面高度及导线紧固情况。

④清除发电机、起动机炭刷上的积垢，检查起动机开关状态，润滑发电机轴承。

⑤检查燃油管、制动管、冷却水管接头，以及散热器、水泵等处是否松动渗漏。

⑥检查调整各种踏板的自由行程和各种操纵杆是否工作正常。检查并调整离合器摩擦片、手制动蹄片的间隙。检查并加注制动液。

⑦检查并紧固转向器，调整转向盘的游隙，调整前轮前束和轮毂轴承松紧度，检查后桥主动齿轮的紧固情况。

⑧检查钢板弹簧的状况和紧固情况，润滑钢板弹簧销，检查和紧固发动机支架、传动轴中间支承及万向节各连接部位。

⑨检查喇叭、转向灯、制动灯，大、小灯等照明设备及电气仪表的工作是否正常。

⑩润滑水泵、传动轴、横直转向拉杆球头销、离合器分离轴承、手制动器、车门铰链等各润滑部位。检查轮胎的气压及安装固定情况。

4. 二级维护

除一级维护项目外，其主要内容有：

①检查气缸压力，消除燃烧室积炭，测量气缸的磨损程度。

②检查气门的密封性，调整气门间隙，必要时进行修整，研磨并重新调整。

③更换发动机机油、机油细滤器芯及密封圈，清洗发动机润滑系统。

④检查并调整柴油机供油提前角，检查喷油器的喷油压力及雾化情况，清洗油箱。

⑤检查节温器是否正常工作，检查水泵泄水孔的滴水情况。

⑥检查曲轴箱通风管是否完好，装置是否牢固。

⑦检查发电机、起动机的工作状况，特别要注意电刷、整流子有无磨损。

⑧检查并调整离合器的分离间隙，重新调整手制动器摩擦片与制动器之间的间隙。

⑨紧固变速器的轴承盖、检查变速器的换挡工作是否正常，检查并润滑里程表软轴。

⑩清洗并更换变速器、后桥、转向器的齿轮油。

⑪检查车架有无裂纹，螺栓有无松动。检查驾驶室和车厢零件是否完好，装置是否牢固。

⑫将汽车顶起，使前、后轮离地，起动发动机待走热后，间断地加、减速度，仔细倾听发动机有无异常响声，观察传动系统、车轮的振动和摇晃，以及其他机件有无不正常响声。

5. 换季维护

为了汽车某些部件的技术设施和工作要求能适应气候变化，应增加换季维护项目。

(1)换入夏季时的维护

①清洗发动机冷却系统，除去水垢。

②换用夏季润滑油和夏季燃油。

③清洗蓄电池，调整电解液密度。

(2)换入冬季时的维护

①清洗蓄电池，调整电解液的相对密度并拆下进行车外充电。

②加强发动机防寒、轮胎防滑装置。

③换用冬季润滑油和冬季燃油。

6. 汽车的维护调整

以江淮 HFC1030 型载货汽车为例，介绍几种调整方法。

(1)离合器操作机构的调整　江淮 HFC1030 型载货汽车所配单片干式膜片弹簧离合器，离合器压盘及盖总成是由一个膜片弹簧通过一组铆钉固定于压盘盖上，并从外边压紧压盘。膜片弹簧既是压力元件，又是分离元件。离合器液压操纵机构如图 1-84 所示。

①调整离合器踏板。拧松锁紧螺母，调整限位螺钉，使踏板自由行程达到 3～5 毫米。

②调整离合器总泵。拧松总泵推杆上的锁紧螺母，旋转推杆端部与总泵活塞轻轻接触，然后，再把推杆回旋 3/4 圈，拧紧推杆锁紧螺母，这时推杆与活塞的间隙为 0.5～1 毫米。

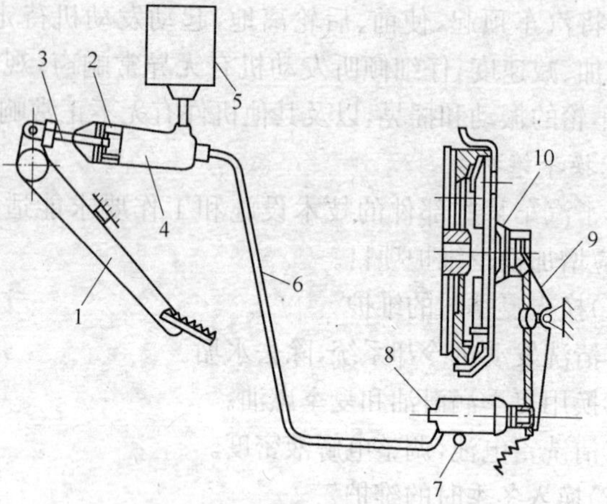

图 1-84　离合器液压操纵机构

1. 踏板　2. 活塞　3. 推杆　4. 分离主缸　5. 储油杯　6. 油管　7. 放气塞　8. 分泵　9. 分离叉　10. 分离轴承

③调整离合器分泵。取下分离叉回位弹簧，把分泵活塞推至缸底部，拧松推杆上的锁紧螺母，将分离叉向发动机后方推，使分离轴承与离合器分离叉刚刚接触，再转动推杆球面螺母与分离叉接触，然后把推杆上的球面螺母往回旋转 3 圈，再拧紧螺母，装上分离叉回位弹簧。

④离合器分泵中放出空气。离合器液压管路中，不允许有空气存在或漏油，否则会造成踏板无力，有效行程不足，分离不彻底现象，使离合器不能正常工作。放气工作要有两人配合，一人在驾驶室踩紧离合器踏板，另一人在分泵处拧松放气塞放气。离合器分泵放气如图 1-85 所示，按上述放气工作反复数次，直至空气排完为止。在放气时，注意添加制动液到总泵和分泵近满口处，否则会使空气重新进入管路。

(2)汽车前桥的调整

前桥总成由前轴、转向节、转向节主销、前制动器、轮毂和转向拉杆等组成，如图1-86所示。正确的前轮定位，能够提高汽车行驶的稳定性及操纵轻便性，并减轻驾驶员的操作疲劳和轮胎的磨损程度。

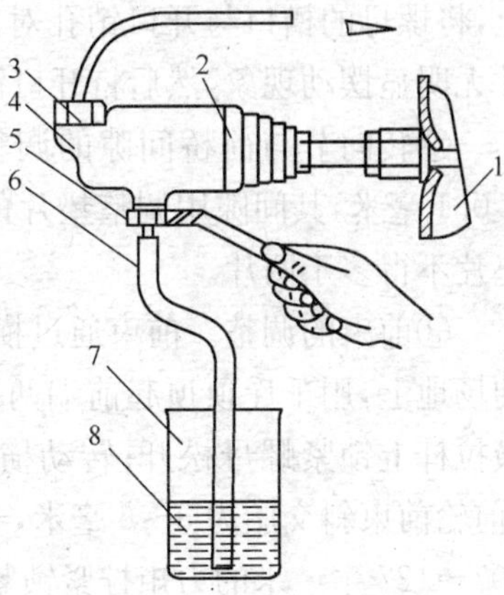

图 1-85　离合器分泵放气

1. 分离拨叉　2. 防尘罩　3. 铜垫圈
4. 分泵　5. 扳手　6. 软塑料管
7. 容器　8. 制动液

①前轮轮毂轴承的调整。调整轮毂轴承轴向预紧时，用扭力扳手紧固锁紧螺母，然后松开转向节螺母约1/3圈，向正反两个方向转动轮毂，以使轴承滚子正确地与轴承外圈的锥面接触，然后用扳手在增加拧紧方向

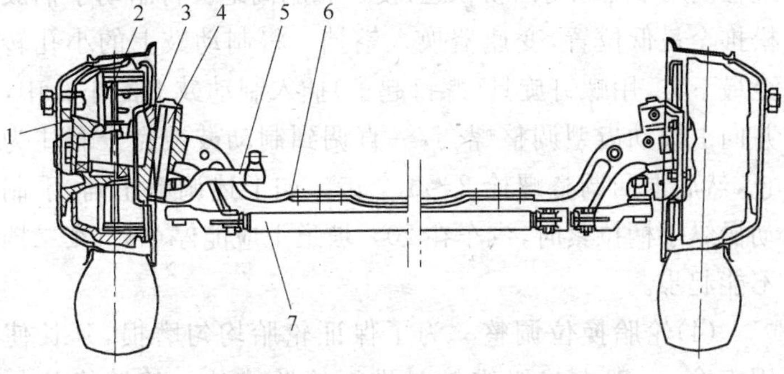

图 1-86　前桥总成

1. 前轮毂　2. 制动鼓　3. 转向节　4. 主销
5. 转向弯臂　6. 前轴　7. 横拉杆

上，将螺母的槽口与开口销孔对正，此时轮毂应能自由转动，并无明显摆动现象，然后将开口销折弯固定。

②转向节与前桥间隙的调整。转向节与前桥的间隙应≤0.1毫米，其间隙用调整垫片的增减进行调整，调整时，其垫片不得多于两片。

③前束的调整。前束通过横拉杆调整，将汽车停在平整的场地上，用千斤顶顶起前端两车轮，处于直线行驶位置，将横拉杆上锁紧螺母松开；转动横拉杆，使前束符合定位尺寸（前轮前束斜交胎为3～6毫米，子午胎为1～3毫米），然后用107～127牛·米的力矩拧紧锁紧螺母。

(3)手制动操纵装置的调整　驻车制动（手制动）操纵装置如图1-87所示，其主要在停车时使用，也可在行车中配合脚制动在紧急情况下使用。制动器内制动鼓和摩擦片未接触时的间隙为0.65毫米，且上部和下部间隙均匀相同。由于摩擦片的磨损使间隙发生变化，使用时应及时调整。其调整过程是用千斤顶将后桥顶起，使一轮胎离地。将制动手柄放松推至最低位置，变速器换入空挡。将制动鼓上的小孔转至最下方，用螺钉旋具（螺钉起子）插入制动鼓上的小孔中，并向上拨动齿型调整螺套，一直调到制动鼓被完全刹住为止，然后退回调整螺栓2～6个齿。如上述调整正确，手制动操纵手柄拉紧时，汽车在20%坡道上应能停车，汽车二挡不能起步。

(4)轮胎换位调整　为了保证轮胎均匀磨损，延长使用寿命，一般在二级维护时进行轮胎换位。轮胎换位如图1-88所示，轮胎换位调整按图中箭头所指交叉路线进行。

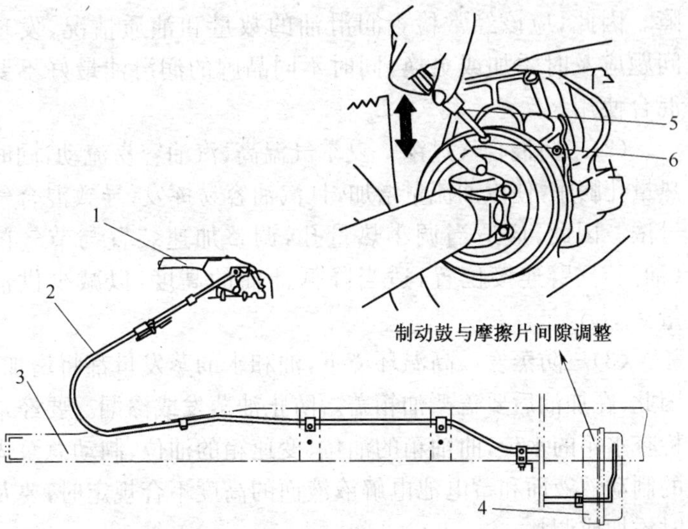

图 1-87 驻车制动(手制动)操纵装置

1. 驻车制动操纵手柄 2. 驻车制动操纵拉丝 3. 车架
4. 驻车制动器 5. 旋具 6. 小孔

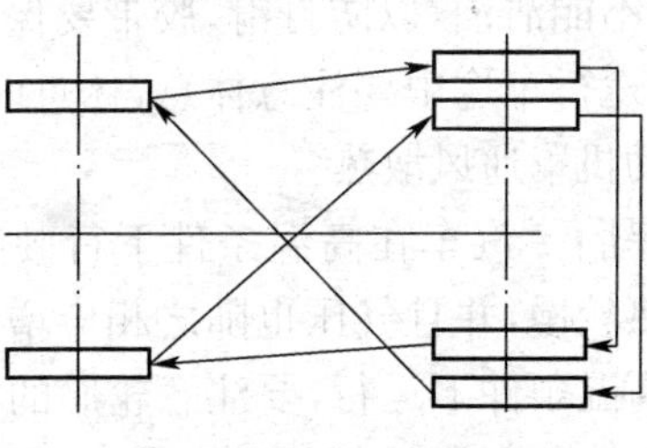

图 1-88 轮胎换位

7. 夏季汽车保养“六防”

(1)一防润滑不良 夏季温度较高，润滑油易受热变稀，使其抗氧化性变差，易变质，甚至造成烧瓦抱轴等故障。因此，应该经常检查润滑油的数量和油质情况，发现问题应及时添加或更换，同时不同品牌的润滑油最好不要混合使用。

(2)二防混合气过浓　夏季气温高，汽油容易流动，同时热量孔膨胀，使汽油流量增加，且汽油容易挥发，导致混合气过浓。因此，应适当调小热量孔，调整加速装置与节气门(油门)摇臂连接位置，适当降低油面的高度，以减少供油量。

(3)三防蒸发　高温环境下，油和水的蒸发量都将增加。因此，在加油后要盖严油箱盖。防止油蒸发或渗漏。要经常检查水箱的水位，曲轴箱的油位、变速箱的油位、制动总泵内的制动液液面和蓄电池电解液液面的高度不合规定时，要及时添加或调整。

(4)四防过热　气温高时散热慢，汽车水箱的温度常常因居高不下而影响发动机正常的功率输出，甚至可能引起发动机不能正常工作。为防止发动机产生过热现象，保养时应注意风扇胶带不能沾油，以防打滑，胶带要保持一定的紧度，不能过松。长途行车途中要注意休息，休息时尽量选择阴凉处，并打开发动机罩通风散热。

(5)五防爆胎　汽车在高温条件下行驶时，由于外界气温高，轮胎散热较慢，并且气压也随之相应增高，容易引起爆胎。因此，在高温条件下运行，要注意轮胎的温度和气压，经常检查并保证在规定的气压标准。若发现缺气，应及时补足，不可凑合行驶。如果轮胎气压过高，切不可用泼冷水的办法来给轮胎降温，这样会因胎面和胎侧胶层各部分收缩不均，而发生裂纹，缩短轮胎使用寿命，爆胎后也不宜立即踩刹车。

(6)六防自燃、自爆　炎炎夏日，汽车自身的故障率提高，“自燃”和“自爆”的事故也经常见诸报端。汽车夏季自燃，除了某些是车型设计上的原因之外，操作不当或存在隐患也是造成汽车自燃的主要原因。因此，驾驶员应经常做好汽车的检查工作，重点检查汽车的油、电等线路，以防止自燃、自爆现象的产生。

七、汽车的常见故障及排除方法

柴油机汽车的故障分析检查与故障排除方法参见本书第一章第一节表1-13。

第二章　农用工程机械的使用与维修

第一节　推　土　机

一、推土机的用途和分类

(1)用途　推土机是在履带式或轮式拖拉机前端悬装上推土铲的一种自走式铲土、运土机械。推土机在农田基本建设、水利施工、筑路中被广泛应用，且作业效率高，使用 1 台推土机每天可完成土方 300～500 立方米。

(2)分类

①按用途可分为工业用和农业用推土机。

②按行走机构可分为履带式、轮式和手扶式推土机。履带式推土机行走装置的附着力大、接地压力小，可在松软地区和潮湿地区作业，爬坡能力强，但机动性差，经济运距小，适用于重负荷和地形复杂的地区工作；轮式和手扶式推土机行走装置的附着性能差，但机动性好，适用于分散、轻负荷的地区工作。

③按工作装置操纵系统可分为液压操纵和机械操纵两种。液压操纵是利用液压缸来操纵推土铲的升降，具有结构简单、质量轻、操纵方便和铲刀能借助整机的部分重力强制入土等优点，广泛用于中小型推土机上。机械操纵是利用拖

拉机动力输出轴驱动装在拖拉机后部的绞盘、钢丝绳滑轮组来提升推土铲，只能利用推土铲的自重切土，效率较低，一般用于大型和特大型推土机上。

④按发动机功率可分为小、中、大型3种。发动机功率＜37千瓦(50马力)称为小型推土机；发动机功率为37～74千瓦(50～100马力)称为中型推土机；发动机功率＞74千瓦(100马力)称为大型推土机。

⑤按推土铲安装位置可分为固定式直铲推土机和回转式推土机。推土铲与拖拉机纵向轴线固定为直角，称为固定式直铲推土机。回转式推土机的推土铲与拖拉机纵向轴线水平方向夹角(回转角)可以改变，并且能调整铲刀的切削角和倾斜角，其作业范围较广。

二、推土机型号的编制方法

推土机的型号编制见表2-1。

表2-1　推土机的型号编制

组	型	特性	代号和含义	主参数		相当于老型号
				名称	单位	
推土机(T)	履带式 轮胎式(L)	Y(液) S(湿)	机械操纵履带式推土机(T) 液压操纵履带式推土机(TY) 湿地履带式推土机(TS) 液压操纵轮胎式推土机(TL)	功率 功率 功率 功率	PS PS PS PS	T_1,T_3 T_2

推土机型号示例：

TY220推土机——山东推土机总厂液压操纵履带式，220PS(162kW)推土机。

TS140推土机——河北宣化工程机械厂湿地履带式，140PS(130kW)推土机。

TL180 推土机——河南郑州工程机械制造厂液压操纵轮胎式，180PS(132kW)推土机。

三、推土机的技术参数

①洛阳东方红 802 系列推土机的技术参数见表 2-2。

表 2-2　洛阳东方红 802 系列推土机的技术参数

型号		东方红-802Q_2	东方红-802X_2	东方红-802Q_4	东方红-802X_4
形式		履带拖拉机及变型			
外形尺寸/毫米（带推土装置）	长	4314			
	宽	2462			
	高	2432			
轨距/毫米		1435			
轴距（最前和最后支重轮轴距）/毫米		1622			
使用质量/千克		6650			
地隙/毫米		260			
平均接地压力/千帕		46.7			
发动机	型号和形式	4125G6 四冲程水冷立式直列涡流燃烧室		B4125J 四冲程水冷立式直列直喷 ω 燃烧室	
	缸径×行程/(毫米×毫米)	125×152		125×152	
	标定转速/(转/分)	1550		1550	
	12 小时功率/千瓦	58.8±2.2		58.8±2	
	燃油消耗率/(克/千瓦时)	≤254		≤254	
	机油消耗率/(克/千瓦时)	≤2		≤2	
	起动方式	二级电、汽油机起动		电动直接起动	
喷油泵型号		ZHBF49050Y-03A		ZHBF410545Y-04A	
喷油器型号		PF365		PB100J-00	

续表 2-2

型号			东方红-802Q_2	东方红-802X_2	东方红-802Q_4	东方红-802X_4
喷油压力/兆帕			12.25		19.6±0.49	
拖拉机各档理论速度和牵引力			理论速度/(公里/小时)		牵引力/千牛	
			Ⅰ	3.19	52.05	
			Ⅱ	4.68	33.66	
			Ⅲ	5.46	28.06	
			Ⅳ	6.13	23.71	
			Ⅴ	7.56	18.63	
			Ⅵ	8.95	14.39	
			倒Ⅰ	2.88		
			倒Ⅱ	4.53		
推土装置	生产率/(米^3/时)		55～75			
	推土铲	宽×高/(毫米×毫米)	2462×850			
		提升高度/毫米	625			
		入土深度/毫米	290			
		切土角	55°			
	油缸形式		双作用			
	缸径/毫米		75			
	活塞行程/毫米		630			
驾驶室与驾驶座			全封闭式,驾驶室装有通风采暖装置,改善了劳动条件,用弹性元件与车架固定连接大大减轻了振动和噪声。设主、副两个座位,主座位减振器的弹性悬架,可进行高度、前后调整			

②上海 SH654T 推土机的技术参数见表 2-3。

表 2-3　上海 SH654T 推土机的技术参数

整机外形尺寸 (长×宽×高)/(毫米×毫米×毫米)		4430×2016×2550 (带驾驶室)
推土装置质量/千克		700
推土铲(宽×高)/(毫米×毫米)		2016×800
铲刃离地最大高度/毫米		450
铲刃入土深度/毫米		105
最大推力/牛		22108
停车坡角/度		20
液压系统工作压力/兆帕		15.68
多路阀型号		DF-50S
轮胎气压/兆帕	前轮	0.25
	后轮	0.20

推土机作业是在拖拉机行走时，操作者放下推土铲切入土中，依靠拖拉机前进动力，完成土壤的切削和推运作业。在运土过程中，由于堆积在推土铲刀前的土壤会从铲刀的两端流失，其进、退经济运行距离在 50～100 米，依工作不同可进行铲土、运土、回填土、平地、松土等作业。

四、推土机的结构特点

1. 轮胎式推土机

轮胎式推土机由发动机、传动系统、行走部分、转向与制动机构、工作装置等组成，如图 2-1 所示。

轮胎式推土机的行走部分有为推、装作业专门设计的宽基轮胎，如 TL-210 型、TL-180 型轮胎式推土机的轮胎型号为 23.5-25(16 层级)，外径为 1675 毫米的宽基轮胎。轮胎式推土机具有行走速度快、运距长(一般为履带式推土机的 2

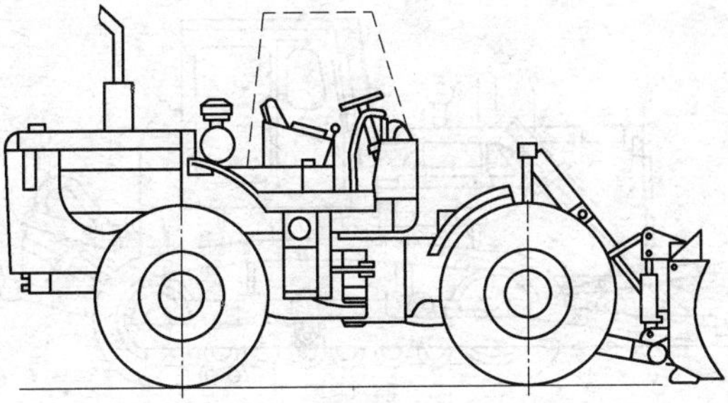

图 2-1　轮胎式推土机

倍)的特点;作业循环时间短、生产率比履带式高;轮胎行走部分机动灵活、便于调动、不损伤路面;质量轻、节约金属、寿命比履带式长。因而,轮胎式推土机近年来得到了迅速的发展。

为了提高轮胎式推土机的牵引性和通过性,其结构上采用了全轮驱动、行星齿轮减速、液力机械传动、铰接机架等新工艺、新技术,所以它在农机市场上与履带式推土机一样受用户欢迎和喜爱。

2. 履带式推土机

履带式推土机由发动机、传动系统、行走部分、转向与制动机构、工作装置与液压系统等组成,如图 2-2 所示。

3. 推土铲

推土机的主要工作装置为推土铲,也称为铲刀,它包括推土板、顶推架、主副刀片、铲刀升降机构等,推土铲如图 2-3 所示。推土铲外形一般有直线形和 U 形两种,直线形推土板切削力大,但推土板两侧有溢漏,主要用于短距离推土。U 形推土板的集土、运土能力较大,多用于运土距离较远及松散物料的堆集。推土铲有两种安装位置,固定式铲刀如图 2-3a 所示,当同时改变左右斜撑杆的长度时,可调整铲刀刀片

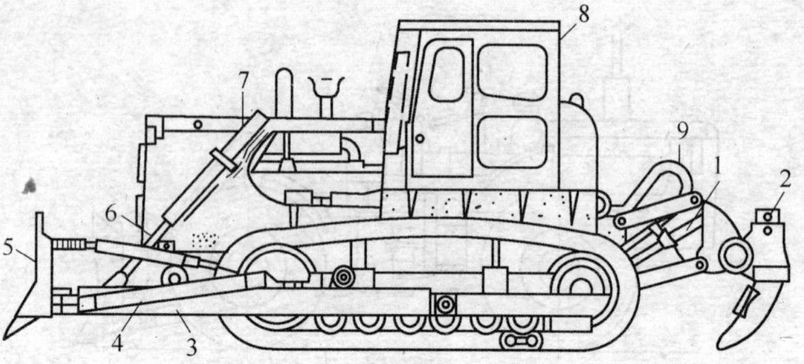

图 2-2　履带式推土机

1. 松土器油缸　2. 松土器　3. 拱形架　4、6. 撑杆
5. 推土铲　7. 推土铲油缸　8. 驾驶室　9. 油管

与地面的夹角(切削角);回转式推土铲的推土板与推土机纵向轴线水平方向可回转一角度(回转角),回转式铲刀如图 2-3b 所示,框形顶推架前端与推土板靠转动销连接,改变水平撑杆和斜撑杆长度可调整推土板的回转角度。铲刀升降操纵方式有钢索式和液压式,一般多采用液压操纵。铲刀的易损件为刀角和刀片,刀片按工作条件可分为通用型、耐磨型和耐冲击型 3 种。

为了提高推土机的利用率,扩大使用范围,有些大中型推土机的后部配有悬挂松土器工作装置。松土器专用于疏松坚硬的土、破碎冻土或破碎需要翻修的路面,松土器与推土铲配合作业,较适合对坚硬土层的削离。松土器由连杆、支架、松土齿等组成,松土齿的齿杆承受负荷最大,一般采用优质合金钢制成。根据工作需要不同,一般推土机配套的有单齿松土器和三齿松土器两种,如图 2-2 中的 2。

五、推土机的正确使用

1. 推土机的操作方法

(1)精心设计行走线路　依照作业的项目,如平整土地、

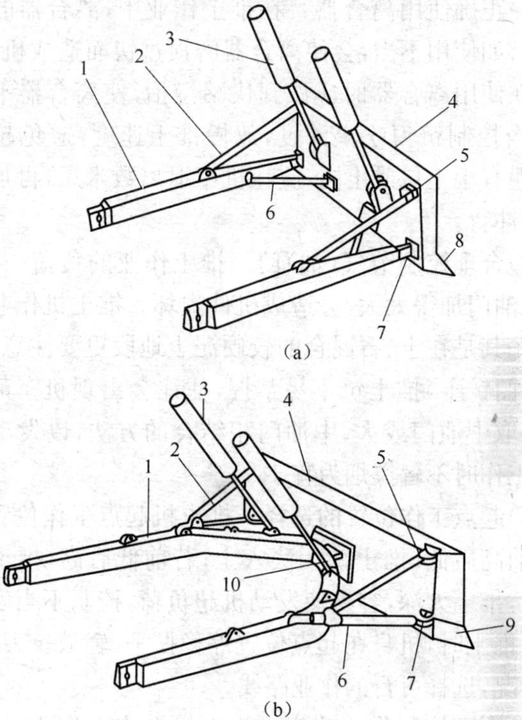

图 2-3　推土铲

(a)固定式铲刀　(b)回转式铲刀

1. 顶推架　2. 斜撑杆　3. 铲刀升降油缸　4. 推土板　5. 球铰　6. 水平撑杆　7、10. 销连接　8. 中间刀片　9. 两侧刀片

挖土造湖、移山填沟等工作范围内的地形地貌，精心设计选择最佳合理作业方法和行走路线，力求操作时少空行、少拉操纵杆、直驶正推。推土作业不能在危险地段进行，不可强行通过泥水沟、坝埂，以防陷车，坡度大于 20 度的地方不能推土作业。

(2)**正确使用离合器**　在推土作业中，离合器的使用比较频繁，如使用不当，会使离合器磨损过快而造成机构故障，为此，在使用离合器时应做到快踏慢抬，使离合器平稳地接合；适当控制铲刀吃土深度，放慢推土速度，避免超负荷作业；如遇有小土包或土岗，应让机车退离数米后，再加大节气(油)门冲行。

(3)**合理控制节气(油)门**　推土作业的负荷一般较重，如果把油门加得太大，会造成机件损坏。推土机作业关键是铲土，尤其是在土、石混合的较硬泥土地段更要注意，如果使用大油门铲土，推土铲不易掌握，往往会出现机车颠簸。一般应采取中油门或大、中油门相结合的方法，以发动机不超负荷、工作时不冒黑烟为宜。

(4)**起点工作位置的选择**　推土机起点工作位置一定要平，若前高后低，推土铲无法入土；若前低后高，推土铲入土角太大，推土太深，容易使发动机超负荷，控制不当发动机会熄火。推土时，机身在起点位置停稳摆平，轻放铲刀，要根据土质情况，选择可行的作业路线。

(5)**合理控制作业速度**　推土机在施工作业时，一般要求速度要慢，否则地面不易推平，一般选Ⅰ、Ⅱ挡工作为宜。遇有大石块或树根时，要人工清除，切不可用高速推土冲击。

(6)**合理控制推土铲入土**　推土机一般采用行进中入土，其速度要慢，轻压手柄，达到入土深度后，将手柄松开回到“中立”位置。压降手柄时，一般采用点动方式，以使推土铲缓慢入土；猛降推土铲，容易产生啃土，不易将地面推平。

(7)**合理控制分配器操纵手柄**　推土机不工作时，手柄一般处于“中立”位置，推土铲与推土机机体呈刚性连接。操作中将手柄扳到“压降”或“提升”位置后，只要松开手，手柄就会自动回到“中立”位置，不需手扳，但若将手柄扳到“浮动”位置后，推土铲处于自动浮动状态，必须用手将手柄扳到“中立”位置。

(8)灵活掌握操纵杆　推土机运送土时，要先取好地形，避免转死弯，同时要调整机车两侧的高度。如向左转向，就设法使机车右侧高一些。机车在满负荷推土前进时，一般不要大转弯，否则由于单边突然加大负荷，会损坏后桥的传动装置和行走部分的零部件。在推土中，有时为了调整方向，可用力向后拉操纵杆，要拉到底，使转向离合器彻底分离。总之，在作业中，操纵杆、升降手柄、离合器踏板、左右制动踏板、变速杆和油门等的操作要互相配合、协调好。

(9)铲土负荷的调整　在铲土过程中，手柄与油门一定要配合好。当推土阻力增大，发动机超负荷、转速急剧下降、排气管冒黑烟时，应立即将手柄向“提升”点动，使推土铲稍微抬起，同时加大节气(油)门、使推土机平顺工作。

一般来说，推土机在正常作业中，掌握以上几点就能顺利操作了。但在特殊情况下，特殊地点，还需具体问题具体分析，冷静操作。

2. 推土机的操作注意事项

①推土机驾驶员必须经过正规技术培训，取得岗位证书后方可单独驾驶。

②操作前，要先了解施工现场地形、地质和有危险地段的情况，如确有危险地段，应先做好施工标记，并采取相应的安全措施。

③操作前，要认真检查推土机各部分有无松动和变形，钢丝绳、滑轮组、绞盘运转是否正常，液压传动系统是否漏油，推土铲刀、顶推架、斜撑等部件是否连接紧固可靠，轮式

推土机轮胎气压是否足够，夜间施工现场照明设备是否良好。

④操作时，接合主离合器、后绞盘锥形离合器和分离转向离合器时，都应缓慢而平稳地进行；任何情况下都不准使离合器处于半接合状态，以免摩擦过热并加剧磨损；推土机不转弯时，不准将脚踏在制动踏板上，以免制动带磨损或制动毂被烧毁。

⑤推土作业时，应用低速挡，严禁超负荷；转弯时必须先拉方向杆，再踏制动踏板，转弯完毕，必须先松开制动踏板，再放回方向杆；变换挡位时，必须先分离主离合器，再换挡。

⑥推土机在陡坡上作业，禁止急转弯；下坡禁止挂空挡或分开主离合器；拖动或牵引其他机械时不得急转弯。

⑦推土机不准在 25°以上的坡道上横向行驶，当坡度超过 30°时，推土机不可在坡上作业，上、下坡作业时尽量少换挡位。长时间在坡道上作业，应周期性地在平地上停机 2～5 分钟，以保证推土机各传动件润滑良好，减少磨损。

⑧推土机列队进行时，前后左右应保持 20 米的距离。检查、调整、润滑推土机时，应将推土机铲刀落回地面，发动机熄火后进行。

六、推土机的维护保养

推土机经常工作在地面坚硬、地形复杂的恶劣环境中，在超短距离非常频繁地进退中，在大负荷状态中艰难作业，都极易造成机车发动机、底盘和推土铲各部零件的早期磨损、变形、损坏和紧固件松动，因此，对推土机要及时保养。进行保养前，必须使推土铲落地，发动机熄火，技术复杂的保养必须在室内进行。

(1)班前检查　每班作业前要检查拖拉机与推土铲的紧

固情况，如有松动应固牢；推土铲的磨损情况，如推土铲刀口不锋利，可换面使用，两面严重磨钝应换新件；检查发动机的油、水、电情况，油箱油不足应加足，水箱水不足应添加，蓄电池电不足应充电补足。

(2)班后清洗 每班作业后，要认真清洗机外和铲刀上的灰尘和泥土及油污，可避免尘土、杂物进入机内，同时还可发现外部隐患，防止机件损坏及腐蚀。

(3)润滑油的加注 按技术保养规程中的规定，定时、定量给各润滑点加注清洁的润滑油。在实际加注时，往往因黄油枪中有空气，造成实际加入量不足，因此，要保证加足黄油数量。

(4)滤清装置的保养

①空气滤清器的保养。推土机长期在尘土中作业，灰尘较大，其保养主要是按时清除积杯中的尘土，清洁中央进气管道，清洗滤网及盛油盘并更换机油。

②柴油、机油滤清器保养。其纸质滤芯用久后，杂质皆被阻留在表面微孔内，逐渐使过滤性能降低，滤芯内外压力差增加，甚至将折叠片压拢或压坏，因此要勤检查，堵塞严重应更换。

③燃油箱、液压油箱保养。燃油箱和液压油箱是通过其内在滤网除去油、液中的杂质碎屑，以免固体颗粒加速机件磨损，使泵、阀性能下降。如果油、液质量不好，如变质或有杂质等将影响油泵、液压泵和其他机件正常工作，因此必须定期对燃油箱和液压油箱的滤网进行清洗。燃油箱内有碎金属屑，可用磁铁将其吸出；液压油箱应保持高度清洁，箱内油液应加注至规定高度，同时油箱阀门开度应足够大，以避免供油不足。液压油牌号应按规定加注，不同型号液压油不

能混加，以免引起油品变质，使抗泡性、黏度、流动性能下降。燃油箱、液压油箱的滤网，在清洗中发现损坏应予更换。

(5)**发动机润滑油道的清洗**　换季更换润滑油的同时要清洗油道，以除去润滑油道内残存的脏机油及污垢。否则，会污染新加入的机油，降低其质量。润滑油道清洗方法和程序如下：

①发动机熄火后，立即趁热从油底壳中放出废机油。

②向油底壳中加入清洗油(柴油或 1/3 机油与 2/3 柴油的混合油)，其数量一般达油底壳容量的 1/3～1/2。起动发动机怠速运转 3～5 分钟。此时应严密注视机油压力表(其读数不得小于 5.88×10^4 帕)，如果压力太低，应立即停车。清洗后，从油底壳、机油过滤器及散热器中放出清洗油，盛于干净容器内，沉淀后仍可使用。

③卸下机油过滤器，清洗壳体及滤芯。装回时，必须在滤清器内注入新机油。清洗加油口滤网和通气孔，用机油润滑通气孔填料。最后加入新机油到规定刻度。

④起动前要摇转曲轴，直到机油压力表显示出压力后再起动发动机，以免发动机开始工作时，造成半干摩擦，引起机件烧坏。

(6)**发动机冷却系统的清洗**　发动机冷却系统要求使用清洁的软水，其目的是延缓水垢的形成，保证散热效果。否则，冷却系统内形成水垢，将因散热不良造成发动机过热，功率下降。因此，按规定清洗冷却系统内水垢不容疏忽。

(7)**定期保养液压系统**　液压油在液压系统中起着传递压力、润滑、冷却、密封的作用。因此，除应按随机使用说明书中规定的牌号选择液压油外，还必须定期对液压系统进行保养。

①推土机运行250小时后，清洗保养滤清器滤网上的附着物，如金属粉末过多，则标志着油泵磨损。

②运行500小时后，不管滤芯状况如何均应更换，因为用肉眼难以观察滤芯已有细小损坏的情况。

③运行1000小时后，应清洗滤清器、液压油箱，更换滤芯和液压油。

④运行7000～10000小时后，检查保养维护需由专业人员检测，进行必要的调整与维修。

⑤液压马达工作10000小时后必须大修，否则，因失修而造成液压马达、液压泵的损坏，对液压系统是致命的破坏。

⑥定期清除液压油中的空气和水分。因为空气进入液压油中其气泡破裂会使液压元件“气蚀”；水分进入会使元件“锈蚀”。同时会使油液乳化变质、润滑油膜强度降低，加速机件磨损，使推土机工作不稳定。为防止空气和水分入侵，在每日保养中，要检查液压油面，不足要及时添加同牌号的液压油；要注意储油桶的盖子要拧紧，以防水漏入油中。

(8)推土铲的修复　推土铲刀与物料直接接触，磨损严重，特别是副刃角处磨损最严重。切削刃磨损后会使切削阻力增大，动力消耗增加，经济性能变差。铲刀主刃一般用65钢等材料制造，主刃磨损后，可先用高强度焊条进行底层堆焊，然后用硬度为HRC48～58的马氏体堆敷材料进行堆焊。由于主刃较长，堆焊时易产生变形，为此堆焊时，一方面将刀片用螺栓固定在焊接胎具上，另一方面采用跳焊法，以减少热影响。铲刀副刃多用高碳钢、中碳铬钼钢、65钢等材料制成。当磨损量较小时，只堆焊1～2层耐磨合金即可修复；当磨损较大时，则需堆焊3层，先用高强度焊条进行底层堆焊，然后用碳化钨硬质合金进行表层堆焊。用硬质合金进行表层堆焊时，不必全面积堆敷，可进行筋式、网式、短线式堆焊。

铲刀副刃的堆焊形式如图 2-4 所示。

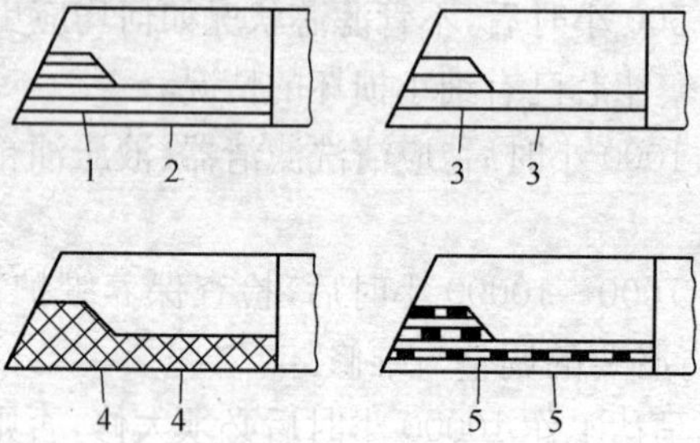

图 2-4　铲刀副刃的堆焊形式

1、2. 马氏体堆敷材料　3、4、5. 碳化钨材料

(9)**推土机结构件的修复**　推土机连接铲刀的结构件如刀架变形、裂纹或脱焊，以及各部销子、销孔壁和固定卡的磨损而引起位置精度的变移或损坏都应进行修复。刀架变形和凹陷时，可用局部加热后按样板进行校正。销孔壁磨损可采用局部更换法修复并更换销轴。当结构件出现裂纹或脱焊时，可用高强度低焊条焊修。

七、推土机的常见故障及排除方法

1. 起动困难

(1)**故障现象**　正常使用后停机，不能再起动。

(2)**分析诊断**　蓄电池电压不足，表现为起动电动机未能转动。用仪表测试 24 伏的蓄电池，其电压不足 20 伏，有几处线路松动。

(3)**排除方法**　将蓄电池送修充电达到额定电压；紧固几处松动线路后，即恢复正常起动。

2. 转向不灵

(1)**故障现象**　操纵杆扳动后，有时能转向，有时转向不灵敏。

(2)**分析诊断** 转向离合器不能彻底分离或打滑;或转向制动器不起作用。对于前者,分析原因有转向离合器的油压力不足或离合器摩擦片损坏;对于后者分析原因有制动油压力不足或制动器行程太大及摩擦片打滑。

(3)**排除方法** 用仪表测试离合器和制动器的油压,得出结果是出口、进口的压力一样,说明油压足够,故障不可能出在此处。再检测离合器制动行程太大,用90牛·米的拧紧力矩紧固调整螺母,再回拧1/6圈,试机后,T160A型推土机转向不灵敏,故障得以解决,转向操作正常。

3. 液压系统泄漏

(1)**故障现象** 齿轮油从轴承盖或接合部位渗漏出来。

(2)**分析诊断** 可根据渗漏油迹部位来诊断漏油原因,一般多为密封件密封不良、油封损坏、紧固螺栓松动、壳体破裂、通气孔堵塞、齿轮油过多造成。

(3)**排除方法** 若密封衬垫老化裂损、油封失效,应更换油封,并采用耐油石棉制作端面衬垫,不会因其老化裂损而密封失效;若接合部位紧固螺栓松动,应紧固后用密封胶涂在螺栓部位及衬垫两面,以保证密封良好;若壳体破裂,应焊补,补后仍漏则更换;若通气孔堵塞,应改用大截面通气塞,可避免因其箱内压力增大而导致齿轮油渗出;齿轮油过多,应严格按规定加注,最好控制在加油口下沿平齐或以下10毫米范围,同时,要根据不同地区、不同季节,选用规定牌号的齿轮油,以免加油不当产生过多泡沫,而使腔内油压急剧升高而造成渗油。

4. 铸铁壳体裂纹

(1)**故障现象** 变速箱壳体有长40厘米裂纹漏油。

(2)**分析诊断** 推土机长期在恶劣环境中作业，由于使用不当等原因而发生变速箱壳体裂纹漏油，从而影响箱内齿轮正常运转。

(3)**排除方法** 采用铸铁焊修法。焊接时必须根据裂纹零件的大小、形状和损坏的部位，在焊接材料和工艺上综合考虑。

①焊前应清除油、锈和泥土。在裂纹两端处用电钻钻止裂孔，开裂纹 V 形坡口。正确选用焊条直径，裂纹处铸铁厚度小于 10 毫米时，选用直径为 2.5 毫米或 3.2 毫米的焊条；厚度大于 10 毫米时，可选用 3.2 毫米或 4 毫米的焊条。正确选择焊接电流大小，焊接电流在 60～80 安，宜用 2.5 毫米焊条；焊接电流在 80～110 安，宜用 3.2 毫米焊条；焊接电流在 110～140 安，宜用 4 毫米焊条。

②焊接时，一般采用反接法，即工件接负极，焊条接正极。短段、分散、断续焊。厚层分层焊，底层最好采用小直径的焊条。焊后捶击焊缝，轻轻敲击焊处起泡层，以防假焊。

(4)**发动机故障排除方法** 参见第一章第一节表 1-13。

第二节 挖 掘 机

一、挖掘机的用途和分类

(1)**用途** 挖掘机主要通过铲斗挖掘、装载土或石块，并旋转至一定卸料位置（一般为运输车辆车厢内）卸载，为一种集挖掘、装载、卸料于一体的高效土方工程机械。据测算，一台斗容量为 1 立方米的挖掘机，其台班生产率相当于300～400 人的日工作量。挖掘机广泛用于农田、水利基本建设和市政、道路、桥梁、机场、港口及各种建筑物基础坑的开挖工程之中，对减轻工人繁重的体力劳动、加快工程进度、提高劳动生产率起着十分重要的作用。

(2)分类

①按行走装置的形式分为履带式和轮胎式两种。履带式挖掘机接地比压小、重心低、稳定性好、应用最广；轮胎式挖掘机行走速度快、机动性好。

②按传动方式分为机械式和液压式两类。机械式单斗挖掘机靠机械传动，需要各种钢丝绳、吊钩、滑轮、绞盘、变速箱等机件，结构复杂，在中、小型单斗挖掘机中已逐渐被淘汰。液压单斗挖掘机省去了许多复杂的机械中间传动，简化了结构，改善了传动性能，工作平稳、操作灵活，生产率高而被广泛应用。

③按工作装置形式分为反铲、正铲、拉铲等。反铲时挖掘方向朝向机身，用于挖掘停机面以下的土壤，工作灵活，使用较多，是液压挖掘中的主要工作装置形式。

二、挖掘机型号的编制方法

挖掘机的型号编制方法见表2-4。

表2-4 挖掘机的型号编制方法

组	型	特性	代号和含义	主参数代号		
				名称	单位	表示法
单斗挖掘机(W)	履带式	—	机械单斗挖掘机(W)	整机质量	吨	主参数
		D(电)	电动单斗挖掘机(WD)			
		Y(液)	液压单斗挖掘机(WY)			
		B(臂)	长臂单斗挖掘机(WB)			
		S(隧)	隧洞单斗挖掘机(WS)			
	轮胎式(L)	—	轮胎式机械单斗挖掘机(WL)	整机质量	吨	主参数
		D(电)	轮胎式电动单斗挖掘机(WLD)			
		Y(液)	轮胎式液压单斗挖掘机(WLY)			

挖掘机的型号示例：

WY32——整机质量为32吨的液压单斗挖掘机。

但有些机型的主参数仍沿用斗容量、单位为米^3，如WY60A、WY80、WY160A分别表示斗容量为0.6米^3、0.8米^3、1.6米^{3}的液压单斗挖掘机。

三、挖掘机的技术参数

①广西玉林玉柴工程机械有限责任公司生产的WY1.3型单斗液压挖掘机技术参数：

发动机功率	13.5千瓦	最大挖掘深度	2040毫米
斗容量	0.04～0.08米^3	最大挖掘高度	2930毫米
行走速度	2千米/小时	最大挖掘半径	3480毫米
爬坡能力	58%(30°)	最大卸载高度	2020毫米
整机质量	1.3吨	最小回转半径	480毫米
最大挖掘力	10.5千牛		

②北京中国农机研究院环境工程部推荐的神娃牌系列WG30、WG30A、WG40型液压单斗挖掘机主要技术参数：

发动机功率	40.4千瓦	最大挖掘深度	2.5米
斗容量	0.3～0.4米^3	最大挖掘半径	5米
工作效率	30～60米^3/小时	最大卸载高度	3.2米
行走速度	39千米/小时	挖掘回转角度	180°
整机质量	3.6吨	外形尺寸(长×宽×高)	4米×1.92米×3.2米

③江苏省宜兴市昌达机械修造厂生产的WYL3.5型液压单斗挖掘机技术参数：

发动机功率	26.5千瓦或40.5千瓦	最大挖掘深度	2200毫米
斗容量	0.3～0.4米^3	最大挖掘高度	4900毫米

旋转角度　360°
爬坡能力　35%
最高行驶速度　40千米/小时
最大挖掘半径　4980毫米
最大卸载高度　3800毫米
外形尺寸(长×宽×高)　5500毫米×2200毫米×3400毫米

④河北宣化采掘机械厂生产的WYS-16型单斗液压挖掘机技术参数：

发动机功率　74千瓦
斗容量　0.45～1米^3
整机质量　16.3吨
油箱容量　300升
行走速度　越野7千米/小时、道路18千米/小时
爬坡能力　36%
最大挖掘力　100千牛
最大挖掘深度　5米
最大挖掘高度　8米
最大挖掘半径　8.77米
最大卸载高度　5.82米
最小转弯半径　外侧轮8.28米、内侧轮4.99米
液压系统工作压力　25兆帕
外形尺寸(长×宽×高)　9米×2.55米×3.52米

四、挖掘机的结构特点

液压单斗挖掘机由发动机、驾驶室、转台、工作装置、行走装置和液压传动系统组成，如图2-5所示。

(1)挖掘机的回转装置　回转装置是用来连接转台和底盘，并对转台起支承和驱动作用。挖掘作业时，底盘一般静止不动，挖掘、旋转、卸土整个作业循环由工作装置和回转装置来完成。因此，与其他土方机械相比，回转装置是挖掘机所特有的重要组成部分。回转装置由回转支承和回转机构组成，如图2-6所示。回转支承的外座圈用螺栓与转台联接，

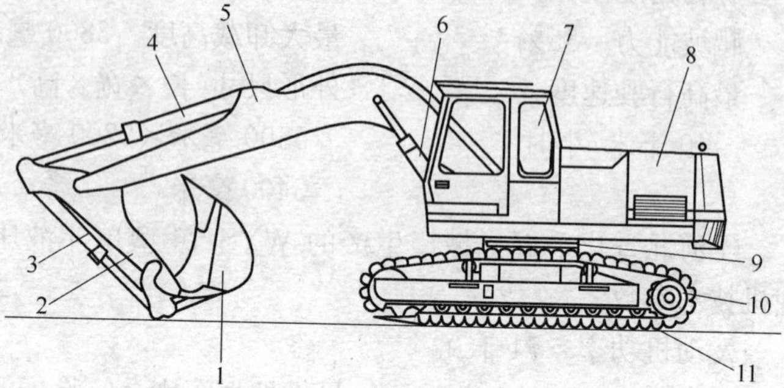

图 2-5　液压单斗挖掘机

1. 铲斗　2. 斗杆　3. 铲斗液压缸　4. 斗杆液压缸　5. 动臂
6. 动臂液压缸　7. 驾驶室　8. 发动机　9. 转台
10. 驱动轮　11. 履带行走机构

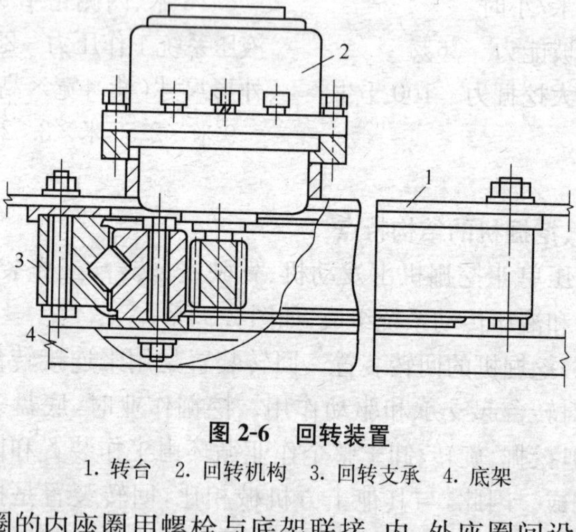

图 2-6　回转装置

1. 转台　2. 回转机构　3. 回转支承　4. 底架

带齿圈的内座圈用螺栓与底架联接，内、外座圈间设有滚动体。工作装置所在转台上的载荷通过外座圈、滚动体、内座圈传给底盘。回转机构的壳体固定在转台上，通过小齿轮与回转支承内座圈上的齿圈相啮合。小齿轮绕自身轴线自转的同时，绕转台回转中心线公转，当回转机构工作时，转台相对底架回转，一般上车回转相对于下车底架可进行连续 360°的回转。回转装置能使铲斗切削土壤并装满斗内后提升，回转至卸土位置进行卸土，卸空后再转回并使铲斗下降到挖掘面进行下一次挖掘。

(2)挖掘机的液压传动系统　由发动机驱动液压泵，液压泵输出高压液压油分别驱动工作装置液压缸、回转机构液压马达和行走机构的液压马达。液压传动的好坏，直接关系到挖掘机的性能和效率。

为保证挖掘机至少有两个动作能够同时进行，以满足挖掘机的作业要求，把所有执行元件按照作业要求分成两组，每组分别由一台液压泵驱动，单独构成一个回路，这种液压系统称为双泵双回路系统。WY100 型单斗液压挖掘机液压系统如图 2-7 所示，挖掘机双泵输出的液压油分别进入两个阀组，两个阀组各自单独控制执行元件，还设有合流阀，操纵此阀后形成合流供油，用来提高斗杆和动臂的运动速度。在阀组内还设有限压阀，用来限制行走速度，防止机械在斜坡上行驶时因超速而发生危险。在工作装置液压缸上，都安装有单向节流回路和限压阀，以防止作业中出现冲击和限制缸内压力，从而保证挖掘机工作中稳定和安全，不致在工作装置下降时，因速度过快突然停止而发生危险。

(3)挖掘机的工作装置　由动臂、斗杆、铲斗及其驱动液压缸组成，反铲挖掘机的工作装置如图 2-8 所示。动臂有整体式单节动臂、双节可调式组合动臂和伸缩式动臂 3 种形式。

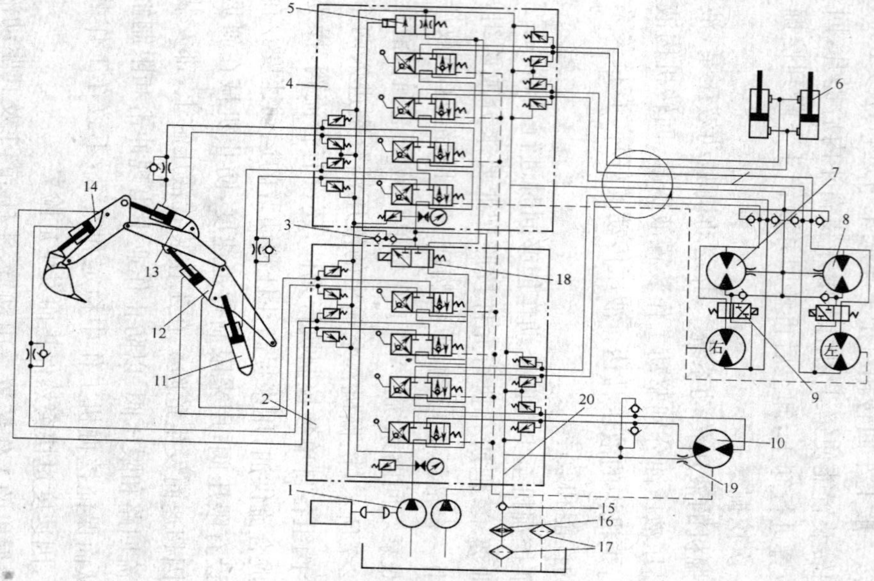

图 2-7　WY100 型单斗液压挖掘机液压系统

1. 油泵　2、4. 阀组　3. 双单向阀　5. 限速阀　6. 推土板液压缸　7、8. 行走马达　9. 双速阀　10. 回转马达　11. 动臂液压缸　12. 辅助液压缸　13. 斗杆液压缸　14. 铲斗液压缸　15. 背压阀　16. 散热器　17. 滤油器　18. 合流阀　19. 节流阀　20. 回油总管

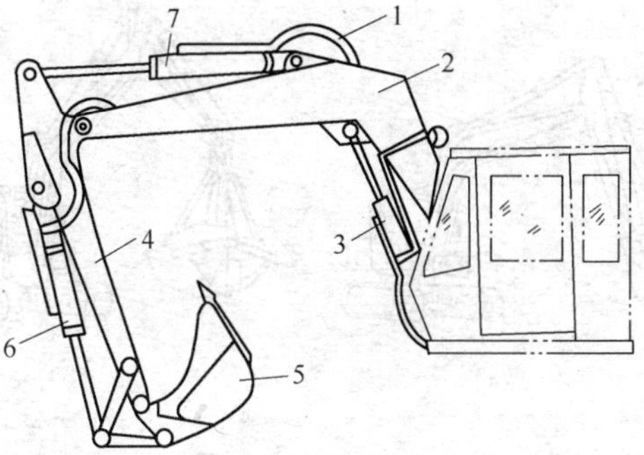

图 2-8　反铲挖掘机的工作装置

1. 油管　2. 动臂　3. 动臂液压缸　4. 斗杆
5. 铲斗　6. 铲斗液压缸　7. 斗杆液压缸

动臂通过其下铰点、动臂液压缸与挖掘机底盘相连。斗杆是工作装置中产生挖掘力的杆件，斗杆的一端通过斗杆液压缸和铰接点与动臂相连，另一端则通过铲斗液压油缸和连杆机构与铲斗相连。斗杆大多采用整体式，目前挖掘机的系列产品多配备有不同长度的斗杆与动臂组合，以满足不同工作尺寸的作业要求。铲斗是直接用于挖掘的工作装置，一般铲斗均装有斗齿。选择铲斗容量的大小与被开挖土的性质有关，一般大斗用于挖掘松软土，小斗用于挖掘硬土和碎石。大多数液压挖掘机的正铲和反铲工作装置可以通用，单斗液压挖掘机可换工作装置包括液压锤、抓铲、松土和起重，如图 2-9 所示。

五、挖掘机的正确使用

1. 作业前的准备

①挖掘机进入现场前，应查看其经过的道路、桥梁的通过性和施工区内有无妨碍施工的建筑物、树木和地下通信管线等。

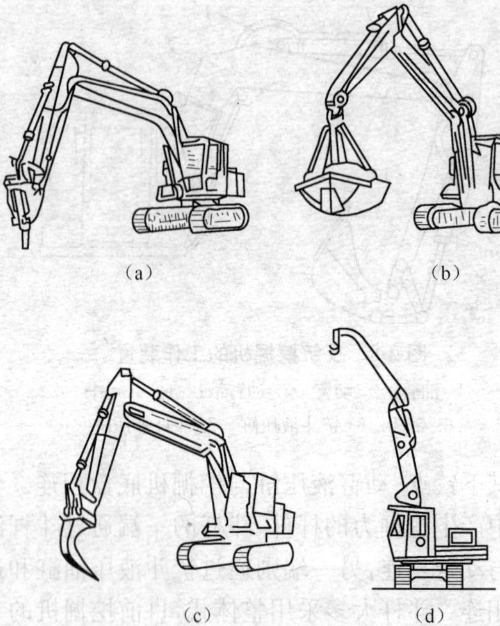

图 2-9　单斗液压挖掘机可换工作装置

(a)液压锤　(b)抓铲　(c)松土　(d)起重

②了解并掌握作业区的地层土质、岩层和地形地貌情况。

③确定好工作面和推移路线，保证挖掘机的稳定作业效率，不能出现超挖和欠挖。

④做好作业区内的排水降水工作，地下水位应降至设计标高以下 0.5～1 米。

⑤挖掘机起动前，应检查、调整其各部位的间隙、紧固其各部位的固定螺栓等；挖掘机起动后，应提升动臂试作1～2个作业循环动作，确认挖掘机工作状况正常后，方可投入

作业。

2. 挖掘机的行驶

①履带式挖掘机只能做短距离现场行驶，若长距离移动时，必须用运输车辆装运。

②挖掘机行驶时，应将回转制动器刹住，并将回转止动销插上，将铲斗提离地面1米左右，尽量避免急转弯和原地转弯。

③挖掘机在黏地或松软地面上行驶时，要避免陷入土中，如出现下陷可用工作装置自救。

④上下坡时，尽量避免沿坡面横行，铲斗底部与地面距离要保持0.5米左右，下坡禁止发动机熄火。

3. 作业

①选择平整、坚实的场地作停机面，同时要考虑装土自卸车辆的停车位置、行驶路线，对于挖掘机的各掘进道，必须做到各有一条空车回程道，以免自卸车进出时互相干扰。

②根据土质的具体情况，确定使用铲斗挖掘或用斗杆挖掘，合理调整切削厚度。

③每次挖掘都应尽量满斗，铲斗出土以后才能进行回转动作，回转时，禁止用反向逆转方式使其停止转动。

④铲斗往自卸车上装土时，必须定位后再卸土，铲斗距车厢的卸土高度应调整在0.5～1米。

⑤铲斗切土时，应用铲斗挖掘或斗杆挖掘方式缓慢切入，禁止将铲斗从高处猛砸入土中。

⑥当土粘在斗壁上卸不下时，应采用铲斗液压缸快速伸缩方法转动铲斗将土卸下来，不能用提臂再降臂的突然制动方法卸土。

⑦作业中液压油温度为30℃～80℃，若温度升高到80℃

时，应停止作业10分钟，让发动机带动液压泵空转，待温度降下来再进行作业。

⑧挖掘机的技术状况对其生产率影响较大，特别是发动机的动力性。此外，斗齿磨损时铲斗切削阻力将增加60%～90%，因此，磨钝的斗齿应及时更换。

⑨挖掘机驾驶员应具有熟练的作业技巧，并尽量采用复合式操作，以缩短挖掘作业循环时间，提高挖掘生产率。

4. 停机

①作业完毕，要选择平整、坚实的地面停机，并将动臂、斗杆、铲斗液压缸全部收回，铲斗置于地面，轮式挖掘机应在轮胎处塞垫三角木块。

②将各操纵手柄置于中位，分离液压泵的离合装置。

③按发动机停机要求熄火，再断开搭铁开关。

④将挖掘机内外清理干净，关好门窗。冬季未添防冻液的发动机，勿忘放净冷却水。

5. 挖掘机的自救

①挖掘机在作业中，一侧陷入坑中或被泥沙埋没而不能移动时，驾驶员应采用铲斗撑住深陷一侧的地面，将陷入履带从坑中升起，在履带下面垫上枕木或钢板，即可从坑中驶出。

②两侧履带全部陷入时，可按照上述方法，将两履带下垫以钢板或枕木后，把铲斗插入土中，然后弯曲挖掘大臂，同时操纵行走机构使整车前进，机车便可驶出陷坑。如果陷坑四周地表过软，不能支撑铲斗时，可在铲斗下垫一面积较大的钢板，自行驶出钢板有困难，还可在铲斗上牵引一钢索，弯曲伸臂，用其他机车牵引挖掘机行出陷坑。从陷坑中驶出后，应将转车台轴承重新涂油脂，并进行保养，行走机构也要

进行清理检查和维护。

6. 挖掘机安全操作规程

①操作者应经过认真岗位培训，熟练地掌握机械构造、工作原理、维护保养要求，并取得培训合格证书后，方准上机操作。

②挖掘机停放机械的地面，必须平整、坚实、承载能力足够，作业前要将行走机构制动牢固。

③挖掘机在斜坡或超高位置作业时，要预先做好安全防护工作，防止挖掘机下滑、倾翻事故发生。

④不准直接用挖掘机铲斗去破碎冻土层或石块等。在埋有地下电缆区附近作业时，要先查清电缆的走向，并在地面上做明显记号，开挖时要保持1米以上的距离。在埋有地下管线附近作业，同样要保持1米以上的距离。

⑤挖掘基坑、沟槽及河道时，应根据开挖深度、坡度和土质情况来确定停机地点，防止因边坡坍塌而造成事故。

⑥铲斗未离开挖土层时不准回转，不准用铲斗或斗杆以回转动作去拨动重物。操作者离开驾驶室，不论时间长短，铲斗必须放在地面上，严禁悬空停放。

⑦在正常作业时，禁止调整和润滑。进行保养、检修时，应先落下动臂，必须在发动机熄火后才准进行。

⑧在作业或空载行驶时，机体距架空输电线必须保持一定的安全距离，如遇有大风、雷雨、大雾等恶劣天气时，不准在高压线下作业。

⑨挖掘机作业时，工作装置回转范围内不准有人通过或停留，在任何情况下，铲斗内不准坐人。

六、挖掘机的维护保养

对挖掘机进行定期维护保养，可以减少机器故障、延长使用寿命、缩短停机时间、提高工作效率。挖掘机保养除按产品说明书规定的定期进行一级、二级、三级技术保养外，还要认真管理好机器使用的燃油、润滑油、水和空气。

燃油的管理要根据不同的环境温度选用不同牌号的柴油。柴油不能混入杂质、灰土和水分，否则将使燃油泵过早磨损。劣质燃油含石蜡和硫成分高，会对发动机产生损害。每日作业完后要加满燃油箱，防止油箱内壁产生水滴，每日作业前要打开燃油箱底下的放水阀放水。

不同品种、牌号的挖掘机，其发动机也不能混用不同等级的润滑油、液压油、齿轮油。要保证用油的清洁，防止水、粉尘、颗粒物混入油中。根据环境温度和用途选用油的标号，环境温度高，应选用黏度大的机油；温度低，应选用黏度小的机油。齿轮油的黏度相对较大，以适应较大的传动负荷。液压油的黏度相对较小，以减少液体流动阻力。如挖掘机配套康明斯发动机，康明斯公司推荐环境温度高于－5℃时，使用 15W-40CF4、CC4，或 CC4/SH 级别的机油；在环境温度低于－5℃时，使用 10W-30CF4、CC4 或 CC4/SH 级机油，这种机油是依照康明斯发动机独有的性能特点制定的，可有效地延长发动机的换油周期，降低机油的消耗率。

冷却系统水的管理要注意加注清洁的软水，如康明斯发动机冷却系统所用的冷却液，主要由纯净水、防冻液及 DCA4 添加剂 3 种成分构成，每升冷却液含 50％的纯净水、50％的防冻液和 0.5 单位的 DCA4 添加剂。配好的冷却液一年四季均可使用，并且可连续使用 2 年。纯净水经过净化，因而可避免形成水垢。防冻液用乙烯乙二醇或丙烯乙二醇，可降低水的冰点及提高水的沸点。防冻液的浓度应为 40％～68％，浓度过高或过低均会影响冷却液的防冻能力。在大多气候条件下，防冻液的浓度为50%，此时冷却液的冰点可达-33℃，DCA4添加剂可在水系统内表面形成一层保护膜，以防止气缸套和机体产生穴蚀和阻止沉淀堆积物。添加剂的浓度一般为每升水中含有0.32～0.79单位，可以通过DCA4检测包来测试。冷却液加注时，应打开发动机上部冷却系统的放气阀门，缓慢地将冷却液从散热水箱的加水口加入到发动机中，应加注至散热水箱加水口颈部下方，不宜过满。加注完毕后，将放气阀门关闭，并将水滤器安装座上的阀门打开，以便DCA4添加剂能混合进入冷却系统中。

还要定时清洗空气滤清器的滤芯，以保证发动机使用清洁、干净的空气。

七、挖掘机的常见故障及排除方法

1. 常见故障现象

(1)损坏型故障 如机件断裂、开裂、变形、烧蚀、拉伤等。

(2)退化型故障 如机件磨损、老化、变质、剥落等。

(3)松脱型故障 如机件松动、脱落等。

(4)失调型故障 如机件行程失调，间隙过大、过小，油、液压力过高或过低等。

(5)堵塞与渗漏型故障 如机件漏油、漏水、漏气、堵塞等。

2. 挖掘机常见故障的分析判断方法

在分析判断故障时，一般从故障现象入手，通过故障现象找出故障的原因和部位。

(1)现场调查法 主要包括收集发生故障的时间、环境、顺序等背景数据和使用条件。机修人员在生产现场采用“问、看、嗅、听、摸”的方法直接分析判断。问就是向操作者询问故障发生经过，弄清楚是突发的、渐发的或者是调修后产生的，以及以前的处理方法。看就是操作者在机器发生故障时，应就地观察发生故障零部件的所在位置和当时周围的环境情况。嗅就是用闻气味来做判断，如机温升高或电动机绕组烧毁故障散发的绝缘物、油漆的烧焦气味。听就是判别各传动部位机械运转不正常的响声和产生的部位。摸就是用手触摸零部件的温度或振动是否正常等。通过问、看、嗅、听、摸所捕捉到的信息，可以较快地做出判断。

(2)**分段隔离法或分步检查法**　如采用上述方法判断不出故障部位或故障原因，就要考虑采用分段隔离法或分步检查法。如挖掘机工作压力不足，则先检查油压，若正常，再检查其他部位，不正常，就要查油位、油缸或油管接头及油泵等。挖掘机故障产生原因比较复杂，有设备材料、环境因素和操作者技术水平等诸多因素，采用“分步法”来检查、排除故障，效果比较好。

3. 挖掘机常见故障的维修

(1)**斗齿与铲斗的修复**　斗齿一般用高锰钢或中碳低铬钢制造，由于其工作条件差，尤其是挖掘岩石和含岩石的土壤时，在凿削或磨料的磨损下，斗齿的寿命较短。当斗齿磨短50%左右时，应进行修复，否则切削阻力增大、生产率降低。斗齿磨损后，可采用堆焊修复，堆焊材料应根据斗齿的使用条件选择，如挖岩石、硬土，由于冲击负荷大，应堆焊奥氏体锰钢。挖砂土、软土，冲击负荷小，可堆焊硬度较高的马氏体堆敷材料，并可在表面层堆焊筋状、网状的碳化钨材料或高铬铸铁。在堆焊时，对于中碳低铬钢斗齿，焊前应预热至200℃～250℃，焊后应缓冷，以防冷却过快而产生硬化和裂纹。对于高锰钢斗齿，焊前若用磁铁检验不吸引，可不需要焊前预热,也不需要焊后缓冷。铲斗前壁与侧壁的上边缘磨损后,可用耐磨合金钢堆焊。当斗前壁厚磨损达壁厚的40%时,应更换。更换的斗前壁应用低氢高强度焊条焊接。

(2)工作装置结构件的修复 挖掘机的动臂、斗杆弯曲或出现裂纹,铰接处销轴和衬套磨损应进行修复。动臂和斗杆弯曲变形程度不大时,可用冷压校正;弯曲较大时,可热校正,但热校正必须采取加固处理以增加其刚度。动臂经校正与焊接后在水平面和铅垂面都应平直,弯曲度在轴线的全长上不允许超过15毫米。动臂和斗杆有裂纹时,可用焊条或补板焊接方法修复。销轴磨损过大应堆焊或喷涂后加工至标准尺寸,如出现裂纹应换新件,衬套磨损严重应换新件。

(3)小型挖掘机的发动机故障排除方法 参看第一章第一节表1-13。

第三节 装 载 机

一、装载机的用途和分类

(1)用途 装载机是可用来铲装、运送、卸载和平整场地作业的自走式土方机械。若换装相应的工作装置,还可以进行推土、起重、卸木材、钢管及搬运集装箱等,是一种用途十分广泛的工程机械。

(2)分类

①按发动机功率可分为大、中、小型。发动机功率小于74千瓦(100马力),称为小型装载机;发动机功率为74~147千瓦(100~200马力),称为中型装载机;发动机功率为147~515千瓦(200~700马力),称为大型装载机。

②按行走机构可分为轮胎式和履带式两种。轮胎式装

载机是以轮胎式专用底盘为基础，配置工作装置及操纵系统而构成的。其优点是质量轻、速度快、机动灵活、效率高、行走时不破坏路面。特别是在工程量不大、作业点不集中、转移较频繁的情况下，生产率超过履带装载机，在工程及农田水利基本建设中被广泛使用。履带式装载机具有重心低、稳定性好、接地比压小，适合在松软的地面、工作量集中、不需经常转移和地形复杂的地区作业。当履带式装载机运输距离超过30米时，其使用成本会明显增大，转移工地时需用平板拖车托运。

③按车架结构形式和转向方式可分为铰接车架折腰转向和整体车架偏转车轮转向两种。

④按卸载方式可分为前卸式（装载机在其前端铲装与卸载）和回转式（装载机的动臂安装在转台上，工作时铲斗在前端铲装，卸载时转台可相对车架转过一定的角度）两种。

二、装载机型号的编制方法

装载机的型号编制方法见表2-5。

表2-5 装载机的型号编制方法

组	型式	特性	代号和含义	主参数	
				名称	单位
装载机(Z)	1. 履带式机械传动 2. 履带式液压传动 3. 轮胎式机械传动 4. 轮胎式液压传动 轮胎式(L)	 J H	履带式机械传动装载机 轮胎式铰接车架装载机(ZLJ) 轮胎式回转式卸载装载机(ZLH)	斗的额定装载质量	千牛(kN)

装载机的型号示例：

ZLJ50——斗额定装载50kN（千牛）轮胎式铰接车架装载机。

ZLH30——斗额定装载30kN（千牛）轮胎式的回转式卸

载装载机。

三、装载机的技术参数

①江西宜春工程机械厂生产的宜工牌系列装载机(部优产品)技术参数见表 2-6。

表 2-6 宜工牌系列装载机(部优产品)技术参数

型号			ZL-20	ZL-30A	ZL-936E	ZL-60
载货量		吨(t)	2	3	3.5	6
斗容量		米^3(m^3)	1	1.5	2	3.1
行走速度	前进	(千米/小时)	1 速 9-4 速 30	1 速 9.5-4 速 31	1 速 7.7-4 速 40.6	1 速 10.7-4 速 34.4
	后退	(千米/小时)	1 速 3.9-2 速 12	1 速 4-2 速 12.5	1 速 8.6-4 速 45.3	1 速 4.5-2 速 14.1
最大牵引力		吨(t)	6.4	9.27	11.2	15.7
最大掘起力		吨(t)	7.5	9	13.9	21.5
最大爬坡能力		度(°)	30°	30°	30°	30°
整机质量		吨(t)	7.7	9.6	12.2	20
轮胎规格		—	16/70-24	17.5-25	20.5-25	23.5-25
柴油发动机型号			X6105 G-20	4125 S T5	CAT3304 BDIT	6135 AZK-7a
额定功率		马力	90	100	135	235
额定转速		转/分	2000	2000	2200	2100
最大转矩		公斤米	36	42	57.5	94
变矩器			两相四元件	单相三元件		两相四元件
变矩系数			$K=4.42$	$K=4.02$		$K=4.247$
变速箱			行星轮式液压换挡			
驱动桥			一级减速主传动、轮边行星减速、变桥驱动			
外形尺寸	长	毫米	5723	6470	6961	8172
	宽	毫米	2150	2384	2698	3040
	高	毫米	2851	2959	3353	3560
最大卸载高度		毫米	2600	2759	2875	2813
最小转弯半径(后轮外侧)		毫米	4392	4757	5940	6760

②山东临沂工程机械股份有限公司生产的临工牌轮式装载机技术参数见表2-7。

表 2-7 临工牌轮式装载机技术参数

型号	ZL40B	ZL40C	ZL50B	ZL50C	ZL50G
额定载荷/吨	4	4	5	5	5
Ⅰ挡行驶速度/(公里/小时)	0～10	0～13	0～11	0～11	
Ⅱ挡行驶速度/(公里/小时)	0～33	0～33	0～36	0～36	
倒挡速度/(公里/小时)	0～14	0～14	0～16	0～16	
铲斗容量/米^3	2～2.5	2～2.5	2.6～3	2.6～3	2.8
最大卸载高度/毫米	2800	2800	2980	2980	3050
最大卸载高度时的卸载距离/毫米	1000	1000	1300	1300	1095
最小转弯半径/毫米	6120	6120	6580	6580	6968
最大掘起力/千牛	93.1	93.1	122.5	122.5	≥160
车质量/吨	12.5	12.3～12.8	16.8	16.7～17.2	17.2

③中国一拖华源工贸公司生产的小型多功能东方红系列装载机技术参数见表2-8。

表 2-8 东方红系列装载机技术参数

型号	200ZT 多功能装载机
卸载高度/毫米	2150
卸载距离/毫米	1100
额定斗容量/米^3	0.3
额定斗装载量/千克	500
配装推土铲刀(宽×高)/(毫米×毫米)	1300×536

续表 2-8

整机质量/千克	1500
举升时间/秒	5
切土角(α)	可调
外形尺寸(长×宽×高)/(毫米×毫米×毫米)	4350×1205×1900

四、装载机的结构特点

轮胎式单斗装载机由发动机、行走部分、传动系统、制动系统、液压系统和工作装置等组成,如图 2-10 所示。

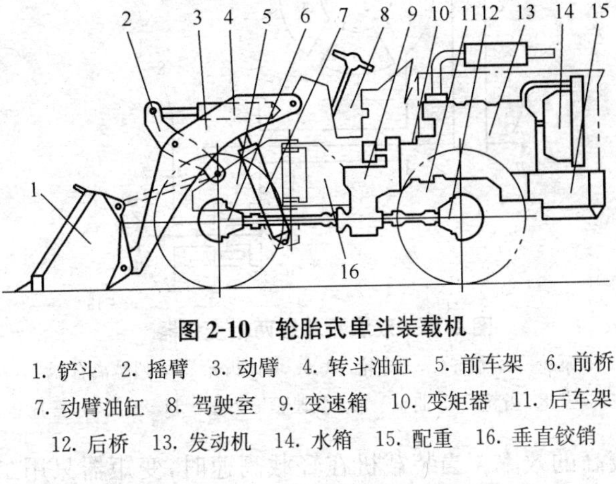

图 2-10　轮胎式单斗装载机

1. 铲斗　2. 摇臂　3. 动臂　4. 转斗油缸　5. 前车架　6. 前桥　7. 动臂油缸　8. 驾驶室　9. 变速箱　10. 变矩器　11. 后车架　12. 后桥　13. 发动机　14. 水箱　15. 配重　16. 垂直铰销

(1)轮胎式装载机的发动机　一般均采用柴油机。常用的发动机有 135 系列柴油机,如 ZL50 型、ZL40 型装载机,多采用 6135K 型柴油机;小型轮式装载机,多采用 95 系列和 105 系列柴油机。

(2)轮胎式装载机的传动系统　分为机械传动和液力机械传动两种。机械传动结构简单,但传动扭振和冲击载荷较大,影响使用寿命。液力机械传动,能吸收冲击载荷,自动适应外界阻力变化，改善装载机的使用性能，提高使用寿命。因此，大中型轮胎式装载机多采用液力机械传动。液力机械传动系统是采用双涡轮变矩器、动力换挡行星变速箱，经过前、后传动轴传到前、后驱动桥，再经过半轴和带轮边的减速器，驱动低压轮胎行驶。轮式装载机常用的双涡轮单级两相变矩器如图 2-11 所示，在小传动比范围内具有较大的变矩系

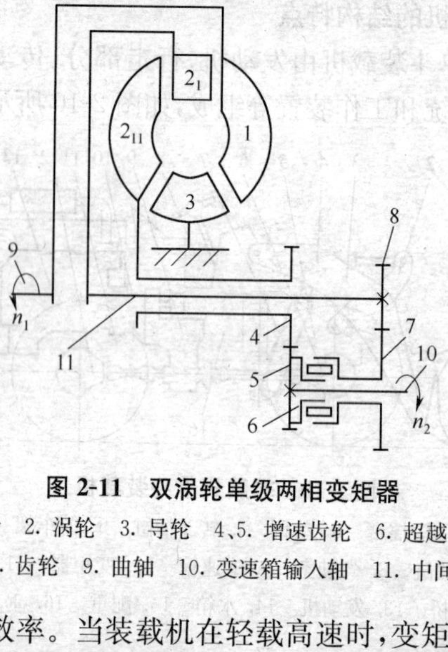

图 2-11 双涡轮单级两相变矩器

1. 泵轮 2. 涡轮 3. 导轮 4、5. 增速齿轮 6. 超越离合器 7、8. 齿轮 9. 曲轴 10. 变速箱输入轴 11. 中间轴

数和较高的效率。当装载机在轻载高速时，变矩器只用二级涡轮工作；而在重载低速时，一、二级涡轮同时工作。这样，变矩器本身在速度转换时，相当于有两挡速度，并随外负荷自动变化，因此，可以减少变速箱的挡数，简化变速箱的结构。与其配套的动力换挡行星变速箱如图 2-12 所示，其动力经图 2-11 中的变速箱输入轴传来，该变速箱由前进挡行星排和倒挡行星排两组行星齿轮组成。采用制动器分别制动行星齿轮组中的行星齿轮架或齿圈，以及使用直接挡离合器，

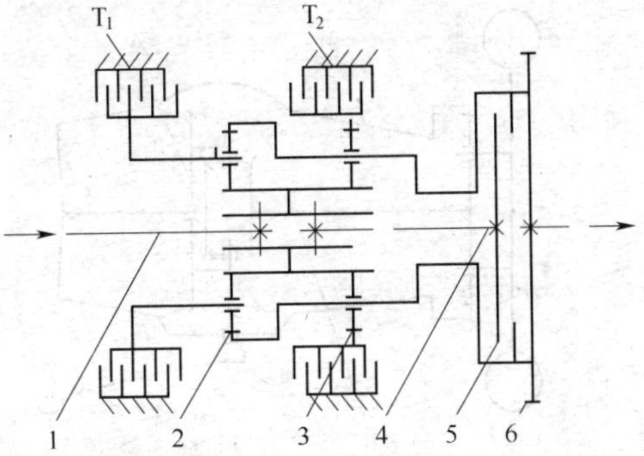

图 2-12 动力换挡行星变速箱

1. 变速箱输入轴 2. 前进挡行星排 3. 倒挡行星排
4. 变速器输出轴 5. 直接挡离合器 6. 中间轴输出齿轮
T_1—前进挡行星排制动器 T_2—倒挡行星排制动器

组合成两个前进挡、一个倒挡和空挡。轮胎式装载机的驱动桥及行星轮边减速机构如图 2-13 所示，都采用全桥驱动，这是为了充分利用其附着质量，以提供较大的牵引力。前、后驱动桥之间一般都不装桥间差速器，多在变速箱后装设脱桥机构，作业时采用全桥驱动，高速行驶时利用操纵杆将一个驱动桥脱开，采用单桥驱动。

(3)轮胎式装载机的转向和制动系统 轮胎式装载机转向分铰接车架折腰转向和整体车架偏转车轮转向两种。装载机在作业中由于需要经常调转方向，转向频繁，采用机械式转向机构，驾驶员劳动强度大，容易疲劳。因而，多采用液压助力或全液压转向。铰接车架折腰转向及其液压系统如图 2-14 所示，转向油缸 2、3 布置在铰销 1 的两侧，油缸体和塞杆分别铰接在前后车架上，为了保证转向安全可靠和对称布置，一般都采用两个转向油缸。前后车架绕其铰销的相对

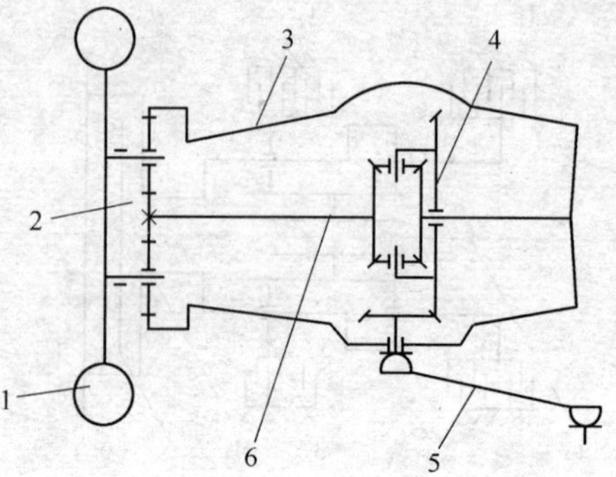

图 2-13　轮胎式驱动桥及行星轮边减速机构

1. 驱动轮　2. 行星轮边减速机构　3. 驱动桥
4. 减速器　5. 传动轴　6. 半轴

转角，一般为 35°～40°，折腰度大，所以转弯半径小、机动灵活，可以在较狭小的场地进行作业。装载机的制动系统，关

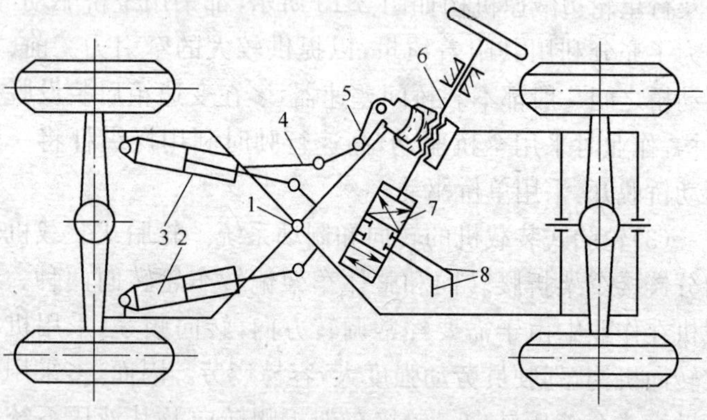

图 2-14　铰接车架折腰转向及其液压系统

1. 垂直铰销　2、3. 转向油缸　4. 随动杆　5. 转向垂臂
6. 转向机构　7. 转向阀　8. 油管

系到行车及作业安全，其一般由双管路行车制动、停车制动和紧急制动3部分组成。

①行车制动的制动器大多装在驱动桥轮毂内的轮边减速装置上，有蹄式、盘式和油浸式3种结构形式。盘式制动器的制动圆盘露在外面，散热快，能自动甩掉泥水，磨损均匀，易于调整更换而得到广泛应用。油浸式多片制动器采用循环油冷却，散热好、制动面积大、效果好，在一些大型装载机上被采用。

②停车制动是供装载机停车时或在坡道上停歇制动用，为带式或蹄式结构，装在变速箱输出轴上，由手操纵机构控制。

③紧急控制是供遇到特殊情况紧急制动，或当行车发生故障时使用。利用停车制动机构完成，当制动系统气压降低时，能自动合上停车制动和发出警告。

(4)**装载机的工作装置** 由铲斗、动臂、摇臂、连杆(或托架)、转斗油缸、动臂油缸和车架等组成，如图2-15所示，其主要任务是铲掘和装卸物料，有前卸式和回转式两种机型。反

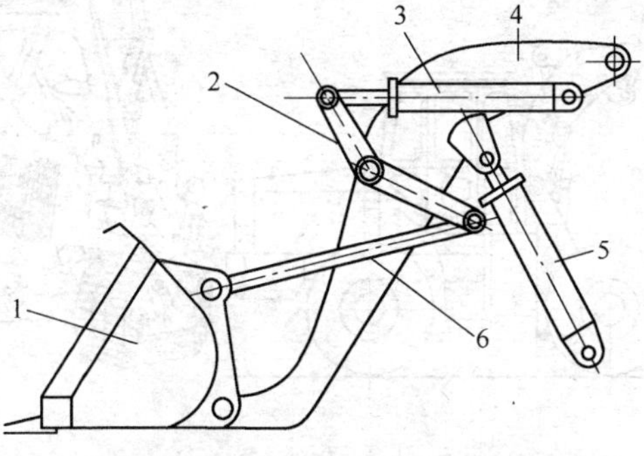

图2-15 反转式连杆机构工作装置

1. 铲斗 2. 摇臂 3. 转斗油缸 4. 动臂 5. 动臂油缸 6. 连杆

转式连杆机构工作装置，由于结构简单，掘起力大、运输状态铲斗后倾角大、不易散落物料、铲斗能自动放平等优点，在装载机上得到广泛采用，我国 ZL 系列装载机的工作装置就是采用这种结构。铲斗由切削刃、斗底、侧臂及后斗臂组成，其易损件为斗齿、齿座和侧齿，常用的铲斗为直形带齿铲斗。

五、装载机的正确使用

1. 装载机的工作过程

前卸式装载机铲斗装满物料后，动力通过动臂与车架及动臂液压油缸铰接，使铲斗向前提升至卸料运输车车厢以上高度，然后再通过液压转斗油缸、摇臂和连杆的铰接，使铲斗翻转，斗内装满的物料随之翻转卸在运输车的车厢内。

2. 装载机的使用特点

(1)前卸式装载机的使用特点 前卸式装载机如图 2-16 所示，因其结构简单、工作安全可靠、视野好，故被广泛应用。

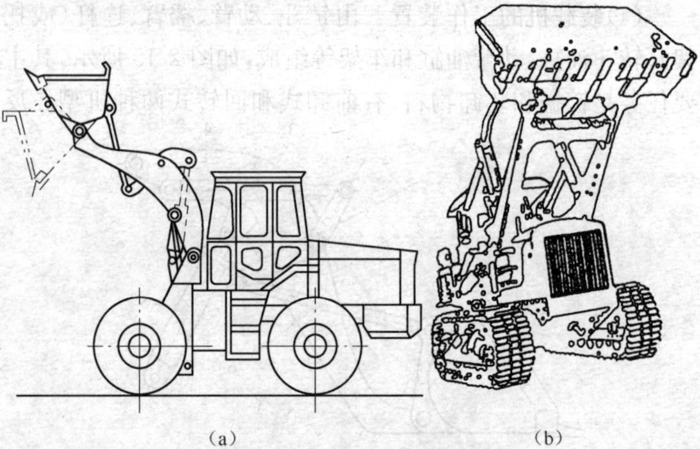

(a)　　　　　　(b)

图 2-16　前卸式装载机

(a)轮式装载机　(b)国产 Z120 型履带式装载机

我国铰接车架轮式装载机的生产已形成了系列，定型的斗容量有 0.5～5 米^3。

(2)回转式装载机的使用特点　回转式装载机的工作装置可以相对车架转动一定角度，使得装载机在工作时可以与装卸运输车成任意角度，装载机可原地不动依靠回转装置卸料。回转式装载机如图 2-17 所示，可在狭窄的场地作业，但其结构复杂，侧向稳定性不好。

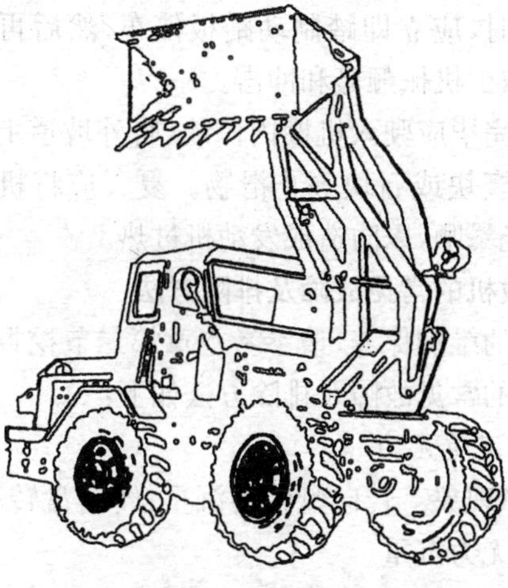

图 2-17　回转式装载机

3. 装载机的安全操作规程

①装载机的操作者应经过岗位培训，熟练地掌握装载机的构造、技术性能、操作方法及维护、保养的要领，取得资格证才能上机操作。

②作业前要对机械各部分进行全面认真检查，并进行空载试运转，确认无故障后才投入正常作业。

③不准超载作业，在作业中严禁人员在铲斗、动臂下方

通过或停留，除驾驶室内机上任何部位不得有人乘坐。

④作业中不准高速行驶和急转弯，下长坡时，严禁发动机熄火滑行。

⑤作业场地狭小或有障碍物时，应先清除、平整，再进行铲、装作业。当铲、装阻力较大，出现机械打滑时应立即停止铲装，查找原因，切不可强行操作。

⑥铲斗满载通过大坡时，应低速缓行，到达坡顶，机械重心开始转移时，应立即踏制动踏板停车，然后再慢慢松开制动踏板，以减少机械颠簸和冲击。

⑦作业完毕应驶入机棚内停放，野外坡道上停车应在轮胎外侧垫上楔块或石块等止滑物。夏天应将机车停在阴凉处，防止日光暴晒，以防造成发动机过热。

六、装载机的常见故障及排除方法

装载机的维护保养，请参考本章第二节挖掘机的维护保养。装载机的常见故障及排除方法如下：

1. 转向沉重无力

(1)故障现象 转向盘转动沉重；转向盘转动灵活轻巧，而整机转向无力沉重。

(2)分析原因 油路堵塞；油缸内漏。

(3)排除方法

①油路因脏物堵塞，容易引起油压升高、操纵沉重，出现这种故障应进行油路疏通。

②油缸内漏会引起转向无力，出现这种故障应先将整机停放在平整地面上，检查更换内漏油管，再用仪表检测油路压力。检测先导压力时，拆下测压口螺塞（螺纹为M14×1.5)，接上接头，用量程为10兆帕的压力表，检测先导系统的压力。正常压力为发动机在怠速节气(油)门下，其压力不低

于 2.2 兆帕；发动机在高速节气(油)门下，其压力不高于 5 兆帕。检测转向压力时，测压口螺塞(螺纹为 M14×1.5)接上接头，用量程为 25 兆帕的压力表，检测转向系统压力。测量压力时，必须将装载机转向到最大转角，处于机械限位状态，并保证转向盘处于转向状态，发动机在高速节气(油)门下，其压力应达到 15 兆帕。

如果以上两种压力，经检测均不符合规定值，则需要调整。调先导压力的地方是双联泵后部的溢流阀，松开溢流阀锁紧螺母，用专用工具调节调整螺套，顺时针旋转时，压力变大；逆时针旋转时，压力变小。调转向压力的地方在流量放大阀的端部，将流量放大阀盖拧下，调节调压螺杆，往里调压力变大，往外调压力变小，直至调到规定压力值为止，故障即可排除。

2. 行走受阻不畅

(1)故障现象　柴油发动机工作正常，装载机却不能行走；装载机只能前进不能后退；装载机不能前进及后退；装载机驱动无力，时走、时停。

(2)分析原因　装载机不能行走的原因是变速器内缺油或变速泵损坏；只能前进不能后退的原因是倒挡漏油或前进挡有卡死现象；不能前进及后退的原因是变速器内缺油、进油管内堵塞和变矩器有零件损坏；时走、时停的原因是变速器油量不足、胶管老化、滤清器滤芯堵塞等。

(3)排除方法

①柴油机工作正常，装载机却不能行走。首先检查变速器的油量限位阀和变速压力表，如发现缺少变速油，应添加新油，但不宜多加，一般加至限位阀可流出油为止，否则会引

起变速器发热。检查工作装置能否起落，装载机有无转向，如工作装置起落正常，整机也可转向，而装载机无法行走，则可肯定是因变速泵损坏引起，必须修复或换新件。若工作装置不能动作，整机也无法转向，装载机不能行走，则多是变矩器的钢板联接螺栓被剪断或弹性板破裂而造成的，必须更换或修复损坏件。

②装载机只能前进不能后退。首先检查变速压力表所指示的压力是否正常，如果挂倒挡时压力降低，就证明倒挡部分漏油太多，造成倒挡不能行走。必须更换倒挡活塞环，并检查摩擦片磨损情况，将磨损严重的摩擦片换掉，同时，将倒挡间隙调至规定值。如果倒挡不降压，就证明前进挡有卡死的现象，使倒挡摩擦片打滑，而造成倒挡不能行走。此时必须检查Ⅰ挡内齿圈上面的隔离环是否断裂，因为断片能将Ⅰ挡摩擦片卡死，使倒挡摩擦片打滑而不起作用，造成只能前进不能后退。若是如此，可将隔离环取出，更换新件即可排除故障。

③装载机不能前进及后退。检查变速压力正常，动臂、转斗和转向都正常，但装载机仍不能前进及后退。机修人员排除此故障时，应先检查变速器内是否缺油和进油管路是否堵塞，然后检查变速器油底壳和变矩器滤油器，如发现有金属碎块等异物，可肯定变速器内的超越离合器有零件损坏，应检修。如发现变速器油底壳和变矩器滤油器内有铝屑，则可肯定变矩器有零件损坏，必须拆卸检查修理或更换损坏的零件。排除上述故障后，若机器仍不能行走，则可能是中间轴上的齿轮脱落，导致动力无法输出，必须检查装复脱落的齿轮，故障即可排除。

④装载机驱动无力时走、时停。检查变速器旁边的油量

限位阀，如发现缺油应添加新油。如油量正常，则应检查变速压力表。若压力表指针摆动剧烈，表明供油不足，还可依次检查进油管路是否堵塞、胶管内层是否老化而起泡、变矩器滤油器是否堵塞、滤油器的滤芯是否清洁。如是上述原因造成，应清洗并用压缩空气冲洗堵塞的油管和滤芯，对内层起泡的胶管则要更换。

3. 驱动桥有异响、发热及漏油

(1)故障现象　驱动桥内齿轮“咯噔”声，用手摸驱动桥壳感觉烫手，作业停止时壳内漏油。

(2)分析原因　驱动桥有异响是主、被动传动齿轮啮合间隙不当，或行星齿轮啮合不良及轴承间隙不当；驱动桥发热是轴承间隙过紧，主、被动传动齿轮缺少润滑油，或间隙过小。

(3)排除方法

①驱动桥有异响。若主、被动传动齿轮间隙过大，会引起齿轮间相互撞击，发出有节奏的“咯噔、咯噔”声；若间隙过小，使齿轮之间相互挤压，发出“嗷、嗷”声；若齿轮啮合间隙不均，发出有节奏的“哽、哽”声，严重时驱动桥会产生摆动。出现这种故障应重新调整主、被传动齿轮的啮合间隙。

②驱动桥过热。若缺少润滑油造成，应添注润滑油；若轴承间隙过紧或主、被动传动齿轮间隙过小，应检查调整轴承间隙或主、被动传动齿轮的啮合间隙。

③驱动桥漏油。若主传动轴与桥壳的接合处漏油，主要是由于螺栓松动或石棉纸垫片破损造成，应拧紧螺栓或更换破损的石棉纸垫片；若轮边减速器内侧漏油，主要是由于双唇骨架油封或O形密封圈破损造成，应更换双唇骨架油封或O形密封圈。

使用中如果发现驱动桥有异响、发热及漏油，都应及时停机，查明原因并进行故障排除，否则将会造成驱动桥，或轮边减速器内部零件严重损坏，而一旦齿轮油泄漏到制动器，会出现制动失灵而造成事故。

第四节 铲 运 机

一、铲运机的用途和分类

(1)用途 铲运机是利用铲斗铲削土壤，并将碎土装入铲斗进行运送、卸土和填筑的土方施工机械。与挖掘机和装载机配合自卸载重汽车施工相比，具有较高的生产率和经济性。主要用于大土方量的填挖和运输作业，广泛用于公路、铁路、农田水利、港口建筑和矿山等工程中。

(2)分类

①按斗容量大小可分为 3 米^3 以下小容量、4～14 米^3 中等容量、15 米^3 以上大容量 3 种。

②按卸土方法可分为强制式、半强制式和自由卸土式 3 种。在卸土方向上又有前卸式和后卸式两种。

③按操纵系统可分为依靠钢索提拉工作设备的钢索滑轮操纵机构和用液压操纵，且能使刀片强制切土的液压操纵系统两种，后者得到广泛的使用。

④按行走机构可分为拖式、半拖式和自行式 3 种。拖式(又称为悬挂式)铲运机，通常与拖拉机配套使用，结构简单、质量轻、机动灵活、铲运机自重和斗中土的质量全部通过铲运机车轮传到地面。半拖式(又称为牵引式)铲运机，一般与履带式拖拉机配套使用，其自重和斗中土的质量不受拖拉机悬挂装置限制，且其一部分质量通过牵引装置传至牵引车，

增加了牵引车驱动轮的附着力，提高了机组的牵引性能。自行式铲运机，由牵引车和铲斗车两部分合成整体，中间用铰销联接，牵引车和铲斗车均为单轴，具有结构紧凑、机动性大、行驶速度快、经济运距远等优点，得到广泛应用。

二、铲运机型号的编制方法

铲运机的型号编制方法见表 2-9。

表 2-9　铲运机的型号编制方法

类	组	型	特性	代号和含义	主参数	
					名称	单位
铲土运输机械	铲运机(C)	自行履带式 自行轮胎式(L) 拖式(T)	Y Y	机械式铲运机(C) 液压式铲运机(CY) 液压自行轮胎式铲运机(CL) 机械拖式铲运机(CT) 液压拖式铲运机(CTY)	铲斗几何容量	米^3(m^3)

铲运机的型号示例：

CL-7——铲斗容量为 7～9 米^3、液压自行轮胎式铲运机。

C4-3A——铲斗容量为 4～6 米^3、第 3 次改进产品机械拖式铲运机。

三、铲运机的结构特点

(1)拖式铲运机　C4-3A 型铲运机如图 2-18 所示，它主要由牵引架、铲斗、辕架、机架、操纵机构和行走机构等组成。牵引架一端连接铲运斗，另一端与履带式拖拉机连接。行走装置由两根半轴上的后轮和一根前轴上的前轮组成，车轮为充气橡胶轮胎。钢丝绳操纵机构由提升钢丝绳、卸土钢丝绳、拖拉机后部的绞盘、斗门钢丝绳和机架上的蜗形器等组成。在作业中操纵系统可分别控制铲土斗的升降，斗门的开启、关闭，强制式卸土板的前移。卸土板的复位是靠蜗形器的回位弹簧张力，拉动蜗形卷筒钢丝绳来完成的。铲土斗由铲土斗体和前斗门等组成，是铲运机的主体结构，在铲土斗体的前面除了有可以启闭的前斗门外，还安装有切土的刀片，刀片中间稍突出，以减少铲土作业中的阻力，在斗体的后部装有尾架和蜗形器，斗体内部后臂设有强制卸土的卸土板。

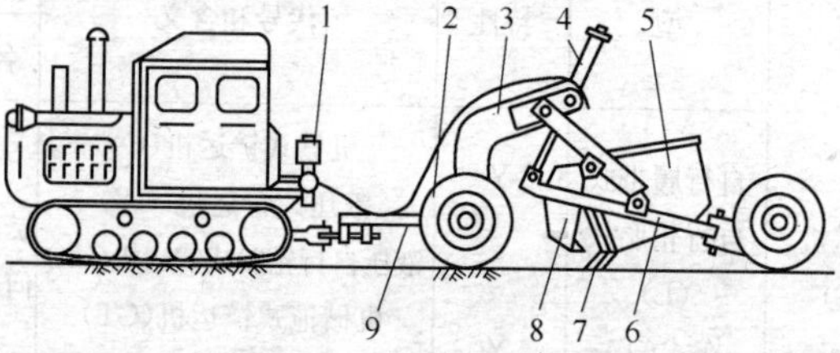

图 2-18　C4-3A 型铲运机

1. 液压操纵装置　2. 车轮　3. 辕架　4. 油缸　5. 铲斗　6. 机架　7. 铲刀　8. 前斗门　9. 牵引架

(2)自行式铲运机　CL-7 型自行式铲运机如图 2-19 所示，它由单轴牵引车和铲土斗两部分组成。牵引车为铲运机

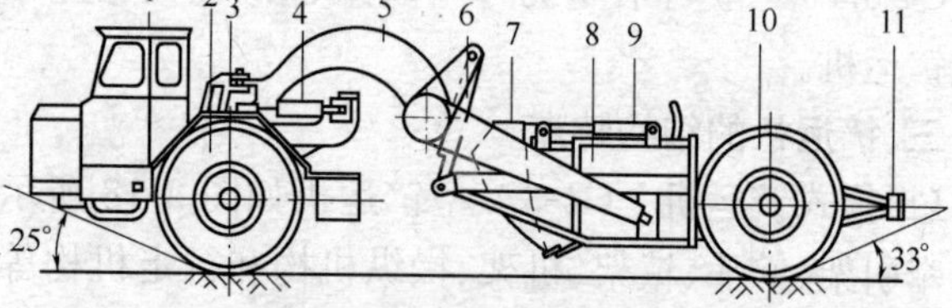

图 2-19　CL-7 型自行式铲运机

1. 驾驶室　2. 前轮　3. 中央枢架　4. 转向液压缸　5. 辕架　6. 铲斗液压缸　7. 斗门　8. 铲斗　9. 斗门液压缸　10. 后轮　11. 尾架

的动力头，由发动机、传动系统、转向系统、车架等组成。铲土斗是铲运机的作业装置，其结构与拖式铲运机的铲土斗类似。自动式铲运机为液压操纵，即铲斗升降、斗门启闭、卸土板前后移动均由各自的液压油缸控制，液压缸的压力油由发动机驱动的液压泵供给，CL-7 型自行式铲运机工作装置液压系统如图 2-20 所示，铲土斗的尾端装有顶推板，借助顶推板增加牵引力，适应铲土作业的需要，提高作业效率。

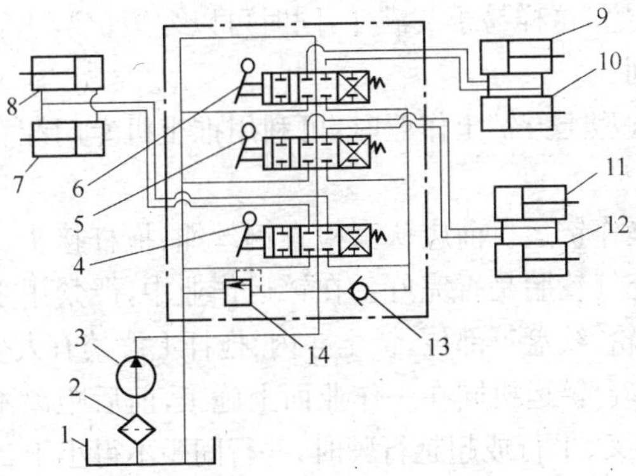

图 2-20　CL-7 型自行式铲运机工作装置液压系统

1. 油箱　2. 滤油器　3. 液压泵　4. 铲斗液压油缸操纵阀　5. 斗门液压油缸操纵阀　6. 卸土板液压油缸操纵阀　7、8. 铲土斗液压缸　9、10. 卸土板液压缸　11、12. 斗门液压缸　13. 单向阀　14. 溢流阀

四、铲运机的正确使用

铲运机的作业过程包括铲土、重车运土、卸土、空车返回 4 个过程。随土壤类别不同、铲土和填土厚度不同，在各个工作过程中需要不同的牵引力和不同的行驶速度。一般铲土时用一、二挡速度；运土时用三、四挡速度；卸土时用二挡速度；空车返回时用五挡速度。其工作过程是铲斗液压缸活塞伸出时为铲运机铲土，斗门液压缸活塞杆外伸时为斗门关

闭、铲运机运土，卸土液压缸活塞杆外伸为卸土板前移、铲运机卸土，卸完土后即空车返回。铲运机的安全操作规程如下：

①铲运较硬土壤（Ⅲ级以上）时，应先用推土机疏松，每次铲土深度为200～400毫米，在铲装前应清除树根、杂草、石块等。

②确定合理的作业路线，应尽量采取下坡铲土，坡度以7°～8°为宜，这样易于装满斗，同时可以缩短铲装土和卸土的运行时间。

③大型土方铲土作业时，可利用推土机专门配合铲运机顶推助产。

④操作铲运机前应认真检查钢丝绳、拖杆接头、斗门、卸土板和充气轮胎是否完好。在铲运作业中，严禁用手触摸钢丝绳、滑轮、绞盘等部位，铲土斗内、拖杆上严禁有人坐立。

⑤多台铲运机同在一作业面上施工，前后距离不得小于10米，交叉、平行或超越行驶时，并行间距不得小于2米。

⑥禁止铲运机在陡坡上转弯、倒车或停车，在斜坡上横向卸土时严禁倒退，下坡时若车速较快、制动有困难或有倾倒危险时，除使用制动器外，还可将铲土斗下放轻触地面进行辅助制动，在坡边缘卸土，距离边坡应不小于1米，斗底提升高度不得超过200毫米，以防整机倾翻。

⑦必须有人进入铲土斗体保养或检修时，要先插好安全销，以免卸土板复位伤人。

⑧铲运机通过桥梁、水坝或排水沟时，要先查看承载能力，避免发生事故，工作结束，不准将铲运机停放在斜坡上。

五、铲运机的维护保养

①作业前，检查拖拉机与铲运机和铲运机工作装置的各

部连接情况，如有松脱应紧固。检查拖拉机使用的燃油、水、润滑油的状况，不足应添足。检查拖拉机和铲运机轮胎气压，不足应按规定值充足。

②作业中，若出现铲斗的升降、斗门的开启和关闭失灵，蜗形卷筒钢丝绳有裂迹的拖式铲运机、自行式铲运机液压油缸工作不良等故障，均应停机检修，绝不能让机器带“病”作业，以免影响作业效率或出现意外事故。

③作业后，按机器使用说明书规定，认真做好每班保养和一、二、三级保养。机器长期不用，应对机器全面保养一次后，停放在室内干燥处保存。

第五节　压　路　机

一、压路机的用途和分类

(1)用途　压路机是用来对道路基础、路面、堤坝、建筑物基础、机场跑道等进行压实，以提高土石方基础的强度，降低透水性，保持基础稳定，提高承载能力的土方机械。

(2)分类

①按压实原理可分为静力式和振动式。静力式(包括静光轮压路机和轮胎式压路机)是靠碾压轮自重及机上附加质量所产生的静压力使土壤、碎石压实。振动式压路机是靠振动机构所产生的高频振动和激振力的共同作用嵌紧压实，其能耗低、压实效果好，是一种高效压路机。

②按结构质量可分为轻型、小型、中型、重型和超重型压路机，详见表 2-10。

③按行走方式可分为拖式和自行式。拖式压路机一般由

表 2-10 压路机按结构质量的分类

类别	结构质量/吨	单位线压力/(牛/厘米)	动力装置功率/千瓦	适用的作业项目
轻型	0.5～2	80～200	11 以下	路肩、人行道、路面修补
小型	3～5	200～400	15～18	园林路、人行道、体育场
中型	6～9	400～600	20～30	碎石路面、沥青路面
重型	10～14	600～800	30～44	路基、路面
超重型	15～20	800～1200	44 以上	路基

履带式拖拉机牵引，具有结构质量大、爬坡能力强、生产效率高的特点，适合于大、中型土石方填筑的压实作业。自行式压路机的结构质量轻、机动灵活，但通过性能较差，主要用于道路压实作业。自行式压路机按其动力传递方式，又可分为机械传动式、机械液力传动式和全液力传动式压路机。

④按压轮的数量可分为单轮压路机、双轮压路机和三轮压路机等。

二、压路机型号的编制方法

压路机的型号编制方法见表 2-11。

压路机的型号示例：

YZJ10B——结构质量 10 吨铰接式振动压路机。

YZ9——结构质量 9 吨自行式振动压路机。

三、压路机的结构特点

压路机的结构主要由发动机、传动系统、转向及制动系统、碾压轮、附属装置等部分组成。

1. 静力式压路机

(1)静力式压路机的结构　如图 2-21 所示，它主要由传动、转向、制动系统、发动机、碾压轮、驾驶室等组成。发动机

表 2-11 压路机的型号编制方法

类别	组别	型式	特性	代号	含义	主参数 名称	主参数 单位
压实机械	光轮压路机 Y(压)	拖式		Y	拖式压路机(简称平碾)	加载后质量	吨
		两轮自行式(2)		2Y	两轮压路机(简称压路机)	结构质量/加载后质量	吨
			Y(液)	2YY	液压(转向)压路机(简称压路机)	结构质量/加载后质量	吨
		三轮自行式(3)		3Y	三轮压路机(简称压路机)	结构质量/加载后质量	吨
			Y(液)	3YY	三轮液压(转向)压路机(简称压路机)	结构质量/加载后质量	吨
	振动压路机 YZ(压、振)	拖式	Z(振)	YZZ	拖式振动羊足压路机(简称振动羊脚碾)	加载总质量	吨
		拖式	T(拖)	YZT	拖式振动压路机(简称振动碾)	结构质量	吨
		自行式		YZ	自行式振动压路机	结构质量	吨
			B(摆)	YZB	摆振压路机	结构质量	吨
			J(铰)	YZJ	铰接式振动压路机	结构质量	吨
			S(手)	YZS	手扶式振动压路机	结构质量	千克

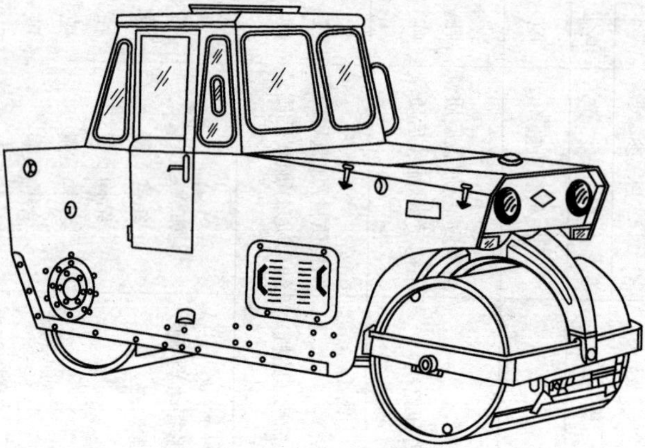

图 2-21　静力光面压路机

一般匹配 135 系列柴油机。两轮压路机传动系统如图 2-22 所示，动力经主离合器传给变速齿轮、使压路机有 3 挡运行速度。在主传动轴末端固定小圆锥齿轮，小圆锥齿轮随轴一起

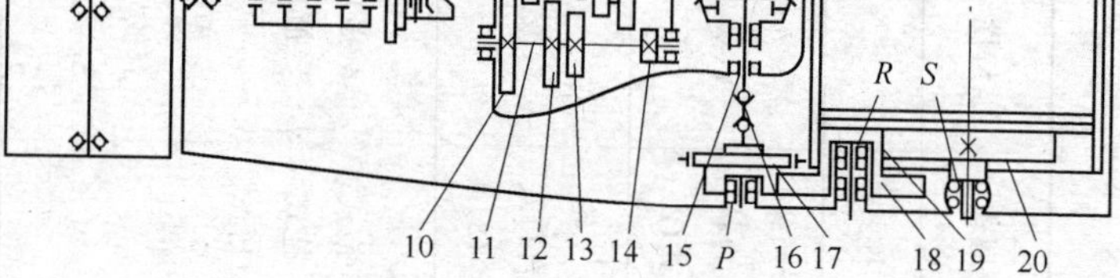

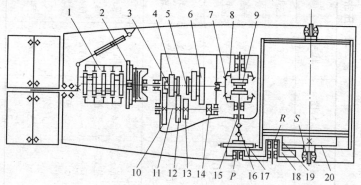

图 2-22　两轮压路机传动系统

1. 发动机　2. 主离合器　3、11. 齿轮轴　4、6. 滑动齿轮　5. 主传动轴　7. 小圆锥齿轮　8. 大圆锥齿轮　9. 倒顺车滑套　10. 齿轮　12、13、14. 变速齿轮　15. 换向轴　16. 万向节　17、18、19、20. 侧传动齿轮

旋转，同时带动左右两大圆锥齿轮做不同方向旋转。倒顺车滑套可左右滑动，与一侧大圆锥齿轮的内齿啮合，同时与另一侧大圆锥齿轮的内齿脱离接合，使压路机前进或后退。压路机的转向结构有框架式和无框架式两种。转向轮的摆动如图 2-23 所示。

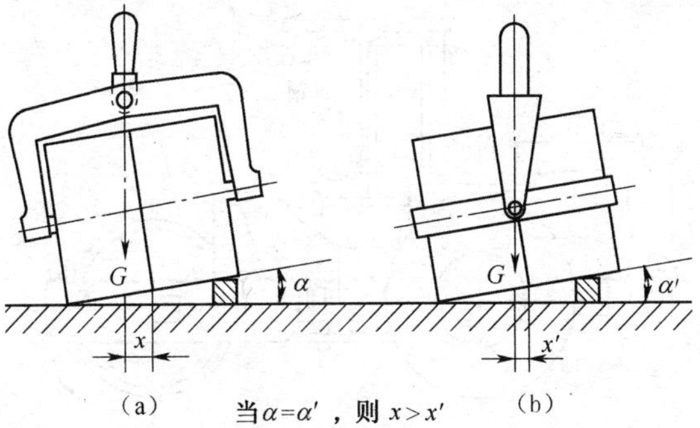

图 2-23　转向轮的摆动

(a)无框架式　(b)框架式

(2)**静力式压路机的工作装置**　是用钢板卷成或用钢铁铸成的圆柱形中空(内部可装压重材料)的两个滚轮组成。为防止转向时滑移，减少转向阻力，前轮分为左右两半，由两个尺寸相同的轮子组成，两个轮子有 1～3 毫米的间隙，由于两个转向轮在轮轴上的转动是相互独立的，当压路机转向时，或者当两个转向压轮受到不同的阻力时，两个转向压轮可以不同的转速，甚至以不同的转向旋转。由图 2-23 可知，当两种结构形式的转向压轮偏摆角相同时($\alpha=\alpha'$)，转向压轮的重心偏移量无框架式大于框架式($x>x'$)，即表明无框架式转向轮的压路机侧向稳定性较差，不便于操纵，但框架式转向压轮结构较复杂，铰接点多，在压路机起步换向时，易产生冲击。

2. 振动式压路机

(1)振动式压路机的结构　铰接式振动压路机如图 2-24 所示,由牵引车、铰接转向节、框架、振动碾轮等组成。牵引车内装有 6135K 柴油发动机,动力经分动箱、变速箱、传动轴、主传动、牙嵌式自锁差速器、行星齿轮轮边减速器驱动振动碾轮。

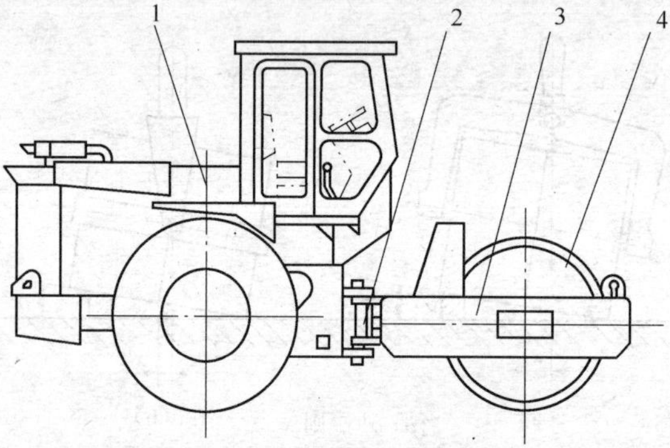

图 2-24　铰接式振动压路机

1. 单轴牵引车　2. 铰接转向节　3. 框架　4. 振动碾轮

(2)振动式压路机的工作装置　YZJ10B 型振动压路机振动轮如图 2-25 所示,由连接板、减振器、振动轴、钢轮等组成。钢轮是由耐磨性较好的钢板焊成,是振动碾轮的主体。钢轮两端的辐板上焊有轴承油浴室 A,在油浴室内装有润滑油,以润滑振动轴承。振动轴通过振动轴承安装在轴壳的内孔和轴承座上,中间轴通过花键与振动轴相连。振动轴上的两偏心块在静止时,应处于相同的相位。振动碾轮中的一根振动轴,用花键套与装在振动碾轮轴承法兰上的液压马达输出轴相连接。当液压马达旋转时,带动两个振动轴转动,使振动碾轮产生振动,振动频率为 25～35 赫(每分钟 1500～2100 次)。振动式压路机的优点是压实效果好、生产率高、

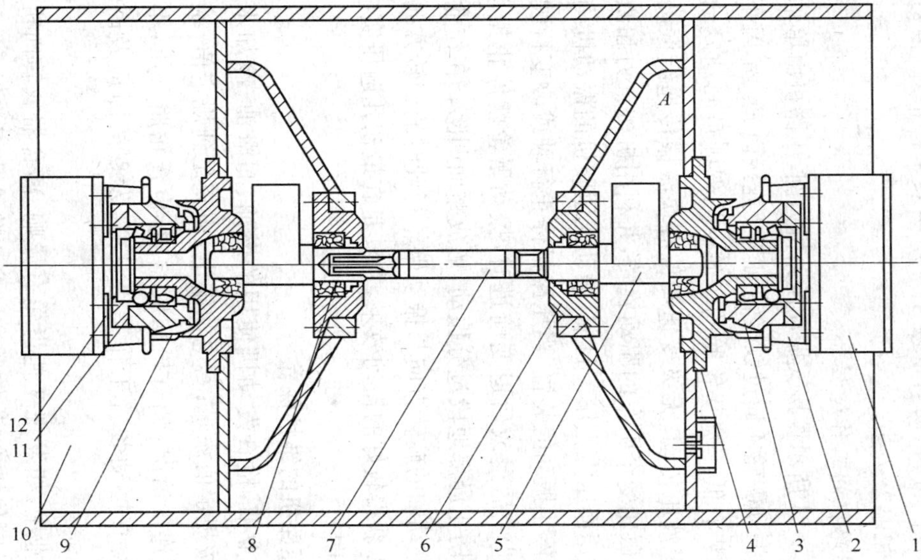

图 2-25 YZJ10B 型振动压路机振动轮

1. 连接板 2. 减振器 3. 法兰轴承座 4. 轴壳 5. 振动轴 6. 轴承座
7. 中间轴 8. 振动轴承 9. 行走轴承 10. 钢轮 11. 花键套 12. 轴承法兰

节约能源，如压实砂性土，一台自重2吨的振动式压路机，其压实效果与自重6吨的静力式压路机相当。振动式压路机对砂性土颗粒性材料、沥青混凝土等压实效果都很好，但对重黏性土效果略差一些。

3. 压路机的工作过程

以图2-24所示铰接式振动压路机为例，压路机由单轴牵引车1和振动碾轮4通过铰接转向节2连接而成。牵引车的左右两侧装有低压宽基轮胎的车轮。当驾驶员起动发动机后，动力经液压传动、无级变速和偏心块激振传递给振动碾轮。振动碾轮受牵引车的驱动旋转，并利用机械重力和激振力的双作用而压实土壤。目前，振动式压路机的振动机构还设有自动停止振动的装置，当压路机停止行驶或改变行驶方向，如前进变后退或后退变前进时，振动碾轮就停止振动。这样可以防止局部地段过分振动，形成路面凹陷。在作业过程中，当振动轴的旋转方向与振动碾轮行驶时的旋转方向一致时，可以获得较好的振动效果，尤其是在最初几遍压实中，效果更为明显。

四、压路机的维护保养

①作业前，检查发动机使用的燃油、润滑油、冷却水不足时，应按规定值添足；蓄电池缺电，应充足到规定值；检查机器各部连接情况，如有松动应紧固；检查轮胎气压，不足应补充；检查振动装置工作是否良好，发现故障应及时排除。

②作业中，如发现变速齿轮有异响、离合器或转向机件失灵，应及时停机检修；轮胎花纹磨平作业出现打滑，应立即更换；夜间作业照明灯不亮，应及时修复，以免发生意外。

③作业后，每天作业完毕应对机器进行清洗擦拭保养，

并按规定时间给机器各润滑点加注黄油；异常气候条件下作业后，机器停放地点应确保不受风沙、雨雪侵蚀；施工结束机器长期不用，应对机器按产品使用说明书规定进行全面保养，然后放置在通风干燥的库房内保存。

第六节　平　地　机

一、平地机的用途和分类

(1)用途　平地机是平整作业的土方施工机械。主要用于平整、疏松场地、起高填低、细平田地、改旱地为水浇地，以及养路、筑路等作业，是道路、机场、铁路等工程施工中的重要机械之一。

(2)分类

①按行走机构可分为拖式和自行式两种。农田基本建设多用拖式平地机，以拖拉机为配套动力，但因其机身沉重、操作费力、转向不灵活、平地质量不高，已渐趋淘汰。自行式平地机配有动力，机动灵活、操纵省力、平整精度高，广泛应用在道路工程路基路面的平整，尤其在高速公路修建中，自行式平地机是一种必需的土方施工机械。

②按刮刀和行走装置的操纵可分为机械式和液压式两种。自行式平地机多采用液压操纵。

③自行式平地机按轮轴可分为四轮双轴和六轮三轴两种，前者为轻型机；后者为大中型机；按车轮驱动可分为全轮驱动和后轮驱动；按车轮转向可分为全轮转向和前轮转向两种。

二、平地机型号的编制方法

平地机的型号编制方法见表2-12。

表 2-12　平地机的型号编制方法

类	组	型	特性	产品名称及代号	主参数	
					名称	单位
铲土运输机械	平地机(P)	自行式	Y(液)	机械式平地机(P) 液压式平地机(PY)	功率	马力
		拖式(T)	Y(液)	机械式平地机(PT) 液压式平地机(PTY)	功率	牵引马力

平地机的型号示例：

PY160——表示 160PS(118kW)自行式液压平地机。

三、平地机的结构特点

平地机由发动机、传动系统、作业操纵系统、刮刀、车架、松土器和驾驶室等组成。图 2-26 为 PY160 型自行式液压平地机。该机发动机布置在后部，工作装置(刮刀)居中间，操纵驾驶室位于工作装置与发动机之间，较长的轴距(6000 毫米)加上后桥的平衡悬挂式，使平地机有较高的平整精度。该机传动系统为液压机械式，发动机的动力经单级液力变矩器、单片干式离合器、传动轴传到机械换挡变速箱(6 个前进

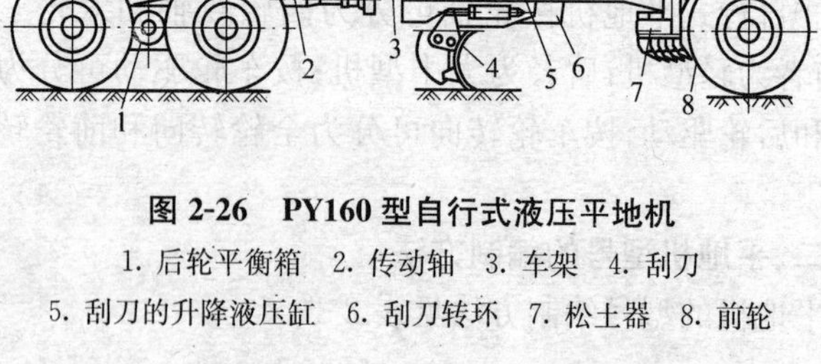

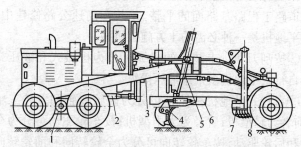

图 2-26　PY160 型自行式液压平地机

1. 后轮平衡箱　2. 传动轴　3. 车架　4. 刮刀
5. 刮刀的升降液压缸　6. 刮刀转环　7. 松土器　8. 前轮

挡、两个倒退挡),再通过传动轴分别驱动前、后桥。

1. 平地机的工作装置

PY160型自行式液压平地机的刮刀工作装置由牵引架、转环、刮刀等组成。刮刀是平地机主要工作部件,是一块在垂直方向上断面为弧形的钢板,刮刀尺寸(长×高)为3970毫米×635毫米,通过两个托架,装在转环下面,转环可以转动,以调节刮刀在水平面上的位置。转环的牵引架呈三角形,其前端铰装在机架的前部,后端两角分别用升降液压缸悬挂在机架中部,同时又与机架上所装倾斜液压缸相接,因而,可以使刮刀升降、倾斜或倾斜地伸出于平地机纵轴线一侧,用以修刮道路边坡。刮刀前面常装有可升降的松土器,用以耙松坚实的地面,以利于刮刀做平整工作。PY160型平地机的松土耙如图2-27所示,由耙架、耙齿、弯板、松土耙升降液压缸

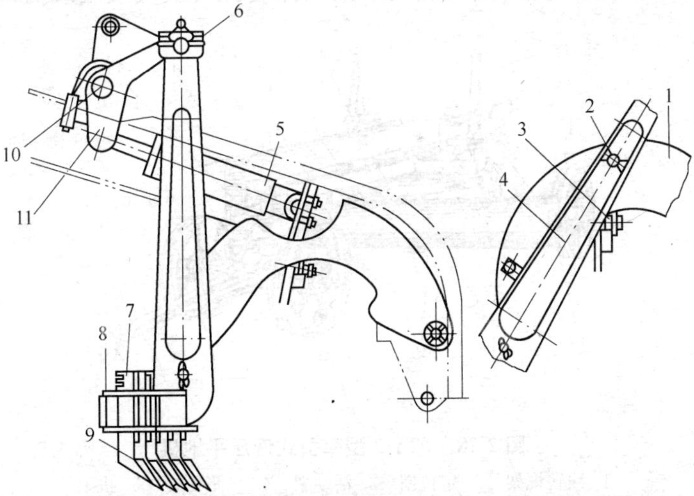

图2-27 PY160型平地机的松土耙

1. 弯板 2. 销轴 3. 托板 4. 臂板 5. 松土耙升降液压缸 6. 球铰座 7. 耙齿 8. 耙架 9. 齿套 10. 转轴 11. 曲拐

等组成。耙架上部通过曲拐与松土耙液压缸连接，下部通过弯板与主车架前端铰接。耙架上有与弯板连接的3个销孔，以调节耙齿的入土角度。耙松装置主要用来松土和清除杂物。

2. 平地机的工作过程

图2-28是PTY-3型牵引式液压平地机，与东方红牌履带式拖拉机配套使用。该机由机架、刮刀、操纵和牵引及行走机构等组成。机架由槽钢焊接而成，由前后轮轴支承，刮刀体通过活动架和两个升降液压缸与机架相连。刮刀工作部件由回转框架、活动架、刮刀体等组成。活动架用U形螺栓与机架前端联接，可绕前端点转动并与液压缸推杆相接来操纵刮刀升降。该机工作过程是作业时操纵液压分配器，升降左右液压升降刮刀和调节刮土深度。当土质较硬或需向

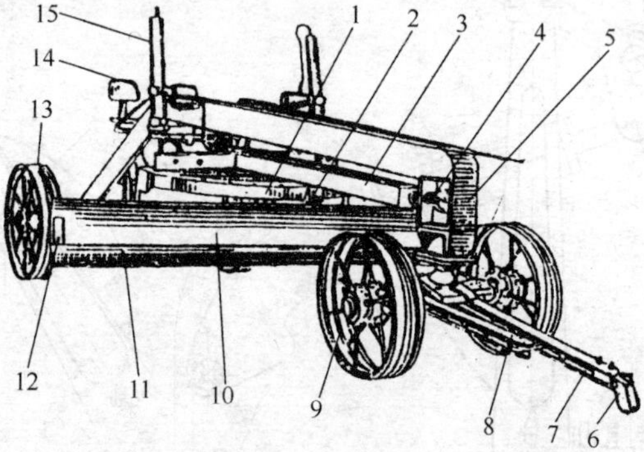

图2-28 PTY-3型牵引式液压平地机

1. 回转框架 2. 定位销 3. 活动架 4. U形螺栓 5. 机架 6. 牵引环 7. 主牵引杆 8. 侧牵引杆 9. 前轮 10. 刮刀体 11. 刀片 12. 侧刀片 13. 后轮 14. 坐椅 15. 液压缸

侧面卸土时，可转动回转框架，调节刮刀与纵轴线间之夹角并用定位块销锁定。对于不同坚实度和黏度的土壤可松开联接刮刀定位块的螺钉，前后调节定位块的位置，即可改变刮刀切土角的大小，以达到刮平的作业要求。平地机工作过程作业质量的高低，是衡量平地机操作者技术素质的重要标志。

四、平地机的维护保养

1. 平地机的安全操作规程

①平地机操作者应经过认真的岗位培训，熟练地掌握机械构造、工作原理和维护保养技术，并领取培训合格证书后，才能上机操作。

②平地机刮刀或耙齿都要在机器起步后逐步切入土中。在作业中，对刮刀升降的调整应缓慢进行，应避免每次扳动操纵杆时间过长，否则会导致作业面出现波浪形面而影响下一道工序的进行。

③刮土或耙松作业都必须低速行驶；移土或平整作业，可根据具体情况适当提高平地机的行驶速度。

④在弯道上作业时，平地机可进行全轮转向；高速行驶时，应避免后轮转向，以防发生事故。

⑤在坡道上横向施工作业时，前轮侧倾机构应向上坡方向倾斜，以减少侧滑并同时改善前轮轴的受力情况，也有利于平地机调头。

⑥转移工地或进、出场的平地机，行驶时刮刀和松土耙都必须升至最高位置，刮刀的铲土角度调至最小，不准将刀端侧伸到车轮以外。

⑦平地机的松土耙不准用来翻松碎石渣路面，也不准用平地机作为动力拖拉、牵引其他机械。

2. 平地机的维护保养

①作业前，检查发动机的燃油、润滑油、液压油、冷却水是否充足，不足应添加；检查刮刀、松土器工作装置是否松动，松动应紧固；检查前后轮胎气压是否充足，不足应补充。

②作业中，发动机工作无力、排气管冒黑烟；刮刀磨钝或缺损、耙齿损坏；轮胎被损漏气均应停机检修，机器不能带“病”作业。

③作业后，每班作业完毕，应清洗平地机刮刀、松土器和轮胎花纹中的黏土和缠草，并擦机器外表的尘土；定期向机器各润滑点加注黄油。机器长期不用，应对机器进行全面保养一次后，放置在通风干燥的库房内保存。

第七节 汽车起重机

一、汽车起重机的用途和分类

(1)用途　汽车起重机俗称汽车吊，是一种起重机械部分安装在汽车通用底盘上的工程机械。轮式载重汽车起重机机动性能好、转移方便、运行速度快，主要用于货物装卸、货物转移、设备安装及高空作业等方面，是施工中不可少的工程机械之一。

(2)分类

①按额定起重可分为额定起重量 15 吨以下的小吨位、16～25 吨的中吨位、26 吨以上的大吨位 3 种汽车起重机。

②按吊臂结构可分为定长臂、接长臂和伸缩臂 3 种汽车起重机。定长臂汽车起重机采用固定长度的桁架吊臂，多为小型机械传动起重机，采用汽车通用底盘，全部动力由汽车发动机供给。吊臂用角钢和钢板焊成，呈折臂形，以增大

起重机工作幅度。接长臂汽车起重机的吊臂也是桁架结构，由若干节臂组成，分基本臂、顶臂和插入臂，可以根据需要，在停机时改变吊臂长度，由于桁架臂受力好，迎风面积小、自重轻，是大吨位汽车起重机唯一的结构形式。伸缩臂液压汽车起重机，其结构特点是吊臂由多节箱形断面的臂互相套叠而成，利用装在臂内的液压缸可以同时或逐节伸出或缩回，全部缩回时臂最短，可以有最大起重量。全部伸出时臂最长，可以有最大起升高度或工作半径，目前已成为中小吨位汽车起重机的主要品种。

③按动力传动可分为机械传动、液压传动和电力传动 3 种。

二、汽车起重机型号的编制方法

汽车起重机的型号编制方法见表 2-13。

表 2-13 汽车起重机的型号编制方法

汽车起重机	传动形式	额定起重量
Q	Y 液压传动 D 电力传动 不标 机械传动	××(吨)

汽车起重机的型号示例：

QY8——全液压 8 吨汽车起重机。

三、汽车起重机的结构特点

图 2-29 为 QY8E 全液压汽车起重机，该机由底盘、转台、吊臂、驾驶室等组成。其底盘采用东风 EQ140 型载重汽车，转台可以 360°连续回转，装有滚球式回转支承，轴向柱塞马达驱动。转台在作业时必须先放好支腿，以增大机械的支承面积，保证稳定，避免轮胎和车架悬挂弹簧受载。支腿为箱式结构，液压操纵升降，并装有液压锁。吊臂用角钢和钢板焊成，它是汽车起重机的主要工作装置。

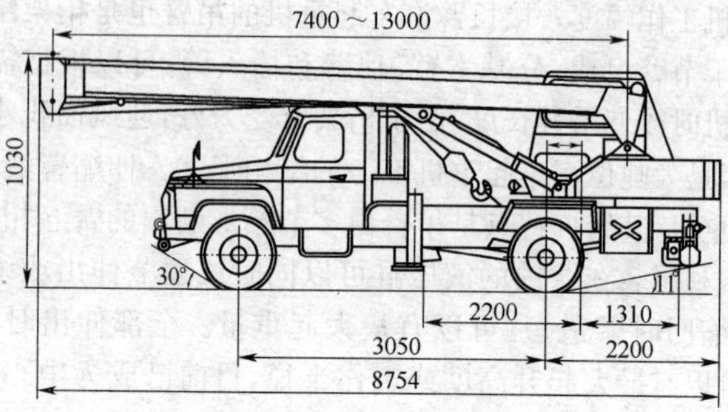

图 2-29 QY8E 全液压汽车起重机

1. 汽车起重机的工作装置

汽车起重机的工作装置包括吊臂、变幅机构、起升机构、伸缩机构。QY8E 全液压汽车起重机的工作幅度(吊臂工作半径)为 3000 毫米时,最大起重量为 8 吨。吊臂由两节箱形断面的臂组成,其最下一节为基本节,基本节下端铰装在转台上,由变幅液压缸改变其倾角。吊臂为两节伸缩式,在基本节内叠套有顶臂,利用装在臂内的伸缩液压缸使吊臂伸长,从而使起升高度或工作幅度发生变化(一些中吨位汽车起重机吊臂由 3 节或 4 节组成,大吨位汽车起重机吊臂多至 10 多节)。吊臂的伸缩由伸缩液压缸和顺序阀来控制。

多个液压缸伸缩机构如图 2-30 所示,吊臂内装有伸缩液压缸Ⅰ、Ⅱ和顺序阀,伸缩时,压力油经过顺序阀进入Ⅰ号缸使两节伸缩臂一起伸出,伸到最长位置以后,顺序阀接通Ⅱ号缸油路,使Ⅱ号缸推动一节臂(顶臂)继续伸出,吊臂缩回时顺序相反,这种伸缩机构,其操作简便,动作可靠。起升机构由低速大转矩轴向柱塞马达驱动,通过双速型直圆柱齿轮减速器、平行槽式卷筒带动钢丝绳及吊钩。吊钩是起重机的重要零件,吊钩分双钩、单钩和挂钩 3 种,如图 2-31 所示。重

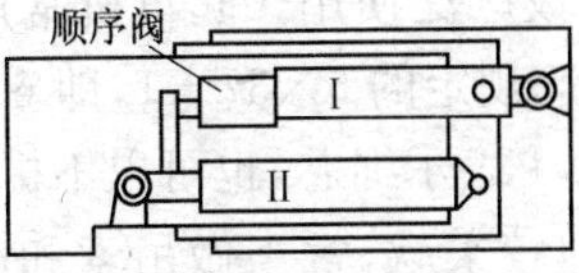

(a)

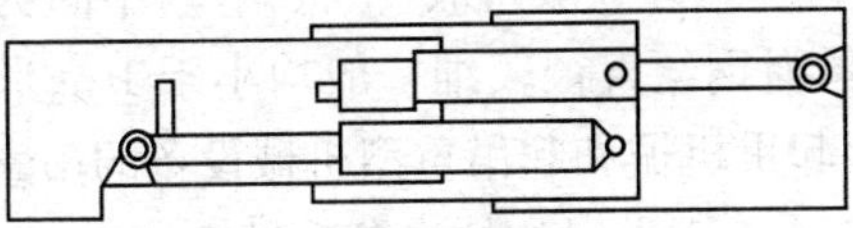

(b)

图 2-30　多个液压缸伸缩机构

(a)伸缩臂伸出前　(b)伸缩臂伸出后

Ⅰ、Ⅱ. 伸缩液压缸

型起重机一般配置双钩,单钩用于普通起重机或固定式起升设备,挂钩用于与钢丝绳插接成吊索。吊钩用整块钢材锻造而成,表面光滑,不得有裂纹和刻痕。吊钩上应有说明其起重能力和生产厂家标记,吊钩在安装后正式投入使用前应做静载荷和动载荷试验,并检查确认无变形、无裂纹后,方可使用。钢丝绳是起重机械作业的绳索,它具有强度高,韧性好、能弯曲、挠性好、能承受冲击载荷等特点,在起重机械和起重

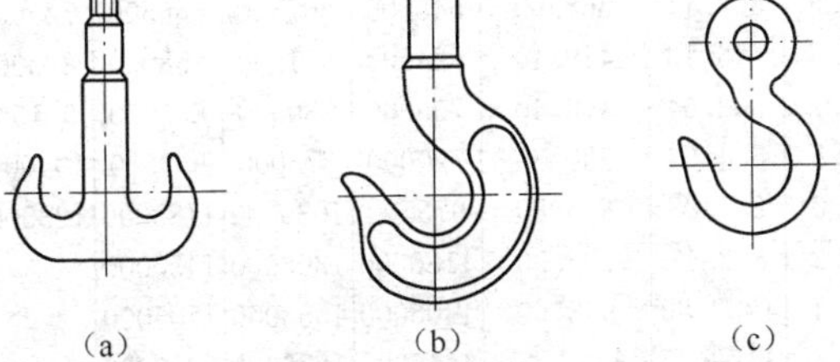

(a)　(b)　(c)

图 2-31　吊钩

(a)双钩　(b)单钩　(c)挂钩

安装作业中被广泛使用。起重机常用的钢丝绳是国家标准GB 1102—85 规定的 6×37+1,即 6 股每股 37 根钢丝,6 股尧一根绳芯,1 表示绳芯,也可以不标出。这种钢丝绳钢丝直径较细,质地较柔软,常当做吊索和起重绳用。另一种国家标准是 6×61+1,即 6 股每股 61 根钢丝,中间为油浸纤维绳芯,这种钢丝绳钢丝直径较细一般均小于 1 毫米,质地柔软,常用于重型起重机械和起吊重型机械设备的吊索。

①6×37+1 钢丝绳的技术参数见表 2-14。

表 2-14　6×37+1 钢丝绳的技术参数

直径/毫米		钢丝总断面面积/毫米²	参考质量/(千克/100米)	钢丝绳公称抗拉强度/兆帕				
钢丝绳	钢丝			1400	1550	1700	1850	2000
				钢丝破断拉力总和不小于/牛				
8.7	0.4	27.88	26.21	39000	43200	47300	51500	55700
11.0	0.5	43.57	40.96	60900	67500	74000	80600	87100
13.0	0.6	62.74	58.93	87800	97200	106500	116000	125000
15.0	0.7	85.39	80.27	119500	132000	145000	157500	170500
17.5	0.8	111.53	104.80	156000	172500	189500	206000	223000
19.5	0.9	141.15	132.10	197600	218500	239500	261000	282000
21.5	1.0	174.27	163.80	243500	270000	296000	322000	348500
24.0	1.1	210.87	198.20	295000	326500	358000	390000	421500
26.0	1.2	250.95	235.90	351000	388500	426500	464000	501500
28.0	1.3	294.52	276.80	412000	456500	500500	544500	589000
30.0	1.4	341.57	321.10	478000	529000	580500	631500	683000
32.5	1.5	392.11	368.60	548500	607500	666500	725000	784000
34.5	1.6	446.13	419.40	624500	691500	758000	825000	892000
36.5	1.7	503.64	473.40	705000	780500	856000	931500	1005000
39.0	1.8	564.63	530.80	790000	875000	959500	1040000	1125000
43.0	2.0	697.08	655.80	975500	1080000	1185000	1285000	1390000
47.5	2.2	843.47	792.90	1180000	1305000	1430000		1560000
52.0	2.4	1003.80	943.60	1405000	1555000	1705000		1855000
56.0	2.6	1178.07	1107.40	1645000	1825000	2000000		2176000
60.0	2.8	1366.28	1284.30	1910000	2115000	2320000		2525000
65.0	3.0	1568.43	1474.30	2195000	2430000	2665000		2900000

②6×61+1 钢丝绳的技术参数见表 2-15。

表 2-15　6×61+1 钢丝绳的技术参数

直径/毫米		钢丝总断面面积/毫米^2	参考质量/(千克/100 米)	钢丝绳公称抗拉强度/兆帕				
钢丝绳	钢丝			1400	1550	1700	1850	2000
				钢丝破断拉力总和不小于/牛				
11.0	0.4	45.97	43.21	64300	71200	78100	85000	91900
14.0	0.5	71.33	67.52	100500	111000	122000	132500	143500
16.5	0.6	103.43	97.22	144500	160000	175500	191000	206500
19.5	0.7	140.78	132.30	197000	218000	239000	260000	281500
22.0	0.8	183.88	172.80	257000	285000	312500	340000	367500
25.0	0.9	232.72	218.80	325500	360500	395500	430500	465000
27.5	1.0	287.31	270.10	402000	445000	488000	531500	574500
30.5	1.1	347.65	326.80	486500	538500	591000	643000	695000
33.0	1.2	413.73	388.90	579000	641000	703000	765000	827000
36.0	1.3	485.55	456.40	679500	752500	825000	898000	971000
38.5	1.4	563.13	529.30	788000	872500	957000	1040000	1125000
41.5	1.5	646.45	607.70	905000	1000000	1095000	1195000	1290000
44.0	1.6	735.51	691.40	1025000	1140000	1250000	1360000	1470000
47.0	1.7	830.33	780.50	1160000	1285000	1410000	1535000	1660000
50.0	1.8	930.88	875.00	1300000	1440000	1580000	1720000	1860000
55.5	2.0	1149.24	1080.30	1605000	1780000	1950000	2125000	2295000
61.0	2.2	1390.53	1307.10	1945000	2155000	2360000		2570000
66.5	2.4	1654.91	1555.60	2315000	2565000	2810000		3060000
72.0	2.6	1942.22	1825.70	2715000	3010000	3300000		3590000
77.5	2.8	2252.51	2117.40	3150000	3490000	3825000		4165000
83.0	3.0	2585.79	2430.60	3620000	4005000	4395000		4780000

注:摘自国家标准圆股钢丝绳 GB 1102—74

2. 汽车起重机的技术参数

QY-8 型汽车起重机的技术参数见表 2-16。操作人员在做起重作业方案设计时,可查此技术参数表,以确定起重机的具体作业参数。

表 2-16　QY-8 型汽车起重机的技术参数

基本臂长(6.95 米)			臂长(8.50 米)			臂长(10.15 米)			臂长(11.70 米)		
R/米	Q/吨	H/米	R/米	Q/吨	H/米	R/米	Q/吨	H/米	R/米	Q/吨	H/米
3.2	8.0	7.5	3.4	6.7	9.2	4.2	4.2	10.6	4.9	3.2	12.0
3.7	5.4	7.1	4.0	4.5	8.8	5.0	3.1	10.1	5.8	2.4	11.4
4.3	4.0	6.5	4.7	3.4	8.3	5.7	2.5	9.6	6.7	1.9	10.8
4.9	3.2	5.7	5.4	2.7	7.6	6.6	1.9	8.8	7.7	1.4	9.9
5.5	2.6	4.6	6.2	2.2	6.8	7.5	1.5	7.7	8.8	1.0	8.6
			6.9	1.8	5.6	8.4	1.2	6.3	9.7	0.9	7.0
			7.5	1.5	4.2	9.0	1.0	4.8	10.5	0.8	5.2

注:起重量,通常以 Q 表示,单位为吨;工作回转半径,通常以 R 表示,单位为米;吊钩升起高度,通常以 H 表示,单位为米。

四、汽车起重机的正确使用

①汽车起重机作业场地必须坚实平整、作业时要全部伸出支腿,支腿板下要加垫块,如加枕木、钢板等,保证前后轴轮胎离地。通过调整支腿,将汽车起重机回转平面处于水平状态,倾斜度在无载荷时不大于 1/1000。

②严禁汽车起重机吊重行驶。在未支腿前,起重臂不得回转。在作业中发现汽车起重机倾斜,支腿变形等不正常现象时,应立即放下重物,空载调整正常后才能继续作业。

③操作人员必须熟悉安全操作规程、各种指挥信号和机械技术参数,严禁超载作业。

④汽车起重机起重臂范围内应无障碍物,起重臂最大仰角不得超过使用说明书规定角度,无资料可查时,仰角最大不得超过 78°。在起吊重物时,必须注意起重臂与被吊重物之间的间隙,以防被吊物发生摆动或在起升过程中与起重臂相撞。

⑤起重作业时,严禁起重臂下站人。禁止斜拉重物,禁止起吊埋在地下或冻住的重物。起升、变幅、回转应平稳,严

禁操作过猛而造成冲击和过载。

⑥重物停在空中时，操作者不允许离开操作室，若需暂时离开，必须将重物放下。

⑦在起重作业时，应注意风力的影响，若风力超过 6 级，汽车起重机应停止作业。

⑧严禁起重机在架空输电线下作业，若在架空输电线下通过，或沿一侧行驶或作业时，起重臂最高点应与架空输电线保持一定的安全距离。起重臂、钢丝绳或起重物与高、低压输电线路的垂直、水平安全距离均不得小于安全距离，汽车起重机起重臂距输电线路的安全距离见表 2-17。

表 2-17　汽车起重机起重臂距输电线路的安全距离

输电线路电压/千伏	垂直安全距离/米	水平安全距离/米
1	1.5	1.5
1～20	1.5	2.0
35～110	2.5	4.0
154	2.5	5.0
220	2.5	6.0

五、汽车起重机的维护保养

①汽车起重机在作业前，应放置在坚固、平坦的地面上，支腿支承点平稳牢固，起重臂附近无障碍物，否则，应另选作业放置点。

②作业中，钢丝绳出现断股，或吊钩出现纹裂，或吊臂出现伸缩失灵、吊钩出现不能升降等故障现象，都应及时检修好方可继续作业。

③作业后，定期检查变幅油缸、伸缩油缸的液压油和回转减速器，回转支承轴承的润滑油的使用情况，若油不足规定值应添注，并应擦拭机器外部的尘土。

④铸钢滑轮轮槽工作面壁厚的磨损量超过其壁厚的10%，应进行焊补修复，若滑轮有贯穿性裂纹，或其绳槽径向磨损量超过钢丝绳直径的1/3，应更换。当滑轮轴轴颈磨损超过原轴颈的2%时，应更换滑轮轴或予以修复，当滚动轴承径向间隙超过0.2毫米时，应予更换。

⑤新吊钩在使用前，应进行超载25%的强度试验，吊重10分钟后，不得有残余变形。吊钩使用时间过长有裂纹应更换新件，禁止对裂纹吊钩进行焊补后继续使用，以防发生安全事故。吊钩在使用中遇雨水淋湿，可用油布擦拭，以防生锈。

⑥使用钢丝绳夹头时，一定要把U形环螺栓拧紧，直到钢丝绳直径被压扁1/3左右为止。钢丝绳夹头的正确使用如图2-32所示。在工作中要经常检查夹头螺纹部分有无损坏。夹头暂时不用，可在螺纹处稍涂防锈油，并放在干燥的地方，以防生锈。

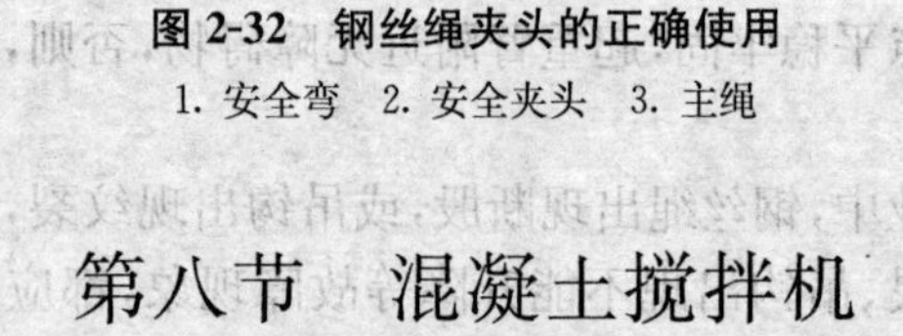

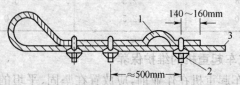

图2-32　钢丝绳夹头的正确使用

1. 安全弯　2. 安全夹头　3. 主绳

第八节　混凝土搅拌机

一、混凝土搅拌机的用途和分类

(1)用途　混凝土搅拌机是将一定配合比的水泥、砂、卵石和水拌和成匀质的混凝土的机械。它是城乡建筑施工现场、混凝土构件厂和商品混凝土搅拌站生产混凝土的重要机械设备之一。

(2)分类

①按其搅拌原理可分为自落式和强制式。

②按搅拌筒外形可分为鼓形和锥形、槽形和盘形。其中槽形和盘形多为强制式搅拌机。

③按移动方式可分为固定式和移动式。

④按出料方式可分为倾翻式和反转出料式。倾翻式靠搅拌筒倾翻出料,反转出料式依靠搅拌筒反转出料。

二、混凝土搅拌机型号的编制方法

我国混凝土搅拌机的生产已基本定型,其产品型号编制由汉语拼音字母和阿拉伯数字两部分组成。J 表示搅拌机产品代号,其型号代号 G 表示搅拌筒为鼓形,Z 表示锥形反转出料,Q 表示强制式,F 表示锥形倾翻出料式,R 表示内燃机驱动。数字部分编制方法是数字除以 1000,表示额定出料容量,单位为米^3(m^3)。

混凝土搅拌机的型号示例:

JG250——出料容量为 0.25 米^3 的鼓形自落式混凝土搅拌机。

三、混凝土搅拌机的结构特点

1. 自落式搅拌机

图 2-33 为 JG250 型鼓形自落式搅拌机的结构,它由传动和操纵系统、进出料机构、搅拌机构、配水机构、机架和行走机构等组成。它的特点是结构简单、配套齐全、运行平稳、操作简便、适应拌料最大直径为 60 毫米。

JG250 型搅拌机的动力传动系统如图 2-34 所示。它由一台 7.5 千瓦交流电动机,通过 B 型 V 形(三角)胶带,传给

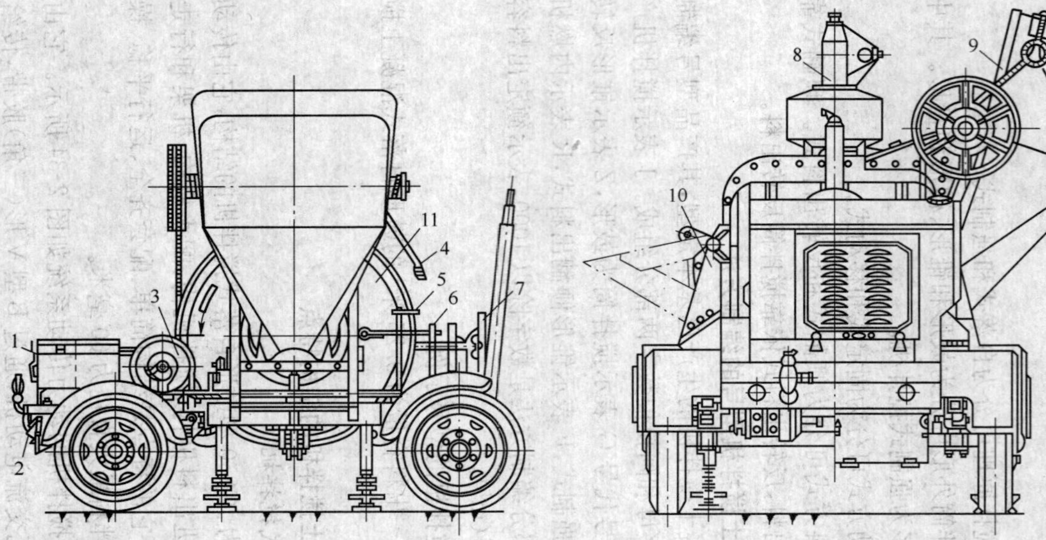

图 2-33　JG250 型鼓形自落式搅拌机的结构

1. 动力箱　2. 水泵　3. 进料斗提升离合器　4. 加水控制手柄　5. 进料斗提升手柄
6. 进料斗下降手柄　7. 出料手轮　8. 配水箱　9. 料斗　10. 出料槽　11. 搅拌鼓筒

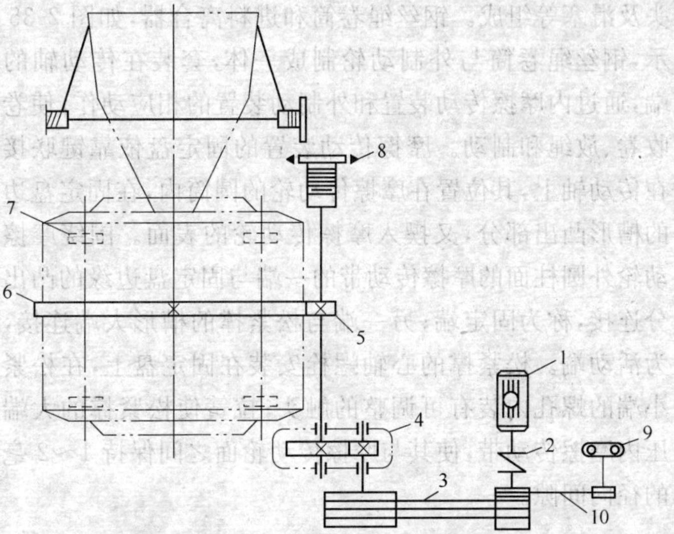

图 2-34　JG250 型搅拌机的动力传动系统

1. 电动机　2. 联轴节　3. V 带　4. 齿轮减速箱　5. 驱动小齿轮
6. 大齿圈　7. 托轮　8. 进料离合器　9. 水泵　10. 单根 V 带

一级圆柱齿轮减速箱，带动传动轴旋转，传动轴中部的驱动小齿轮与大齿轮啮合，使通过滚道支撑在机架上托轮的搅拌鼓筒，绕其中心轴线转动，称为主传动。另一传动路线是当扳动上料手柄后，进料离合器抱合，而带动卷筒旋转收卷钢丝绳，拉动天轴吊轮转动，在天轴两端固定安装着的小卷筒，也随天轴一起转动，并收卷料斗两侧的钢丝绳，使进料斗被提升至一定的高度后向鼓筒内注料。电动机还经过单根 A 型 V 带，直接带动一台小型单级单吸式离心水泵，将水泵入配水箱内。

进料离合器及制动器是搅拌机进料机构的关键部件，由钢丝绳卷筒、固定盘、内摩擦传动轮、松紧撑、摩擦传动带、触头及滑塞等组成。钢丝绳卷筒和进料离合器，如图 2-35 所示，钢丝绳卷筒与外制动轮制成一体，套装在传动轴的末端，通过内摩擦传动装置和外制动装置的相应动作，使卷筒收卷、放绳和制动。摩擦传动装置的固定盘依靠键联接装在传动轴上，其位置在摩擦传动轮的圆筒内，在固定盘边缘的槽形凸出部分，又楔入摩擦传动轮的表面。围绕摩擦传动轮外圆柱面的摩擦传动带的一端与固定盘边缘的凸出部分连接，称为固定端；另一端与松紧撑的槽形大端连接，称为活动端。松紧撑的心轴螺栓安装在固定盘上，在松紧撑小端的螺孔内装有可调整的触头；拉簧使松紧撑的大端推压内摩擦传动带，使其与摩擦传动轮面之间保持 1～2 毫米的径向间隙。

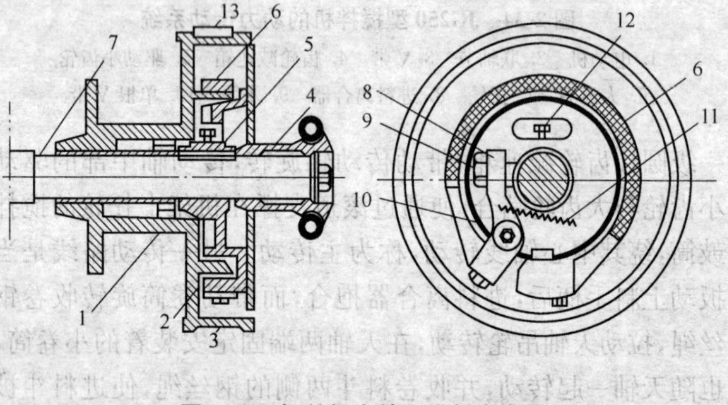

图 2-35　钢丝绳卷筒和进料离合器

1. 钢丝绳卷筒　2. 离合器摩擦传动轮面　3. 外制动轮面　4. 滑塞　5. 固定盘　6. 内摩擦传动带　7. 传动轴　8. 松紧撑　9. 调整螺栓　10. 心轴螺栓　11. 弹簧　12. 紧固螺钉　13. 外制动带

当滑塞前移时，其锥面与松紧撑触头径向压紧，从而使松紧撑将内摩擦传动带拉紧而紧抱摩擦传动轮。由于摩擦传动轮在卷筒端并与卷筒制成一体，在外制动带放松的同时，卷筒便随固定盘转动，收卷钢丝绳，使料斗上升。

外制动带的作用是当进料离合器分离时，制动带同时应抱合，以保证满载砂石、水泥的进料斗停止在上升的任意位置；当拉动料斗下降手柄时，制动开关松开，使钢丝绳卷筒处于自由状态，料斗靠自重下降，并驱使卷筒反向旋转，将钢丝绳放出去，绕在天轴上的吊轮内。

JG250 型搅拌机搅拌鼓筒的结构如图 2-36 所示。在鼓筒外圆柱面上装有大齿圈，在鼓筒两端有滚道，鼓筒工作时，绕水平中心轴在托轮上滚动。鼓筒两端分别开有进料口和卸料口。鼓筒内装有两组叶片，靠进料口的一组为螺旋状，靠卸料口的一组为斗状。物料进入旋转着的鼓筒后，被螺旋

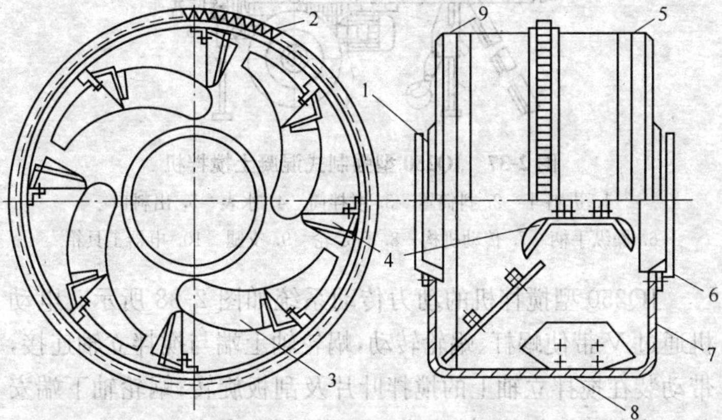

图 2-36　JG250 型搅拌机搅拌鼓筒的结构

1. 进料口　2. 大齿圈　3. 进料搅拌叶片　4. 斗状出料搅拌叶片
5. 滚道　6. 卸料口　7. 大墙板　8. 筒体　9. 滚道挡板

叶片带起，坠落在斗状叶片内，水泥、砂石和水经不断在鼓筒内提高、坠落而搅拌成匀质的混凝土。

2. 强制式搅拌机

JQ250 型强制式混凝土搅拌机如图 2-37 所示。它由传动、操纵和配水系统、进出料机构、搅拌机构及机架等组成。它的特点是结构紧凑、体积较小、工作中密封性好、拌和的混凝土均匀。适应拌料最大直径：碎石为 40 毫米、卵石为 60 毫米，是小型混凝土构件预制厂或建筑工地常用的一种机型。

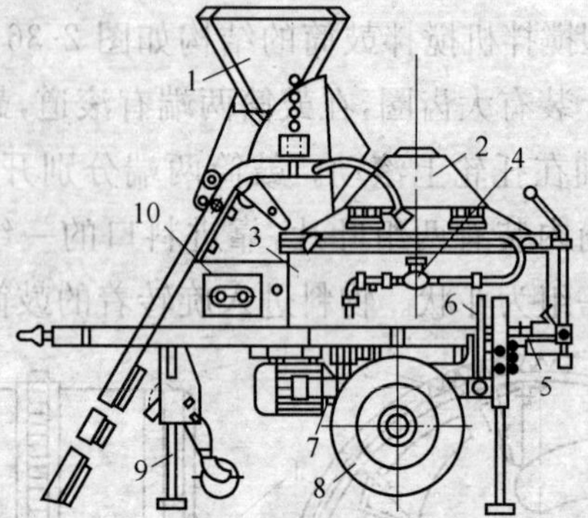

图 2-37 JQ250 型强制式混凝土搅拌机

1. 进料斗 2. 抖筒罩 3. 搅拌筒 4. 水表 5. 出料口 6. 操纵手柄 7. 传动机构 8. 行走轮 9. 支腿 10. 电器工具箱

JQ250 型搅拌机的动力传动系统如图 2-38 所示。电动机通过 V 带使蜗杆、蜗轮转动，蜗轮轴上端与搅拌立轴连接，带动装在搅拌立轴上的搅拌叶片及刮板旋转；蜗轮轴下端安装有卷筒、离合器、制动器，通过操纵机构使上料斗上升或下降。

JQ250 型搅拌机的搅动圆盘是由两个同轴的内、外圆筒

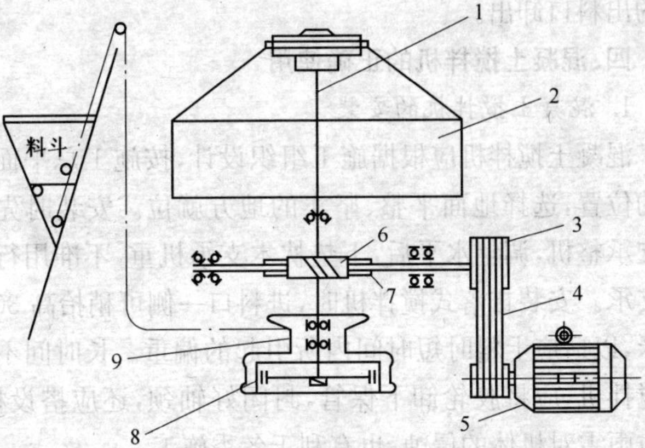

图 2-38　JQ250 型搅拌机的动力传动系统

1. 搅拌机立轴　2. 搅拌筒　3. 带轮　4. V带
5. 电动机　6. 蜗轮　7. 蜗杆　8. 内胀式离合器　9. 钢丝绳卷筒

与底盘焊成的环形槽，传动轴从内圆筒上端伸出，并带动主轴上的按不同角度设置的 4 块搅拌铲片和 2 块刮板旋转，对物料进行强制搅拌。

JQ250 型搅拌机的进料机构由料斗、滚轮、轮道和牵引机构等组成。上料斗为斗底卸料式，由斗底和斗体用铰链销联接起来。料斗在钢丝绳的牵引下沿倾斜安装的轨道上升，当料斗上升至上止点时，斗底以铰链销轴为中心而翻转，开启后使斗内混凝土物料经接料口进入搅拌圆盘。

JQ250 型搅拌机的配水是通过水表盒的指针，用手柄来控制配水量的。水经过分布在搅拌筒内的进水管喷水孔，均匀地洒在混合物料上。

JQ250 型搅拌机卸料时，扳动手柄，通过上半轴和连接套带动扇形卸料门旋转，出料口被打开，混凝土即从搅拌机筒底的出料口卸出。

四、混凝土搅拌机的正确使用

1. 混凝土搅拌机的安装

混凝土搅拌机应根据施工组织设计，按施工总平面图指定的位置，选择地面平整、坚实的地方就位。安装时先以支腿支承整机，调整水平后，下垫枕木支承机重，不准用行走胶轮支承。安装自落式搅拌机时，进料口一侧可稍抬高30～50毫米，以适应上料时短时间内所引起的偏重。长时间不使用的搅拌机，应将胶轮卸下保管，封闭好轴颈，还应搭设机棚，以防雨雪对机体的侵蚀，也有利于冬季施工。

2. 混凝土搅拌机的安全操作规程

①搅拌机在使用前应按照“十字作业”法（调整、紧固、润滑、清洁、防腐）的要求，来检查搅拌机各机构是否齐全、灵敏可靠、运转正常，并按规定位置加注润滑油。各种搅拌机（除反转出料外）都为单向旋转进行搅拌，所以不得反转。

②搅拌机起动后进入正常运转，方准加料，必须使用配水系统准确供水。

③上料斗上升后，严禁斗下方有人停留或通过，以免因制动机构失灵发生事故。当需要在上料斗下方检修机器时，必须将上料斗固定（鼓形自落式用保险链环扣住，强制式用木杠顶牢），上料手柄在非工作时间也应用保险链扣住，不得随意扳动。上料斗在停机前必须放置到最低位置，绝对不准悬于半空，或以保险链扣在机架上梁，不得存在隐患。

④机械在作业中，严禁各种砂、石等物料落入运转部位。操作人员必须精力集中，不准离开岗位，上料配合比一

定要准确,注意控制不同搅拌机的最佳搅拌时间。如遇中途停电或发生故障要立即停机,切断电源,将筒内的混合物料清理干净。若需人员进入筒内检修,筒外必须有人看闸监护。

⑤强制式搅拌机无振动机构,因而原材料易粘存在斗的内壁上,可通过操纵机构使料斗反复冲撞限位挡板倾料。但要保证限位机构不被撞坏,不失其限位灵敏度。在卸料手柄甩动半径内,不准站人或有人停留。卸料活门应保持开启轻快和封闭严密,如果发生磨损,其配合的松紧度,可通过卸料门板下部的螺栓进行调整。

⑥每班工作完毕后,必须将搅拌筒内的积灰、粘渣清除干净,搅拌筒内不准有清洗积水,以防搅拌筒和叶片生锈。清洗搅拌机的污水应引入渗井或旷野处排出,不准在机旁或建筑物附近任其自流。尤其冬季,严防搅拌机筒内和地面积水,甚至结冰,应有防冻、防滑、防火措施。

⑦操作人员下班前,必须切断搅拌机电源,锁好电闸箱,确保机械各操作机构处于零位。

五、混凝土搅拌机的维护保养

①作业前,检查搅拌机的电动机、水泵的运转情况,检查料斗的升降情况和检查导线的连接及绝缘情况是否良好;检查轮胎的气压是否充足;检查钢丝绳、V带的松紧度和质量情况,否则应检修、调整或更换新件。

②作业中,施工员应掌握好出料容量与进料容量数量关系计算公式:

$$出料容量(米^3)=进料容量(升)\times 5/8\div 1000$$

注意选卵石料直径不大于60毫米。否则,会造成料斗早损，而且保证不了混凝土的质量。同时发现机器出现料斗不能升降等故障，应及时停机检修。

③作业后，应清除电动机、水泵和机器外部的尘土，并向电动机、水泵、大齿圈、托轮、钢丝绳等传动机件适当加注润滑油(脂)，清洗干净搅拌筒、料斗内的残留物和灰浆，清扫干净作业现场。机器长期不用，应按产品说明书中规定对机器全面保养一次后，停放在库房内保管。

第九节 带式输送机

一、带式输送机的用途

带式输送机是以挠性输送带作为各种散料的承载件的牵引件，进行水平方向与倾斜方向的连续运输设备。它的输送能力大、功耗小、结构简单、对输送物料适应性强，广泛用于农产品的集垛、进仓，农田水利基本建设的基坑土方及砂、石料的堆积等方面。

二、带式输送机的结构特点

图 2-39 为 ZP 型移动式胶带输送机。它主要由输送带、

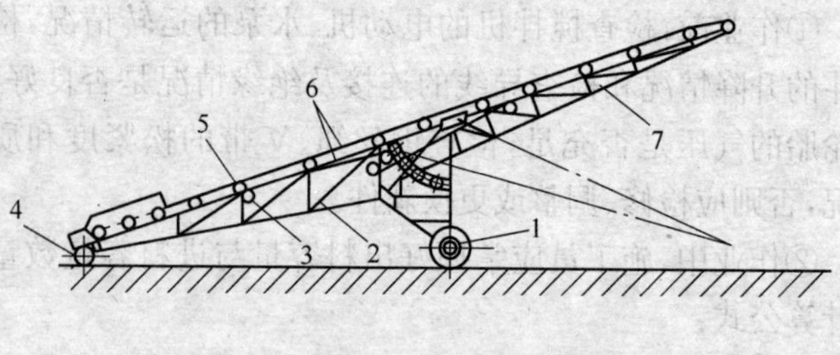

图 2-39 ZP 型移动式胶带输送机

1. 行走轮 2. 后机架 3. 下托辊 4. 尾部导向轮 5. 上托辊 6. 输送带 7. 前机架

滚筒、托辊、驱动装置(电动机或柴油机)、张紧装置和机架等组成。常用的输送带为橡胶输送带,它是输送机的主要部件之一。普通式输送带的结构如图 2-40 所示,整条带芯由一层或多层帆布按同一结构方式黏合而成,带芯外有胶层覆盖,其规格按全厚度拉伸强度、宽度和覆盖层物理机械性能来区分,分别为重型、普通型和轻型 3 种级别,其代号分别为 H、M 和 L。输送机的滚筒有传动滚筒与改向滚筒两类,是动力传递和驱动的主要部件。托辊装在机架的托辊架上,用以支承输送带并保持输送带的平稳运行,常用的是槽形托辊,托辊安装轴线与输送带运转方向垂直且呈槽形,可防止运输时撒料和输送带运行跑偏。

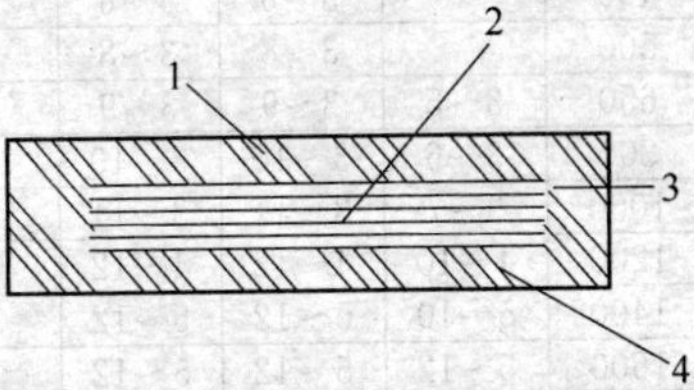

图 2-40　普通式输送带的结构

1. 上覆盖胶层　2. 胶布层　3. 边胶　4. 下覆盖胶层

三、带式输送机的技术参数

①ZP-60 型带式输送机的技术参数见表 2-18。

②输送带的种类和各类型胶带宽度、胶带布层数和宽度允许公差见表 2-19。

③输送带的性能、用途、结构特征和制造工艺见表 2-20。

④输送带的力学性能见表 2-21。

表 2-18　ZP-60 型带式输送机的技术参数

机型	胶带宽度/毫米	工作性能							外形尺寸			质量/千克
		长度/米	速度/(米/秒)	能力/(米³/小时)	最大倾角/(°)	最大高度/毫米	电动机型号	电动机功率/千瓦	长/毫米	宽/毫米	高/毫米	
ZP-60	500	10	1.5	104	19	3700	Y 系列	2.2	10700	2000	3370	1280
		15	1.5	104	19	5300		4	15700	2000	5370	1660
		20	1.5	104	19	6760		5.5	20700	2238	6960	2420

表 2-19　输送带的种类和各类型胶带宽度、胶带布层数和宽度允许公差

胶带宽度/毫米			胶带布层数			胶带宽度允许公差/毫米
强力型	普通型	耐热型	强力型	普通型	耐热型	
	300			3～5		±6
	400	400		3～6	3～6	±6
	500	500		3～8	3～8	±8
650	650	650	3～5	3～9	3～9	±8
800	800	800	3～6	3～10	3～10	±8
1000	1000	1000	3～7	3～11	3～11	±10
1200	1200	1200	4～10	4～12	4～12	±10
1400	1400	1400	5～10	5～12	5～12	±12
1600	1600	1600	5～12	5～12	5～12	±12

注：①输送胶带布层数应根据使用负荷大小选择。

②如实际使用宽度超出表中规定时，使用方可与制造方协商制定。其宽度公差可按照相邻最小公差控制。

表 2-20　输送带的性能、用途、结构特性和制造工艺

品种名称	性能和用途	结构特征和制造工艺
普通输送带（帆布芯输送带）	能输送粉状、粒状和块状物料。用于矿山交通等部门	以胶帆布（棉、维纶、锦纶、涤纶等）为带芯，经成形硫化而成
环形输送带	运行平稳，适用于选矿和化工等各行业	结构与普通输送带相似

续表 2-20

品种名称	性能和用途	结构特征和制造工艺
挡边输送带	能防止物料撒落，适用于输送易撒落物料	抗拉层和覆盖胶与普通输送带相同，用特制模具硫化
浅花纹输送带	有防止物料下滑的作用，适用于较高倾角运输	采用花纹织物或用带有花纹的模具，经硫化压制而成
深花纹输送带	有防止物料下滑的作用，适用于高倾角运输	用特制模型，采用平板硫化机硫化压制而成
食品输送带	输送带具有耐油、无毒、无味等性能，用于食品运输	输送带覆盖胶为浅色，制造工艺与普通输送带相同
耐酸碱输送带	能输送 pH 值为 5～9 的酸碱性物料，用于化工等工业	选用耐酸碱材料作为输送带制造材料，其制造工艺与普通输送带相同
耐油输送带	输送带具有耐油性能，用于输送含油物料	输送带外观形状与普通输送带相同，其覆盖胶由耐油橡胶胶料制成
耐寒输送带	输送带具有耐寒性能，能在 -40℃以上气温条件下使用	输送带制造工艺和外观形状与普通输送带相似
耐热输送带	输送带能输送高温物料，一般用于水泥、烧结物料等输送场所	选用耐高温材料作为输送带的抗拉层和覆盖胶
阻燃输送带	输送带各部件中都具有阻燃性能，适用于煤矿井下作业或需阻燃的输送场所	有分层和编织整体芯两种，前者生产工艺与普通输送带相同，后者用 PVC 糊浸渍塑化，再贴覆盖胶硫化而成
导静电输送带	输送带具有导静电性能，用于易产生静电的输送场所	输送带制造工艺和外观形状与普通输送带相同

表 2-21　输送带的力学性能

性能名称			单位		指标		
					强力型	普通型	耐热型
覆盖胶层	扯断强度		千克力/厘米²	≥	220	180	100
	扯断伸长率		(%)	≥	500	450	350
	硬度		度(邵氏)		55～65	55～65	60～70
	磨耗量		厘米³/1.61 千米	≤	0.7	0.8	1.0
	冲击弹性		(%)	≥	40	32	—
胶布层	胶与布附着强度	覆盖胶厚 3 毫米及 3 毫米以上	千克力/2.5 厘米	≥	9	8	8
		覆盖胶厚 3 毫米以下	千克力/2.5 厘米	≥	8	7	7
	胶布层间附着强度		千克力/2.5 厘米	≥	9	8	8
	胶布每层径向扯断强度		千克力/2.5 厘米	≥	240	140	140
	胶布每层径向扯断伸长率		(%)	≤	22	20	20
	挠曲次数		次/全剥	≥	30000	25000	20000

注：合成橡胶用量超过 50%时，其扯断强度允许下降到规定指标的 80%；附着强度、弹性允许下降到规定指标的 90%（耐热覆盖胶除外）。

四、带式输送机的正确使用

带式输送机运输的物料有块状、粒状、粉状、糊状和成件物品等。目前，输送机正向增大单机长度、提高输送速度、长距离、大输送量方向发展。该机在使用中应掌握以下要点：

①输送机的行走轮应选择安装停放在坚硬、平坦的地方，用三角木块或石块固定行走轮，以保证整机安装牢固、运行平稳和连续性。

②机架和上、下托辊应安装牢固，以确保输送带的支承和运行平稳，不往带外撒物料。

③按输送机输送物料不同，选择适用的输送带配套安装在输送机的托辊上。

④安装好配电箱（配电箱上应装有防雷、雨装置），用绝缘导线接好电动机与输送机的工作装置。

⑤输送机安装完毕，接通电源开关，开机试运转 5～10 分钟，试运转正常后，才能投入正常输料作业。

⑥输送带的运行速度不宜太快，一般不大于 2.5 米/秒。运输块料大、磨损性大的物料应尽量采用低速。

⑦为减轻物料对输送带的冲击与磨损，给料方向应顺着输送带的运行方向；物料下落到输送带上的落差应尽量减小，给料口应避开滚筒和托辊的正上方。为防止刮破输送带，挡料装置、刮板清扫装置和卸料装置与输送带的接触部分，应采用刚度适宜的橡胶板，以保证作业正常进行。

五、带式输送机的维护保养

①作业前，检查电动机运转是否正常，机架、滚筒、托辊是否安装紧固，否则应检修。定时对输送机的传动件加注润滑油，但不得油污输送带。

②作业中，应避免托辊被物料覆盖，造成回转不灵，防止

漏料卡于滚筒与输送带之间；防止有棱角的物料扎损输送带；发现输送带跑偏应及时采取措施纠正，若电动机发热或有异响，应及时停机检修。

③作业后，每班作业完毕应将输送带上物料卸完并清扫干净。输送带如有局部损伤，应及时补修，以免损伤扩大，对达不到强度安全系数破损严重的输送带应更换，维修输送带时，不宜将不同类型、规格、层数的输送带接在一起使用。连接输送带的接头最好采用胶接法，若机架锈蚀应补刷同色的防锈漆；输送机长期不用，不能让其在野外风吹雨淋，而应拆机放置在干燥通风的库房内保存。

六、带式输送机的常见故障及排除方法

带式输送机的常见故障及排除方法见表 2-22。

表 2-22　带式输送机的常见故障及排除方法

故障现象	产生原因	排除方法
输送带的同一部分发生跑偏	1. 输送带接头连接不正； 2. 输送带边部磨损，吸湿后变形； 3. 输送带带体弯曲	1. 重新连接； 2. 随时修补损坏部位； 3. 使用调心辊矫偏或切割弯曲部分重新连接
输送带在同一托辊附近发生跑偏	1. 机架局部弯曲变形； 2. 托辊未调整好； 3. 托辊粘附结块； 4. 托辊脱落	1. 将弯曲变形部位及时纠正； 2. 调整托辊； 3. 清除粘附物； 4. 安装好托辊，及时加油做好保养工作

续表 2-22

故障现象	产生原因	排除方法
输送带在空载时跑偏	1. 输送带成槽性差； 2. 输送带柔顺性不够； 3. 对输送带初张力太小	1. 适当增大输送带初张力； 2. 经调心辊纠偏仍无效时，则调换成槽性和柔顺性好的输送带； 3. 适当调整加大
输送带在负载时跑偏	1. 负载时物料偏一边（单边受料）； 2. 与输送带宽度相比，物料直径过大	1. 调整卸料槽部位，使输送带集中于中心受料； 2. 将物料破碎或改变输送带宽度
输送带的机头或机尾部位跑偏	1. 鼓轮中心不准； 2. 鼓轮粘附结块	1. 调正鼓轮中心； 2. 清除鼓轮上结块，检查清扫器是否有效
输送带上覆盖胶早期损伤	1. 挡料板安装不合适； 2. 受大块尖角物料冲击，给料太快或给料口太高	1. 检查挡料板安装是否合适； 2. 改善给料条件，减小物料的冲击力
输送带下覆盖胶早期磨损	1. 输送带在传动辊上打滑； 2. 弯槽托辊倾斜过大； 3. 上托辊转动不灵活； 4. 辊筒表面粘附结块	1. 增大传动辊摩擦系数； 2. 增大输送带张力； 3. 改善辊筒转动条件和减小弯槽托辊倾斜角度； 4. 清除辊筒表面粘附物

续表 2-22

故障现象	产生原因	排除方法
输送带边部早期磨损	1. 输送带跑偏； 2. 带体成槽性差	1. 对输送带纠偏； 2. 支架挡辊转动要灵活
输送带带芯早期损伤	1. 受大块、尖角物料冲击； 2. 块状物料或异物卷入带和带轮之间； 3. 在卸料槽部位被坚硬物勾住	1. 粉碎块状物或改良卸料槽，减小物料冲击力； 2. 防止异物掉进带和带轮之间； 3. 安装金属检测器或磁性物质清除装置
输送带纵向撕裂	1. 异物落下，戳穿带后卡住； 2. 机架附件松动，角铁、螺钉等落下被挡板、刮板卡住； 3. 托辊磨损后脱落； 4. 大型异物坠落在带上	1. 随时检查机架附件是否松动，如有松动及时修好； 2. 尾轮处安装V形刮板； 3. 安装悬挂带式磁铁分离器； 4. 安装电气保护或超声波检测装置

第十节 挖穴机

一、挖穴机的用途

挖穴机在拖拉机动力的驱动下，能又快又好地从事平原、丘陵等地的坑穴挖掘。它可用于农村植树造林、渠树栽培、果树追肥和埋立桩柱、电线杆等挖穴的土方作业。

二、挖穴机的选购

必须根据作业的要求、土壤性质、动力机的功率来选购合适的挖穴机。

①若用于普通砂壤土(比阻为20～30千帕)的山区、坡地种植幼树挖穴,坑穴直径不大于30厘米,坑穴深度不大于40厘米,可选用小型挖穴机,如南昌旋耕机厂生产的1W-30型或宁夏农机研究所生产的1W-35型挖穴机。此两种挖穴机分别可与南昌丰收-180型拖拉机或山东泰山-25型拖拉机配套使用。

②若用于较硬土壤(比阻为30～40千帕)挖穴,坑穴直径为30～50厘米,坑穴深为40～60厘米,可选用中型挖穴机,如南昌旋耕机厂生产的1W-60型挖穴机或宁夏农机研究所生产的1W-55型挖穴机。此两种挖穴机分别可与上海-50型拖拉机或湖北神牛-25型拖拉机配套使用。

③若用于黏重土壤(比阻为40～50千帕)挖穴,坑穴直径为50～65厘米、坑穴深为60厘米以上,则应选用大型挖穴机,如南昌旋耕机厂生产的1W-70型或宁夏农机研究所生产的1W-65型挖穴机及新疆阿克苏新农业机械厂生产的ZX-55型挖穴机。上述几种挖穴机可以与天津铁牛-55型拖拉机或山东东方红-75型拖拉机配套使用。

三、挖穴机的技术参数

以南昌旋耕机厂生产的1W系列挖穴机为例说明如下:

配套动力　13.2～55.2千瓦轮式拖拉机

结构质量　189～196千克

外形尺寸(长×宽×高)　220厘米×52(62.72)厘米×

128 厘米

穴径　20 厘米、30 厘米、50 厘米、60 厘米、70 厘米

生产效率　60 穴/小时

四、挖穴机的结构特点

挖穴机主要由钻架、减速器、钻杆、螺旋叶片和钻头及升降机构组成。

挖穴机的工作过程是钻头对准待挖的坑穴定位后，动力经拖拉机输出轴输入，经减速器传至钻头旋转，钻头靠自重入土，转动的螺旋叶片（刀片）将切削下来的土，在升运机件的作用下，沿着钻杆和螺旋叶片上升，把土甩于钻杆周围的地面上。由于挖穴机入土切削和升运土都是连续的，因而挖穴和定植时，速度快、效率高。

五、挖穴机的正确使用

①使用前，先将拖拉机动力输出轴与挖穴机连接好，检查万向节、钻架连接杆等部位螺栓紧固情况，并检查减速器内润滑油的油量。

②将拖拉机的液压悬挂装置处于浮动状态，让挖穴机钻头对准待挖的穴坑标记中心并依靠自重下落，在此之前接合动力输出轴，使钻头边旋转边入土，严禁钻头先入土后接合动力。

③钻头入土后，螺旋叶片切下的土在离心力作用下被抛向穴壁，并在摩擦力的作用下沿螺旋叶片上升到地面，抛向穴坑四周。当钻头到达预定入土深度后，扳动液压操纵杆，让钻头边旋转边提升到地面，再挖另一个坑穴。

④使用中，若遇到土质较坚实或待挖穴直径过大时，可分次挖掘，先用小直径的钻头开挖，然后用直径较大的钻头将小穴铣大，直至铣到要求的穴径为止。

六、挖穴机的维护保养

①作业前，检查拖拉机与挖穴机的连接情况，如有螺栓松动应紧固；检查减速器运转情况，如有异响应排除；检查钻头、叶片的质量情况，如有缺损应修复或更换。

②作业中，若钻头转速突然下降，拖拉机冒黑烟，可能是钻头遇到树根或岩石，应立即提起钻头，排除故障后方可再挖。

③作业结束后，清除挖穴机上的泥土，对各润滑点注入润滑脂，钻头、螺旋叶片上涂上润滑油（脂）。季后长期不用对机器全面保养一次后，放置在室内干燥处保存。

第三章　运输工程机械发动机和底盘的使用与维修

第一节　发　动　机

一、发动机的用途和分类

1. 发动机的用途

运输工程机械的发动机是通过活塞在气缸内往复运动将热能转换为机械能，并把活塞的往复直线运动转换为曲轴的旋转运动。发动机可以为运输工程机械的行驶和各种作业提供动力源。

2. 内燃发动机的分类

①按所用燃料不同，分为柴油机和汽油机等。

②按气缸数目不同，分为单缸和多缸。

③按一个工作循环的冲程（也称为行程）数目不同，分为四冲程和二冲程。

④按气缸排列方式不同，分为立式、卧式、直列式、V形倾斜式。

⑤按冷却方式不同，分为水冷式和风冷式。

⑥按进气方式不同，分为自然吸气式和增压式。

⑦按着火方式不同，分为点燃式和压燃式。

3. 内燃发动机型号的排列顺序及表示方法

内燃发动机型号的排列顺序及表示方法见表3-1。

表 3-1　内燃发动机型号的排列顺序及表示方法

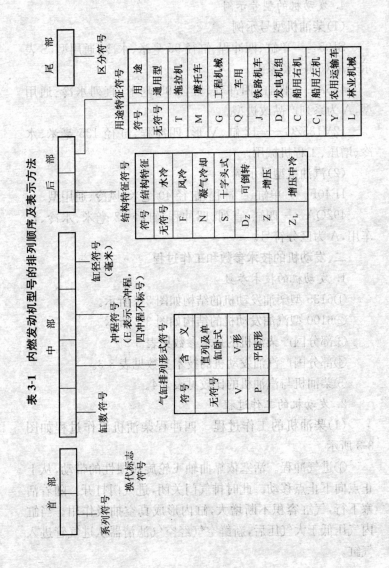

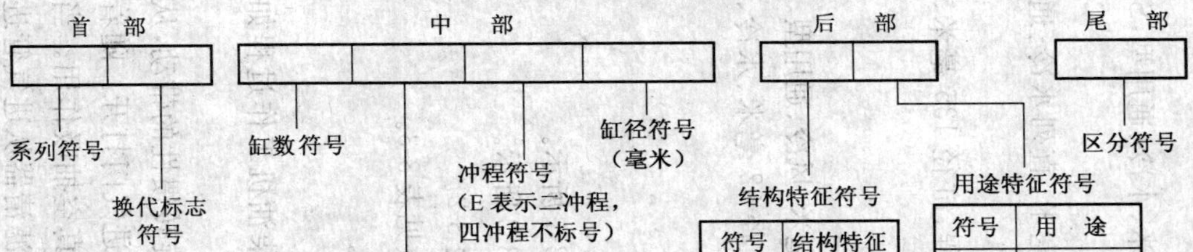

气缸排列形式符号

符号	含　义
无符号	直列及单缸卧式
V	V形
P	平卧形

结构特征符号

符号	结构特征
无符号	水冷
F	风冷
N	凝气冷却
S	十字头式
D_Z	可倒转
Z	增压
Z_L	增压中冷

用途特征符号

符号	用　途
无符号	通用型
T	拖拉机
M	摩托车
G	工程机械
Q	车用
J	铁路机车
D	发电机组
C	船用右机
C_1	船用左机
Y	农用运输车
L	林业机械

4. 发动机的型号示例

(1)柴油机型号示例

S195——单缸、四冲程、缸径95毫米、水冷、通用型,S表示采用双轴平衡系统。

495A——四缸、四冲程、缸径95毫米、直列水冷、通用型,A为系列产品改进型。

12V135ZG——12缸、V形、四冲程、缸径135毫米、水冷、增压、工程机械用。

(2)汽油机型号示例

1E40F——单缸、二冲程、缸径40毫米、风冷、通用型。

492QA——四缸、直列、四冲程、缸径92毫米、水冷、汽车用,A为区分符号。

二、发动机的技术参数和工作过程

1. 发动机的技术参数

①6135型柴油发动机的结构如图3-1所示。

②6100型汽油发动机的结构如图3-2所示。

③部分国产柴油机的技术参数见表3-2。

④部分国产汽油发动机的技术参数见表3-3。

⑤柴油机与汽油机的比较见表3-4。

2. 发动机的工作过程

(1)柴油机的工作过程　四冲程柴油机工作过程如图3-3所示。

①进气冲程。活塞依靠曲轴飞轮旋转惯性的带动,从上止点向下止点移动。此时排气门关闭,进气门打开。随着活塞下行,气缸容积不断增大,缸内形成真空抽吸作用。当缸内气压低于大气压后,新鲜空气经空气滤清器从进气管进入气缸。

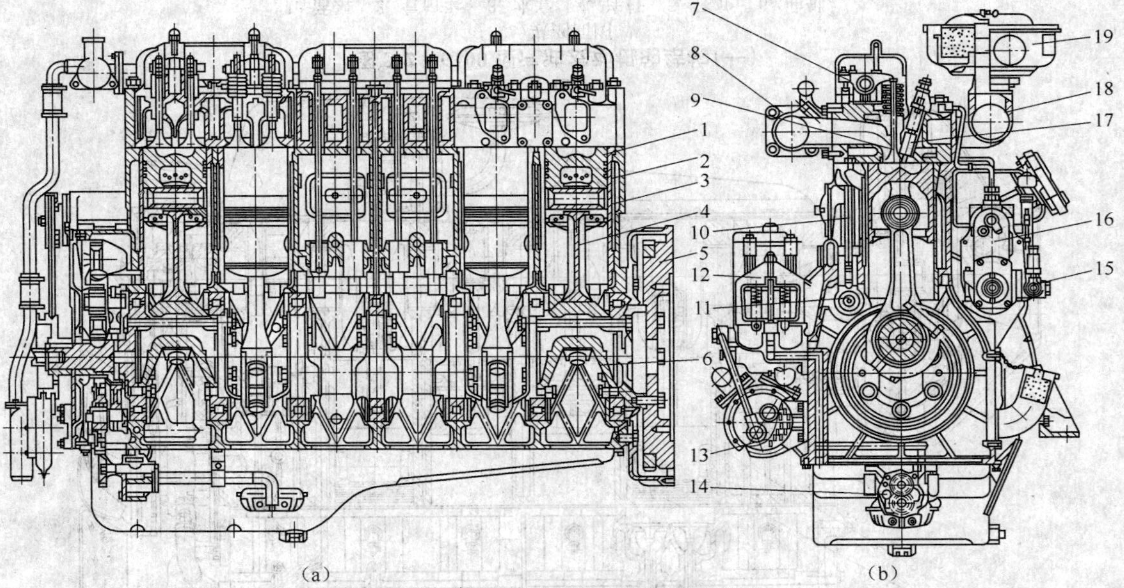

图 3-1　6135 型柴油发动机的结构

(a)纵剖面图　(b)横剖面图

1. 活塞　2. 气缸套　3. 水套　4. 连杆　5. 飞轮　6. 曲轴　7. 摇臂　8. 排气管　9. 气门　10. 推杆　11. 凸轮轴　12. 机油滤清器　13. 机油散热器　14. 机油泵　15. 输油泵　16. 喷油泵　17. 喷油器　18. 进气管　19. 空气滤清器

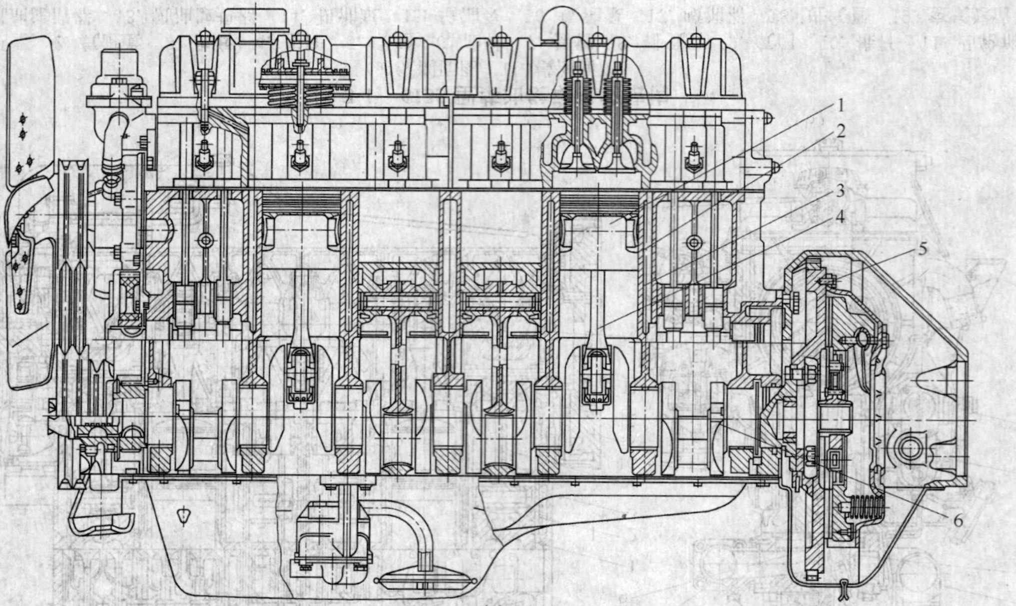

(a)

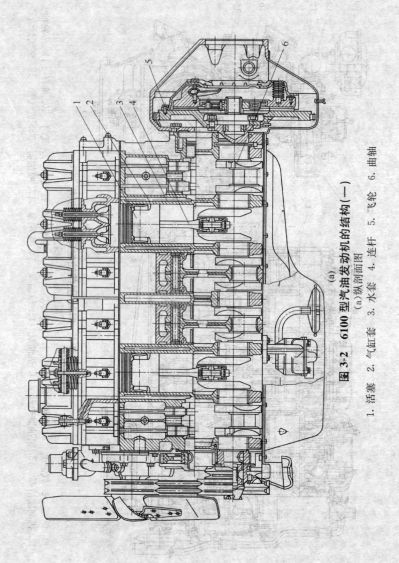

图 3-2　6100 型汽油发动机的结构(一)

(a)纵剖面图

1. 活塞　2. 气缸套　3. 水套　4. 连杆　5. 飞轮　6. 曲轴

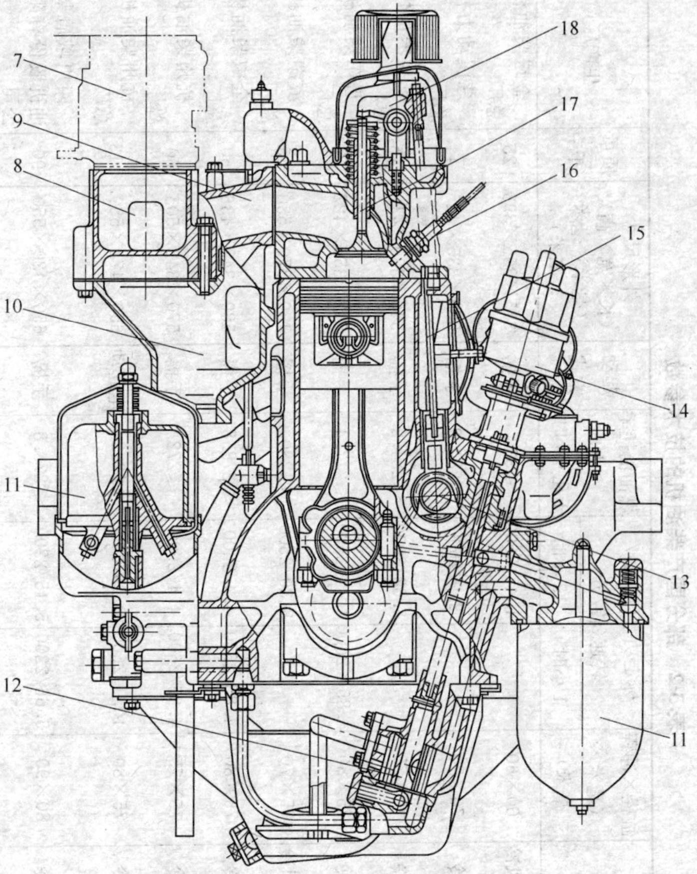

（b）

图 3-2　6100 型汽油发动机的结构(二)

(b)横剖面图

7. 空气滤清器　8. 化油器　9. 进气管　10. 排气管

11. 机油滤清器　12. 机油泵　13. 凸轮轴　14. 分电器

15. 推杆　16. 火花塞　17. 气门　18. 摇臂

表 3-2　部分国产柴油机的技术参数

序号	型　号	缸数	形　式	缸径×冲程/(毫米×毫米)	标定功率(千瓦)/转速(转/分)		燃油消耗率/(克/千瓦·小时)	起动方式	外形尺寸(长×宽×高)/(毫米×毫米×毫米)	质量/千克	生产厂
					1小时	12小时					
1	160F	1	倾斜45°、风冷	60×60		1.47/2600	≤333	手摇	315×355×393	25	金坛柴油机总厂
2	Z170F	1	卧式、风冷	70×70		2.9/2600	≤280.2	手摇	520×335×425	44	慈溪动力机总厂
3	X170F	1	卧式、风冷	70×75		3.68/3000	≤284.2	手摇	540×380×410	43	金坛柴油机总厂
4	S175F	1	卧式、风冷	75×80	4.85×2600	4.41/2600	≤277.4	手摇	547×350×422	57	丹阳柴油机总厂
5	175F-1	1	倾斜45°、风冷	75×70		3.30/2500	≤280	手摇	450×370×530	45	滨湖柴油机总厂
6	R175A	1	卧式、水冷	75×80	4.85/2600	4.4/2600	≤278.8	手摇	589×342×436	60	全椒柴油机总厂
7	R175N	1	卧式、水冷	75×75	4.85/2600	4.4/2600	≤272	手摇	570×342×505	60	杭州柴油机总厂
8	275WAN	2	卧式、水冷	75×80	10.1/2600	10.29/3000	≤292	电起动	650×474×580	113	杭州柴油机总厂
9	180	1	卧式、水冷	80×90	5.66/2200	5.15/2200	≤278.8	手摇	650×420×550	90	四川峨眉柴油机股份有限公司

续表 3-2

序号	型号	缸数	形式	缸径×冲程/(毫米×毫米)	标定功率(千瓦)/转速(转/分)		燃油消耗率/(克/千瓦·小时)	起动方式	外形尺寸(长×宽×高)/(毫米×毫米×毫米)	质量/千克	生产厂
					1小时	12小时					
10	D180N	1	卧式、水冷	80×90	6.88/2400	6.25/2400	≤272	手摇	694×365×578	92	常州柴油机厂
11	185	1	卧式、水冷	85×90	6.62/2200	5.88/2200	≤274.7	手摇	670×378×560	95	四川峨眉柴油机股份有限公司
12	185N	1	卧式、水冷	85×90	6.62/2200	5.88/2200	≤281.4	手摇	730×378×560	98	四川峨眉柴油机股份有限公司
13	485Q	4	立式、水冷	85×100	35.3/3000	32.3/3000	≤265.2	电起动	714×535×704	225	新昌柴油机总厂
14	190A	1	立式、水冷	90×110	8.82/2200	8.1/2200	≤255.7	手摇	506×489×767	141	建湘柴油机厂
15	190F	1	立式、风冷	90×100	11/2200	10/2000	≤285	手摇	476×506×648	105	金马柴油机厂
16	290C	2	立式、水冷	90×110		16.17/2000	≤255.7	电起动	956×635×863	400	湖北柴油机厂
17	390C	3	立式、水冷	90×110	21.32/2060	22.06/2000	≤258.4	电起动	1095×640×880	435	建湘柴油机厂

续表 3-2

序号	型　号	缸数	形　式	缸径×冲程/(毫米×毫米)	标定功率(千瓦)/转速(转/分)		燃油消耗率/(克/千瓦·小时)	起动方式	外形尺寸(长×宽×高)/(毫米×毫米×毫米)	质量/千克	生产厂
					1 小时	12 小时					
18	S195	1	卧式、水冷	95×115	9.7/2000	8.8/2000	≤250	手摇	814×480×618	140	常州柴油机厂
19	195BD	1	卧式、水冷	95×115	9.7/2000	8.8/2000	≤254	手摇	752×528×593	160	莱阳动力机械厂
20	S195GC	1	卧式、水冷	95×115	9.9/2000	9/2000	≤251.6	手摇	870×515×660	140	永康拖拉机厂
21	X195	1	卧式、水冷	95×115	9.7/2000	8.8/2000	≤250.2	手摇	870×486×660	163	金马柴油机厂
22	295T	2	立式、水冷	95×115	19.4/2000	17.6/2000	≤258.4	电起动	587×585×780	270	湖北柴油机厂
23	395G	3	立式、水冷	95×115	29.1/2000	26.5/2000	≤257	电起动	730×530×790	3000	常州柴油机厂
24	495A	4	立式、水冷	95×115		36.76/2000	≤244.8	电起动	797×595×785	340	上海内燃机厂
25	495Q	4	立式、水冷	95×115		51.5/2800	≤246.2	电起动	976×636×870	330	扬州柴油机厂

续表 3-2

序号	型号	缸数	形式	缸径×冲程/(毫米×毫米)	标定功率(千瓦)/转速(转/分)		燃油消耗率/(克/千瓦·小时)	起动方式	外形尺寸(长×宽×高)/(毫米×毫米×毫米)	质量/千克	生产厂
					1小时	12小时					
26	S1100	1	卧式、水冷	100×115	12.13/2200	11.03/2200	≤250.2	手摇	835×504×685	115	武汉柴油机厂
27	SL3100	3	立式、水冷	100×110	38.2/2600	35.3/2600	≤255.7	电起动	664×510×702	260	龙溪机器厂
28	LR4100	4	立式、水冷	100×125	55/2400	50/2200	≤242	电起动	844×619×828	410	中国第一拖拉机工程机械公司
29	F6L912	6	立式、风冷	100×120		73.5/2300	≤220	电起动	1075×663×813	410	北内集团总公司
30	ZH1105W	1	卧式、水冷	105×115	12/2200	11/2000	≤244.8	手摇	813×462×623	150	江淮动力机厂
31	2105A	2	立式、水冷	105×130	19.4/1500	17.65/1500	≤252	手摇	828×550×920	340	韶关内燃机厂
32	X4105N	4	立式、水冷	105×120		35.3/1500	≤245	电起动	1124×655×1080	500	南昌柴油机厂

续表 3-2

序号	型号	缸数	形式	缸径×冲程/(毫米×毫米)	标定功率(千瓦)/转速(转/分)		燃油消耗率/(克/千瓦·小时)	起动方式	外形尺寸(长×宽×高)/(毫米×毫米×毫米)	质量/千克	生产厂
					1小时	12小时					
33	$4115TA_1$	4	立式、水冷	115×130		40.5/1500	≤248	汽油机	1135×863×1245	540	北内集团总公司
34	$X4115T_1$	4	立式、水冷	115×130		58.8/2000	≤238	电起动	1078×853×1158	560	北内集团总公司
35	4125A	4	立式、水冷	125×152		55.14/1500	≤250.2	汽油机	1260×850×1888	1020	中国第一拖拉机工程机械公司
36	2135G	2	立式、水冷	135×140	32.0/1500	29/1500	≤240	电起动	860×770×1192	670	南通柴油机厂
37	4135G	4	立式、水冷	135×140		58.8/1500	≤231	电起动	1205×777×1198	870	上海柴油机厂
38	6135G	6	立式、水冷	135×140		88.3/1500	≤229.8	电起动	1435×797×1236	1160	上海柴油机厂
39	4135AN	4	立式、水冷	135×150	80.9/1500	73.5/1500	≤232	电起动	1836×802×1305	1250	贵州柴油机厂

续表 3-2

序号	型号	缸数	形式	缸径×冲程/(毫米×毫米)	标定功率(千瓦)/转速(转/分)		燃油消耗率/(克/千瓦·小时)	起动方式	外形尺寸(长×宽×高)/(毫米×毫米×毫米)	质量/千克	生产厂
					1小时	12小时					
40	8V135AD	8	V形、水冷	135×150	161.7/1500	147/1500	≤234	电起动	1738×1124×1417	1300	贵州柴油机厂
41	12V135JZ	12	V形、水冷	135×140		279.4/1500	≤232.5	电起动	1682×1242×1173	1700	上海柴油机厂
42	NTA-855-M	6	立式、水冷	140×152		298/2100		电起动	1989×930×1511	1303	重庆汽车发动机厂
43	KTA-1150-M	6	立式、水冷	159×159		388/1950		电起动	2155×1135×1624	1680	重庆汽车发动机厂
44	12V150D-1	12	V形、水冷	150×180		220/1500		电起动	1950×1052×1037	1100	吉林柴油机厂
45	12V150ZD	12	V形、水冷	150×180		316/1500		电起动	2078×1045×1400	1450	吉林柴油机厂
46	6250Z	6	立式、水冷	250×300		330/600		压缩空气	3580×1170×2230	6960	红岩机器厂
47	$X6250Z_1$	6	立式、水冷	250×270		551/1000		压缩空气	3910×1370×2380	10500	红岩机器厂
48	6300ZC	6	立式、水冷	300×380		441/500		压缩空气	5230×1110×2530	12000	宁波动力机厂

表 3-3　部分国产汽油发动机的技术参数

序号	型　号	缸数	形　式	缸径×冲程/(毫米×毫米)	标定功率/转速/[千瓦/(转/分)]	燃油消耗率/[克/(千瓦时)]	起动方式	外形尺寸(长×宽×高)/(毫米×毫米×毫米)	质量/千克	生产厂
1	1E40F-2PY	1	倒置、引风风冷、二冲程	40×35	1.18/6000	≤544	拉绳	280×185×275	4.5	临沂农业药械厂
2	147FM	1	平置、风冷、四冲程	47×41.4	3.96/8000	—	脚踏	—	—	重庆嘉陵机器厂
3	XF175M	1	立式、风冷、四冲程	56.5×49.5	6.5/7500	≤367	脚踏	—	—	上海易初摩托车公司
4	162F	1	立式、风冷、二冲程	62×47	1.83/3600	≤420	拉绳	272×314×388	15	贵州动力机械厂
5	165F-1	1	立式、风冷、四冲程	65×65	2.94/3000	≤394	拉绳	329×457×482	25	苏州动力机厂
6	CD-20	1	水冷、四冲程	70×73	30.1/5000	≤370	电起动	—	—	—
7	AK-10	1	立式、水冷、二冲程	72×85	7.35/3500	570	拉绳	390×210×455	36	北京小型动力机械厂
8	AK-10-1A	1	立式、水冷、二冲程	72×85	7.35/3500	500	拉绳	358×210×417	41.7	中国第一拖拉机工程机械公司

续表 3-3

序号	型号	缸数	形式	缸径×冲程/(毫米×毫米)	标定功率/转速/[千瓦/(转/分)]	燃油消耗率/[克/(千瓦时)]	起动方式	外形尺寸(长×宽×高)/(毫米×毫米×毫米)	质量/千克	生产厂
9	175F	1	立式、风冷、四冲程	75×75	5.15/3000	≤408	拉绳	376×525×550	37	泰州林业机械厂
10	178F	1	立式、风冷、四冲程	77.8×82.6	7.35/3600	340	拉绳	376×498×535	43.5	浦陵机器厂
11	190F	1	立式、风冷、四冲程	90.5×82.6	11.76/3600	340	拉绳	402×498×535	48.3	浦陵机器厂
12	BJ492QA	4	立式、水冷、四冲程	92×92	51.5/3800~4000	33	电起动	—	—	北内集团总公司
13	EQ6100-Ⅰ	6	立式、水冷、四冲程	100×115	99/3000	≤306	电起动	—	—	第二汽车制造厂
14	CA6102	6	立式、水冷、四冲程	101.6×114.3	99/3000	≤306	电起动	—	—	第一汽车制造厂

表 3-4 柴油机与汽油机的比较

比较内容	柴 油 机	汽 油 机
使用燃料	柴油	汽油
着火方式	压燃式，通过喷油泵和喷油器，将柴油直接喷入燃烧室与先被吸入气缸、经压缩后的高温空气混合引起燃烧	点燃式，通过化油器使汽油与空气按一定比例混合进入气缸，经点火系统或磁电机使火花塞产生火花点燃混合气使之燃烧
气缸直径/毫米	缸径较大，65～300	缸径较小，32～101
转速/(转/分)	转速较低，1500～2200	转速较高，3000～6000
气缸数	农用以小型单缸机为主，拖拉机、汽车、船舶用多缸机	植保及摩托车多用小型单缸机，汽车用多缸机
优缺点	工作可靠，可以长时间连续工作，寿命长；燃料消耗率低，使用经济性好；有一定的功率储备，能适应短期超载工作；一般噪声较大	按排量计，升功率高、起动方便；噪声和振动小；小缸径单缸机可以背负、肩扛、移动方便；制造成本低，燃料消耗率高，经济性较差
适用范围	拖拉机、手扶拖拉机、农用运输车、排灌及农副产品加工机械、载货汽车、工程机械、发电机组、联合收割机及船舶动力等	主要用于汽车发动机、摩托车发动机、拖拉机用起动机、小型发电机组、植保用喷雾、喷粉机、插秧机、采茶机械、割灌机、林业用油锯、草坪修剪机等

②压缩冲程。活塞仍靠曲轴飞轮旋转的惯性，从下止点向上止点移动，此时进、排气门均关闭。随着活塞的向上移动，气缸容积逐渐缩小，气缸内的空气被压缩，其压力和温度随之上升。压缩终了时，气缸内气体压力可达 2940～4420 千帕，温度为 500℃～700℃，为喷入的柴油自行着火燃烧创造了有利的条件。

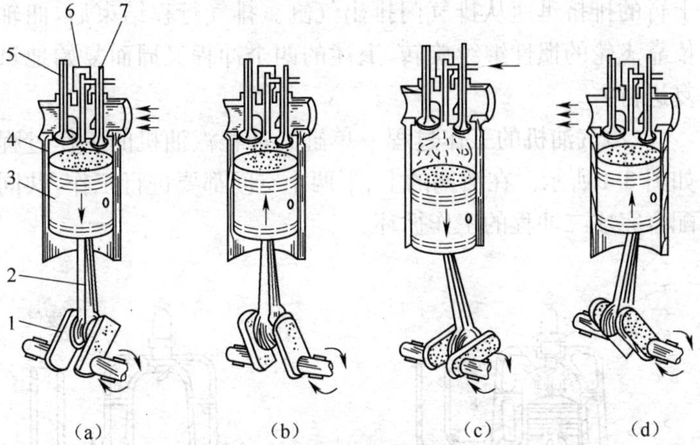

图 3-3　四行程柴油机工作过程

(a)进气　(b)压缩　(c)作功　(d)排气

1. 曲轴　2. 连杆　3. 活塞　4. 气缸

5. 排气门　6. 喷油嘴　7. 进气门

③作功冲程。压缩终了时，柴油经喷油器在高压下被喷入气缸。喷入气缸内的雾化细小油粒在高温和高速气流中很快被蒸发，与空气混合成可燃混合气，并在高温高压下自行着火燃烧，放出大量热能。由于进、排气门在作功冲程中处于关闭状态，混合气燃烧产生的热能，使气体膨胀进而推动活塞从上止点向下止点移动，通过连杆带动曲轴旋转，从而实现将燃料的热能转换成机械能(作功冲程中气缸内气体压力可以高达 5900～8800 千帕，温度可达 1500℃～2000℃)。

④排气冲程。活塞依靠飞轮旋转的惯性，从下止点向上止点移动。这时排气门打开，进气门仍关闭。由于燃烧后的废气压力高于外界大气压力，因而废气受到压差作用和活塞

上行的排挤迅速从排气门排出气缸。排气行程结束后，曲轴依靠飞轮的惯性继续旋转，上述的四个冲程又周而复始地重复进行。

(2)汽油机的工作过程　单缸二冲程汽油机的工作过程如图 3-4 所示。在活塞的上、下两个空间都要进行工作，共同配合完成二冲程的工作循环。

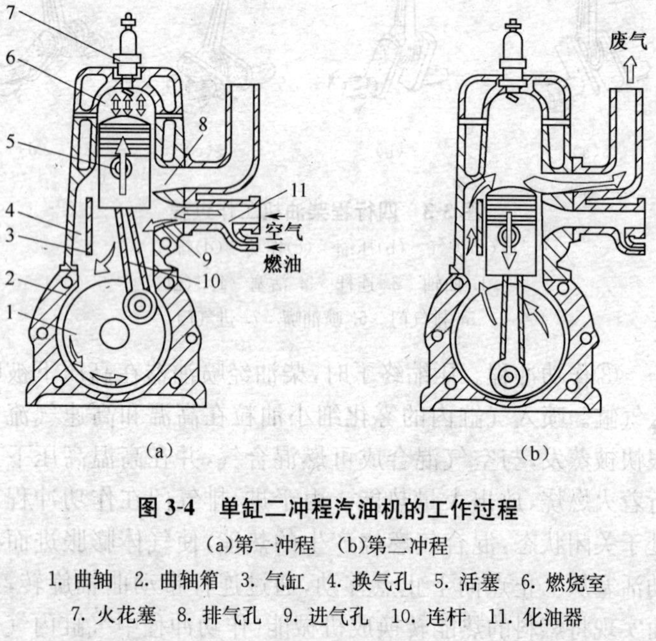

图 3-4　单缸二冲程汽油机的工作过程

(a)第一冲程　(b)第二冲程

1. 曲轴　2. 曲轴箱　3. 气缸　4. 换气孔　5. 活塞　6. 燃烧室　7. 火花塞　8. 排气孔　9. 进气孔　10. 连杆　11. 化油器

①第一冲程如图 3-4a 所示，当活塞 5 从下止点向上止点运动时，活塞起着一个上挤下吸的作用。在运动中活塞关闭了换气孔 4 和排气孔 8，在活塞的上部使进入气缸内的可燃混合气受到压缩。当活塞继续上升时，活塞的下部将进气孔 9 打开时，开始吸气，由于曲轴箱 2 的容积不断增加，产生吸

力，化油器 11 中的可燃混合气便被吸入曲轴箱 2。

②第二冲程如图 3-4b 所示，当活塞接近上止点时，火花塞 7 点燃被压缩的可燃混合气，活塞起着上推下压的作用。在活塞上方燃气膨胀产生的压力使活塞向下移动而作功。当活塞继续向下移动时，在活塞的下方首先关闭进气孔 9，使曲轴箱 2 内的可燃混合气受到挤压，当继续向下移动时，排气孔 8 被打开，气缸中的废气受到燃气压力的作用自行排出。当活塞再向下移动时，换气孔 4 被打开，曲轴箱内受挤压的可燃气体经换气孔进入气缸，并帮助驱扫废气。该扫气过程实际上是排气和进气两个工作过程的结合，一直到活塞经过下止点后，再向上运动将换气孔和排气孔封闭后才结束。由此可见，二冲程汽油机没有一个单独的进气和排气冲程，进气和排气过程分别是与压缩和作功的过程同时进行的。

三、发动机磨合期的注意事项

发动机的磨合就是新的或大修后的发动机，在低压、低速状态下运转，从无负荷到小负荷，保证发动机不致发生粘附性磨损。由于发动机在装配和修理过程中，各零件间的摩擦表面，都不同程度地存在有微观的缺陷，如装配后立即投入使用，必然造成零件相对运动表面的迅速磨损，降低应有的承载能力，缩短发动机的使用寿命。发动机磨合的目的是改善配合零件的表面质量，使其能承受应有的载荷；减少初始阶段的磨损量，保证正常的工作间隙，延长发动机的工作寿命；发现装配和修理中的质量问题，并及时排除，以免在正常使用中出现损坏。发动机在磨合时，水温应保持在 75℃～90℃，机油压力应符合规定值。在磨合过程中，要全面检查发动机的工作情况，如有无漏油、漏水、漏气现象；水温、油温、油压、电流表读数是否正常;转速是否符合要求,各种转速下运转是否平稳,点火提前角是否符合要求;有无不正常响声,排气管烟色有无异常,若发现异常情况,应查明原因,予以排除。发动机在磨合期内,应严格按照生产厂规定进行磨合运转。

农用车的初驶期为磨合期,一般农用车的磨合期为1000公里,农用车的发动机在磨合期必须注意以下几点:

(1)**减少载货量** 在磨合期,农用车载货量不能超过其额定载货量的80%,并不得拖带挂车或其他机械。在各种载货量下行驶所使用的挡位,必须由低到高,且各挡位都要磨合,常用挡要多磨合。载货量由少到多,逐渐增加。

(2)**控制车速** 一般农用车最高车速不得超过40公里/小时,同时不得拆除减速装置。

(3)**控制发动机工作温度** 农用车在冬季磨合时,不能冷起动,应先将发动机预热到40℃以上再起动。在行驶中,冷却水应保持75℃~95℃。

(4)**选用优质燃油和润滑油** 农用车在磨合期内,应选用十六烷值较高的柴油和黏度小、质量好的润滑油,以防发动机工作粗暴,以改善各部件的润滑条件。

(5)**选择平坦的道路行驶** 农用车在磨合期不应在质量低劣的道路上行驶,不要爬陡坡道,以减少发动机和其他机件的振动、冲击,防止负荷过大。

(6)**严格执行磨合期的保养规定** 在磨合前,要进行全车的清洁工作,检查和补充各部的润滑油、润滑脂和特种液,检查紧固各部件。在行驶500公里左右时,要清洗发动机润滑系统和底盘各齿轮箱,并更换润滑油;对全车各润滑点加注润滑剂;检查制动效能和各部紧固件的技术状况。磨合期后，应结合定程保养，做好发动机润滑系统、变速器、差速器和轮毂的清洗、换油工作，放出燃油箱的沉淀物，清洗各部滤清器，调整或拆除发动机的限速装置。

四、延长发动机使用寿命的操作技巧

为保证柴油机高效、优质、安全、低耗运转，同时又要使柴油发动机延长使用寿命，必须注意做好柴油发动机在操作使用中的磨、足、净、紧、调、用。

(1)磨　是认真磨合柴油机。目前柴油机的磨合由生产厂提出，分生产厂试运转和用户试运转两种。生产厂试运转是“调试性”的，时间短，仅几个小时；用户试运转是“锻炼性”的，时间长，约需要数十小时才能完成，驾驶员必须按说明书中的试运转规程完成磨合期，按章操作，否则造成柴油机“未老先衰”。

(2)足　柴油机所需要的柴油、机油、空气和水的供应要充足、及时。若柴油和空气供给不足或中断，就会产生起动困难、动力不足、冒黑烟等故障；机油供给不足或中断，就会引起烧瓦、抱轴、加速零件的磨损；冷却水供给不足或中断，就会引起机温升高，导致进气不足，功率下降。

(3)净　柴油机所需要的油、水、空气及机器内部和外部必须保持清洁。柴油在使用前，必须经过48小时沉淀。柴油含杂质会堵塞油路，加剧机件磨损，造成柴油机不能正常工作。冷却水应用河水、雨水、雪水，不能用井水、泥浆水、盐碱水，否则使水套内形成大量水垢，影响冷却效果。进入气缸内的空气必须干净，据测试，不用空气滤清器的柴油机，会使活塞、活塞环、气缸套的磨损加快3～9倍。

(4)紧　柴油机螺纹联接的松紧度应适当。受机器在运转过程中的振动、冲击和负荷不均等影响，螺纹联接处会松动，特别是连杆、飞轮、气缸盖等重要部位的螺栓要经常检查，发现松动应按各部位规定力矩拧紧。柴油机气缸盖螺母拧紧力矩值见表3-5。

表3-5 柴油机气缸盖螺母拧紧力矩值

柴油机型号	千克力·米	牛·米	配套拖拉机型号
4125A	18～21	176.58～206.01	东方红-75
4115T	17～19	166.77～186.39	铁牛-55
495A	16～18	156.96～176.58	上海-50
485	12.4～14.5	121.64～142.25	丰收-35
2125	19～21	186.39～206.01	东方红-28
S195	23～28	225.03～274.68	东风-12

(5)调　各调整部位要及时、正确调整，保证柴油机技术状态良好。柴油机一般调整部位有曲轴轴向间隙、气门间隙、减压机构、供油提前角、喷油压力、机油压力、调速器等项目。

(6)用　驾驶员除正确熟练掌握使用柴油机，严格执行维护保养制度，遵守各项安全操作规程外，还应注意以下几点：

①起动前，应先摇曲轴，检查机油压力是否符合要求，然后起动，当水温达50℃时方可带负荷。

②低速小节气(油)门工作不超过10分钟，更不准超负荷作业。

③刚起动或将要熄火时，不要突然加大节气(油)门猛轰几下。

④熄火前，节气(油)门由大到小，检查有无漏油、漏水、漏气，并倾听柴油机有无异常声音。

五、气缸体、气缸盖的结构与维修

1. 气缸体的结构与维修

气缸体一般用灰铸铁铸造，气缸体的结构如图 3-5 所示。气缸体内有水道和油道，下部装油底壳。图 3-5a 为一般式四缸气缸体，其质量轻、刚度较差，一般用作汽车发动机机体。图 3-5b 为龙门式气缸体，刚度高，多用于拖拉机的发动机机体。图 3-5c 为 135 系列柴油机采用的隧道式气缸体，机体刚度较高，可作工程机械发动机机体。

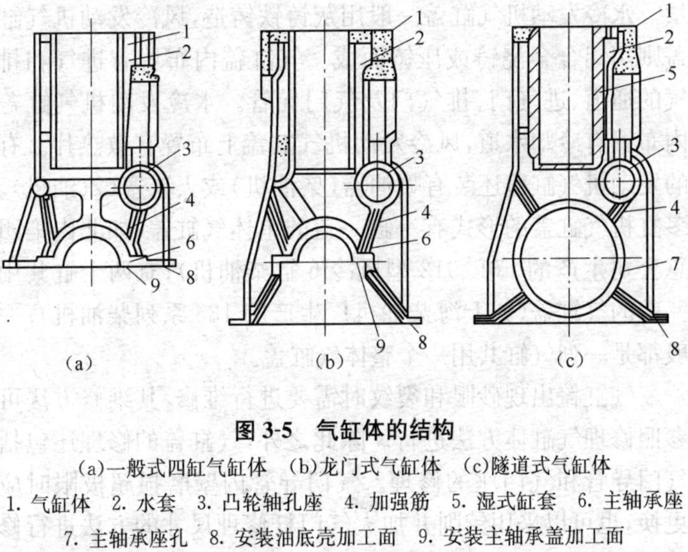

图 3-5 气缸体的结构

(a)一般式四缸气缸体 (b)龙门式气缸体 (c)隧道式气缸体

1. 气缸体 2. 水套 3. 凸轮轴孔座 4. 加强筋 5. 湿式缸套 6. 主轴承座 7. 主轴承座孔 8. 安装油底壳加工面 9. 安装主轴承盖加工面

气缸体不是易损件，如使用不当，出现砂眼或轻度裂纹时，可采取以下方法修复：

①若气缸体出现了砂眼，导致漏油、漏气，这时可用电工使用的熔断丝堵漏。方法是根据砂眼的大小，选用相应规格

的熔断丝，用小手锤将熔断丝轻轻砸入砂眼内，漏油、漏气即可堵住。

②若气缸体出现了裂纹，可采用焊补修复。其方法是先在裂纹两端处钻止裂孔（孔直径 3～5 毫米），清除裂纹处脏物，在裂纹处开 V 形坡口，然后在坡口进行焊接。施冷焊适用于气缸体受振动不大和加工精度不高的部位。

2. 气缸盖的结构与维修

气缸盖位于气缸上部，密封气缸并形成燃烧室顶面，承受高的燃气压力和温度，并经由它传出部分燃烧产生的热量。水冷发动机气缸盖一般用灰铸铁铸造，风冷发动机气缸盖则用铝合金浇铸或压铸而成。气缸盖内布置有进气和排气的通道、进气门、排气门及气门导管。水冷发动机气缸盖内布置有冷却水道，风冷发动机气缸盖上布置有散热片。有的发动机气缸盖还装有喷油器（柴油机）或火花塞（汽油机）。多缸机气缸盖的形式有一缸一盖的单体气缸盖（如北内集团总公司生产的 F6L-912 型风冷 6 缸柴油机）；有两个缸共用一盖的气缸盖（如上海柴油机厂生产的 135 系列柴油机）；一般都是一列气缸共用一个整体气缸盖。

气缸盖出现砂眼和裂纹时需要进行维修，其维修方法可参照修理气缸体方法进行。除此之外，气缸盖的修理还包括气门导管和气门座的修理。气门导管内壁磨损超极限时应更换，也可以采用铰削并加大气门杆修理尺寸的方法进行修理。气门座的修理应在气门导管和气门修理或更换以后进行，当气门座锥面磨损不大或仅有个别不深的麻点时，可用研磨方法恢复气门与气门座的密封性，但在更换气门导管和气门后必须对气门座进行铰削。正确铰削气门座是保证气门密封和延长气门座工作寿命的关键。气门座铰刀如图 3-6

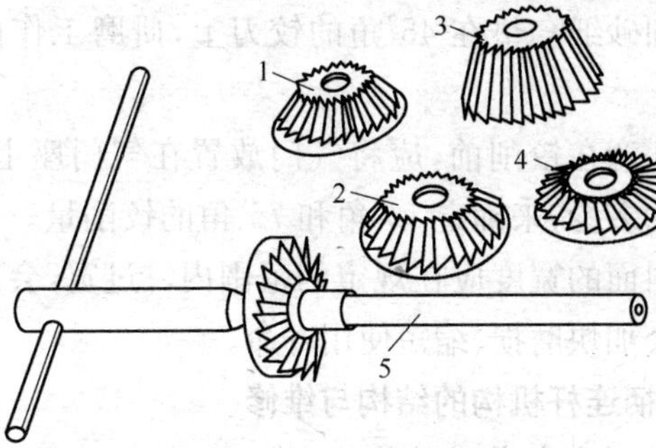

图 3-6　气门座铰刀

1. 45°刀　2. 30°刀　3. 75°刀　4. 15°刀　5. 导杆

所示，其铰削步骤如下：

①铰削前，首先研磨硬化层，手工研磨气门如图 3-7 所示。然后用 45°或 30°铰刀粗铰工作斜面，在铰削时，铰刀应始终按顺时针方向平稳转动，并不断改变铰削起止位置，不得反转，直至消除烧蚀、麻点和沟槽为止。

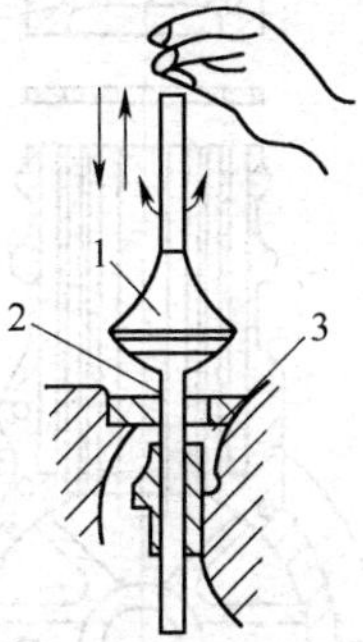

图 3-7　手工研磨气门

1. 气门捻子　2. 气门　3. 气门座

②初铰后，用 15°铰刀铰削上口，以缩短气门座上方的斜面宽度。

③用 75°铰刀铰削气门下口，以缩短气门座下方斜面的宽度。

④用 45°或 30°细铰刀，轻轻地铰削气门座工作面，以提高其表面粗糙度精度。

⑤将气门插入导管内，检查气门与气门座的接触表面是否处于中间位置。如偏上，需加大 15°角斜面铰削量；偏下，

则必须加大 75°角斜面铰削量。

⑥用细砂纸套垫在 45°角的铰刀上,研磨工作面直到乌亮色。

必须注意在铰削前,应将气门放置在气门座上,根据该机下陷量的多少,来确定 15°角和 75°角的铰削量。另外铰削前的工作斜面的宽度应在规定的范围内。过宽,会影响密封性;过窄,会加快磨损、缩短使用寿命。

六、曲柄连杆机构的结构与维修

1. 曲柄连杆机构的结构

曲柄连杆机构如图 3-8 所示。

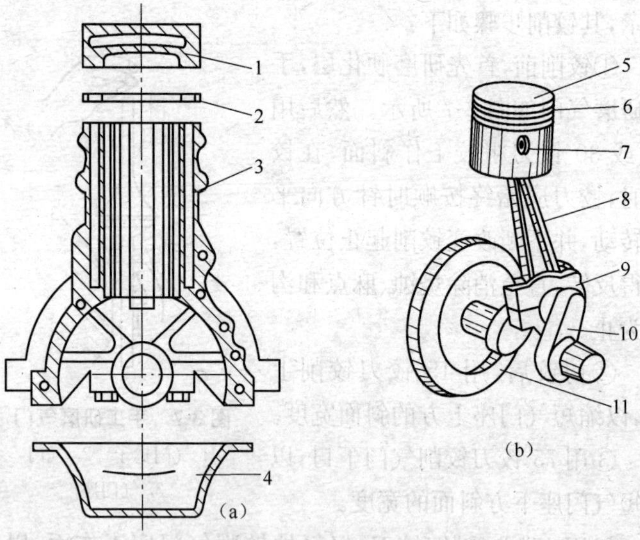

图 3-8 曲柄连杆机构

(a)机体组 (b)活塞连杆、曲轴飞轮组

1. 气缸盖 2. 气缸垫 3. 气缸体 4. 油底壳 5. 活塞 6. 活塞环 7. 活塞销 8. 连杆 9. 连杆盖 10. 曲柄 11. 飞轮

①活塞是发动机的重要配件，属于容易磨损零件。活塞在高温(2000℃左右)、高压(8.8兆帕左右)燃烧气体的作用下，在气缸内进行往复直线运动。它的顶面承受燃气压力，环带部用以装置活塞环(气环和油环)，销座部用以装配活塞销，将燃气压力通过活塞传递给连杆。

②活塞环外形为一矩形断面的开口圆环。活塞环和活塞一起密封燃烧室，将活塞的热量传导到气缸套，使气缸套壁面的润滑油分布均匀和防止窜泄，另外活塞环还对活塞起支承作用，使其在直线往复运动中稳定、平顺。

③活塞销用以连接活塞与连杆，它承受活塞运动时的往复惯性力和燃气压力，并传递给连杆。活塞销为中空圆柱体，一般用20低碳钢或15铬、20铬等铬合金钢制造，为满足活塞销外表面硬而耐磨，内部韧而抗冲击的要求，销的外表面进行渗碳处理并抛光，渗碳层深度为0.8～1.2毫米。活塞销与活塞销座孔为过盈配合，一般装配方法为将活塞(铝硅合金铸造)在热油中加温到80℃～100℃，然后再压入活塞销。

④连杆用以连接活塞和曲轴，并将活塞的往复运动变成曲轴的旋转运动，其结构可分为小头、大头和杆身3个部分。

⑤曲轴的功用是将由活塞连杆组传来的燃气压力转变为转矩，以旋转的形式输出，并带动内燃发动机的其他运动机构。曲轴从其结构上看有整体曲轴与组合曲轴、单缸曲轴与多缸曲轴；从制造方法上看有铸造曲轴与锻造曲轴；从材质上看有钢曲轴和球墨铸铁曲轴。多缸4125A型柴油机曲轴如图3-9所示。

2. 曲柄连杆机构的维修

(1)活塞的修理　活塞在使用中常见损伤有顶部烧蚀、活塞环槽磨损、活塞裙部磨损、活塞销孔磨损、活塞变形及产

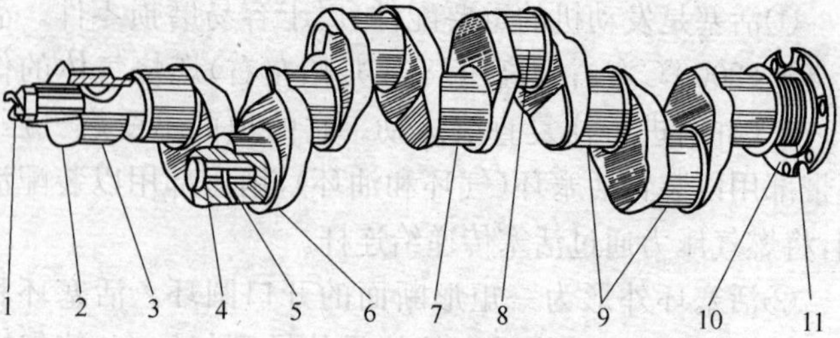

图 3-9　多缸 4125A 型柴油机曲轴

1. 起动爪　2. 甩油盘　3. 曲轴正时齿轮　4. 螺塞
5. 杂质分离管　6. 滤油孔　7. 主轴颈　8. 连杆轴颈
9. 油孔　10. 曲轴法兰　11. 挡油螺纹

生裂纹等。在发动机大修时，对磨损超极限的旧活塞一般不进行修复，应更换新活塞。更换时活塞选配原则是：

①换用新活塞，同时选配新的活塞环和活塞销。

②同一台发动机，应选用同一厂牌的同一尺寸组的活塞，以使其材质、性能质量和尺寸一致。

③同一台发动机，同一组活塞直径差不能大于 0.025 毫米，质量差不得超过活塞平均质量的 2%。

④活塞的选配应以气缸的修理尺寸为依据，即选用与气缸同级修理尺寸的活塞，加大直径数字刻在活塞顶部，以便识别和选配。活塞的修理数据见表 3-6。

(2)气缸套的修复　气缸套与活塞配合间隙中，圆柱度或圆度磨损超过允许值时就应进行修复。一般气缸套最大磨损量柴油机为 0.5～0.6 毫米；气缸套圆度，柴油机应不大于 0.125 毫米，汽油机应不大于 0.1 毫米；气缸套圆柱度，柴油机应不大于 0.5 毫米，汽油机应不大于 0.4 毫米。气缸套主要修理数据见表 3-7。

表 3-6　活塞的修理数据

项目 机型	活塞裙部直径/毫米		活塞头部直径/毫米	活塞裙部、头部直径差/毫米	活塞裙部椭圆度	锥形（大端）	同机活塞质量差/克
	原厂尺寸	大修标准					
6135Q	最大 $134.76_{-0.027}$	级差 0.25×6	最小 $134.2_{-0.05}$	0.533～0.610	0.43～0.56	0.093～0.147	≯15 (4135G≯10)
新 2105	$105_{-0.33}^{-0.30}$	〃	—	—	0.02	0.02	≯10
CA10B	$101.5_{-0.02}^{+0.01}$	〃	$101_{-0.22}^{-0.11}$	0.59～0.76	0～0.15	0.03～0.06	≯8
Q6100-1	$100_{-0.045}^{+0.010}$	〃	—	—	—	—	—
NJ70	$81.88_{-0.024}^{+0.036}$	〃	$81.2_{-0.120}$	0.656～0.83	0.29	0.013～0.038	—
475C	$75_{-0.040}^{-0.001}$	级差 0.25×3	—	—	≯0.3	—	—
长江 750	最大 77.91	—	$77.2_{-0.02}$	—	≯0.154	0.03～0.05	活塞组合

表 3-7　气缸套主要修理数据

发动机型号			146	135	4125	160	6120
标准尺寸/毫米			$146^{+0.03}_{0}$	$135^{+0.04}_{0}$	$125^{+0.09}_{+0.01}$	$160^{+0.04}_{0}$	$120^{+0.05}_{+0.03}$
气缸孔尺寸分组/毫米		Ⅰ	—	—	$125^{+0.03}_{+0.01}$	—	$120^{+0.035}_{+0.020}$
		Ⅱ	—	—	$125^{+0.05}_{+0.03}$	—	$120^{+0.050}_{+0.035}$
		Ⅲ	—	—	$125^{+0.07}_{+0.03}$	—	—
		Ⅳ	—	—	$125^{+0.09}_{+0.07}$	—	—
允许镗磨最大尺寸/毫米			148	137	126	162	122
气缸孔几何形状误差/毫米	圆柱度	标准	0.03	0.025	0.03	0.04	0.025
		允许不修	0.20	—	0.10	—	—
	圆度	标准	0.025	0.025	0.03	0.04	0.025
		允许不修	0.10	—	0.05	—	—
裙部与气缸壁配合间隙/毫米		标准	0.22～0.28	0.24～0.307	0.25～0.29	0.22～0.29	0.193～0.223
		应修	0.60	0.60	0.40	0.50	0.50

气缸套的尺寸修理方法是气缸套磨损超过允许限度后，应将气缸套按选配的加大活塞尺寸镗缸并珩磨，其修理间隔尺寸，汽油机一般为 0.25 毫米或 0.5 毫米，柴油机一般为 0.5 毫米、0.7 毫米或 1.0 毫米。气缸套在镗磨后应检查质量，气缸壁表面粗糙度应与原件相同；气缸套的圆度、圆柱度误差应不大于 0.02/100 毫米；在 100 毫米长度内气缸套的中心线的偏斜应不大于 0.05 毫米；气缸套与活塞的配合间隙应符合要求。检验配合间隙是否符合要求的方法，是将活塞与气缸套的工作面擦净，并涂一层清洁的机油，然后，将气缸套直立放平，将活塞顶部朝下端正地放进气缸套内。如果活塞缓慢地、均匀地下落，证明它们之间配合得很好；如果落得太

快或落不下去，则说明它们之间的配合间隙过松或过紧，其选配间隙不当。

(3)**连杆的修理**　连杆大多用45钢铸造后，经调质处理而成，由于承受很大的气体压力和往复运动的惯性力形成交变载荷，因而在使用中会出现连杆弯曲、大端和小端轴承孔磨损，大小头接合端面损伤、裂纹、螺栓、螺母损伤等。连杆弯曲可在连杆检查器上进行校验，连杆检查器如图3-10所示。将连杆固定在检查器上，按规定力矩拧紧轴承盖螺栓，然后将三角量规跨放在连杆小端的标准销轴上，轻轻移动使量脚接触检查平板的平面，再用塞尺测量其余量脚与平面之间的间隙，并记录数据。将连杆翻面，重复上述再检查。连杆弯曲的允许误差在100毫米长度上为0.03毫米，若超过上述允许值时，应进行校正。在校正时，为防止因弹性恢复而变形，要使校正力保持一定时间，对变形大的连杆，应进行稳定化处理(加热400℃～500℃保温1小时)。连杆小端

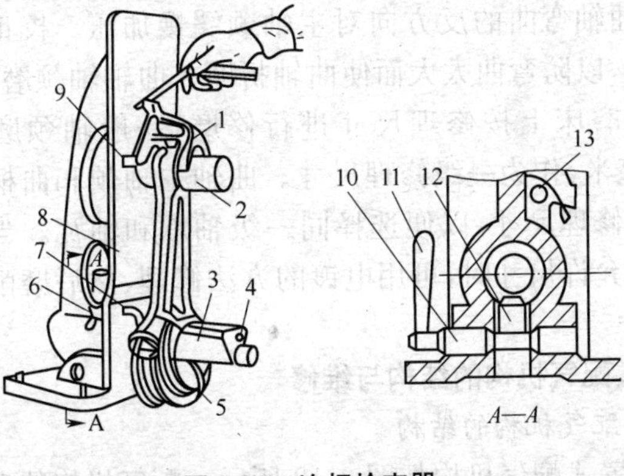

图3-10　连杆检查器

1. 检查爪　2. 标准销轴　3. 可调销轴　4. 调整螺钉
5. 半圆键　6. 轴杆　7. 限制器　8. 检查平板　9. 量脚
10. 偏心轴　11. 摇把　12. 滑块　13. 固定螺钉

衬套与活塞销的配合间隙，在常温下汽油机为0.0045～0.01毫米，柴油机为0.008～0.06毫米，并且接触面积不小于75%。连杆小端衬套出现损伤，一般用铰刀手工铰削，经铰削和刮修后，在室温为15℃～25℃时，销与衬套涂以稀薄机油，如能用大拇指的力量，将活塞销压入衬套，即为配合间隙适宜。

(4)**曲轴的修理** 曲轴是发动机主要零件，其形状复杂，且高速旋转，承受交变弯矩和转矩的作用，应力集中现象也较严重，因而在使用中会出现弯曲变形、轴颈磨损和烧损等。曲轴的弯曲检查如图3-11所示，将擦洗干净的曲轴放在检查平板上或放在车床、磨床上，然后用百分表头顶在中间的主轴颈的一端，缓慢转动曲轴一周，曲轴中间至两端主轴颈的径向跳动应不大于0.15毫米，超过此值应校正。曲轴弯曲的校正一般在压力机上进行冷压校正，为防止压伤曲轴颈，应在轴颈与压头和V形支架间垫上铜片。校正时，在曲轴弯曲的反方向对主轴颈缓慢加压。校正应分多次进行，以防弯曲太大而使曲轴折断。曲轴轴颈磨损后，可在曲轴磨床上按修理尺寸进行修磨，一般轴颈磨修减少0.25毫米，作为一级修理尺寸。曲轴主轴颈和曲柄颈应磨修同一修理尺寸，以便选择同一级轴承和轴瓦。当轴颈超过最小允许尺寸时，可用电镀的方法修理，然后磨削至基本尺寸。

七、配气机构的结构与维修

1. 配气机构的结构

顶置式配气机构如图3-12所示。配气机构的功用是按发动机各缸的工作过程和顺序，定时开启和关闭进、排气门，保证供给足够的新鲜空气，并及时排除废气；当活塞处于压缩

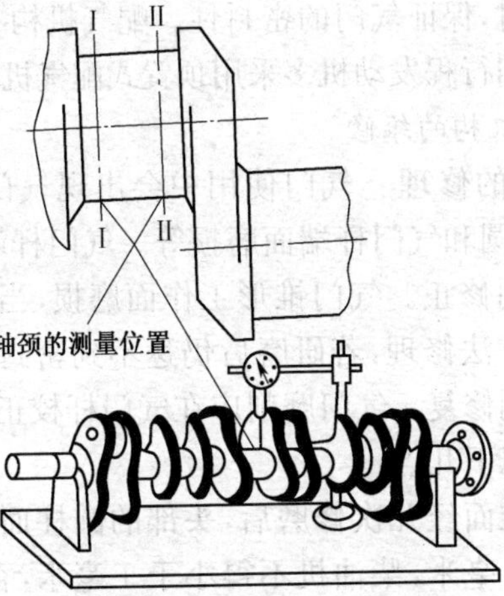

图 3-11　曲轴的弯曲检查

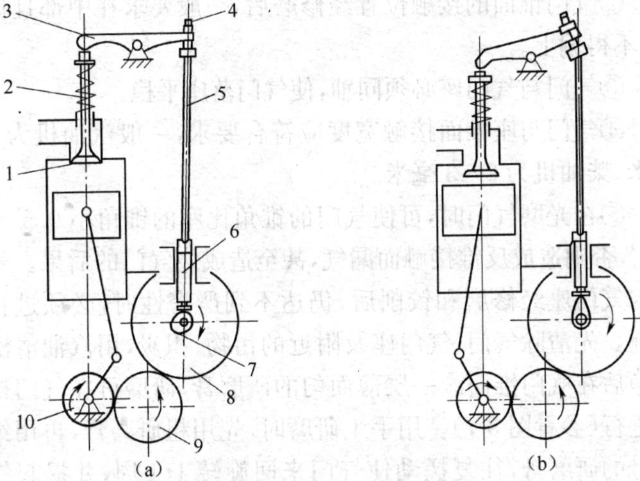

图 3-12　顶置式配气机构

(a)气门关闭　(b)气门打开

1. 气门　2. 气门弹簧　3. 摇臂　4. 调整螺钉　5. 推杆　6. 挺柱　7. 凸轮　8. 凸轮轴定时齿轮　9. 中间齿轮　10. 曲轴正时齿轮

和膨胀行程时，保证气门的密封性。配气机构有顶置式和侧置式两种。四行程发动机多采用顶置式配气机构。

2. 配气机构的维修

(1)气门的修理　气门使用中会出现气门密封锥面磨损，气门杆外圆和气门杆端面磨损等。气门杆端面磨损可在气门机上磨削修正。气门锥形工作面磨损，当斑痕轻度时，可用研磨的方法修理，若研磨后仍达不到密封要求，则应在气门机上磨削修复。气门磨削应在气门杆校正后进行，修磨气门应注意以下几点：

①气门锥面经几次修磨后，头部的圆柱面高度，汽油机不得小于0.5毫米，柴油机不得小于1毫米，否则应换新气门。

②气门锥面的接触位置经修磨后，一般要求在中部且偏下，不得偏上。

③气门与气门座必须同轴，使气门落座平稳。

④气门与座锥面接触宽度应符合要求，一般汽油机为1毫米，柴油机为2～3毫米。

⑤在光磨气门时，可使气门的锥角比座的锥角小0.5°～1.0°，否则造成反锥接触而漏气，甚至造成烧气门的后果。气门与气门座经修磨和铰削后，仍达不到严密性时，必须进行研配。先清除气门、气门座及附近的污物、积炭，用汽油清洗干净后在气门锥面涂一层薄而匀的研磨膏，研磨可在气门机上进行(参看图3-7)。用手工研磨时，先用粗研磨膏，再用细一号的研磨膏，往复搓动使气门来回旋转1/4周，并提起气门，轻轻拍打气门座，并经常调换位置。气门和气门座研磨好后，应进行密封检查。其方法是先装好气门及气门弹簧，然后将煤油注入进、排气道，如在2～3分钟内，气门与气门

座的贴合处无油渗出，则表示密封良好。修理前，若发现气门顶部有明显的裂纹、烧损、锥形工作面磨损斑痕，一般应报废。

(2)气门弹簧的检验 气门弹簧在气门反复开、闭循环力的作用下，会出现变形和疲劳，使其自由长度缩短，弹性减弱，甚至变形、折断。因此，发动机大修时，必须对气门弹簧进行检验。首先观察有无裂纹、折断和歪斜变形，然后检查自由长度和在规定压缩长度内相应的压力是否符合规定。气门弹簧可以在专用仪器上检查，无仪器时，可用新旧弹簧对比法检查。

(3)气门摇臂的修理 大修时，若摇臂压头出现较小磨损，只需消除微小的凹坑及恢复压头圆弧半径时，可直接在磨气门机的专用卡具上进行光磨修复。若压头磨损过大或出现明显凹坑时，应用堆焊方法进行修复，焊后对照样模在磨气门机上进行光磨。

(4)推杆和挺杆的修理 推杆检验弯曲度误差大于 0.5 毫米，应进行冷压调直。当挺杆外圆磨损或导孔壁磨损后，间隙大于 0.15 毫米时，会产生响声，可电镀挺杆或换用加大外径的挺杆，挺杆球面磨损后，可用样模加细研磨砂研磨。

(5)凸轮的修理 凸轮的磨损可用外径百分尺测量凸轮高度，当磨损使上升行程减少 0.4 毫米以上时，应修磨凸轮；当上升行程减少 1 毫米以上时，应先堆焊，恢复凸轮上升行程和形状，修磨后凸轮表面粗糙度与原样相同。

八、燃油供给系统的结构与维修

1. 燃油供给系统的结构

燃油供给系统包括燃油储存及滤清、供给及调节几个主要部分。柴油机燃油系统如图 3-13 所示。柴油机燃油供给系统的功用是根据柴油机负荷的需要，将一定数量清洗的燃油，定时、定量地喷入气缸内，并在负荷变化时自动保持转速稳定。汽油机燃油供给系统的功用是根据汽油机各种不同工作情况的要求，配制成一定数量和浓度的可燃混合气，并将其供入气缸。汽油机、柴油机供给系统路线如图 3-14 所示。

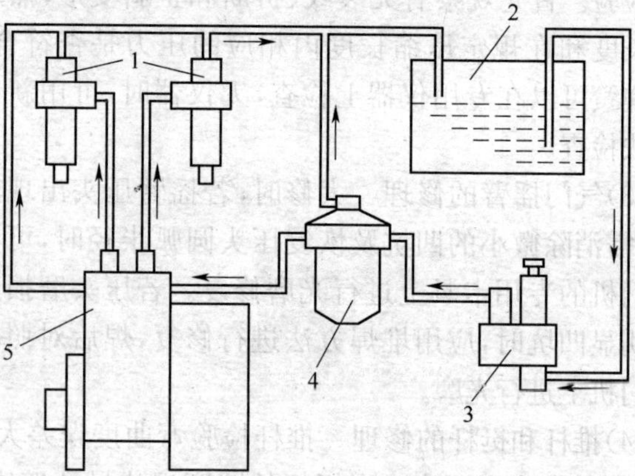

图 3-13　柴油机燃油系统

1. 喷油器　2. 油箱　3. 输油泵　4. 柴油滤清器　5. 喷油泵

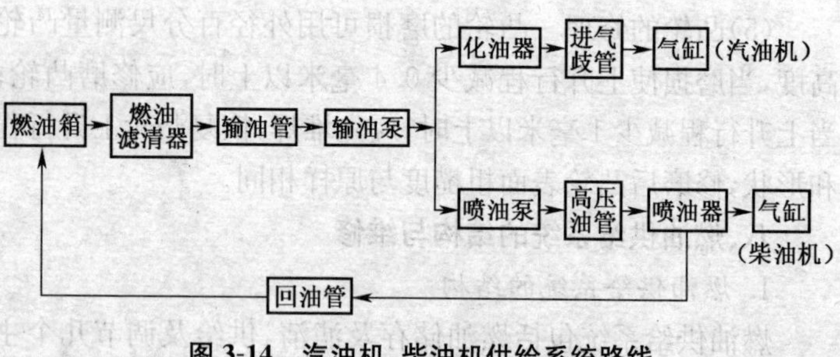

图 3-14　汽油机、柴油机供给系统路线

2. 燃油供给系统的维修

(1)**油箱的修理** 油箱用以储存燃油，一般用镀锌薄钢板冲压焊接制成。油箱的容量按发动机功率大小及使用情况而定。如第一汽车制造厂解放 CA141 型为 150 升汽车用油箱、第二汽车制造厂东风 EQ140 型为 160 升汽车用油箱、北京 130 型为 70 升汽车用油箱等。上海-50 型为 50 升拖拉机用油箱，东方红-802 型为 250 升拖拉机用油箱。配套 170 型、175 型柴油发动机为 4.5～5 升农用车用油箱，配套 S195 型柴油发动机为 10 升农用车用油箱等。油箱使用不当会出现漏油，可采用胶粘补油箱。其方法是放出油箱内的燃油，找到漏油的地方，在外面擦净油污，用细砂纸擦出新金属面，采用抚顺合乐化学有限公司生产的"哥俩好"牌 HL-301 型胶粘剂。使用时，配比按胶的说明书使用方法配(1∶1)，调配好后涂在油箱的漏处，一般在常温下 8～20 分钟定位，50 分钟即可达到使用强度，24 小时后可达到最高强度即可加油使用，通常油箱不拆卸就可以修理好，修理费也很便宜，用同样方法可以补水箱和油底壳的裂纹。

(2)**柴油机精密偶件的检查与修理** 柴油机燃油供给系统精密偶件指喷油泵柱塞偶件、出油阀偶件和喷油器偶件。上述偶件加工精度和表面质量及表面粗糙度的精度要求很高。

①柱塞偶件的检查与修理。柱塞和柱塞套合称柱塞偶件，用优质合金钢制成，要求有较高的硬度，它是一对精密偶件并经成对研磨，使用中只能成对不能互换。柱塞偶件的检查是将出油阀心拆下，将喷油器试验器的高油管接在出油阀接头上，调整供油量调节机构，使柱塞处于最大供油位置，并转动凸轮使柱塞上升到供油行程的中间位置。然后用喷油

器试验器泵油到 20 兆帕后停止供油，若下降至 10 兆帕所需时间少于 12 秒则为合格。无试验检测设备时，可用简易方法检验，即用食指盖住柱塞套筒顶部，使柱塞处于最大或中等供油位置，将柱塞由最上位置往下拉，拉下距离以柱塞顶面不露出套筒油孔为限，若能感到真空吸力，然后迅速松开，柱塞能迅速回到原来位置，则能满足使用要求。若柱塞偶件有裂痕、锈蚀等，达不到使用要求，一般应更换。当无新件更换时，可用研磨选配的方法或镀铬修复。柱塞偶件如图 3-15 所示。

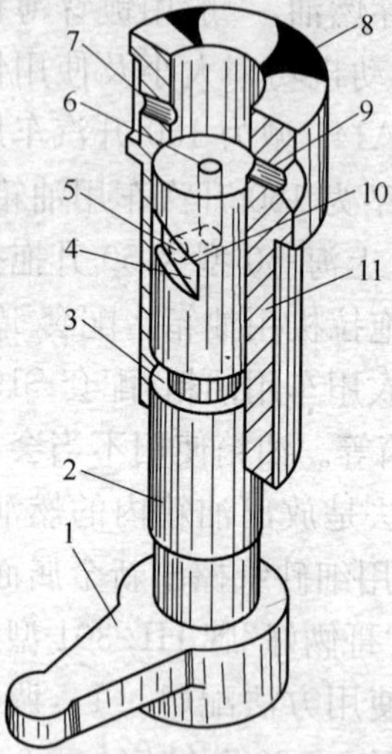

图 3-15　柱塞偶件

1. 调节臂　2. 柱塞　3. 油槽　4. 斜槽空腔　5. 径向孔　6. 轴向孔　7. 进、回油孔　8. 空腔　9. 进油孔　10. 斜槽边　11. 柱塞套

②出油阀偶件的检查与修理。出油阀及出油阀座合称为出油阀偶件，安装在柱塞套顶部。出油阀是一个单向阀，它起防止高压油管内的高压柴油倒流、控制残余压力、保证供油、断油的准确、迅速等作用。出油阀如图 3-16 所示，其检查包括外表检查、滑动检查和密封检查。外表检查时，若发现出油阀的减压环带磨损痕迹严重、密封锥体面有深纵向划痕或剥落、阀心或阀座有裂痕应予报废；滑动检查时，把经柴油清洗或浸泡过的出油阀偶件垂直放置，将阀体从阀座中抽出 1/3，放手后阀心因自重能缓慢均匀下落为合格；出油阀密封性检查，可装在喷油泵上进行，也可

用喷油器试验器进行。密封锥体面的检查方法是施加油压25兆帕，当阀心完全落入阀座时，观察油压下降至19.61兆帕，所需时间不少于60秒。减压环带密封性检查的方法是在出油阀锥面上装上带缺口的定距环或拧进顶头螺钉，将出油阀顶起0.3～0.5毫米，观察油压从24.51兆帕下降至9.81兆帕所需时间不得少于2秒。同一喷油泵的出油阀偶件，其密封性应相同。出油阀修理的方法是首先检查出油阀座端面的质量，若端面有轻微的划痕应在平板上用细研磨膏进行精研。检查端面研磨质量，可以将两个研磨好的出油阀端互相接触，用手拿住其中一个，另一个在自重和大气压力作用下不应脱开。出油阀密封锥面修复采用互相研配的方法，研配时，出油阀心装在车床专用夹头上，阀座装在专用的轴套中，用细研磨膏进行研磨。研磨膏在锥面上应涂均匀且很薄，并防止减压环带被磨坏，研磨后对出油阀进行清洗和检验。

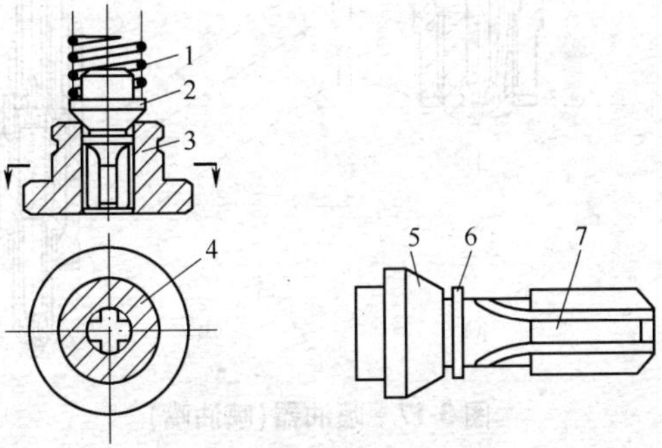

图 3-16　出油阀偶件

1. 出油阀弹簧　2. 出油阀　3. 出油阀座　4. 油槽
5. 密封锥体　6. 减压环带　7. 导向部

③喷油器偶件的检查与修理。喷油器又称为喷油嘴，其作用是将定量的高压柴油呈圆锥形雾状喷入燃烧室与空气均匀混合燃烧。柴油机采用的喷油器分为轴针式和孔式。喷油器(喷油嘴)如图 3-17 所示。轴针式喷油器用于涡流式燃烧室，孔式喷油器用于直接喷射式燃烧室。喷油器属于易

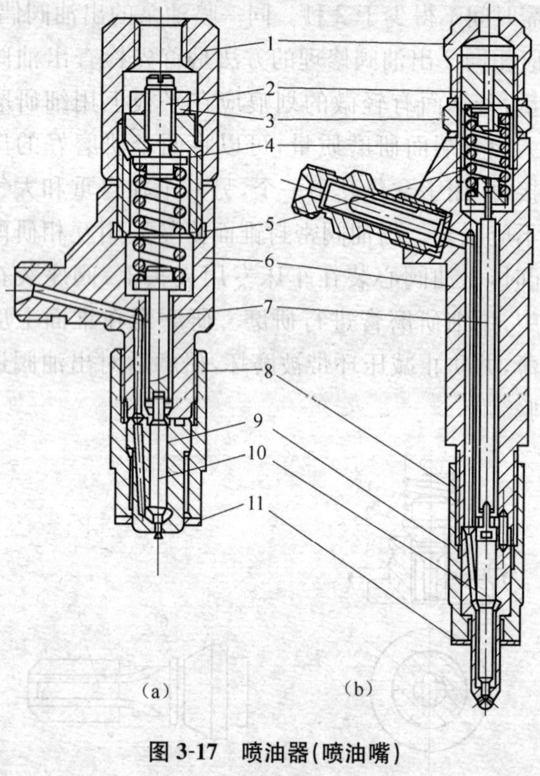

图 3-17 喷油器(喷油嘴)

(a)轴针式 (b)长型孔式

1. 喷油器帽 2. 喷油器调压螺钉 3. 锁紧螺母 4. 紧帽 5. 调压弹簧 6. 喷油器壳体 7. 喷油器顶杆 8. 紧固螺套 9. 针阀体 10. 针阀 11. 垫圈

损件,如果使用不当,会因运动件磨损、锥面密封不严等原因,引起喷油压力和喷油质量下降。因此,必须对喷油器进行检查调整。喷油压力的检查与调整的方法是:喷油器压力的检查与调整一般在喷油器校验器上进行。拆除喷油器调压螺母,将喷油器安装在校验器上。用手缓慢压动手柄,使喷油器喷油,用旋具旋转调压螺钉,使压力表指示数符合喷油器规定的喷油压力。各种型号柴油机的喷油器压力不同,喷油器压力和喷雾锥角见表 3-8。孔式喷油器喷雾锥角的检查方法是用一块 100 毫米×100 毫米的铜丝网,网上涂抹一薄层黄油。然后将其正对喷油头,距离为150~200 毫米处放置(参见图 1-21 所示),按动油泵的手柄,使喷油器喷油 1 次。如被喷掉的黄油痕迹直径为 10 毫米左右(即相当于喷雾锥角 4°),则合格;若大于 10 毫米,则喷雾锥角大,喷孔磨损,应更换。当喷油器偶件卡死、针阀烧损颜色变蓝或针阀在针阀体中松晃时,检查达不到要求的均应更换新件。喷油器的修理:当喷油器针阀导向圆柱面和雾化锥面磨损不大而密封锥面磨损较大时,可用手工研磨进行修复,但不能使研磨膏落到导向圆柱面上。研磨后应进行清洗和检验。

表 3-8　喷油器压力和喷雾锥角

柴油机型	喷油器形式	喷油压力		喷雾锥角
		千克力/厘米^2	兆帕	
4125A	轴针式	125±5	12.2±0.5	15°
4115T	轴针式	125±5	12.2±0.5	15°
495A	轴针式	175±5	17.2±0.5	12°
485	轴针式	135±5	13.2±0.5	12°
S195	轴针式	125±5	12.2±0.5	15°

(3)汽油机汽油泵的检修与调整　机械式汽油泵使用久

了会出现摇臂磨损、进出油阀关闭不严、各接合平面不平、膜片漏油、膜片弹簧张力不足和油路堵塞等故障。

①摇臂的检查与修理。外摇臂与偏心轮的接触处因长期相对运动使摇臂发生磨损，直接引起膜片工作行程缩短，减少供油量。若磨损量超过 0.2 毫米，应进行焊修，焊修后按样板修正。内摇臂叉口处的磨损也应焊修，并加工成正确形状。摇臂与摇臂轴的径向间隙为 0.03～0.13 毫米，最大不得超过 0.2 毫米，否则应更换摇臂轴。摇臂在摇臂轴上的轴向间隙超过 0.8 毫米时，可在摇臂两侧加同等厚度的垫圈进行调整。

②进、出油阀门的检查与修理。进、出油阀门受汽油中酸性物质的腐蚀及材料老化的影响，使其关闭不严，影响出油量和出油压力。可以将金属材料制成的零部件磨平或翻面使用，非金属材料制成、已老化的零部件要用酒精清洗，经修磨和清洗无效应更换。

③膜片和膜片弹簧的检查。膜片破裂、硬化应更换。膜片弹簧长期使用后，弹力减弱，使出油压力降低。在大修时应检查其弹力，如弹力不足应更换。

④泵体的检查与修理。汽油泵体上、下接合面不平，将会造成漏气、渗油，影响出油量和出油压力。在平板上检查时，其平面度误差应不大于 0.1 毫米。否则，用细砂布放在平板上进行研磨。泵体与气缸体接触的凸缘平面，其平面误差应在 0.2 毫米以内，如有拱曲和明显伤痕，应修磨平整。若泵体有裂纹或缺口，应用相同材料的焊条焊修或进行胶粘接。

汽油泵装复后应进行性能试验，最好在专门的试验台上进行。用规定转速的偏心轮驱动汽油泵，当达到规定压力后，停止泵油 1 分钟，在此时间内压力下降不得大于 2670 帕。

⑤化油器的检修与调整。EQH102 型化油器如图 3-18

所示,223 型化油器如图3-19 所示。

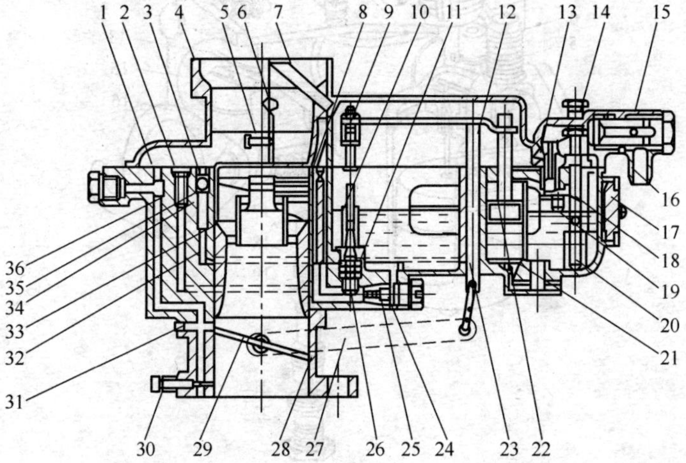

图 3-18 EQH102 型化油器

1. 第二怠速空气量孔 2. 第一怠速空气量孔 3. 矩形圈 4. 上体 5. 小活门 6. 阻风门 7. 平衡管 8. 主空气量孔及主喷管 9. 省油器推杆 10. 省油器锥阀杆 11. 省油器 12. 加速泵拉杆总成 13. 进油针阀 14. 油面调整螺钉 15. 进油滤网 16. 进油接头 17. 油面观察窗 18. 浮子及支架总成 19. 浮子弹簧 20. 浮子支架弹簧 21. 滤网 22. 加速泵柱塞 23. 加速泵拉钩 24. 主油量孔 25. 中体 26. 省油器量孔 27. 加速泵及省油器摇臂 28. 下体 29. 节气门 30. 怠速调节油针 31. 过渡出油孔 32. 大喉管 33. 中小喉管总成 34. 钢球 35. 怠速量孔 36. 怠速节油量孔

化油器检修时各零件分解后,应在酒精中浸泡,然后仔细清洗,彻底清除量孔、喷管和油道中的污垢、胶质。清洗时,各油道和气孔应该用压缩空气吹通,禁止用金属丝硬捅。223 型化油器的工作原理如图 3-20 所示。

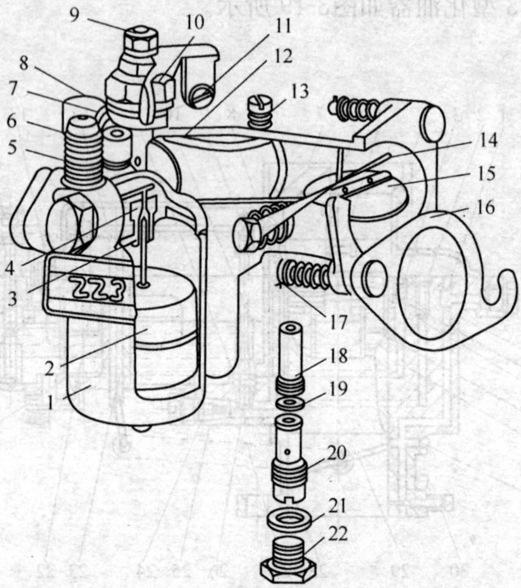

图 3-19 223 型化油器

1. 浮子室 2. 浮子 3. 针阀 4. 针阀座 5. 进油口接头 6. 起动加浓按钮 7. 挡爪 8. 浮子室盖 9. 节气门轴 10. 节气门手柄 11. 最低转速调整螺钉 12. 节气门 13. 怠速调整针 14. 阻风门手柄 15. 阻风门 16. 进气口盖 17. 弹簧 18. 主喷管 19. 密封垫 20. 主量孔 21. 密封垫 22. 放油塞

检查浮子时，看浮子是否破裂，可将浮子浸泡在 80℃～90℃的热水中，保持 1 分钟，如有气泡冒出，即该处破裂。焊修前应在破裂处对面开一个小孔，将浮子内汽油排净，然后全部封焊。焊修后浮子增加的质量不得大于原质量的 5%。若浮子有凹陷，可在凹陷处焊一金属丝将其拉平，然后将金属丝脱焊掉。针阀总成密封性在检查时，可做图 3-21 所示的针阀总成密封性试验。检查时，将针阀总成安装在接座中，

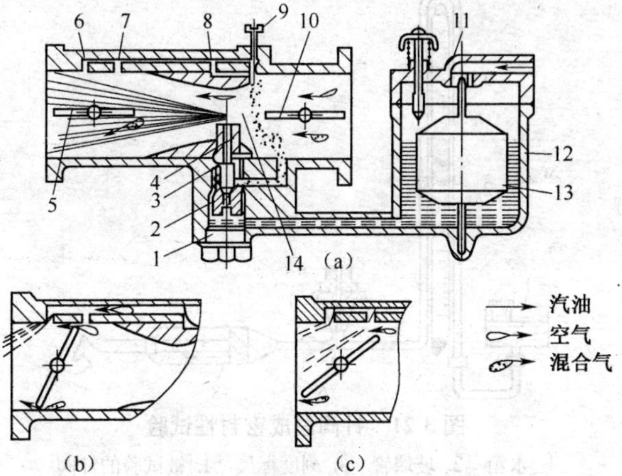

图 3-20　223 型化油器的工作原理

(a)负荷工况　(b)怠速工况　(c)过渡

1. 放油塞　2. 主量孔　3. 密封垫　4. 主喷管　5. 节气门　6. 怠速喷孔　7. 过渡喷孔　8. 怠速空气量孔　9. 怠速调整针　10. 阻风门　11. 浮子室盖　12. 浮子室　13. 浮子　14. 喉管

打开开关，抽动抽气机，使玻璃管中水柱上升 1000～1100 毫米，这时关闭开关，注意管中水柱下降情况。如被检验的针阀是干针阀，在 30 秒内水柱下降应不大于 15 毫米；如为浸润汽油的湿针阀，则不允许下降。达不到以上检验要求时，可进行研磨或更换针阀。研磨时，在针阀与座的接合面上涂上细研磨膏进行对研。在没有专门仪器检查情况下，可将化油器上体倒置，然后用嘴从进油管接头处吸气，同时用舌头抵住进油管接口，如能将舌头吸住，则说明针阀密封良好。检查节气门轴与轴孔时，其配合间隙为 0.05～0.1 毫米，若配合间隙因磨损变大，可加粗轴或镶换铜套进行修复，以免因漏气、渗油改变混合气浓度，使化油器性能变差。

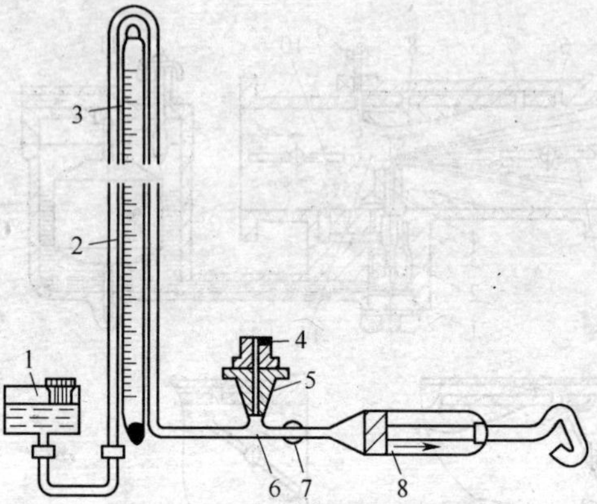

图 3-21　针阀总成密封性试验

1. 水箱　2. 玻璃管　3. 刻度标尺　4. 被试验的针阀
5. 接座外壳　6. 三通管　7. 开关　8. 抽气机

化油器浮子室油面高度的调整应注意浮子室，油面过高，会使混合气过浓；油面过低，会使混合气过稀。如 231 型化油器调整油面高度时，需将化油器盖卸下，油面过高时，在针阀座处加垫圈，或将浮子室上的小舌片向上弯；油面过低时，减少垫片或将小舌片向下弯。又如 691 型化油器不用拆卸化油器盖进行调整，而是通过油面高低调整螺钉直接进行调节。主供油装置调整时，由于汽油机工作中大部分时间处于中等负荷状态，因此主供油装置调整适当与否对汽油机的动力性和经济性影响很大。采用固定式主量孔的化油器在出厂前对各量孔做了精细的加工和流量测量，因此在使用过程中，一般不再进行调整。对主量孔可调整的化油器，是利用主量孔调整针旋出和旋入的方法进行调整。调整时，将调整针旋入到底，再旋出 1¾圈(231A2 型)、2 圈(231A4 型)、3¼～3½圈(EQH101 型)，然后发动汽油机，根据其运转情况和需要做进一步调整。化油器加浓装置包括机械加浓装置和真空加浓装置。机械加浓装置设计，在节气门全开前 10°时开始起作用（此时推杆开始抵住加浓球阀），当节气门全开时，推杆将加浓球阀往下推移距离为 2～2.5 毫米（231A_2G 型化油器）。231A_2G 型化油器机械加浓装置调整如图 3-22 所示，检查时，先拆下推杆上方的卡环，使节气门全开，这时连接板下移，它与上卡环应有 2～2.5 毫米的间隙。若间隙过大，则开始工作点过早，若间隙过小，则开始工作点过晚，此时可通过增加或减少出油阀座下的垫片予以调整。加速装置的加速泵皮碗应完好，如有发胀或磨损严重，缺边损坏应更换新件。加速泵喷油量的多少应根据发动机工作条件不同来进行调整。冬季由于汽油雾化较差，供油量应大些，加速泵拉杆连接钩应与连接板上距离摇臂轴较远的孔相连。加速装置的调整如图 3-23 所示，此时柱塞行程较大，供油量增多；夏季加速泵拉杆应靠近摇臂轴的孔连接，柱塞行程减小，供油量减少，以适应夏季汽油雾化条件较好的情况。EQ101 和 231A 型化油器，加速泵供油量的多少是通过加速泵柱塞杆上端两个销孔和活塞环槽进行调节的，如与下方销孔或环槽相连，则柱塞行程增大，供油量增多；与上方销孔或环槽相连，供油量减少。怠速的调整方法是在调整怠速时，应保证发动机水温正常、气门间隙适当，点火系统工

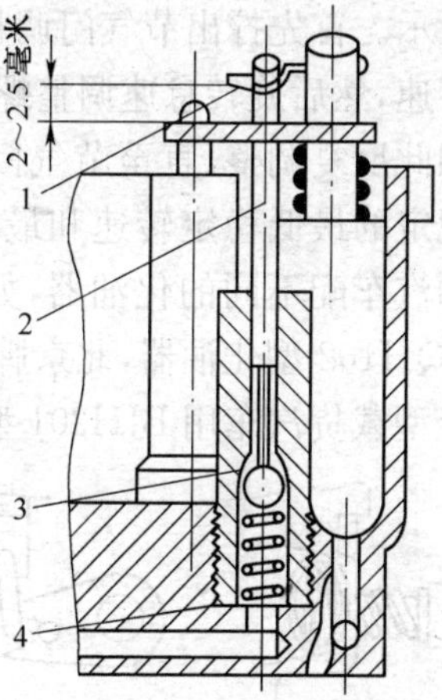

图 3-22　231A_2G 型化油器机械加浓装置调整

1. 卡环　2. 推杆

3. 加浓球阀　4. 垫片

作良好，化油器及进气管密封良好。怠速装置的调整是通过节气门调整螺钉和怠速调整螺钉相互配合来进行，如图 3-24 所示。首先拧出节气门调整螺钉，使发动机达到最低的稳定转速，然后旋转怠速调整螺钉，找到此时发动机的最高转速，如此反复调整，直至节气门开度调整到最小，使发动机能在规定的最低稳定转速和最经济耗油量的情况下运转。不同的汽车配不同的化油器，如东风 EQ1090(EQ140)型汽车用 EQH102 型化油器，北京牌 BJ212 型越野汽车和跃进 NJ130 轻型载货汽车用 BJH201 型化油器。

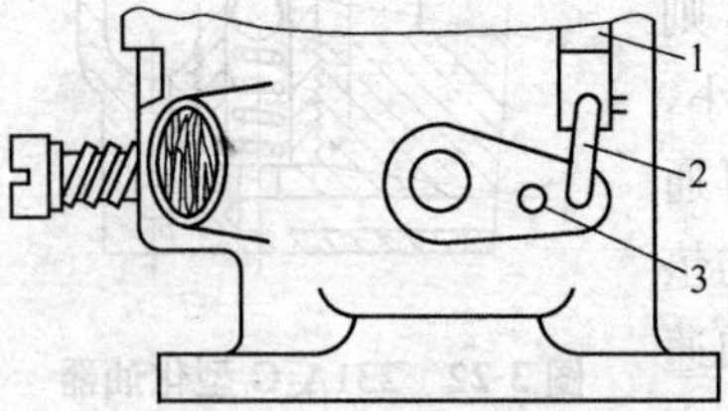

图 3-23　加速装置的调整

1. 拉杆　2. 连接钩　3. 摇臂孔

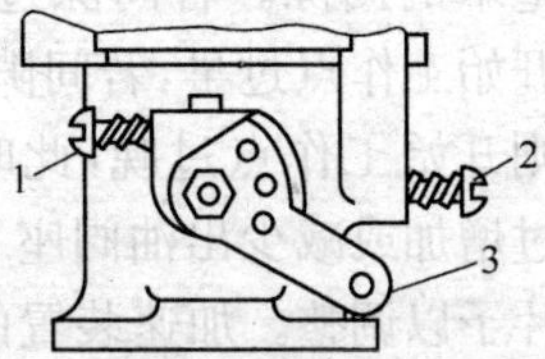

图 3-24　怠速装置的调整

1. 节气门调整螺钉
2. 怠速调整螺钉
3. 节气门摇臂

九、润滑系统的结构与维修

1. 润滑系统的结构

润滑系统的功用是将一定数量的清洁润滑油送到发动机的各个摩擦部位，起到润滑、冷却、清洗和密封的作用。润滑系统由收油盘、机油泵、机油滤清器、机油散热器、机油压力及温度指示器(表)和油底壳等组成。柴油机有飞溅式润滑和复合式润滑两种润滑方式。

①165F、170F、175F 型等柴油机飞溅式润滑如图 3-25 所

示，其润滑路线如下：

油底壳 → 凸轮轴正时齿轮 —飞溅→
- → 连杆衬套、活塞销、活塞、气缸套 → 油底壳
- → 推杆罩管 → 气门室 → 摇臂轴、衬套 → 气门杆、导管 → 油底壳

凸轮轴正时齿轮 → 曲轴平衡块、连杆大头 —飞溅→ 滚动轴承（208）→ 甩油圈集油槽离心力 → 曲轴连杆轴颈 →
- → 从径向孔流入连杆轴瓦
- → 沿轴向孔润滑曲轴、飞轮侧轴承（308）

→ 油底壳

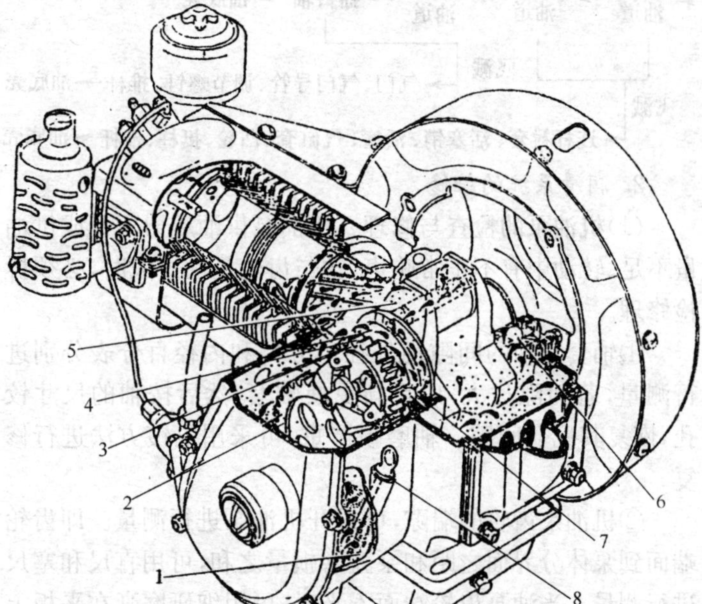

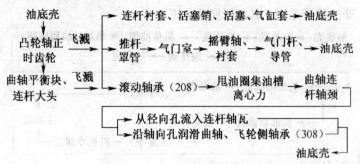

图 3-25　165F、170F、175F 型等柴油机飞溅式润滑

1. 机油　2. 凸轮轴正时齿轮　3. 曲轴正时齿轮　4. 甩油圈　5. 曲轴　6. 308 轴承　7. 208 轴承　8. 油尺

②4125A 型柴油机复合式润滑如图 3-26 所示，多为多缸柴油机所采用。其润滑路线如下：

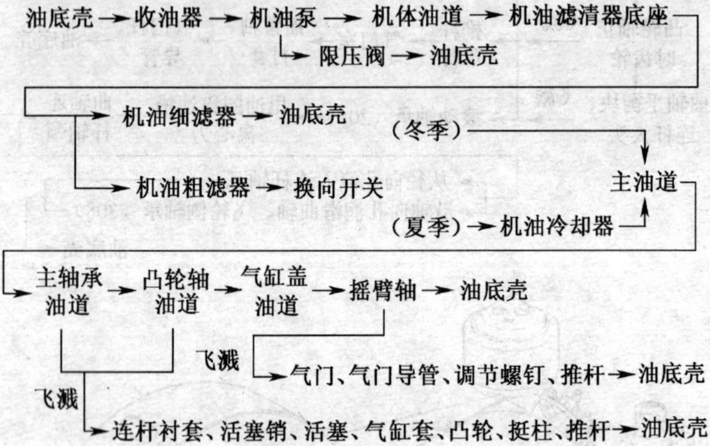

2. 润滑系统的维修

(1)机油泵的检查与修理　机油泵供油压力不足或供油量不足、转动中有不正常响声、轴与齿轮晃动过大时，必须拆检修理。

①轴套与轴的间隙用外径千分尺和内径百分表分别进行测量，若间隙过大，应重新更换轴套，然后按轴的尺寸铰孔，恢复其配合间隙。轴磨损严重，可采用电镀方法进行修复。

②机油泵齿轮的端隙，可拆开机油泵进行测量。即齿轮端面到泵体分界面之距和泵盖磨损量之和，可用直尺和塞尺进行测量。当油泵齿轮端面不平时，可用细研磨膏在平板上进行 8 字形往复研磨，同时根据齿轮的高度以同样的方法研磨泵体的接合平面，泵盖平面如磨损严重或有明显拉槽，必须先在磨床上磨平后再进行研磨。

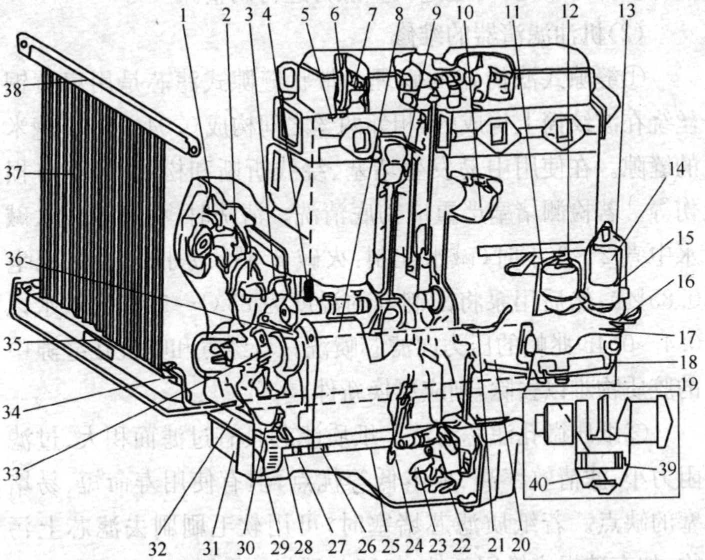

图 3-26　4125A 型柴油机复合式润滑

1. 喷油泵驱动齿轮润滑油道　2. 外装油管　3. 惰轮润滑油道　4. 凸轮轴脉动供油槽　5. 气缸盖到气门摇臂油道　6. 摇臂轴油道　7. 润滑推杆的摇臂喷油孔　8. 主油道　9. 连杆深油孔　10. 加油管总成　11. 机油细滤器外罩　12. 转子细滤器　13. 机油粗滤器外罩　14. 内滤芯　15. 外滤芯　16. 机油温度表感温塞　17. 机油滤清器底座　18. 机油散热器进油管　19. 机油散热器出油管　20. 机油泵出油管　21. 机油压力表接头　22. 机油泵　23. 带滤网的收油器　24. 机油尺总成　25. 花键轴　26. 花键轴联轴节　27. 传动轴支架　28. 传动轴　29. 机油泵传动齿轮　30. 机油泵传动中间齿轮　31. 油底壳　32. 油底壳框架　33. 曲轴齿轮　34. 下集油室　35. 隔板　36. 润滑主轴承油道　37. 散热管　38. 上集油室　39. 滤油孔　40. 杂质分离管

③机油泵限压阀与阀座因磨损失去密封性，可用细研磨膏进行研磨，还可以将钢球冲出阀座，换用新的钢球。限压

阀弹簧弹力不足，可通过调整螺钉进行调整。

(2)机油滤清器的维修

①缝隙式滤清器的修理。带状缝隙式滤芯是用扁黄铜丝绕在波纹筒上构成的，相邻两丝之间构成0.04～0.09毫米的缝隙。在使用中易发生堵塞、绕线折断和松脱、上下口损伤等。若检测堵塞严重应彻底清洗。清洗时，将滤芯放入碱水中煮2～3小时(碱水配制：火碱2.5%、苏打3.3%、肥皂0.85%)，然后用泵将配制好的温度为85℃～90℃的碱水以0.4～0.45兆帕的压力向滤芯喷洗。若经煮和喷洗在缝隙中的胶质物难以去除，则应更换新件。

②纸质微孔滤芯清洗。纸质滤芯具有过滤面积大、过滤阻力小、滤清效率高、成本低等优点，但有使用寿命短、易堵塞的缺点。若纸质滤芯堵塞时，可用软毛刷刷去滤芯上污物，如有破损应换用新件。495A型柴油机用J0810型机油滤清器总成如图3-27所示。

十、冷却系统的结构与维修

1. 冷却系统的结构

发动机在工作过程中，由于混合气的燃烧，气缸内的气温高达2000℃左右。发动机冷却系统的功用是对在高温条件下工作的零件，如气缸套、活塞、活塞环、气缸盖、气门等，加以冷却，保持在适宜的温度范围内可靠耐久工作。冷却介质有水和空气两种，由于采用冷却介质不同，发动机冷却方式分水冷发动机和风冷发动机。冷却系统主要由散热器(水箱)、水泵、节温器、风扇、风扇带等组成。4125A型柴油机水冷系统如图3-28所示，B/F8L413F型柴油机风冷系统如图3-29所示。

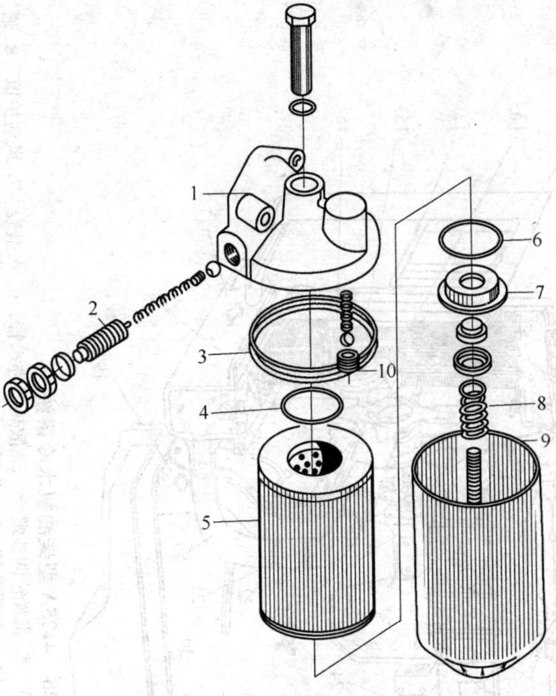

图 3-27　J0810 型机油滤清器总成

1. 滤清器座　2. 压力调节阀　3、6. 密封圈　4. 密封圈
5. 纸质滤芯总成　7. 座圈　8. 弹簧　9. 外壳　10. 旁通阀

2. 冷却系统的维修

(1)节温器的修理　节温器安装在气缸盖出水管中,受冷却水温度的影响自动控制冷却强度,使冷却水温保持在设定范围之内。节温器一般在 68℃～72℃时开启,80℃～85℃时完全开放。对节温器的检查是将节温器放在装有热水的容器中,逐渐加热,用温度计测量其开启和全开时的水温是否符合规定。节温器如图 3-30 所示。如膨胀筒破裂一般应

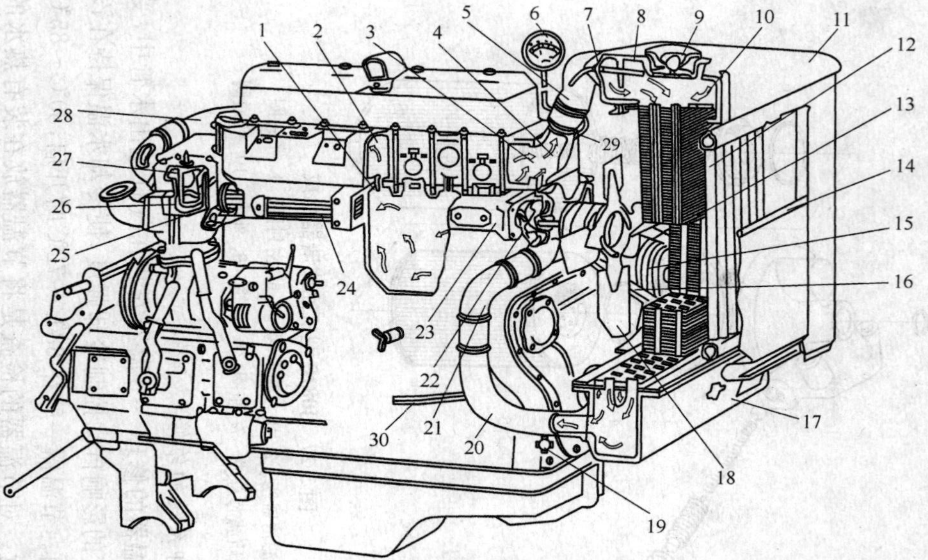

图 3-28　4125A 型柴油机水冷系统

1. 气缸体水套　2. 气缸盖水套　3. 气缸盖出水管　4. 张紧轮调整螺栓　5. 散热器进水管　6. 水温表　7. 风扇护罩　8. 通气管　9. 水箱盖　10. 散热器芯子　11. 上水室　12. 机油散热器　13. 张紧轮　14. 保温帘　15. 风扇驱动带轮　16. 风扇皮带　17. 下水室　18. 风扇　19. 放水开关　20. 散热器出水管　21. 柴油机进水管　22. 水泵　23. 分水管　24. 分水孔　25. 起动机进水管　26. 起动机气缸体水套　27. 起动机气缸盖水套　28. 柴油机气缸盖进水管　29. 水温表感温塞　30. 暖风机出水管

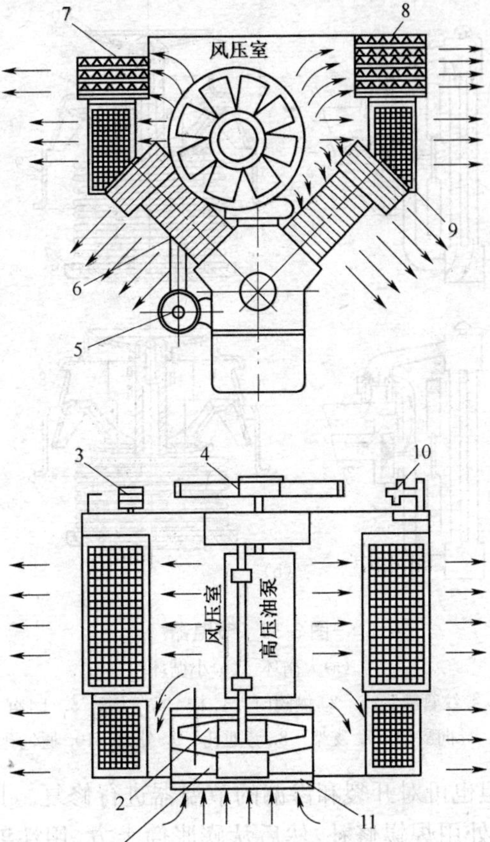

图 3-29　B/F8L413F 型柴油机风冷系统

1. 静叶轮　2. 动叶轮　3. 压气泵　4. 飞轮　5. 发电机
6. 气缸盖和气缸套　7. 中冷器(两个)　8. 变矩器油散热器(上面一个)
9. 机油散热器(两个)　10. 节温器　11. 风扇

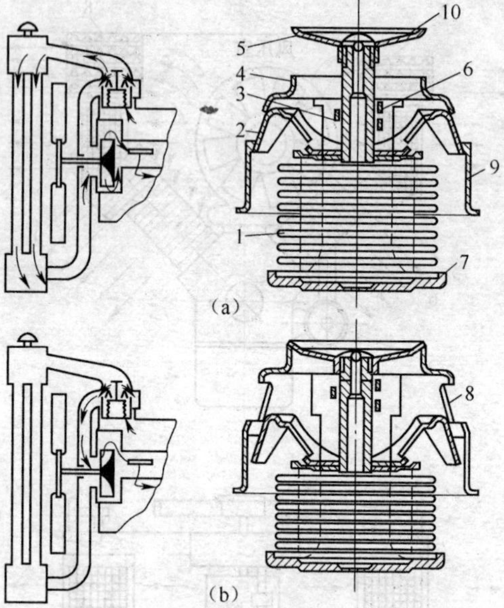

图 3-30　节温器

(a)大循环　(b)小循环

1. 皱纹管膨胀筒　2. 侧阀门　3. 杆　4. 阀座　5. 上阀门
6. 导向支架　7. 支架　8. 旁通孔　9. 外壳　10. 通气孔

换新件，但也可对开裂和渗漏的节温器进行修复。其方法是先将渗漏处用焊锡修补，然后从膨胀筒上方，用注射器注入酒精。再将节温器放入热水中，待酒精膨胀排出空气后，用焊锡将注射孔封闭。要求施焊时动作要快，以防酒精蒸发，难以施焊。

(2)**散热器的修理**　散热器在大修时经清除水垢后放在试验台上检漏，将散热器内注满水并加压 0.05～0.1 兆帕，在 5 分钟内不得有水渗漏发生。散热器上、下室和散热管破漏，脱焊可进行锡焊，当破损较大时，可用铜皮烫锡进行焊补。当少数散热管损坏部分的长度不大时，可剪去管的损坏部分，焊接适当长度良好的散热管。如散热管损坏严重，可抽出旧管改换用新管修复。有时也允许将个别损坏严重的散热管两端压扁焊死，散热器修复后应再次进行密封性检查。

(3)水泵和风扇的修理 水泵壳为灰铸铁铸造，如壳体出现裂纹时，可用电焊修补；水泵叶轮破损、开裂，一般应换新叶轮；水泵胶木水封圈磨损，一般应更换，也可以用研磨密封面的方法恢复其密封性；若水封为石棉绳填料，可用拧紧水封螺母压紧填料的方法消除漏水，每次拧 1/6 圈左右，检查以不漏水为止，以防拧得过紧而加剧轴颈磨损和大量发热。水泵修复后，用手转动带轮，泵轴转动应无阻滞现象，叶轮与泵壳应无碰击声，并在水泵试验台上检测其排量和有无漏水现象。

风扇叶片松动应重新铆固，变形的叶片和叶片架可用冷压法校正，但变形严重时应换新件。风扇在修理时，叶片端面在其回转平面内误差不得超过 2 毫米。叶片对叶片架的倾角应符合规定值，而且各叶片倾角应一致。修理后的风扇还应进行动平衡试验。其方法是将风扇心轴放置在两块平行的 V 形铁上，转动风扇，使其停止转动在任一位置上都能保持平衡，若不平衡，可通过在风扇带轮辐上打孔的方法进行调整。

3. 气焊和电焊机安全操作要点

(1)气焊操作安全要点

①点火。先微开氧气瓶阀门，然后再开乙炔阀门，火源从焊嘴侧面点燃火焰，然后逐渐开大氧气阀门，对碳化焰调整成正常后进行焊接。灭火时，先关闭乙炔阀门，后关氧气

阀门。

②焊嘴角度。开始焊接时，因工件温度较低，焊嘴应与工件垂直，使热量集中而很快加热工件。正常焊接时，焊嘴与工件的夹角均为40°～50°，焊至工件末端时，应将夹角减少。焊接薄板时，如水箱、油箱等，夹角应相应减小，以防烧穿工件；焊接厚件时（如机体、泵壳等），夹角应加大，使热量集中，焊丝与工件的夹角为40°～50°。

③焊接速度。焊接速度应首先保证工件熔化良好为前提，焊炬应尽快前移，以免烧穿工件，速度合适时，熔池轮廓为连续的椭圆形。

④送丝。待工件加热熔化后，才可加入焊丝。焊丝应点在熔池内，同时被火焰加热熔化。如工件未熔化即加入焊丝，或将焊丝点在熔池外面，以及先熔化后滴入熔池，这都是不正确的。

⑤氧气瓶不得遭受撞击、沾染油污和其他易燃物品及高温烘晒，瓶阀的润滑只能用滑石粉。乙炔发生器和电石桶附近严禁烟火。工作前，要检查回火器水位，保证正常水位。回火时，要立即关闭乙炔阀门。气焊工作场地，要有良好的通风，严禁堆放易燃、易爆物品。对橡胶气管要经常检查有无胶管老化、破裂、接头漏气等现象。工作完毕后，要及时关闭氧气阀门和乙炔阀门。

(2)电焊机安全操作要点

①电焊机接入电源时，必须使两者的电压符合。外部除要正确连接外，还要按有关技术标准选定电源线、焊接电缆线、熔断丝和电源开关，不得随意估算。

②在焊接前，应根据作业要求和焊接规范选用电焊机，焊接电流不准超过电焊机铭牌上规定的额定电流，即不准

超载。

③电焊机不准在高湿(相对湿度大于90%)和高温(周围空气温度大于40℃),以及有害工业气体、易燃易爆物附近进行电焊作业。

④为了安全,电焊机外壳上均有接地螺栓,用导线将外壳与接地装置相连接。多台电焊机集中使用同一接地装置时,应采取并联,严禁串联。

⑤调节焊接电流或改变极性时,必须在空载状态下进行。

⑥电焊机在未切断电源之前,绝不准触摸电焊机的导线,工作完毕或临时离开作业现场,必须切断电源。

⑦电焊工在作业时,必须穿好安全防护服和绝缘鞋,戴好防护面罩或防护头盔。

⑧在工地使用电焊机应注意防雨、防潮湿和水浸。电焊机不用时,应放在室内通风、干燥的地方,妥善保管。

⑨施焊铸铁件时,要将被焊的工件放在冷水内,转动着焊,尤其大的圆件最为适宜,或用喷灯或烘炉给被焊工件以适当的加温后,再进行施焊。施焊铝件时,与施焊铸铁件方法相同,只是要用铝焊条来进行施焊。

⑩电焊工施焊时,要向前浮着推送焊条的熔化水,速度不能快也不能慢,快了断条,慢了起高。施焊缝隙大,需在缝隙处加个小铁件或左右摔焊,但得焊焊、停停以使焊水浮沾牢固。施焊一层后,在准备焊第二层之前,要用小铁锤将焊渣敲打掉,以免造成假焊。施焊大铸铁工件,电流要大;施焊薄小的工件,电流要适当减小。用电焊切割比较粗大的工件时,需要烧透,需要大电流,当一看割缝已要熔化,即用焊条向割缝处甩焊水,用切切、甩甩的层次来进行切割。在电焊

机体时如有渗漏，在渗漏处涂抹食盐水或盐酸水，可解决因电焊质量引起的轻微渗漏。

十一、柴油发动机冬季起动禁忌

冬季气温低，柴油机起动时禁忌如下：

(1)忌加入沸腾的开水　冬天柴油机起动困难时，有一些驾驶员急于起动，将100℃的开水向冰冷的水箱内骤加，这样做会激袭气缸盖和机体变形、炸裂。正确方法是待水温降至60℃～70℃时加入。

(2)忌不按规定供油　有的驾驶员在起动4125A型柴油机时，不是将减压手柄放到"工作"位置后再供油，而是在起动前就将节气门手柄放到了供油位置。这样做法的危害是浪费燃油，多余的柴油会冲刷气缸壁，使活塞、活塞环与气缸套之间润滑恶化、磨损加剧；多余柴油流入油底壳，会稀释机油，降低润滑效果；气缸中过多的柴油燃烧不完全形成积炭。

(3)忌拉车起动　在冷车发动机内机油黏稠的情况下，拉车起动会加剧各运动机件间的磨损，缩短机车的使用寿命。

(4)忌不按季换用润滑油和燃油　冬季发动机若不换掉夏季使用的润滑油和燃油，柴油发动机就很难起动了。

(5)忌用明火烘烤油底壳　为防止发生火灾，应用炭火、煤火在一定距离外，烘烤机车油底壳，同时慢慢摇转曲轴，让机油均匀受热，使各运动机件部位得到润滑，以便发动机在冬季起动。

(6)忌长时间连续起动　柴油机上的起动机，是在低电压、大电流的情况下工作的，长时间使用会损坏蓄电池。因此，连续工作时间不得超过5秒钟，一次起动不着，应间隔15～30秒钟再起动，三次起动不了应查找原因。

(7)忌直接将汽油灌入进气管　汽油的燃点比柴油低，有的驾驶员将汽油灌入进气管发动机车。这样做虽然发动机易起动，但会使发动机工作粗暴，产生强烈的敲缸现象，严重时可产生发动机反转。

(8)忌长时间使用电热塞、电火焰预热器　电热塞和电火焰预热器是冬季低温便于柴油机起动的起动辅助装置。495A 型柴油机的电热塞安装在柴油机进气支管处，专供冬季起动时预热冷空气，帮助柴油机起动用。4115 型多缸柴油机在进气支管上，安装了电火焰预热器用于预热空气，使柴油机冬季便于起动。4115TD 型柴油机配用的电火焰预热器的型号为 YR07A 型、电压 12 伏、电流 12～15 安培，接通预热器时间不宜超过 35 秒钟。

电热塞和电火焰预热器的发热体都为电热丝，其耗电量和发热量都很大。如长时间使用，因急剧放电会损坏蓄电池，同时也可烧坏电热丝。所以电热塞每次使用时间不得超过 40 秒钟，电火焰预热器每次使用时间不可超过 30 秒钟。

(9)忌刚起动就高速运转　发动机刚起动时，润滑油的温度低、流动性差，如发动机马上高速运转，易造成各运动部件因缺乏润滑油而急剧磨损，严重时会烧瓦抱轴。冬季发动机刚起动，应怠速运转 3～5 分钟，待润滑油温度升高后，机车方可起步行驶。

第二节　底　　盘

机车的底盘一般由主离合器、变速器和转向、制动、行走系统组成。

一、主离合器的结构与维修

1. 主离合器的结构

主离合器由主动盘(包括前、后压盘和飞轮)和被动盘(包括钢片、摩擦片和盘毂)及螺钉组成。双作用离合器如图3-31所示,主离合器位于发动机与变速箱之间,起分离、接合和过载保护发动机与传动系统间的动力传递的作用。

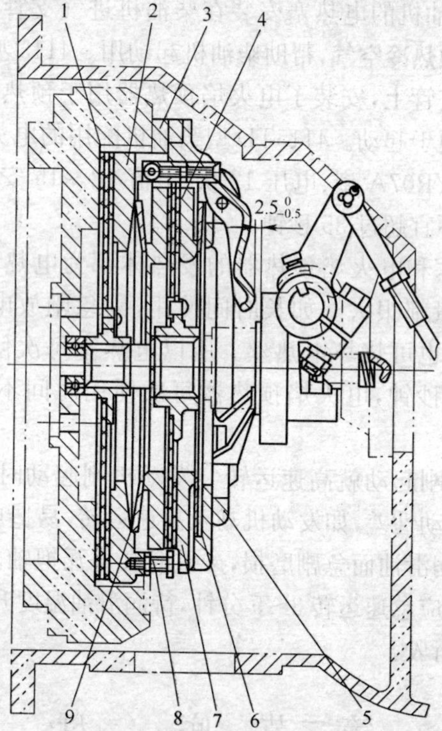

图 3-31 双作用离合器

1. 主离合器从动盘 2. 前压盘 3. 隔板 4. 副离合器从动盘 5. 离合器盖 6、9. 碟形弹簧 7. 后压盘 8. 分离螺钉

2. 主离合器的维修

(1)主动盘的修理　若主动盘表面有轻微划痕或烧伤，可用砂布或油石打磨；如有0.5毫米以上的深沟纹、0.3毫米以上的不平度，则应精车或磨削表面。车磨时，注意使压盘两平面平行，其平行度误差应小于0.1毫米，加工量尽量减小，主动盘经多次车磨后其厚度小于原厚度的10％时应将其更换；滚动轴承与飞轮配合松动时，应电镀轴承外圈，轴承本身径向间隙大于0.5毫米时，应换新滚动轴承；凸耳断裂可用铸铁焊条焊修，但焊修后应检查主动盘的平衡情况。

(2)从动盘的修理　用汽油洗去摩擦片表面的油污，表面烧蚀可用油石、锉刀、砂布修整。当磨损严重，使铆钉头低于摩擦面0.5毫米时，或表面严重烧蚀、破裂时，应换新件。更换新摩擦片时，应遵循以下修理工艺：

①用小于铆钉直径的钻头钻去旧铆钉。以钢片上的铆钉孔为定位孔，钻通两侧新摩擦片，再钻沉头孔，沉头孔直径与铆钉头直径相同，深度为摩擦衬片的2/3～1/2。

②摩擦片与钢件铆合，相邻铆钉分别从正反两面插入，摩擦片与钢片应均匀紧密贴合，局部间隙应不大于0.1毫米，平头铆钉应低于衬片表面1.2～1.5毫米。

③摩擦片铆合后，从动盘总厚度不应超出规定，摩擦片相对于花键轴的摆差应小于0.5毫米，从动盘更换摩擦片后，还应进行动平衡试验。

二、变速器的结构与维修

变速器由变速齿轮箱和操纵机构两部分组成。泰山-12型拖拉机变速箱如图3-32所示。

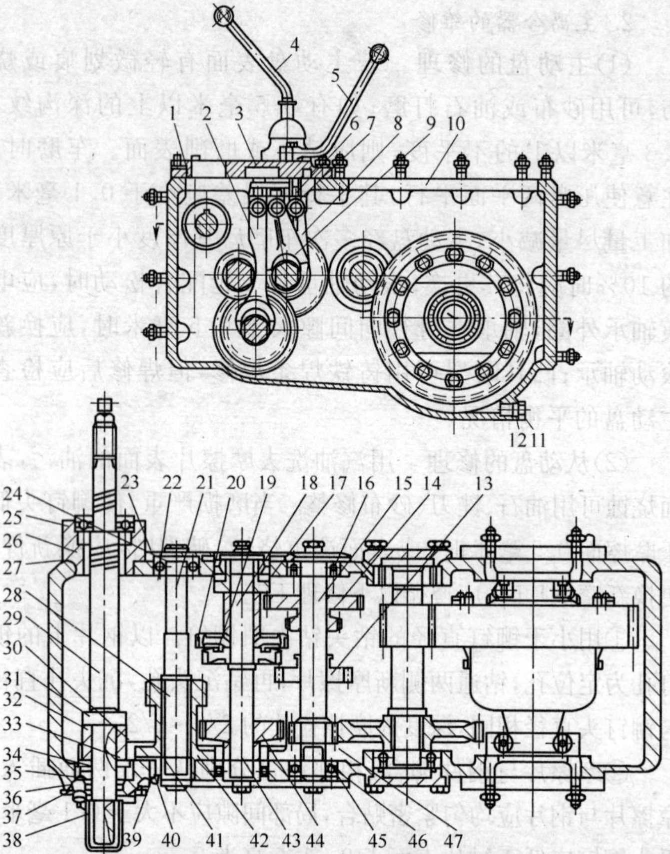

图 3-32　泰山-12 型拖拉机变速箱

1. 前盖纸垫　2. 副变速拨叉　3. 前盖　4. 主变速杆　5. 副变速杆　6. 锁定弹簧　7. 钢球　8. Ⅰ、Ⅲ挡拨叉　9. Ⅱ、Ⅴ挡拨叉　10. 变速箱体　11. 油堵　12. 垫片　13. Ⅱ、Ⅴ挡滑动齿轮　14. Ⅰ、Ⅲ、Ⅳ、Ⅵ挡滑动齿轮　15. 四轴　16. 305 轴承　17. Ⅰ、Ⅲ挡主动齿轮　18. 三轴　19. Ⅱ、Ⅴ挡主动齿轮　20. Ⅳ、Ⅵ挡主动齿轮　21. 二轴　22. 205 轴承　23. 二、三、四轴右轴承盖　24. 纸垫　25. 306 轴承　26. 轴承座　27. 纸垫　28. 副变速低挡齿轮　29. 轴　30. 平键　31. 轴用弹性挡圈　32. 108 轴承　33. 轴齿轮　34. 挡圈　35. 纸垫　36. 压盖　37. 油封　38. 动力输出轴防护罩　39. 二、三、四轴左轴承盖　40. 副变速高挡齿轮　41. 挡圈　42. 隔套　43. 305 轴承　44. 副变速滑动齿轮　45. 四轴隔套　46. 纸垫　47. 一级中央传动主动齿轮

①变速器箱体和箱盖出现裂纹未延伸到轴承座孔时，可以用焊补或粘补；箱体和箱盖接合面不平引起漏油，不平处间隙超过0.2毫米时，可用刮刀、铲刀、锉刀修平。

②变速器轴弯曲可采用冷压校正。当轴与滚动轴承内圈配合的轴颈处间隙大于0.04毫米时，当与滚针轴承配合处的轴颈磨损超过0.07毫米时，当与油封配合处出现0.35毫米以上的沟痕时，均可应用电喷涂、电镀、氧气堆焊方法修复。当第一轴键齿宽度磨损超过0.25毫米时，第二轴键齿宽度磨损超过0.2毫米时，均应采用氧乙炔喷焊、振动堆焊、等离子喷涂方法之一修复。

③变速箱内齿轮断齿应更换，当齿面磨损轻微齿侧间隙增大到0.1毫米时，可用油石修整齿面。当齿面磨损严重，齿厚在分度圆的磨损量超过0.5毫米时，可采用堆焊修复；由于堆焊工艺复杂，如难度大不能保证修复质量，则应予成对更换齿轮，不能留一个旧齿轮继续使用。

④变速器操纵机构出现故障会出现自动脱挡、挡位错乱、换挡困难、变速器发热和异响。当变速操纵杆球节直径磨损量超过0.5毫米时，应堆焊修复以恢复球节与球座孔的正常配合。当定位槽磨损超过0.4毫米时，应予焊修，恢复它与定位销的配合。操纵杆下端球头磨损超过0.4毫米时，应焊修，恢复其与变速叉槽的配合。当导动块凹槽磨损量大于0.6毫米时，或与变速杆球头配合间隙大于1.2毫米时，应予焊修。当变速叉下端工作面厚度磨损量大于0.5毫米，或其与齿轮拨叉槽的间隙大于1毫米时，应予焊修。当变速器拨叉轴弯曲大于0.2毫米时，应冷压校正。拨叉轴直接磨损大于0.15毫米，或与配合孔间的配合间隙大于0.25毫米时，应镀铬修复或更换。

三、转向系统的结构与维修

转向系统由转向机构和传动机构两部分组成。单拉杆式转向机构如图3-33所示，农用车的转向系统如图3-34所示。

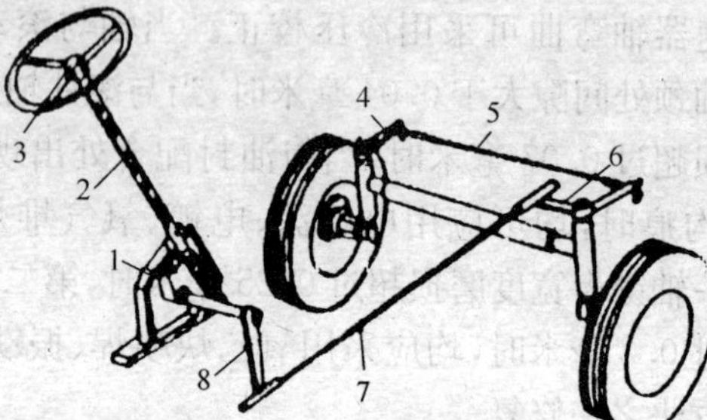

图3-33 单拉杆式转向机构

1. 转向器 2. 转向轴 3. 转向盘 4. 转向臂 5. 横拉杆 6. 转向节臂 7. 纵拉杆 8. 转向垂臂

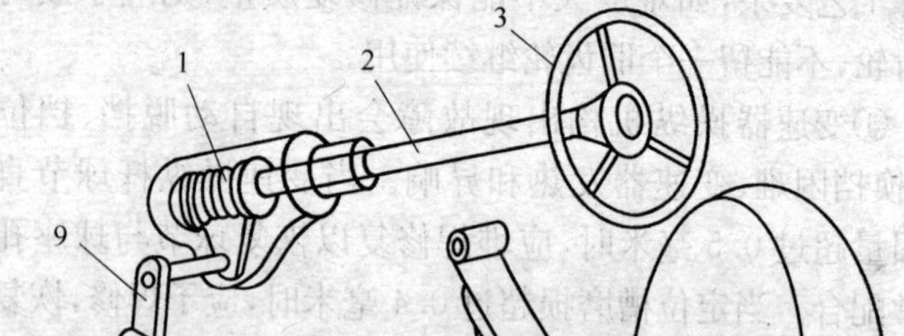

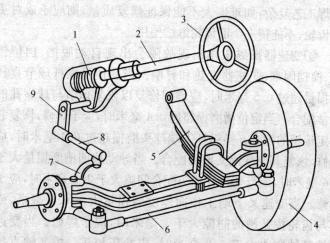

图3-34 农用车的转向系统

1. 转向器 2. 转向轴 3. 转向盘 4. 车轮 5. 钢板弹簧 6. 横拉杆 7. 转向节臂 8. 直拉杆 9. 转向摇臂

转向系统如使用不当，会出现转向沉重、转向轮打摆、行驶中自行跑偏、转向盘回正困难等故障。若出现上述故障应及时检修。

(1)转向器的修理

①球面蜗杆滚轮式转向器的修理。若转向轴弯曲变形，可冷压校正。蜗杆齿面和锥形轴颈有裂纹，或疲劳剥落或严重磨损，应更换蜗杆。蜗杆锥形轴颈磨损，可镀铬或镶套修复。转向垂臂与衬套的配合间隙过大，应更换衬套。滚轮与轴承配合间隙过大，应修理或更换轴承。滚轮轴磨损过大时，应更换。转向垂臂轴颈磨损过大，可镀铬修复，转向垂臂花键孔壁磨损过大，应更换。

②蜗杆螺母循环球式转向器的修理。转向轴弯曲大于0.2毫米时，应进行冷压校正，蜗杆两端锥形轴颈磨损，可镀铬修复。钢球螺母轴向间隙超过0.08毫米，应更换全部钢球或更换总成。扇齿轴弯曲，应进行冷压校正，扇齿损伤应修复或更换。扇齿轴与滚针轴承间隙大于0.12毫米时，可将扇齿轴镀铬或更换轴承衬套。

(2)转向助力器的维修　转向助力器主要零件包括分配阀、油缸等。当分配阀滑阀和阀体的配合间隙超过0.05毫米时，应予更换，滑阀和阀体配油槽不得有任何损伤。分配阀经液压油清洗后，滑阀在阀体中滑动应均匀自如，不得出现卡住现象。分配阀在大修时，应检查定中弹簧的性能，如弹力过小，则滑阀难以保持在中间位置，使转向盘回正困难，如果定中弹簧弹力过大，则转动转向盘时，作用力就会增大。当滑阀与阀体配合间隙增大影响使用性能时，可将滑阀外表面镀铬，再研磨和对研恢复其配合间隙。当油缸磨损轻微，且无较深的划痕时，可用珩磨恢复缸孔的形状精度和表面粗糙度，然后对活塞外表面进行电镀。修复后缸孔和活塞的圆柱度误差一般应小于 0.03 毫米。活塞上的油环在每次大修时都应换新件，以保油缸可靠地工作和车辆正常转向。

四、制动系统的结构与维修

1. 制动系统的结构

制动系统由制动器和操纵机构两部分组成。制动系统的功用是人为地给车辆施加阻力，使车辆在行驶中减速、停车，保证车辆能停在一定坡度的斜坡上，拖拉机进行单边制动协助转向，配合主离合器安全可靠地挂接农具。农用车和汽车制动系统一般有行车制动装置和驻车制动装置（即手制动器），包括两套独立的制动装置。

制动系统的基本组成如图 3-35 所示，ZL50 型装载机气液综合式制动驱动机构如图 3-36 所示。

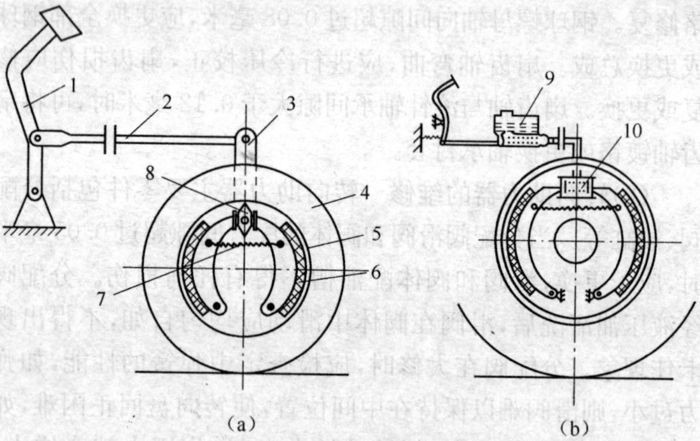

图 3-35　制动系统的基本组成

(a)机械式　(b)液压式

1. 制动踏板　2. 拉杆　3. 臂　4. 车轮　5. 制动鼓　6. 制动蹄　7. 回位弹簧　8. 制动凸轮　9. 制动总泵　10. 制动分泵

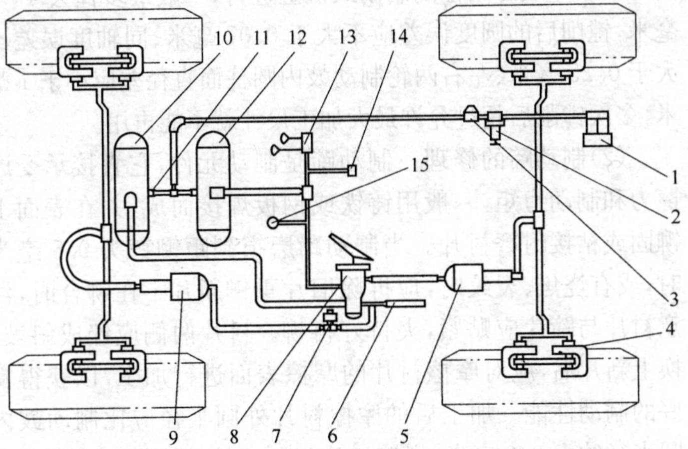

图 3-36　ZL50 型装载机气液综合式制动驱动机构

1. 空气压缩机　2. 油水分离器　3. 压力控制器　4. 制动分泵　5. 后气推油加力器　6. 接变速阀软管　7. 制动灯开关　8. 双管路气制动阀　9. 前气推油加力器　10. 前储气筒　11. 单向阀　12. 后储气筒　13. 气喇叭　14. 气刮水阀　15. 压力表

2. 制动系统的维修

车辆使用不当，制动系统会出现制动失灵、制动时机械跑偏、制动拖滞和制动器异响。制动系统的制动件出现损坏应及时修理。

(1)制动鼓的修理　制动鼓一般用灰口铸铁或可锻铸铁制成。制动鼓长时间使用会出现工作内圆柱面磨损，使其直径增大；鼓的内圆柱面失圆、有锥度和与旋转轴线不同轴；制动工作面出现裂纹和划痕。当制动鼓内孔圆柱度误差超过 0.25 毫米，工作面出现沟槽的深度大于 0.02 毫米，与轮毂轴承座孔的同轴度误差大于 0.1 毫米时，应进行镗削修复。镗削可在车床或专用镗削制动鼓机上进行，一般最多镗去4～5毫米，镗削后的圆度误差应不大于0.07毫米、同轴度误差不大于0.25毫米、左右两轮制动鼓内圆柱面直径差应小于1毫米，多次镗削后超过允许最大加工尺寸就不能再用。

(2)制动蹄的修理　制动蹄是制动元件，它直接承受摩擦力和制动力矩，一般用铸铁或钢板焊接而成，并在表面上铆固或粘接耐磨衬片。当制动蹄磨损到距铆钉头0.5毫米时，或有烧焦、裂纹时，应拆除旧片重铆新片。在铆合时，注意衬片与蹄片应贴紧，夹持好再铆。衬片两侧应锉成斜坡。换上新片后，应对摩擦衬片的摩擦表面进行加工，以获得良好的制动性能。加工后的摩擦衬片外圆半径应比制动鼓内圆半径约大0.2毫米，摩擦衬片与制动鼓的接触面积应大于衬片面积的50%，由于制动蹄在制动过程中中部受力后弯曲较大，接触印痕应两端重中间轻。当制动蹄片表面挠曲超过0.6毫米时，应予冷压校正。制动蹄片的支承销孔磨损超过0.15毫米或支承销轴磨损超过0.15毫米时，可堆焊或镀铬修复。支承销轴与车轮旋转中心轴线平行度误差应小于0.2毫米，制动蹄回位弹簧如有折断、两端挂钩明显变形、自由长度不符合规定要求，应予更换。

(3)气压制动系统制动阀的修理　制动阀产生故障后将使整个制动系统失灵。当膜片漏气与破损时，应换新件。安装新膜片时，注意边缘及阀心处可靠密封，不得漏气。制动阀推杆与衬套的配合间隙、拉臂销与销孔的配合间隙为0.01～0.03毫米，若间隙过大而松旷，可扩孔加大推杆和销的直径以恢复其配合间隙。各阀门的配合面、密封面漏气应用细研磨膏分别研磨后进行对研。当平衡弹簧弹力下降时，可以在弹簧下加垫，恢复其弹力。平衡弹簧要求有一定的预紧力和安装尺寸，若预紧力过大则制动过猛，预紧力太小则制动力矩不足。制动阀踏板的自由行程应符合规定要求。

(4)**液压制动系统总泵与分泵的修理** 总泵和分泵在使用中会出现油缸孔壁磨损、橡胶密封件老化变质、回位弹簧弹力降低、总泵补偿孔堵塞等。当油缸直径磨损大于0.15毫米，或圆度误差大于0.05毫米，或产生严重的划痕，应按加大0.25毫米的修理尺寸加大镗磨缸孔，与其配套活塞的外径可采用电镀修复。修复后的缸孔和活塞，配合间隙一般应为0.03～0.08毫米。回位弹簧弹力低时，可加垫恢复其弹力，但加垫不宜过厚，以免影响活塞的行程，造成制动力不足。密封件老化变质应换新件。总泵补偿孔与弯通孔堵塞时，应用钢丝疏通。

(5)**气推油加力器的修理** 气推油加力器又称为气液增压加力器，ZL50型装载机气推油加力器如图3-37所示，由制动气室和液压制动总泵两部分组成。制动气室在使用中会出现推杆油封、活塞头部皮碗损坏造成漏油，制动气室活塞磨损或密封件损坏漏气，弹簧变软等。当气缸内壁磨损后圆度和圆柱度误差大于0.1毫米时，应更换气缸。弹簧变软可加垫恢复，油封和皮碗漏油后，使低压油腔油压上升缓慢，控制阀活塞不能及时动作，制动缓慢或制动不良。修理时如发现油液漏入制动气室右腔，应更换油封和皮碗。

五、行走系统的结构与维修

轮式机车的行走系统如图3-38所示。履带式机车的行走装置结构如图3-39所示。行走系统的功用是将发动机传到驱动轮上的转矩，转化为车辆行驶的牵引力，使车辆平稳行驶。

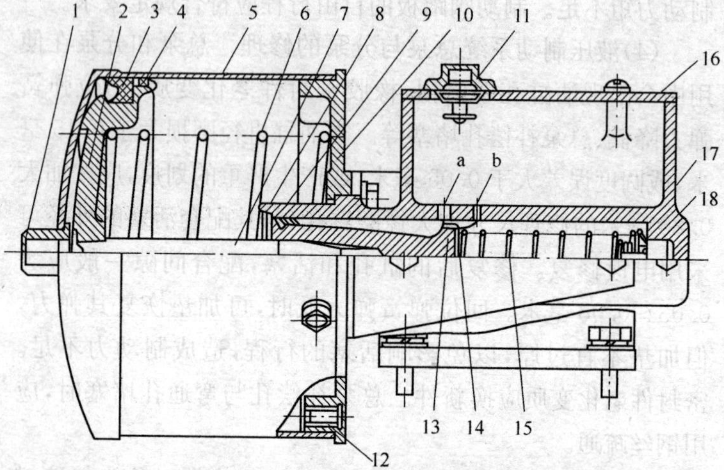

图 3-37　ZL50 型装载机气推油加力器

1. 气管接头　2. 气室活塞　3、4. 密封圈　5. 活塞式加力气室　6. 回位弹簧　7. 推杆　8. 挡圈　9. 密封圈　10. 气室右端盖　11. 加油口盖　12. 带过滤器的进气口　13. 总泵活塞　14. 皮碗　15. 活塞回位弹簧　16. 总泵壳体　17. 回液阀　18. 出液阀　a. 进油孔　b. 补偿孔

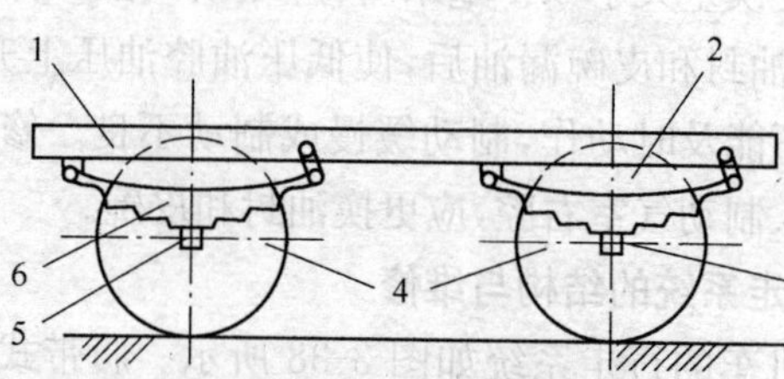

图 3-38　轮式机车的行走系统

1. 车架　2. 后悬架　3. 驱动桥　4. 车轮　5. 从动桥　6. 前悬架

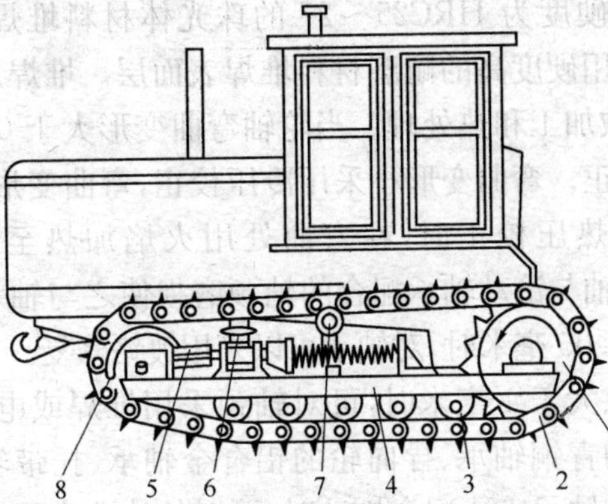

图 3-39 履带式机车的行走装置结构

1. 驱动轮 2. 履带 3. 支重轮 4. 台车架 5. 履带张紧装置 6. 悬架平衡弹簧 7. 托轮 8. 引导轮

1. 履带式机车行走系统的修理

(1)车架的修理　车架在使用中会出现裂纹、变形和车架各安装面与配合表面的磨损。可在检查平台上检查车架垂直方向的弯曲变形，测量车架下平面4个角至检验平台的距离差，可知车架有无扭转弯曲变形；将车架侧置在平台上，测量侧面下边缘至平台的距离，即可知有无侧向弯曲。车架变形超限时，应进行校正，以恢复其主要安装面之间的位置精度。变形小时可冷压校正，变形大时应热压校正。车架经校正或焊补加固后，每次使用时间达不到500小时或修理10次以上应报废。

(2)引导轮、支重轮与托带轮的修理　从滚道磨损情况看，磨损最严重的是支重轮，其次是引导轮，再其次是托带轮。若轮体滚道直径磨损量超过10毫米时，应用耐磨性材料堆焊，采取氧焊或氩弧焊为好。如堆焊层超过3层时，应先用韧性好的、硬度为 HRC25～27 的珠光体材料堆焊底 2～3 层，然后再用硬度高的耐磨材料堆焊表面层。堆焊后的轮体再进行机械加工和热处理。当轮轴弯曲变形大于 0.02 毫米时，应予校正。弯曲变形小采用冷压校正，弯曲变形大时，应热压校正，热压校正时，在弯曲处用火焰加热至 450℃～500℃。轮轴与滚动轴承配合的轴颈磨损使之与轴承内圈的间隙大于 0.05 毫米时，对轴承可以采用镀铬修复。与滑动轴承配合间隙大于 1 毫米时，可对轴颈采用堆焊或电镀修复。若支重轮的青铜轴承、导向轮的铝合金轴承、托带轮的尼龙轴承与轮体轴承座孔配合松动时，可对轮体孔进行镶套或电镀轴承(尼龙除外)外壳修复，并恢复配合精度。轴承孔磨大后，应更换轴承，新轴承与轴颈间的标准配合间隙与轴材料有关，青铜轴承为 0.16～0.3 毫米，铝合金轴承为 0.2～0.4 毫米、尼龙轴承为 0.5～0.9 毫米。若支重轮、导向轮和托带轮所用的油封磨损、橡胶老化变质，使油封效能降低而漏油时，对橡胶老化变质的油封应更换，对钢质密封油封的封面产生磨损、划痕，可用研磨的方法恢复其密封性，研磨时应注意密封环带不能过宽，以防降低封油性能。

(3)**履带的修理**　若链轨节高度磨损量大于 4 毫米，宽度磨损量大于 6 毫米时，可用堆焊修复。堆焊时，应选择硬度能达到 HRC48～58 的焊条或焊丝，堆焊层间的加热，可用氧乙炔焊枪，也可以用喷灯。若链轨销套外表面一面磨损量达到 3 毫米时，可将销套翻转 180°装上再用，当两面磨损量都达到 3 毫米时，应修复或更换。销套内孔表面一面磨损不得超过 1.8 毫米，两面磨损不得超过 3.6 毫米，超过时应予修复或更换销套。若履带板履齿磨损量大于 15 毫米时应予修复。当履齿磨损量较小时可直接用堆焊修复。磨损量较大时，可用焊接中碳钢圆钢的方法进行修复，焊接时，应用强度大于500兆帕的低氢焊条焊接，并在焊前将履带板预热（100℃～150℃），以防止焊接裂纹的产生。履带板着地面磨损使履带板变薄，甚至产生裂纹和断板时，应予更换。

2. 轮胎式机车行走系统的修理

车架支撑着整个机体，用来安装发动机、传动系统和行走系统。车架有全梁架式、半梁架式和无梁架式3种。汽车、汽车式起重机、农用四轮车一般均采用全梁架式；半梁架式车架是指一部分是梁架，而另一部分则是利用传动系统的壳体而组成的车架，有东风-12型、泰山-12型、铁牛-55型拖拉机采用；无梁架式车架没有梁架，车架由发动机机体、变速箱壳体和后桥壳组成，采用无梁架式车架的有丰收-180型、泰山-25型、神牛-25型、奔野-25型、上海-50型、江苏-50型等拖拉机。若全梁架式和半梁架式车架出现弯曲和纹裂，可参照履带式机车行走系统的车架修理方法进行修复。无梁架式车架制造及装配技术较高，若出现技术故障，一般需生产厂进行校正或修复。若悬架在缓和与吸收车轮受到冲击和振动时，不能保证机车平稳行驶，应检查悬架的紧固情况和零件使用状况。如U形螺栓松动应紧固，如折断应焊修，如钢板弹簧久用无弹力或折断应更换，钢板弹簧如出现0.1毫米裂纹其宽度为1/3时，可焊修，装复时其焊修面应磨平；轮胎安装在轮辋上，直接与地面接触，轮胎应能保证车轮和路面有良好的附着性能。若轮胎表面花纹磨损严重、行驶打滑应更换或胶补（拖拉机的导向轮不宜胶补），轮胎与轮辋固定不牢，若出现轮胎与轮辋之间打滑，应检查轮辋和轮盘，如侧弯或变形，应采用冷压校正修复。

六、机车使用、维修、保养的技巧

在机动车的维修保养中，有些驾驶员和修理工未能按规定的技术要求去做，常常是想当然，以致弄巧成拙，导致发动机和底盘酿成机械损坏或事故。下面列举机车在使用维护保养中的常见误区，以引起重视和注意改正。

(1)**螺栓宁紧勿松**　机车上用螺栓联接的部位较多，如气缸盖、连杆轴承盖、主轴承盖等，都必须有足够的预紧力，不能过松，也不能过紧。有的修理工在维修机件时，有“宁紧勿松”的修理习惯，认为紧一点保险，其实不然。若螺栓拧得过紧，超过规定力矩值，一方面将使连接件在外力作用下产生永久变形、裂纹和凸起，造成接合面不平；另一方面将使螺栓产生永久拉伸变形、预紧力反而下降，甚至造成滑扣和折断。而对于气缸罩盖、滤清器纸质滤芯、沉淀杯等处的固定螺栓，拧得过紧时，反而造成机件损坏，如连杆螺栓拧得过紧，容易引起烧瓦抱轴。

(2)**机温宁低勿高**　发动机过热时，功率下降、摩擦副磨损加剧。于是有的驾驶员便误认为机温越低越好，他们有的过早地打开机车百叶窗，甚至拆去节温器。殊不知机温过低，燃油的流动性变差，燃烧过程变慢，发动机功率下降，油耗量增加。同时由于机温低，润滑条件变差，摩擦阻力增大，气缸套易产生化学腐蚀。据测试，在水温 40℃时气缸套的磨损速度是水温为 90℃时的 5～7 倍。由此可见，机温不是越低越好。因此，在发动机工作时，应保持正常水温 80℃～95℃。

(3)**机油宁多勿少**　有的修理工在维修时，担心油底壳内机油不足而烧瓦，便误认为多加机油总比少加好。这样虽然排除了因机油不足引起烧瓦的可能性，但发动机工作时曲轴柄、连杆大端剧烈搅动机油，不仅增加了发动机内部功率损失，而且因激溅到气缸壁上的机油增多，易产生烧机油的故障，同时也加剧了燃烧室内的积炭。因此，发动机油底壳的机油应按规定加注在机油尺上、下刻线之间为宜。

(4)**机油宁稠勿稀** 机油过稀时，黏性下降，轴瓦与轴颈等摩擦副间的机油易于流失，加剧机件磨损。于是驾驶员或修理工便误认为机油越稠越好，其实不然。如机油黏度过大，特别是冬季仍使用高黏度的夏季机油时，在发动机低温起动阶段，因机油流动缓慢，不能及时进入各摩擦副表面，造成气缸套与活塞环、轴瓦与轴颈等摩擦副干摩擦和冷抓黏，甚至造成起动时烧瓦事故。因此，在保证润滑的前提下，应按照产品说明书要求，分季节选用一定牌号的机油，如冬季选用稀机油，夏季选用稠机油。

(5)**传动带宁紧勿松** 拖拉机、汽车发动机的水泵、发电机等都采用传动带或正时齿轮带动。当传动带松弛时，传动带会打滑并加剧磨损，传递效率下降。于是有的驾驶员或修理工认为传动带越紧越好，其实不然。如传动带调得过紧时，传动带易产生拉伸变形、缩短使用寿命，同时带轮轴与轴承易弯曲和损坏。因此，传动带松紧度应调整合适，即按压传动带中部时，其下沉量为10～15毫米。

(6)**轮胎气压宁高勿低** 有的驾驶员担心行车中轮胎气压不足会加剧轮胎磨损和行驶阻力，于是便误认为轮胎气压越高越好，其实不然。如胎压过高时，胎体呈刚强，缓冲能力减弱，会加剧车胎的冲击载荷，特别是在凹凸不平的道路上高速行驶时，极易产生爆胎事故。因此，必须按各车型轮胎的特点和气压设计要求，正确给轮胎充气。

(7)**充电电压宁高勿低** 当发电机充电电压过低时，蓄电池因充电不足容量下降，于是有的修理工在充电时将电压值调得过高。这样将导致蓄电池电解液因充电过度温度升高、水分蒸发过快，易于硫化极板、使用寿命缩短，并容易损坏用电设备。

(8)**熔断丝宁粗勿细** 熔断丝是用来保护机车上电气设备不被短路电流烧坏的。有的驾驶员或修理工为了减少换件麻烦，而喜欢用较粗的熔断丝替代烧断的细熔断丝，但发动机调节器及其他用电设备却不保险了。因此，当熔断丝烧断时，一定要查找烧断熔断丝的原因，并排除其故障后，更换符合要求规格的熔断丝。

七、农机维修中应引起注意的不安全操作方法

在乡镇农机维修站中，有些修理人员不按修理工艺和操作规程办事，结果造成机械故障或出现伤人事故。

(1)**支撑车辆的错误操作** 当车轮损坏需更换时，有的修理工只用砖头、木块或用一个千斤顶支撑起车架，这种做法是不安全的。正确操作方法应该是用千斤顶和结实的木墩同时垫起车架，且在落地车轮前、后用三角木或较大石块卡住，防止车辆前后移动、支撑倒塌伤人。同时这种维修最好选在坚实的平地上进行。

(2)**轮胎充气的错误操作** 轮胎经维修后重新充气，有的修理工不加防护充气，致使钢圈弹出伤人。正确操作方法是充气前将轮胎和钢圈用铁链锁在一起，或将挡圈一侧朝向地面，待人离开后再充气，这可防钢圈弹出伤人。

(3)**用绳索吊挂重物的错误操作** 在维修机车发动机

时，有的修理工用麻绳、尼龙绳或V(三角)带吊卸，这是很不安全的。正确的操作方法是用结实的钢丝绳捆扎牢发动机，用吊车悬吊或用捯链吊。吊车悬挂时，重物下不得有人站立或通过；用捯链吊时，其三脚架的地脚必须稳固在坚硬的地平面上。

(4)**修理机车制动器的错误操作** 维修车辆制动器时，有的修理工将手、脚制动器同时修理，造成车体自行滑动伤人。正确的操作方法是手、脚制动器应分开修理，以便其互相制动保安全。同时，车辆应停放在平坦坚实的地方，且前后车轮用三角木双向卡牢，以防车辆滑移伤人。

(5)**调试发动机的错误操作** 在调试发动机时，有的维修人员接近风扇、传动带、排气管等危险部位，或将维修工具、零件放在机器上掉落伤人、损机。正确的操作方法是调试人员衣着要利落，女士要将头发罩起，非调试人员要远离机器，调试时尽量停机，必须着火调试时，应有专人看守操纵机构，以防意外开机伤人。调试后开机前，应清点工具和零件，以免掉入机内损坏机器。

(6)**维修传动机件的错误操作** 在维修传动机件时，有的修理工用手或物伸向传动机件上，如机器运转时摘戴胶带，用手拉拽胶带，调节风扇胶带松紧度时，不熄火停机，这些都是不安全操作。正确的操作方法是机器运转时，不得用手和物接触机器传动件，调节风扇胶带应停车。

(7)**用手摇把起动发动机的错误操作** 用手摇把摇已修理好的手扶拖拉机发动机时，有的修理工将拇指与其他四指分开握摇把摇车，这种操作易伤手。正确的操作方法是用手五指并拢紧握摇把，用力下压摇把，并顺摇把转动上提摇把，按此动作用右手摇车几圈，发动机即可发动。发动机起动后，操作者仍需握紧摇把，让其自动从斜缺口甩出，千万不要放掉摇把，以免摇把甩出伤人。

(8)**加冷却水的错误操作** 夏天发动机冷却水易“开锅”，此时有些驾驶员立即去打开水箱盖，结果把手烫伤。正确的操作方法是把车辆停放在阴凉处，先把放水开关打开，待水箱的水温降低后，再用湿毛巾包住水箱盖，并将脸和身体偏离一边后再缓慢拧开水箱盖，关闭放水开关后，再添足冷却水到水箱内。

(9)**加燃油的错误操作** 拖拉机、农用车油箱缺燃油时，有的驾驶员在检查油箱或向油箱加油时点火吸烟、夜间加油时用打火机或蜡烛照明而引发火灾，一旦着火又用水灭火，这做法是非常危险的。正确的操作方法是加燃油时，严禁烟火、不准吸烟；夜间加油可用手电筒照明，一旦燃油着火，应用备好的沙子或灭火器灭火。

(10)**维修机车电气设备的错误操作** 在维修农用车、拖拉机上电气设备时，有的修理工不拆卸电池线便进行修理，导致火线搭铁引起火花伤人（如495A型柴油机配2JF200硅整流交流发电机，电压为12伏，火线搭铁引起火花较大）。在配制蓄电池电解液时，用金属容器，稀释浓硫酸时，将蒸馏水倒入浓硫酸中引起酸液飞溅伤人。正确的操作方法是维修机车上电气设备必须事先拆卸电池线。配制电解液时，必须用陶瓷容器或玻璃容器。稀释浓硫酸时，应将浓硫酸缓慢倒入容器内的蒸馏水中，必须严格遵守操作规程。

第四章 运输工程机械轮胎和电气设备的使用与维修

第一节 轮 胎

一、轮胎的用途和分类

1. 轮胎的用途

轮胎是一种由橡胶和帘布制成的环形的壳，固着在车轮轮辋上，里面充有压缩空气时，能承受车辆的负荷，并在路面上滚动行驶。

2. 轮胎的分类

(1)按轮胎的用途分类 可分为乘用车轮胎、载货车轮胎、摩托车轮胎、农用车轮胎、工程机械用轮胎和特种车辆用轮胎等。

(2)按内胎中空气压力大小分类

①高压轮胎。内胎中的空气压力一般在5～7千克力/厘米^2(0.49～0.686兆帕)范围内。

②低压轮胎。内胎中空气压力一般在2～5千克力/厘米^{2}范围内。

③超低压轮胎。内胎中空气压力一般在2千克力/厘米^{2}以下。

(3)按轮胎的结构不同分类 可分为普通结构轮胎、子午线结构轮胎、带束斜交轮胎和活胎面轮胎。

二、轮胎的标记、结构及规格尺寸的表示方法

1. 轮胎的标记

轮胎的规格要在轮胎的侧面用凸形字标出来。此外，在外胎的两侧还必须有如下标记：

(1)**商标** 说明生产单位及厂牌，如上海轮胎一厂双金钱牌、天津巨华丰橡胶有限公司有为牌、杭州中策橡胶有限公司朝阳牌等。

(2)**层数和层级** 层数用汉字“层”或字母“P”表示，如10层或10P，是指用10层帘布(棉帘布)制成。层级用汉字“层级”或字母“P·R·”表示，如10P·R·，即表示10层级。层级是指帘布公称层级，它与帘布的实际层数并不相符。

(3)**最大负荷** 指设计所允许的最大载荷。

(4)**相应气压** 指设计的标准充气压力。

(5)**生产编号** 包括制造年度、月份和生产序号等内容。如N09085303，N表示轮胎帘布种类为尼龙，前两位数字表示制造年度为2009年，三、四位数字表示月份为8月份，以后几位数字为生产序号。

(6)**帘布种类代号** 我国用汉语拼音字母为代号表示帘布的种类。如棉线用M、钢丝用G、人造丝用R、尼龙用N、钢丝子午线轮胎用GZ来表示等，这些字母一般放在生产编号前面。

(7)**行驶方向** 通常是用箭头表示规定的滚动方向。

有的轮胎还有用代号把品种表示出来的。如子午线轮胎用Z、J，苯橡胶胎用D表示。汽车用高速轮胎，还标有平衡点，用贴在胎侧上的□或◇或▽形的彩色胶片标示，安装时，应将内胎气门嘴装在标记的对称位置，以求轮胎平衡。

2. 轮胎的结构

普通轮胎由外胎、内胎和垫带组成。使用时，安装在汽车、拖拉机的轮辋上，汽车、拖拉机轮胎的结构如图 4-1 所示。

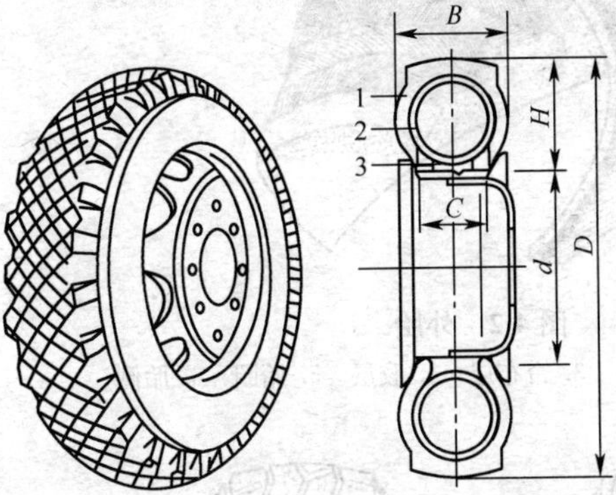

(a)

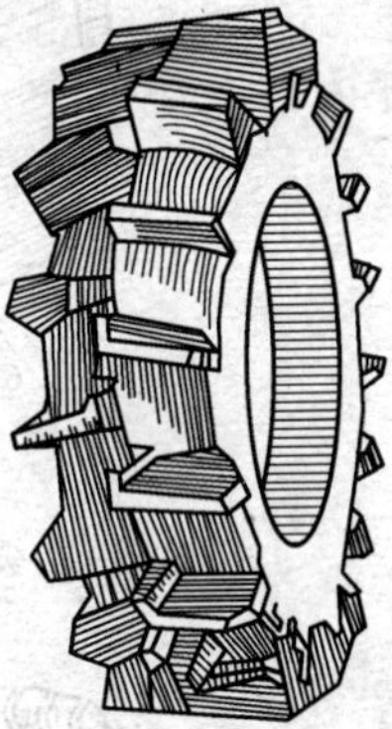

(b)

图 4-1　汽车、拖拉机轮胎的结构

(a)安装在汽车轮辋上的轮胎(外观图和剖面图)

(b)安装在拖拉机轮辋上的轮胎

D—外直径　*B*—断面宽　*d*—胎圈内径　*H*—断面高　*C*—轮辋宽度

1. 外胎　2. 内胎　3. 垫带

(1)外胎　外胎是由胎面、胎侧、胎体(由缓冲层和帘布层组成)和胎圈 4 部分构成。外胎如图 4-2 所示，帘布层的排列如图 4-3 所示。

(2)内胎　内胎是一个环形的橡胶圆筒，其上装有气门嘴，用以充气并使空气在内胎中保持一定的压力而不漏出。内胎本身不能承受较大的压力，否则会膨胀呈畸形，甚至爆破。因此，内胎只有装入外胎里，才能与外胎一起发挥作用。内胎上装有气门嘴，气门嘴有胶垫气门嘴和金属气门嘴。汽

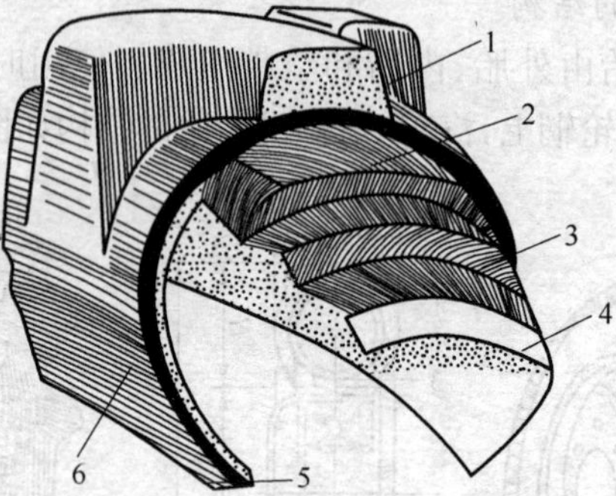

图 4-2　外胎

1. 胎面　2. 缓冲层　3. 帘布层　4. 胶层　5. 胎圈　6. 胎侧

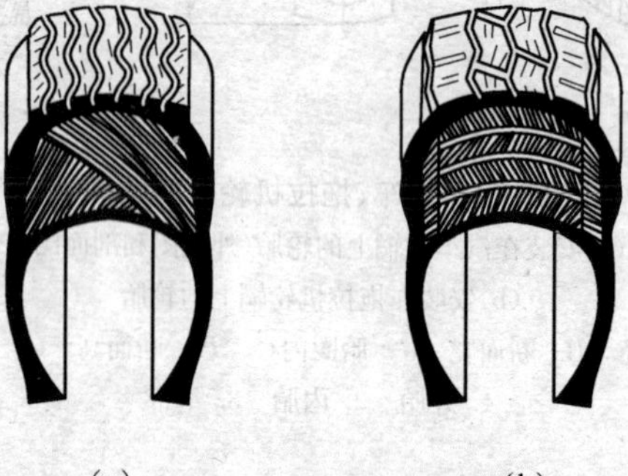

图 4-3　帘布层的排列

(a)普通胎　(b)子午胎

车内胎气门嘴及其零件如图 4-4 所示。气门嘴型号、规格较多，如 Z1 型号有 Z1-41、Z1-63、Z1-76、Z1-89 等。上述 4 种气门嘴型号为汽车轮胎和摩托车轮胎用的气门嘴。其他如 Z3、Z6、Z7 则为拖拉机用的水汽两用气门嘴及人力车胎和自行车胎等用气门嘴。

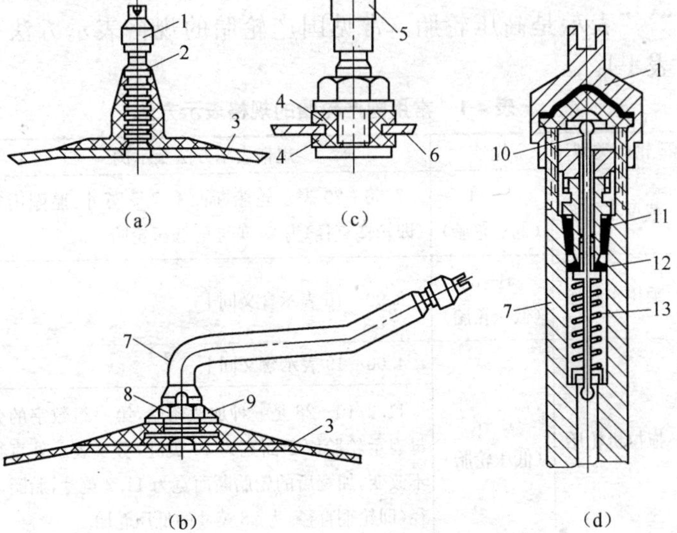

图 4-4　汽车内胎气门嘴及其零件

(a)胶垫气门嘴　(b)金属气门嘴　(c)无内胎轮胎轮辋用的金属气门嘴

(d)气门芯与体总成

1. 气门帽(扳手)　2. 金属套管　3. 内胎壁　4. 橡胶密封垫　5. 圆帽　6. 轮辋壁　7. 气门嘴主体　8. 压缩螺母　9. 桥形垫　10. 气门芯杆　11. 气门芯橡胶密封圈　12. 气门芯橡胶密封垫　13. 气门芯弹簧

(3)垫带　垫带是有一定形状断面的无接头的胶带，带上有一个可以让内胎气门嘴穿过的圆孔。它的作用是保护内胎不受轮辋与外胎胎圈的磨损。

3. 轮胎规格尺寸的表示方法

轮胎的规格以外胎的直径 D、轮辋直径 d、断面宽 B、断面高 H 为基本尺寸，并以英寸为单位来表示，一些引进汽车的轮胎用毫米表示。为了区别低压或高压轮胎，在其规格尺寸数字中间采用“－”或“×”符号。“－”表示是低压轮胎，“×”表示是高压轮胎。常见国产轮胎的规格表示方法见表4-1。

表4-1 常用国产轮胎的规格表示方法

轮胎类型	代号	规格表示方法及示例
载重车轮胎	B—d (低压轮胎)	7.50—20表示轮胎断面宽7.5英寸，胎圈内径(即轮辋直径)为20英寸的低压轮胎
乘用车轮胎	B—d (低压轮胎)	8.90—15表示含义同上
拖拉机轮胎	B—d (低压轮胎)	4.00—19表示含义同上
		11.2/10—28是一种加宽轮胎，第一组数字的分母表示轮胎原断面宽为10英寸，分子表示外直径不改变，加宽后的轮胎断面宽为11.2英寸，胎圈内径(即轮辋直径)为28英寸的低压轮胎
马车轮胎	D×B (高压轮胎)	32×6表示外胎的外径为32英寸，轮胎断面宽为6英寸的高压轮胎
人力车轮胎	D×B (高压轮胎)	$23\times2\frac{1}{2}$表示外径×断面宽，单位英寸
拱形轮胎	D×B (高压轮胎)	1140×700表示外径×断面宽，但其单位为毫米
园艺轮胎	D×B—d	20×8.00—10表示外径为20英寸、断面宽为8英寸、内径为10英寸的园艺拖拉机轮胎

注：园艺拖拉机轮胎是充气轮胎，它的特点是轮胎的断面高与断面宽的比值比一般轮胎小得多，以保证作业时对地面有较大的接触面积。

轮胎的断面高 H 和断面宽 B 有一定的关系，在国标中标注的普通断面轮胎，即轮胎断面高宽比 H/B 为

0.89。也有现仍保留生产的 11—32 驱动轮胎 H/B 为 0.91。轮胎断面高宽比为 0.7～0.88 的充气轮胎称为低断面轮胎，用 L 标注，如 12.5L—16 表示低断面农机具轮胎。桑塔纳、奥迪汽车用的 185/70SR14 轮胎，表示轮胎断面高 185 毫米(相当于 7.5 英寸)，H/B 为 0.7 的 70 系列轮胎，轮辋尺寸 14 英寸，S 表示快速级，R 表示子午线轮胎。

三、轮胎的外胎花纹种类、特点及用途

外胎胎面花纹的种类如图 4-5 所示，供选购参考。

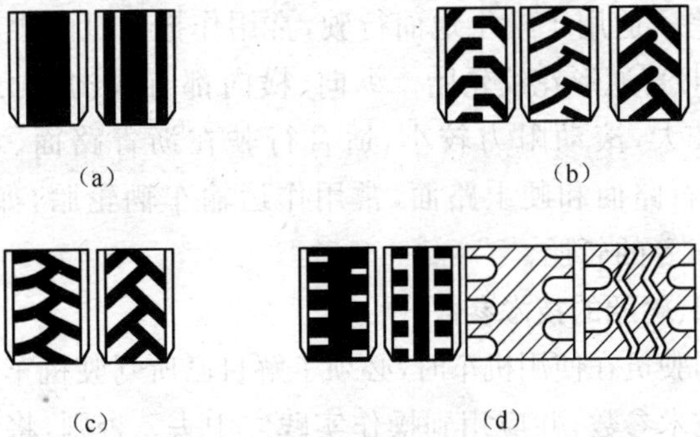

图 4-5　外胎胎面花纹的种类

(a)条形花纹　(b)八字形越野花纹

(c)人字形花纹　(d)普通花纹

(1)条形花纹轮胎　具有纵向几条环状凸筋，能防止侧向滑移，并保持车辆行走方向端正，适合在好路面上高速行驶，滚动阻力小，省油、散热性能好。条形花纹轮胎不大适合我国的路面条件，在较差的路面上行驶显示不出其优越性，这种轮胎花纹容易夹石子和产生裂口，耐磨损性能较差。带浅沟的平滑胎面条形花纹轮胎，常作为拖拉机或农机具的导

向轮使用。

(2)**八字形越野花纹轮胎** 具有八字形较高的凸筋，能防止纵向和横向打滑，附着的泥土易脱落，适宜在泥雪地、松软泥泞地面，以及一般轮胎不易通行的坏道路上行驶。因此，常用于工程机械轮胎和拖拉机、自走式联合收割机的驱动轮轮胎。

(3)**人字形花纹轮胎** 具有人字形较高的凸筋，能防止纵向和横向打滑，与八字形越野花纹胎相比，人字形花纹胎连续滚动平稳、胎面磨损较小，但不易自行脱泥，附着性能较差。适用于松土地面行驶，常用作拖拉机的驱动轮。

(4)**普通形花纹轮胎** 纵向、横向都有浅沟，对地面接触面较大，滚动阻力较小，适合行驶在沥青路面、水泥路面、碎石路面和硬土路面，常用作运输车辆轮胎，如汽车、农用车等的轮胎。

四、轮胎的技术参数

驾驶员在使用机车时，必须了解自己所驾驶机车轮胎的有关技术参数，并应用到操作实践之中去。否则，将缩短轮胎的使用寿命。

①普通断面拖拉机轮胎的技术参数见表 4-2。

②汽车、农用汽车、摩托车轮胎的技术参数见表 4-3。

③工程机械和重型自卸车轮胎的技术参数见表 4-4。

五、子午线轮胎的结构、特点及使用注意事项

1. 子午线轮胎的结构

子午线外胎的组成，如图 4-6 所示。按胎体结构分，子午线轮胎有全钢丝子午线轮胎、钢丝缓冲层纤维胎体子午线轮胎和全织物子午线轮胎 3 种结构。

表 4-2　普通断面拖拉机轮胎的技术参数

品种	轮胎规格	基本参数			适用拖拉机型号	气门嘴型号
		层级	标准轮辋	允许轮辋		
导向轮胎	4.00-8	4	3.00D	2.50C	东风-12 尾轮	Z1-02-1 或 Z1-02-2
	4.00-12				长城-12、泰山-12、东方红-150、江苏-150	
	4.00-14			—	金马-160、丰收-180、东方红-180	
	4.00-16				泰山-25、神牛-25、奔野-25、金马-180	
	4.00-19					
	5.00-15		4J	4.00E、3.00D		
	5.50-16		4.00E	4.50E		
	6.00-16	6 8		4.50E、5.00F、5K	上海-50、江苏-50、12 江苏-6541	
驱动轮胎	5.00-12	4	4.00E	3.50D	丰收-184(前)	Z1-02-1 或 Z1-02-2
	6.00-12	4	4.50E	5.00F	东风-12、工农-12、东风-61	
	6.00-16	6			奔野-254(前)	
	6.50-16	6	5.00F	4.50E、5.50F	东方红-LF60・90(前)	
	7.50-16		5.50F	5.00F、6LB	长城-12、泰山-12、东方红-150、江苏-150	
	7.50-20			5.00F、6.00F	东方红-180	
	8.3-20	4 6	W7	W6	丰收-184、丰收-180、金马-160、东方红-180、上海-504(前)	Z1-03-01

续表 4-2

品种	轮胎规格	基本参数			适用拖拉机型号	气门嘴型号
		层级	标准轮辋	允许轮辋		
驱动轮胎	8. 3-24	6	W7	W6		Z1-03-01
	9. 5-24	4 6	W8	W7、W8H	泰山-25、神牛-25、奔野-25、江苏-504(前)、铁牛-654(前)	
	11. 2-24	6	W10	W9、W10H		
	11. 2-28				东方红-LF80·90(前)	
	12. 4-28	6 8	W11	W10、W10H		
	12. 4-32	6		W10		
	12. 4-38	6		W10、DW11、DW10		
	13. 6-24	8	W12	W11、DW12		
	13. 6-32	8		W11、DW11、DW12	东方红-LF60·90	
	13. 6-36	6 8		W11		
	13. 6-38	8		W11、DW11、DW12	东方红-LF80·90	
	14. 9-24	6 8	W13	W12、DW12	东方红-LF100·90(前)	

续表 4-2

品种	轮胎规格	基本参数			适用拖拉机型号	气门嘴型号
		层级	标准轮辋	允许轮辋		
驱动轮胎	14.9-26	10	W13	W12、DW12	江苏-6541	Z1-07-1 或 Z1-03-1
	14.9-30					
	16.9-30	8	W15L	DW14、W14L		Z1-03-1
	16.9-34	6 8				
	16.9-38	8			东方红-LF100·90	

表 4-3 汽车、农用汽车、摩托车轮胎的技术参数

车型	轮胎规格	基本参数			适用微型汽车、轻型及载货汽车、农用汽车、摩托车型号	气门嘴型号
		层级	标准轮辋	允许轮辋		
微型汽车	4.50-12	4、6、8	3.00B	$3\frac{1}{2}$J、3.00D、3.50B	重庆长安、昌河 GH1010、松花江 WJ1010	TZ2-36
	5.00-10		3.50B	3.00D、3.50D		TZ2-36
	5.00-12			3.00D、3.00B、4J、$3\frac{1}{2}$J、4.00B	天津大发 TJ1010	TZ2-36

续表 4-3

车型	轮胎规格	基本参数			适用微型汽车、轻型及载货汽车、农用汽车、摩托车型号	气门嘴型号
		层级	标准轮辋	允许轮辋		
轻型及载货汽车	6.00-12	6、8	$4\frac{1}{2}$J	4J、5J	夏利 TJ7100	TZ2-36
	6.50-16	6、8、10	5.50F	5.00E、5.00F	北京 BJ212、北京 BJ130	TZ2-36
	7.00-20	8、10、12	5.5	5.50S、6.0、6.00S	NJ131	TZ2-36
	8.25-20	10、12、14	6.5	6.50T、7.0、7.00T、7.0T5	解放 CA141	TZ1-101
	9.00-20	10、12、14	7.0	7.00T、7.0T5、7.5、7.50V、6.5	解放 CA10B、CA15、CA141（选装）、东风 EQ140	TZ1-114
	175R16				依维柯 40B	
	185/70 SR13				桑塔纳	
	185/70 SR14				奥迪	
	215/75 R15				北京切诺基吉普 BJ/XJ-213	
农用汽车	5.50-13	4、6、8	4J	$4\frac{1}{2}$J、4.00B、4.50B、5J	农用运输车 TY1105、TY1608	TZ2-36
	6.50-15	6.8	4.5E	$4\frac{1}{2}$K、5K、5.50F、$5\frac{1}{2}$K	南岳 HT2015、HT2815	TZ2-36

续表 4-3

车型	轮胎规格	基本参数			适用微型汽车、轻型及载货汽车、农用汽车、摩托车型号	气门嘴型号
		层级	标准轮辋	允许轮辋		
农用汽车	6.50-16	6、8、10	5.50F	5.00E、5.50F	福建龙马 LM1110、LM1815，龙江 1110、1915、2815，龙溪 LX1010、2215、2815、TY1515、TY2415、FL2815，武林 1815，金凤 TY1515、2415、桂花 2815，丰收 FS2215、方圆 FY2515、2815，天水奔马 TY2015、2515，飞蝶 FD2415，双箭 JS2015	TZ2-36 TZ1-78
	7.00-16	6.8、10、12	5.50F	6.00G	三星 SX2815，柳州 LZ2815	TZ1-78
摩托车	2.25-17	4	1.40×17	1.60×17	建设 60、雅马哈 CY80(前)、嘉陵 JH70(前)	TZ5-33B TZ5-33
	2.50-17	4	1.60×17	1.85×17	雅马哈 CY80、嘉陵 JH70、金城 JC70C(前)	TZ5-33B TZ5-33
	2.50-18	4	1.60×18	1.85×18	长春 AX100、金城 AX100、幸福 XF125(前)	TZ5-33B TZ5-33

续表 4-3

车型	轮胎规格	基本参数			适用微型汽车、轻型及载货汽车、农用汽车、摩托车型号	气门嘴型号
		层级	标准轮辋	允许轮辋		
摩托车	2. 75-17	4	1. 85×17	2. 15×17	金城 JC70C	TZ5-33B TZ5-33
	2. 75-18	4	1. 85×18	2. 15×18	南方 NF125(前)、五羊 WY125(前)、幸福 XF125	TZ5-33B TZ5-33
	3. 00-8	2	2. 15×8	2. 50×8	木兰	
	3. 00-18	4	1. 85×18	2. 15×18	南方 NF125、五羊 WY125	TZ5-46
	3. 25-16	4	2. 15×16	2. 50×16	上海幸福 XF250、东风 BM021A(前)	TZ5-46
	3. 75-19	4	2. 50×19	300×19	长江 XJ750、东风 BMO21A	TZ5-46

表 4-4　工程机械和重型自卸车轮胎的技术参数

轮胎规格	基本参数 层级	基本参数 花纹	基本参数 标准轮辋	基本参数 轮缘高度/毫米	基本参数 允许使用轮辋	主要尺寸/毫米 新胎 断面宽度	主要尺寸/毫米 新胎 外直径 一般花纹	主要尺寸/毫米 新胎 外直径 加深花纹	主要尺寸/毫米 轮胎最大使用尺寸 断面宽度	主要尺寸/毫米 轮胎最大使用尺寸 外直径 一般花纹	主要尺寸/毫米 轮胎最大使用尺寸 外直径 加深花纹	主要尺寸/毫米 内胎双层厚度不小于	主要尺寸/毫米 垫带 最小展平宽度	主要尺寸/毫米 垫带 中部厚度不小于	主要尺寸/毫米 垫带 边缘厚度不大于	气门嘴型号 有内胎	气门嘴型号 无内胎
普通断面轮胎																	
14.00-24	16 20 24 28	越野	10.0	—	—	375	1370	1420	—	—	—	4.0	205	7.0	2.0	TZ1b-105 或 TZG1	—
16.00-25	16 24 28	越野	11.25	51	—	430	1490	1546	—	—	—	6.5	255	7.0	2.0		
18.00-25	12 24 28	越野	13.00	63.5	—	495	1615	1671	—	—	—	6.5	240	8.0	2.0	TZG1	TZG-W1
21.00-25	20	越野	15.00	76	—	575	1750	1800	—	—	—	—	—	—	—	TZG1	TZG-W1
24.00-35	42	越野	17.00	89	—	650	2130	2178	—	—	—	6.5	300	8.0	2.0	TZG1	TZG-W1

续表 4-4

轮胎规格	基本参数					主要尺寸/毫米										气门嘴型号	
						新胎			轮胎最大使用尺寸			内胎	垫带				
							外直径			外直径							
	层级	花纹	标准轮辋	轮缘高度/毫米	允许使用轮辋	断面宽度	一般花纹	加深花纹	断面宽度	一般花纹	加深花纹	双层厚度不小于	最小展平宽度	中部厚度不小于	边缘厚度不大于	有内胎	无内胎
普通断面轮胎																	
30.00-51	52	越野	22.00	114	—	820	2850	2908	—	—	—	—	—	—	—	—	TZG-W1 TZG-W3
宽基轮胎																	
17.5-25	12 14	越野	14.00	38	—	445	1350	1398	—	—	—	6.5	—	8.0	2.0	TZG1	TZG-W2
23.5-25	16	越野	19.50	63.5	—	595	1615	1675	—	—	—	6.5	520	9.5	2.0		TZG-W2
29.5-29	28	越野	25.00	89	—	750	1975	2023	—	—	—	—	—	—	—	—	TZG-W4
压路机轮胎																	
9.00-20	14	光面	7.0	—	—	256	1002	—	—	—	—	4.0	195	4.5	1.5	TZ12-113 TZ1b-76	—

注：①内胎和垫带的规格应符合外胎的使用要求。②内胎气门嘴安装在内胎和轮辋着合部分的中心，若使用方要求采用其他形式的气门嘴或将其安装在内胎的特定位置时，可由制造方与使用方协商解决。③新胎外直径公差为±1.5%，断面宽度公差为±3%。

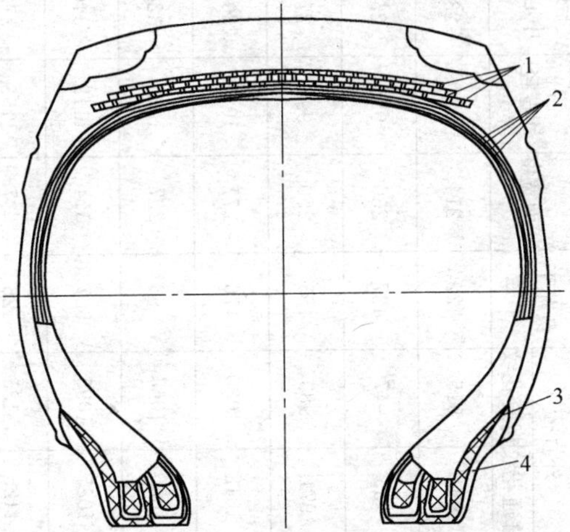

图 4-6　子午线外胎的组成

1. 缓冲层　2. 帘布层　3. 附加的钢丝帘布钢丝圈包布
4. 橡胶胎圈包布

2. 子午线轮胎的特点

子午线轮胎是一种新型轮胎，和普通轮胎主要的不同之处是胎体中帘线的排列方向不同，帘线的排列与胎圈垂直(见图 4-3b)，像地球上的子午线一样，故称为子午线轮胎。子午线轮胎的胎体通常采用纤维帘布、有人造丝帘布、尼龙帘布、钢丝帘布。帘布层数可以是奇数，可以由一层或多层组成，帘布层的帘线层数少且所有帘线都不彼此交叉，每层帘布都可以独立工作。与普通轮胎比较，子午线轮胎耐磨性高 0.5～1 倍，滚动阻力小 20%～30%，能节省燃料。载货汽车、大客车及挂车普通断面子午线轮胎的技术参数见表 4-5。

表 4-5　载货汽车、大客车及其挂车普通断面子午线轮胎的技术参数

轮胎规格	基本参数			主要尺寸/毫米						
				新胎充气后				轮胎最大使用尺寸		双胎最小中心距
	层级	标准轮辋	允许使用轮辋	断面宽度	外直径		负荷下半径	断面宽度	外直径	
					普通花纹	越野花纹				
7.00R20	8、10、12	5.5	5.50S、6.0、6.00S	200	904	915	422	214	927	236
7.50R20	8、10、12、14	6.0	6.00T、6.5、6.50T	215	935	947	437	230	958	254
8.25R20	10、12、14	6.5	6.50T、7.0、7.00T、7.0T5	232	971	983	453	250	995	274
9.00R20	10、12、14	7.0	7.00T、7.0T5、7.5、7.50V	259	1018	1030	476	277	1043	306
10.00R20	12、14、16	7.5	7.50V、8.0、8.00V、8.0V5	278	1055	1065	493	297	1081	328
11.00R20	12、14、16	8.0	8.00V、8.5、8.50V、8.5V5	293	1085	1095	507	314	1112	346
12.00R20	14、16、18	8.5	8.50V、8.5V5、9.00V	315	1125	1135	526	337	1153	372
12.00R24	14、16、18	8.5	8.50V、8.5V5、9.00V	315	1225	1238	572	337	1256	372

3. 子午线轮胎使用注意事项

①车辆起步不可过猛,要匀顺而缓慢地开动车辆,不要使轮胎在地面上打滑。

②车辆在不良及路形复杂的道路(如连续弯道、上下坡道)上行驶,应根据路面情况降低车速,在拱形路面上行驶时避免单边受力,这样操作可以保护车辆机件和轮胎。

③在乡村小道上行驶,尽可能避免驶入深的轮辙,使胎侧不致刮损。车辆陷入深沟或行驶在泥泞道路上时,应避免车轮打滑。

④当驶越障碍物(如道口钢轨、石块、深的轮辙等)时,要减速慢行(5~7 公里/小时),谨慎驾驶越过,以免刺伤或碰坏轮胎。车辆不得靠近人行道边石行驶,以免损坏胎侧。

⑤行驶中应避免车轮左右侧滑和急剧转向,以防轮胎与轮辋发生切割现象或轮胎爆裂。车厢两侧栏板在行驶时不得下垂,以免损坏外胎胎侧。

⑥长途行驶的车辆在停歇的时候,必须检查各轮胎的气压,检查轮胎螺母有无松动,否则易使轮胎损坏或车轮脱落。挖出胎面花纹中的石子和杂物,胎面如有较深的洞眼,可用生胶堵塞。

⑦急剧制动易使轮胎过度磨耗,尤其是高度行驶的满载车辆。因此,在转弯、过桥、通过交叉路、铁路道口应减速缓行,避免急刹车。

⑧在炎热夏天里行驶的车辆,因周围的空气温度高,轮胎内的气压也随之升高,在这种情况下,绝对禁止放气降低内压,也不要用冷水浇泼轮胎,最好是找阴凉处停车冷却。

⑨车上装载货物的分布务求均衡,车辆的负荷不能超过规定的限度。较重而体积较小的物件最好放在接近驾驶室

的地方，使车身的负荷能均匀地分布在各轮胎上。

⑩在冰雪道上行驶，为避免车轮打滑而装用防滑铁链时，不可过松或过紧，因为过松或过紧都能损坏轮胎的胎面和胎侧。在寒冷的冬天，车辆长时间停歇时，为防止轮胎冻住，必须在轮胎底下垫上木板或沙子等物。

六、常用轮胎的充气气压和载重负荷

轮胎的气压和负荷应按规定数值进行充气和负载。否则，会缩短轮胎的使用寿命。

①普通断面轮胎的充气气压和载重负荷对应表-1 见表 4-6。

表 4-6 普通断面轮胎充气气压和载重负荷对应表-1

轮胎规格	层级	材料	新胎		标准轮辋(Rim)	气压/(千克力/厘米^2)	负荷/千克
			断面宽/毫米	外直径/毫米			
17.5-25	12	N	445	1350	14.00	2.5	3750
16/70-24	10	N	410	1075	13	2.5	2780
16/70-20	10	N	410	1065	13	2.5	2400
12.00-20	18	N	315	1125	8.5	6.7	3085
11.00-20	18	N	293	1085	8.0	8.1	3270
10.00-20	16	N	278	1055	7.5	6.0	2350
9.00-20	16	N	250	1018	6.00T	6.7	2200
9.00-20	14	N	250	1018	6.00T	6.7	2200
9.00-20	12	N	250	1018	6.00T	6.0	2050
9.00-20	10	N	250	1018	6.00T	5.6	1800
9.00-20	14	N	259	1018	7.00	6.7	2200
8.25-20	14	N	235	974	6.0	6.3	1850
8.25-20	14	N	235	974	6.5	7.4	1970
8.25-20	12	N	235	974	6.5	6.3	1770
7.50-20	14	N	215	935	6.0	7.4	1630
7.50-20	10	N	215	935	6.0	5.3	1350

续表 4-6

轮胎规格	层级	材料	新胎		标准轮辋(Rim)	气压/(千克力/厘米^2)	负荷/千克
			断面宽/毫米	外直径/毫米			
7.50-16	14	N	220	810	6.00G	6.5	1300
7.50-15	10	N	220	785	6.00G	5.3	1205
7.00-20	10	N	200	904	5.5	5.6	1250
7.00-16	12	N	200	780	5.50F	5.3	1100
7.00-15	10	N	200	750	5.50F	5.3	1040
6.50-16	10	N	190	755	5.50F	5.3	975
6.50-16	8	N	190	755	5.50F	4.2	725
6.50-15	10	N	195	727	5.50F	5.0	970
6.00-14	8	N	156	626	41/2T	4.2	686
6.00-16	6	R	170	730	5.50F	3.2	635
6.70-13	6	N	170	658	41/2T	2.1	485
6.00-13	6	N	170	655	41/2T	3.2	555
5.50-13	8	N	156	618	4T	4.2	565
6.50-14	8	N	166	650	41/2T	4.2	690
6.00-14	8	N	156	626	41/2T	4.2	686
8.3-20	4	M	210	895	W7	1.5	530
11-28	4	M	305	1315	W10	1.4	1000
6.00-16 导向	6	M	160	740	4.00E	3.1	530
6.00-12	4	M	165	640	4.50E	1.8	310
6.00-12	4	R	165	640	4.50E	1.4	300
5.00-12	4	M	145	590	4.00E	2.0	255
4.00-19	4	M	110	720	3.00D	3.3	300
4.00-14	4	M	110	590	3.00D	3.3	265
3.75-19	4	M	99	687	2.5×19	4.2	400
3.72-16	4	M	89	585	2.15×16	1.9	165

注:材料 N 为尼龙、R 为人造丝、M 为棉线。

②普通断面子午线轮胎的充气气压和载重负荷对应表-2 见表 4-7。

表 4-7　普通断面子午线轮胎的充气气压和载重负荷对应表-2

轮胎规格 \ 负荷/千克 \ 气压/(千克力/厘米²)		320 (3.2)	350 (3.5)	390 (3.9)	420 (4.2)	460 (4.6)	490 (4.9)	530 (5.3)	560 (5.6)
7.00R20	D	835	900	955	1010	1060	1110	1160	1210
	S	—	—	955	1025	1085	1150	1210	1285
7.50R20	D	940	1005	1065	1130	1190	1250	1300	1350
	S	—	—	1075	1150	1215	1290	1355	1425
8.25R20	D	1100	1180	1255	1330	1400	1465	1530	1580
	S	—	—	1255	1345	1430	1515	1590	1670
9.00R20	D	—	1415	1505	1595	1675	1755	1835	1905
	S	—	—	—	1615	1710	1815	1910	2000
10.00R20	D	—	—	1700	1800	1895	1985	2075	2160
	S	—	—	—	—	1945	2055	2160	2265
11.00R20	D	—	—	1860	1965	2070	2170	2265	2355
	S	—	—	—	—	2120	2245	2360	2475
12.00R20	D	—	—	—	2240	2360	2470	2580	2690
	S	—	—	—	—	—	2555	2690	2820
12.00R24	D	—	—	—	2520	2655	2780	2905	3025
	S	—	—	—	—	—	2875	3025	3170

续表 4-7

轮胎规格 \ 负荷/千克 \ 气压/(千克力/厘米²)		320 (3.2)	350 (3.5)	390 (3.9)	420 (4.2)	460 (4.6)	490 (4.9)	530 (5.3)	560 (5.6)
7.00R20	D	1255	1300	1345	1385	—	—	—	—
	S	1325	1375	1430	1480	1530	1580	—	—
7.50R20	D	1405	1455	1505	1555	1605	1655	—	—
	S	1485	1550	1605	1660	1715	1775	1835	1885
8.25R20	D	1650	1710	1770	1830	1885	1940	—	—
	S	1745	1815	1885	1950	2015	2080	2145	2205
9.00R20	D	1980	2050	2120	2190	2255	—	—	—
	S	2095	2175	2255	2340	2415	2495	2575	—
10.00R20	D	2245	2325	2405	2480	2555	2630	—	—
	S	2365	2465	2560	2650	2740	2830	2915	3000
11.00R20	D	2450	2540	2625	2705	2795	2870	—	—
	S	2585	2690	2790	2895	2995	3085	3185	3270
12.00R20	D	2790	2890	2990	3080	3180	3270	—	—
	S	2945	3065	3180	3295	3410	3520	3625	3730
12.00R24	D	3140	3255	3365	3470	3575	3680	—	—
	S	3310	3450	3580	3710	3835	3960	4075	4195

七、轮胎的拆、装技巧

轮胎行驶在路上难免遇到扎钉泄气，玻璃割胎、爆胎，需要尽快修理。

①首先要分清车轮紧固螺栓螺纹的旋向。为了防止螺母在运行中自动松动，一般右侧车轮的螺母制成右旋螺纹，左侧制成左旋螺纹。因此，拧松左侧车轮螺母时，应顺时针方向用力；拧紧时，应逆时针方向用力。

②无论拧紧还是拧松螺母，都要采用对角、交叉，分3～4次拧动的方法，以防轮盘变形及作用力集中在个别车轮螺栓上。

③拆卸时，先用套筒扳手松车轮螺母，暂不取下，再用千斤顶顶起车桥，直到轮胎稍离开地面，然后再拧松螺母，抬下轮胎。

④轮胎在车上用久了，外胎锈死在钢圈上很难拆卸时，可将轮胎与钢圈接合面处洒上水，使水往轮胎内流入，再用大锤轻轻敲击四周，边敲边洒水，轮胎就比较容易拆卸了。

⑤安装新胎时，可以在螺纹上涂抹黄油，以减少滑扣的可能性，抬上(下)车轮时，要对准螺栓孔，以免撞坏螺栓的螺纹。先用手拧紧，然后用专用扳手拧，解除千斤顶，让车轮落地，再用400牛·米力矩交叉拧紧各车轮螺母。

⑥安装轮胎总成时，应将轮胎的气门嘴对在制动鼓的斜面上。

⑦对于双胎并装的后轮，如果两轮胎磨损程度不一样，应将直径较大、磨损较轻的一只装在外侧，以适应在拱形路面行驶的需要。如果仅更换外侧轮胎，要先拧紧内侧车轮的

内螺母,然后再安装外侧车轮。两只轮胎同时更换时,要用千斤顶分两次顶起车桥,分别安装内、外轮胎。两只车轮上的制动蹄间隙检查孔应错开。内外两轮胎的气门嘴应对称排列,以利于检查和调整内胎气压。

八、轮辋的用途及规格

车轮的轮辋用于将轮胎固定在车轮上,它的结构与轮胎有密切的关系,可分为平式轮辋、半深式轮辋和深式轮辋等主要类型。轮辋的宽度对轮胎的使用寿命影响很大,因此,在安装轮胎时,必须正确地选配轮辋。拖拉机、汽车、农业机械和工程机械配套用的轮辋规格见表4-8。

表4-8 拖拉机、汽车、农业机械和工程机械配套用的轮辋规格

车轮辋型号	螺栓孔		分布圆直径/毫米	中心孔直径/毫米	偏距/毫米	材料厚度/毫米	
	数量	直径/毫米				轮辋	轮辐
3.00D×14	4	15	110	74	20	3	4
3.00D×16	5	15	139.7	110	25	3	6
4.00E×16	6	15	150	110	62	3.5	6
4.50E×16	6	19	152	117.7	10	4	8
5.00E×16	5	15	139.7	110	23	3.5	4
5.50F×16	6	17	180	141	22	4	6
5.50F×20	5	19	175	135	25	4	8
5.50F×20	6	17	180	141	34	3.5	5
5.50F-16	6	19	180	141	20		6
5.50F-16	6	20.5	190	140	102		6
5.50F-20	5	21	200	145	86		8
6.00T-20	8	32	275	214	153.2		10
7.00T-20	10	32.5	285	221	165		12
7.0-20	8	32	275	214	141.5		

续表 4-8

车轮辋型号	螺栓孔		分布圆直径/毫米	中心孔直径/毫米	偏距/毫米	材料厚度/毫米	
	数量	直径/毫米				轮辋	轮辐
DW11×38	8	24	250	199	115	4	6
DW16×26	12	27	425	371	30	6	14
DW16×30	8	24	275	221	57	6	14
DW20×26	8	20.5	275	221	15	5	14
DW20×26	12	20.5	515	465.6	26	6	14
DW20×26	8	27	275	221	−58	6	12
DW20×26	8	27	275	221	−98	6	12
DW20×26	8	20.5	381	325	60	6	14
DW20×26	8	23.5	410	355	60	6	14
W7×20	8	17	152	108.5		3	6
W7×24	8	19.8	275	221		4	8
W8×24	6	20	165	120		4	8
W10×24	6	20	165	120		4	8
W10×28	8	19.8	275	220.5		4.5	8
W10×28	8	16.5	330	290.5		4	9
W10×32	8	20	200	150		4	8
W11×18	6	16.7	205	161		4	8
W11×28	8	19.8	275	221	可调	4	8
W11×36	6	19.8	205	161		4	10
W12×24	8	16.5	330	290.5		4	9
W12×26	10	23	335	281.2		4	10
W12×30	8	19	203.2	150.1		5	10
W12×32	8	20	200	150		4	8
W12×34	8	19.8	203.2	152.6		4	10
W12×36	8	19.8	203.2	152.6		4	10

续表 4-8

车轮辋型号	螺栓孔		分布圆直径/毫米	中心孔直径/毫米	偏距/毫米	材料厚度/毫米	
	数量	直径/毫米				轮辋	轮辐
W12×38	8	19	203.2	150.1	可调	5	10
W14L×24	8	19.8	203.2	152.6		5	10
W14L×30	8	19	203.2	150.1		5	10
W15L×34	8	19.8	203.2	152.6		5	12
W15L×38	8	19	203.2	150.1		5	12
W15L×38	8	19.8	203.2	152.6		5	12
W16L×30	8	20	200	150		5	25
W16L×38	8	19.8	275	221		5	25

九、轮胎的保养

1. 轮胎损坏的原因

(1)轮胎的气压偏离标准 不按气压标准充气是轮胎早期磨损的主要原因之一，有许多轮胎是因为这个原因而报废的，在任何气候和路面条件下，乘用(小客)车轮允许偏离标准±0.0098兆帕(0.1千克力/厘米^2)。载重汽车轮胎(包括公共汽车、挂车轮胎)，允许偏离标准±0.0196兆帕(0.2千克力/厘米^2)。轮胎气压过低行驶，其径向变形增大，轮胎滚动时，肩部产生的温度比轮胎的其他部分高，由于生热而温度高，促使胎面磨耗加速。轮胎气压过高行驶，胎体帘线应力增大，使帘线的“疲劳”过程加快，时间长了，会引起胎体早期爆破。

(2)轮胎超载 当车辆总的超载或者负荷在车辆货箱上分布不正确时，便引起轮胎超载。超载时外胎损坏的特点和在低气压下行驶时的损坏相近似，但超载损坏时磨耗更严重，因为在超载时胎体帘线的应力增大，生热大（特别是在外胎胎肩部位），以及轮胎和路面的接触面积上压强大和分布不均匀，使胎面磨耗加剧。车辆超载严重，钢板弹簧变形时，可能使轮胎和车身相接触，引起轮胎损坏。

（3）**违反车辆驾驶规则** 车辆驾驶方法对保护轮胎影响较大。与驾驶员直接有关缩短轮胎使用寿命的主要原因有急剧起步、急剧制动、超速行驶和急剧转弯、车轮在松软的地面上打滑、修车时轮胎染上油污，不经心地驶过或碰撞障碍物。轮胎碰撞障碍物时，外胎胎体的损坏如图4-7所示。

（4）**违反轮胎装拆和换位规则** 轮胎必须安装在适用的轮辋或允许使用的轮辋上（见表4-8），采用不合适的轮辋，在拆装和使用时，都可能使轮胎损坏。如果轮辋边缘的高度、斜度和着合直径的尺寸不正确，在使用时可能损坏轮胎胎圈。拆装轮胎时，使用拆装工具不经心，也会损坏外胎和内胎。车辆的前后轮、左右轮磨耗的情况是不同的，若不进行定期换位，轮胎的磨耗便不均匀，相应的缩短了轮胎的使用寿命。

（5）**轮胎维修不及时** 经常检查和及时维修轮胎能显著延长轮胎的使用寿命。必须指出，胎面中扎进了尖锐的石头、钉子、玻璃、树枝时，如果不及时把它们挖出来，在行驶时便进入胎里面，甚至进入胎体内，逐渐损坏轮胎。若外胎有了小的损坏不进行及时修理，便会引起轮胎早期损坏或需要大修理。约行驶11万公里可用翻新轮胎胎面的方法进行修理，翻新后的轮胎其行驶里程可达新胎的70％～80％。

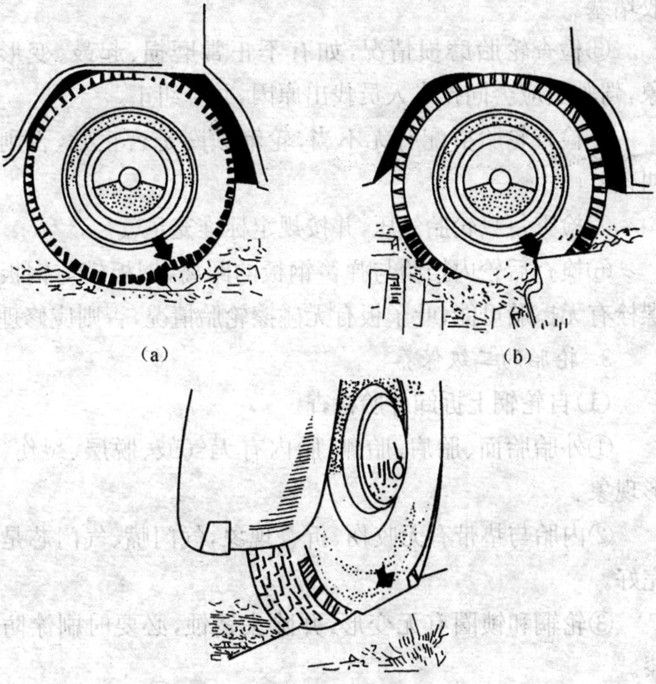

(a) (b) (c)

图 4-7 轮胎碰撞障碍物时,外胎胎体的损坏

(a)轮胎碰撞石头 (b)轮胎驶过路上的坑洼 (c)轮胎贴压人行道的边石

经常进行车辆和轮胎的维护保养工作,才能延长轮胎的使用寿命。车辆一般行驶 3000～5000 公里进行轮胎二级保养,3000 公里以下为一级保养。

2. 轮胎的一级保养

①检查轮胎螺母是否缺少和损坏,气门嘴是否漏气,气门帽是否齐全,否则应修理或补充。

②挖出花纹中的石子和杂物,如有较深的洞眼,应用生

胶堵塞。

③检查轮胎磨损情况，如有不正常磨损、起鼓、变形现象，驾驶员应会同技术人员找出原因，并予纠正。

④检查轮胎搭配有无不当，轮辋锁圈是否正常，否则应纠正。

⑤检查每只轮胎气压，并按规定标准充足气。

⑥检查后轮内挡胎与弹簧钢板的距离，钢板销与钢板卡螺栓有无擦胎可能，叶子板有无碰擦轮胎情况，否则应修理。

3. 轮胎的二级保养

(1)自轮辋上拆卸外胎检查

①外胎胎面、胎肩、胎侧、胎内有无气鼓、脱层、裂伤、变形现象。

②内胎与垫带有无咬伤、折叠现象，气门嘴、气门芯是否完好。

③轮辋和锁圈有无变形，并除去锈蚀，必要时刷涂防锈漆。

④轮辋螺柱眼孔有无磨损过甚或损裂现象。

⑤消除检验出来的损坏情况，然后进行装复和充气。

⑥按规定换位方法，进行轮胎换位。

(2)会同修理工检查底盘

①前轮定位是否符合标准。

②车轮轴承有无松动，转向横拉杆是否完好。

③左右轴距是否一致，制动作用和前轮是否跑偏。

④钢板卡螺栓和钢板销是否碰擦胎侧，轮胎与叶子板的距离、轮胎与车厢底板的距离是否过近撞擦胎面。

以上各项如有一项不符合规定，必须修好。

十、延长轮胎使用寿命的技巧

(1)要经常保持轮胎的正常气压　在使用中，轮胎应按规定气压充气，如常用东风-12 型拖拉机轮胎的规定气压，前、后轮均为 2.5 千克力/厘米^2；上海-50 型拖拉机轮胎气压前轮为 2～3 千克力/厘米^2，后轮为 0.8～1.0 千克力/厘米^2。气压过高或过低都会直接影响轮胎的使用寿命。

(2)要平稳起步　无论是空车还是重车，在起步时，一定要缓抬离合器，避免轮胎打滑。车辆上坡时，应根据发动机动力情况，及时变换挡位，千万不要待车辆无力停下来后，才重新起步，行驶中要选择合适的速度和较好的路面。

(3)不要超负荷载运货物　装货时避免偏载，使轮胎受力平衡。车辆长时间停放，应将车身架起，使胎面离开地面，以减轻轮胎的负荷，避免变形。

(4)要勤检查　及时清除轮胎上的石块、钉子、玻璃和油污，以保持轮胎清洁。发现轮胎有局部的磨损、起鼓、变形等不正常现象，应及时找出原因加以修复。

(5)要定期换位　轮胎面花纹出现磨损，必须定期换位，改变滚动方向，保证轮胎胎面摩擦均匀。换位时可采取循环法、交叉法、混合法。在拆装轮胎时，要用专用工具，切忌乱撬、用大锤乱敲。

(6)不要使轮胎长时间滑动　以防轮胎胎体分层、胎面剥离、外胎断裂。通过障碍物或碎石、瓦块、炭渣、坑洼较多的路面应减速慢行。

(7)要适时翻新　轮胎按规定平均行驶 11 万公里，必须适时对轮胎进行翻新，这样才能延长轮胎使用寿命，也具有明显的经济效益。

第二节　电 气 系 统

一、概述

1. 电气系统的组成与功用

汽车、拖拉机、农用车、摩托车和工程机械的电气系统主要由供电设备、用电设备和配电设备3部分组成。其中供电设备由蓄电池、发电机及调节器组成；用电设备由点火、起动、照明、信号、仪表及辅助装置组成；配电设备由配电器、导线、接线柱、开关及保险装置等组成。农用车的电气系统如图4-8所示。

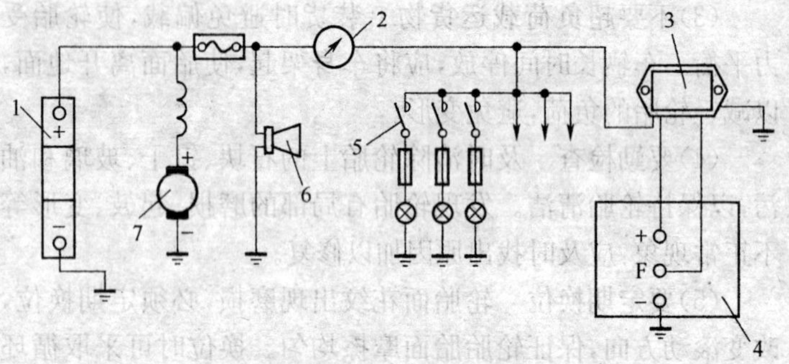

图4-8　农用车的电气系统

1. 电源　2. 电流表　3. 调节器　4. 发电机　5. 开关　6. 喇叭　7. 起动机

2. 电气系统的使用特点

不同类型的汽车、拖拉机、农用车、摩托车和工程机械电气系统的型号、作用、数量不同，安装位置及线路也不相同，但相同的使用特点及连接的原则如下：

(1)低压　电源电压一般采用6伏、12伏、24伏的低电压。

(2)**单线制**　电气系统一般都采用单线制，即电源与用电设备之间，只用一根导线，另一根利用内燃机的金属机体或拖拉机、汽车的车架作导电回路，称为搭铁。搭铁有正极搭铁与负极搭铁之分。国产拖拉机和汽车电气系统采用负极搭铁，但在个别机型上如4115型柴油机采用ZF-33直流发电机时，用正极搭铁，495A型柴油机采用F-29B型直流发电机时也用正极搭铁。

(3)**并联连接**　用导线将电源与用电设备连接起来所构成的闭合回路，即电流所流经的路径，称为电路。把电源和用电设备顺次连接起来的电路称为串联电路。把电源和用电设备其首端与尾端分别连接在两个公共点之间所形成的电路称为并联电路。拖拉机、汽车等内燃机的用电设备线路均采用并联连接，形成并联电路。

(4)**交、直流并存**　小型拖拉机、摩托车和小型内燃机，大多没有起动电动机及蓄电池，故多采用以永磁交流发电机作为电源的交流系统，但在大型拖拉机、汽车、内燃机上采用起动电动机起动，用电设备多，需要对蓄电池充电而采用直流系统。

(5)**电路中装有保险装置**　保险的作用是防止因短路而烧坏用电设备。

二、蓄电池的使用与维修

1. 蓄电池的功用

拖拉机、汽车和工程机械上一般采用内阻小、容量大、能在发动机起动时供给大电流的铅蓄电池，这种蓄电池又称为起动型蓄电池。蓄电池是一种化学电源，靠内部的化学反应来储存电能和向外供电。

①在发动机起动时，给起动电动机和点火系统供电。

②在发电机不工作或低速时，向用电设备供电。

③在发电机正常工作时，储存多余的电能。

④负荷过大时，协同发电机向负载供电。

2. 蓄电池的构造

蓄电池主要由正极板、负极板、外壳、隔板和电解液等构成，如图 4-9 所示。

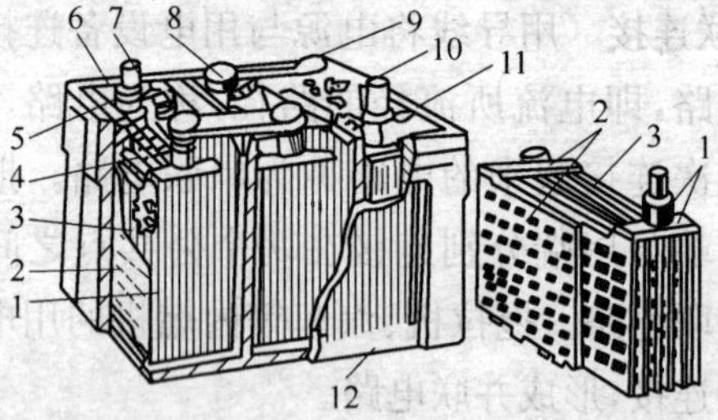

图 4-9 蓄电池的结构

1. 正极板 2. 负极板 3. 隔板 4. 护板 5. 封料
6. 盖板 7. 负极接线柱 8. 加液孔盖 9. 联条
10. 正极接线柱 11. 封闭环 12. 外壳

3. 蓄电池的型号编制

(1)型号组成 根据部颁标准(JB 1058—77)的规定，起动用铅蓄电池的型号编制由 5 部分组成：

第 1 部分	第 2 部分	第 3 部分	第 4 部分	第 5 部分
串联的单格数	电池用途	极板类型	额定容量	特殊性能

第 1 部分为串联的单格电池数。

第 2 部分为电池用途，一律用“Q”表示。

第 3 部分如为一般电池可略去不用，如为干荷电电池，则以“A”表示。

第 4 部分指 20 小时率放电额容量。

第 5 部分指特殊性能，如为高起动率电池，则以“G”表示。

(2)蓄电池型号示例

3-Q-90——由 3 只单格电池组成，额定电压为 6 伏，额定容量为 90 安时的起动用铅蓄电池。

6-QA-75——由 6 只单格电池组成，额定电压为 12 伏，额定容量为 75 安时的起动用干荷电铅蓄电池。

6-QA-60G——由 6 只单格电池组成，额定电压为 12 伏、额定容量为 60 安时的起动用干荷电极板、高起动率铅蓄电池。

(3)起动用铅蓄电池型号与基本参数

橡胶槽起动用铅蓄电池型号与基本参数见表 4-9。

表 4-9　橡胶槽起动用铅蓄电池型号与基本参数

型号	蓄电池规格		20 小时率放电额定容量	最大外形尺寸/毫米		
	/伏	/(安·时)	/(安·时)	长	宽	高
3-Q-75	6	75	75	197	178	250
3-Q-90	6	90	90	224		
3-Q-105	6	105	105	251		
3-Q-120	6	120	120	278		
3-Q-135	6	135	135	305		
3-Q-150	6	150	150	332		
3-Q-195	6	195	195	413		
6-Q-60	12	60	60	319	178	250
6-Q-75	12	75	75	373		

续表 4-9

型号	蓄电池规格		20 小时率放电额定容量	最大外形尺寸/毫米		
	/伏	/(安·时)	/(安·时)	长	宽	高
6-Q-90	12	90	90	427	178	250
6-Q-105	12	105	105	485	188	
6-Q-120	12	120	120	517	198	
6-Q-135	12	135	135		216	
6-Q-150	12	150	150		234	
6-Q-165	12	165	165		252	
6-Q-180	12	180	180		270	
6-Q-195	12	195	195		288	

4. 蓄电池的使用

(1)蓄电池安装要牢固　车辆在行驶过程中电池易振松，这样不仅会使接头松动，而且会使电池壳破裂。因此，蓄电池应垫在软质材料上为好，各部连接应紧固。

(2)正确使用起动机　为避免过度放电，起动机起动时间每次不得超过 5 秒钟；第 2 次起动应间隔 20 秒钟；连续三次起动不了，应查找原因再起动。否则，会过早损坏蓄电池极板。

(3)保持电解液液面高度　在充电时，蓄电池内的化学反应较强，温度升高，电解液蒸发，液面下降，时间长了极板就会露出与空气接触，使蓄电池缩短寿命。一般在冬季每工作 10～15 天，夏季每工作 5～6 天应检查电解液面高度，应高出极板 5～10 毫米。液面高度不足应加蒸馏水，切忌加自来水、纯净水来替代蒸馏水。

(4)定期检查蓄电池电液的密度和温度　一般每工作半

个月进行一次电解液密度和温度检查。把用密度计和温度计测得的温度换算到 15℃时的密度，如密度在 1.28 克/厘米^3 时，蓄电池已充足，密度在 1.24 克/厘米^3 时，蓄电池放电程度为 25%，在同样温度下密度下降到 1.20 克/厘米^3 时放电程度为 50%。蓄电池冬季放电程度超过 25%，夏季放电程度超过 50%，必须及时充电。实践证明，蓄电池电解液的温度每降低 1℃，其容量减少1%～2%。为此，冬季设法提高电解液的温度。通常方法是把车辆停放在室内，如没有车库的应将蓄电池拆下，搬进 0℃以上的室内。

(5)**保持调节器充电电压** 一般铅蓄电池调节器的充电电压在 11～14 伏的范围内，不准任意调整。低了，电池长期处于充电不足状态，使极板硫化；高了，电池长期处于充电状态，使电池寿命缩短。

(6)**采用原规格的蓄电池** 车辆用蓄电池不可随意用比原蓄电池容量大的蓄电池，因为车辆上的发动机功率是固定的，输出电流不可随意增大或减小，因此，车辆必须按原电气设计采用原型号蓄电池。如换用了容量大的蓄电池，会使新换的蓄电池充电不足，车辆不能正常起动，而且蓄电池长期亏电也会缩短使用寿命。

(7)**保持蓄电池外部清洁** 车辆在较差的路况行驶，蓄电池溢出的电解液在盖上堆积，并和灰尘、泥土混合，使正、负接线柱成通路，引起自行放电。为减少自行放电，在使用过程中应用干布擦去盖板上的脏物，去掉接线柱上和接线上的氧化物，并涂上薄层凡士林或黄油。加液孔盖上有一个通气孔，是用来释放电池充电时放出的大量气体，平时检查时，应注意液盖的通气孔畅通，否则，产生的气体排不出去，电解液膨胀时，会把蓄电池外壳撑破。

(8)停放和启用　车辆停放不用时，应拆去搭铁线，以防蓄电池漏电。启用前必须检查蓄电池是否充足电，不足应充足。蓄电池长久不用，它会慢慢自行放电，直至报废。因此，久放的电池应每隔30天左右就要充电一次。

5. 蓄电池的最佳充电时机

为了延长蓄电池使用寿命，当电解液密度下降到1.15克/厘米^{3}以下时，或单格电池降到1.7伏以下时，夏季放电超过50%、冬季超过25%时，灯光暗淡、喇叭沙哑、起动发动机明显无力时，必须及时将蓄电池充电。上海-50型拖拉机电动机起动电路图中的蓄电池如图4-10所示。

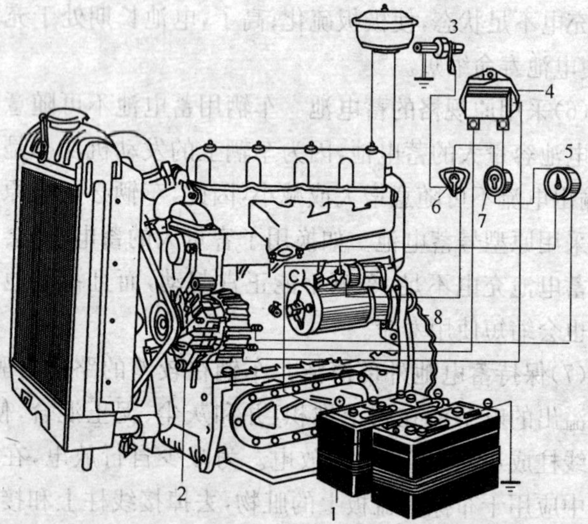

图4-10　上海-50型拖拉机电动机起动电路图中的蓄电池

1. 蓄电池　2. 发电机　3. 电热塞　4. 调节器　5. 电流表
6. 预热起动开关　7. 电钥匙　8. 起动机

6. 蓄电池的充电方法

为了便于运输和储存，新蓄电池在包装发运前将其中的电解液倒出。因此新蓄电池在使用前必须进行初充电。初充电的目的是使蓄电池中的正、负极板活性物质得到充分的还原。通过初充电后，提高正、负极板活性物质的含量，蓄电池方能有效地进行工作。

按生产厂规定加注密度为 1.25～1.285 克/厘米^3 的电解液。电解液加入蓄电池之前，温度不得超过 30℃，注入电解液后，蓄电池应静置 5～6 小时，待温度低于 35℃后才能充电，此时如液面因渗入极板而低落，应补充电解液直至高出极板上缘 15 毫米处。然后将蓄电池正极与充电机的正极相接，蓄电池的负极与充电机的负极相接。起动用（普通式）铅蓄电池电气性能见表 4-10。

充电过程常分两个阶段进行。第一阶段的充电电流为额定容量 C_{20}（即 20 小时率的电池额定容量）的 1/16～1/14，充至电解液中放出气泡，单格蓄电池端电压达到 2.4 伏。然后将充电电流降低一半，转入第二阶段充电，一直充到电解液剧烈冒出气泡，密度升至规定值和电压达到 2.5～2.7 伏连续 2～3 小时不变。全部充电时间为 60～70 小时。维修蓄电池进行补充充电可参照此充电方法进行，补充充电时间在 13～16 小时。常用的充电方法有定流充电、定压充电、脉冲快速充电等方法。脉冲快速充电是蓄电池充电技术的新发展，采用脉冲快速充电可有效地消除极化，缩短充电时间，一般初充电不多于 5 小时，补充充电不多于 1 小时。

在铅蓄电池中出现一种新型蓄电池——干荷蓄电池。它已被汽车、轿车和出口拖拉机等用于起动。干荷蓄电池的

表 4-10　起动用(普通式)铅蓄电池电气性能

型号	初充电		正常充电		20 小时率放电		起动放电				
					单格终止电压 1.75 伏			(30±2)℃		(−18±1)℃	
	一阶段 电流 /安培	二阶段 电流 /安培	一阶段 电流 /安培	二阶段 电流 /安培	电流 /安培	容量 /(安·时)	电流 /安培	终止 电压 /伏	时间 /分	终止 电压 /伏	时间 /分
3-Q-75	4	2.0	8～12	4	3.75	75	225	4	5	3	2.5
3-Q-90	5	2.5	10～15	5	4.50	90	270				
3-Q-105	6	3.0	12～18	6	5.25	105	315				
3-Q-120	7	3.5	14～21	7	6.00	120	360				
3-Q-135	8	4.0	16～24	8	6.75	135	405				
3-Q-150	9	4.5	18～27	9	7.50	150	450				
3-Q-165	10	5.0	20～30	10	8.25	165	495				
3-Q-180	11	5.5	22～33	11	9.00	180	540				
3-Q-195	12	6.0	24～36	12	9.75	195	585				
6-Q-60	3	1.5	6～8	3	3.00	60	180	8		6	
6-Q-75	4	2.0	8～12	4	3.75	75	225				
6-Q-90	5	2.5	10～15	5	4.50	90	270				
6-Q-105	6	3.0	12～18	6	5.25	105	315				
6-Q-120	7	3.5	14～21	7	6.00	120	360				
6-Q-135	8	4.0	16～24	8	6.75	135	405				
6-Q-150	9	4.5	18～27	9	7.50	150	450				
6-Q-165	10	5.0	20～30	10	8.25	165	495				
6-Q-180	11	5.5	22～33	11	9.00	180	540				
6-Q-195	12	6.0	24～36	12	9.75	195	585				

极板采用特殊的生产配方，加入1羟基2萘酸（简称1-2酸）作憎水剂，预防极板受潮氧化，保持干荷电性能。在工艺上极板由生极板到极板形成过程中，采用充电-放电-再充电渗透性化成方式，使正极板二氧化铅含量达80%以上，负极板海绵状金属铅达到90%以上，并进行抗氧化处理及密封。干荷蓄电池的优点是，使用前只要把符合规定的电解液注入新蓄电池内，半小时后即可使用，不需进行初充电，节电省时方便用户，单价比普通铅蓄电池贵，干荷蓄电池现已广泛用于轿车和微型汽车上。

7. 蓄电池充电时的注意事项

给蓄电池充电不当，易发生人体中毒、烧伤或火灾事故。

①充电作业时，电源插座应完好，电源线绝缘应良好，充电机机壳应不漏电并接地，严禁充电机输出端短路。在充电及安装蓄电池时，注意不要将正、负极性接错，否则会导致电气设备烧损。充电结束时，应先切断电源线的电源，然后再拆开蓄电池线路。

②配制电解液必须用密度为1.835克/厘米^3（15℃时）的专用蓄电池硫酸（不能用工业硫酸）和蒸馏水（不能用自来水或井水）来配制电解液，电解液的配制参照表4-11的体积比例或质量比例进行，然后用密度计进行复验。配制电解液时，必须在耐酸的玻璃或陶瓷容器内进行，配液时，必须先将水加入容器，再将硫酸徐徐加入水中，边加边用玻璃棒搅动，严禁将蒸馏水倒入浓硫酸中，以免发生硫酸溅出伤人。配制后测量电解液密度应用密度计。使用时先将密度计下部的橡胶管伸入单格电池内，用手捏橡胶球将电解液吸到玻璃管中，使密度计芯子浮起，密度计芯子与液面相平的刻度线的读数就是该电解液的

密度。用密度计测量电解液密度如图 4-11 所示。

表 4-11 电解液的配制

15℃时电解液密度/(克/厘米^3)	体积之比		质量之比	
	浓硫酸	蒸馏水	浓硫酸	蒸馏水
1.22	1	4.1	1	2.3
1.24	1	3.7	1	2.1
1.26	1	3.2	1	1.9
1.27	1	3.1	1	1.8
1.28	1	2.8	1	1.7
1.29	1	2.7	1	1.6
1.30	1	2.6	1	1.5
1.40	1	1.9	1	1.0

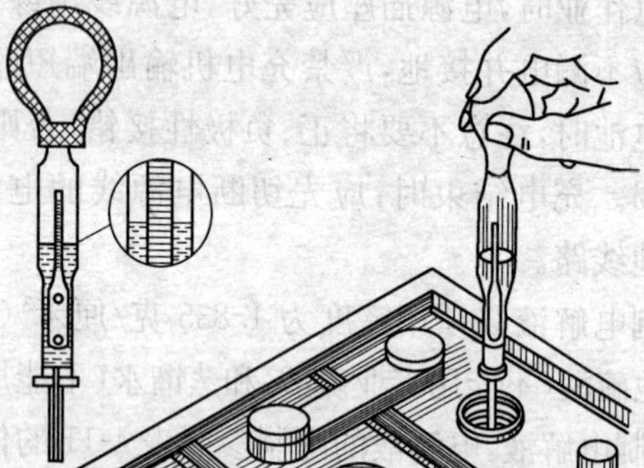

图 4-11 用密度计测量电解液密度

③充电作业时，若采用并联充电，接入的各个蓄电池的电压必须与充电机输出电压相符。同时，并联的蓄电池个数，不能超过充电机的最大负荷容量。

④充电作业时，严禁明火和吸烟。必须打开每个单格电池的加液盖口，使气体顺利溢出。严禁用高功率放电计检查

单格电池的电压，防止引起蓄电池爆炸伤人，以及发生火灾。

⑤充电时操作人员应穿戴专用工作服、防护眼镜和橡胶手套。若硫酸或电解液溅到人体上，应用清水及时冲洗干净。作业结束应认真洗手、洗脸和漱口。

⑥蓄电池充电室应单独设置，用混凝土做地面，室内多开门窗，让空气流通，室内保持清洁、卫生，有条件的充电室，应安装通风机及除尘设备。

8. 蓄电池的常见故障及排除方法

(1)电解液密度过小

①分析原因：主要表现在充电和放电时的电压和容量都很低，分析电解液密度过低的原因有蒸馏水添加太多，极板不可逆硫酸盐化，电解液中含有杂质，蓄电解内沉积物过多，隔板损坏等。

②排除方法：把蓄电池进行数次充电和放电，每次充电终期延长至冒气泡；如果检测密度还小，可在充电终期添加密度为1.4克/厘米^{3}的硫酸，调整到规定标准，再充电一段时间，使其混合均匀；如果是隔板损坏，电解液含有杂质和沉积物多，应更换隔板，清理沉积物和更换电解液。

(2)电解液密度过大

①分析原因：蓄电池液面低落时，添加蒸馏水不及时；添加的不是蒸馏水而是浓硫酸。

②排除方法：经常检查蓄电池液面高度，不足及时添加蒸馏水；当加入浓硫酸到蓄电池时，可在充电终期，用蒸馏水调整电解液的密度至规定标准及规定液面高度后，再充电半小时，但必须使调整的电解液混合均匀，才能投入使用。

(3)内部短路

①分析原因：隔板质量较差和极板活性物质的脱落造成

沉积过多，使极板下部边缘与沉积物接触短路；极板翘曲变形或击穿和电解液有害杂质含量太多，使蓄电池正、负极板短路。

②排除方法：如是隔板损坏或极板翘曲变形，应拆下检查修复或更换；如是沉积物过多或电解液质量差，应清理沉积物或更换电解液，以消除短路现象。

(4)**蓄电池自行放电**　蓄电池在外电路断开时，其容量自行消耗，即为自行放电。

①分析原因：极板和隔板损坏造成内部短路；在蓄电池液面低落时，加入的不是蒸馏水，而是河水或井水；因河水、井水含有多种矿物质和杂质，造成电解液含有害杂质，使蓄电池内部短路自行放电。

②排除方法：极板和隔板损坏应及时修复或更换；添加蒸馏水到蓄电池内，应到正规蓄电池厂门市部或蓄电池正规专营门市部，保持蓄电池清洁，以防自行放电。

三、发电机和调节器的使用与维修

1. 发电机和调节器的功用

①发电机的功用是将机械能转变为电能。它是拖拉机、汽车上的主要电源，在发动机正常工作时，发电机除向起动机以外的所有用电设备供电，并向蓄电池充电，以补充蓄电池在使用中所消耗的电能。目前，机车上使用的发电机主要有并激直流发电机和交流发电机。

②调节器的功用是在并激直流发电机上，装有发电机调节器，它能自动地控制发电机向蓄电池充电，稳定发电机的输出电压，并保护发电机避免过载。

2. 发电机的结构

(1)**直流发电机的结构**　它主要由磁极、电枢绕组、整流子和电刷等组成，如图 4-12 所示。

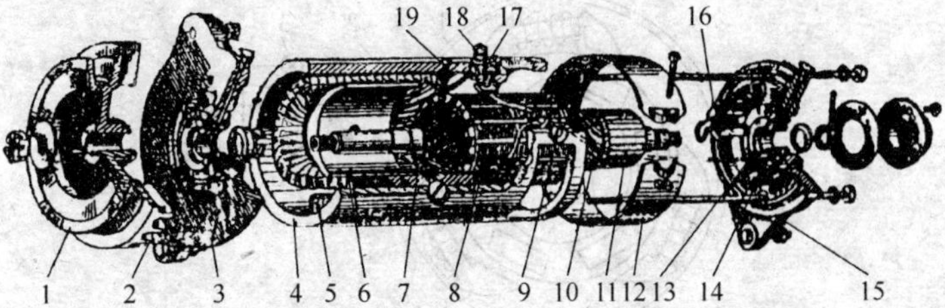

图 4-12　直流发电机的结构

1. 带轮　2. 鼓风叶片　3. 发电机前端盖　4. 机壳　5. 激磁绕组　6. 磁极　7. 转子轴　8. 电枢铁心　9. 激磁绕组接地螺钉　10. 电枢绕组　11. 整流子　12. 防尘箍　13. 电刷　14. 电刷架　15. 发电机后端盖　16. 电刷及侧架　17."电枢"接线柱　18."磁场"接线柱　19."接地"螺钉

(2)交流发电机的结构　它主要由转子和定子组成。SFF-45 型永磁交流发电机如图 4-13 所示，JF11、JF12 型硅整流交流发电机如图 4-14 所示。永磁交流发电机因不能产生直流电源，不能与蓄电池配合使用，一般用于手摇（人力）起动的手扶拖拉机和三轮农用车上供各用电设备用电，其结构比较简单。硅整流交流发电机由一个三相同步交流发电机和硅二极管整流器两大部分组成。交流发电机中的转子是用来建立磁场的，定子是用来产生三相交流电的。硅二极管具有单向导电的特性，即在正向电压的作用下，电流才由正极向负极流通，在反向电压作用下，电流不能由负极向正极流通，起到了将交流电变为直流电的作用。硅整流交流发电机多用于四轮农用车、汽车和大型拖拉机上。

3. 调节器的结构

在并激直流发电机与蓄电池之间，安装有发电机调节器。它主要由调压器、限流器、截流器三部分组成一个总成，称为三联调节器，发电机调节器 FT-81 型线路如图 4-15 所示。

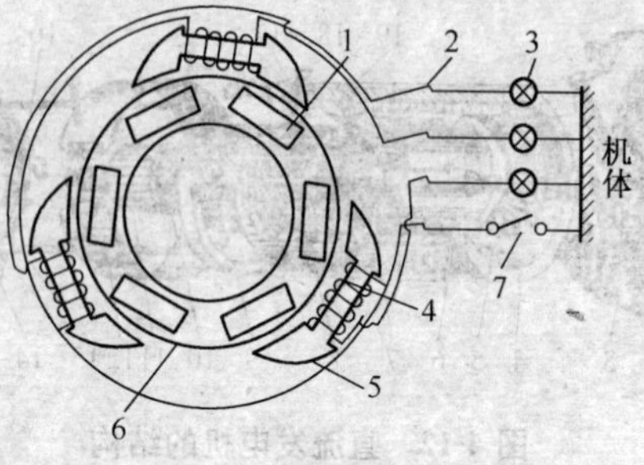

图 4-13 SFF-45 型永磁交流发电机

1. 钡氧磁体 2. 接线柱 3. 灯泡 4. 线圈
5. 定子 6. 转子 7. 开关

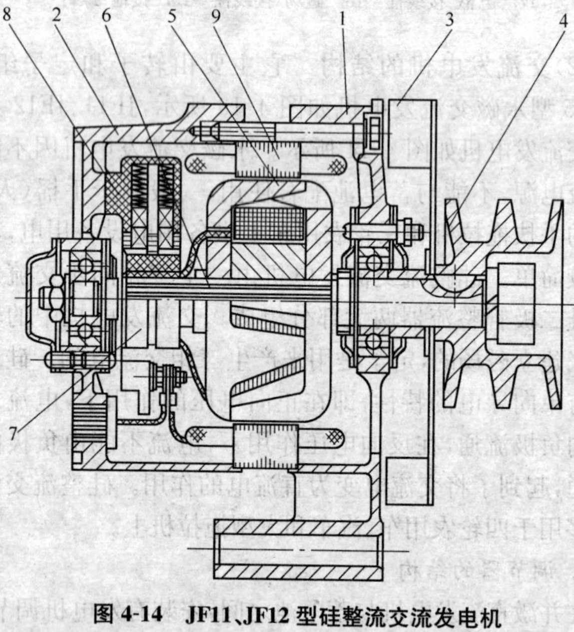

图 4-14 JF11、JF12 型硅整流交流发电机

1. 驱动端盖 2. 后端盖 3. 风扇 4. 带轮 5. 转子 6. 紧圈
7. 滑环 8. 电刷架 9. 定子

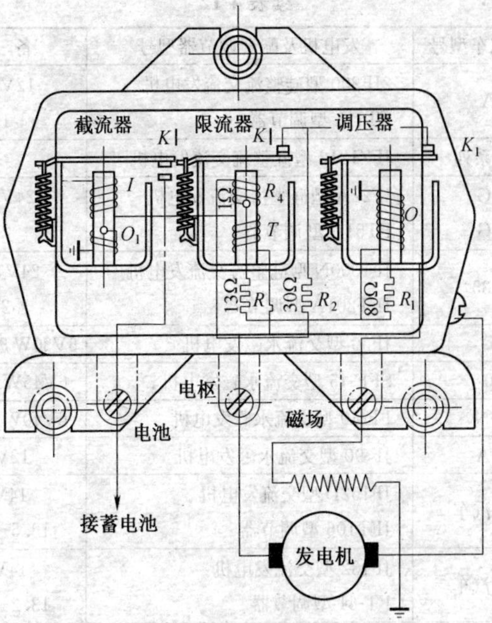

图 4-15　发电机调节器 FT-81 型线路

发电机及配套调节器型号见表 4-12。

表 4-12　发电机及配套调节器型号

内燃机、汽车型号	发电机及配套调节器型号	备　注
495A	F29B 直流发电机	12V150W
	FT81D13/12 调节器	12V13A
$4115T_D$	ZF-33 直流发电机	12V220W
	FT-81 型调节器	12V18A
2135G	F45A 直流发电机	12V300W
	JT81S-25/12 FN/1 调节器	12V25A
295T	JF01C 硅整流交流发电机	12V
	FT70 调节器	12V

续表 4-12

内燃机、汽车型号	发电机及配套调节器型号	备　注
495A	2JF200 型硅整流交流发电机 FT111 型调节器	12V200W 12V
LR100 系列	JFZ1212 型硅整流交流发电机	
4135G 6135G	JF22A 型硅整流交流发电机 FT51A 型调节器	24V500W 24V
12V135	JF1000N 型硅整流交流发电机 JFT201A 型调节器	24V1000W 24V
175	JF30 型交流永磁发电机	6V30W 摩擦轮驱动
1100	SFF-45 型交流永磁发电机	6V45W 飞轮驱动
Z195N	FF-40 型交流永磁发电机	6V40W 飞轮驱动
4125A	JF-90 型交流永磁发电机	12V60W
CA141 汽车	JF152D 型交流发电机 JFT106 型调节器	14V36A 13.5～14.2V
EQ140 汽车	JF132 型交流发电机 FT-61 型调节器	14V25A 13.2～14.2V
BJ212 汽车	JF13E 型交流发电机 FT-61 型调节器	14V25A

发电机及调节器代号：F 表示发电机；G 是英文“发电机”的词头；ZF 为直流发电机；JF 为交流发电机；FT 为发电机调节器；JFT 为晶体管调节器。

4. 发电机的使用注意事项

①汽车、拖拉机用交流发电机，规定为负极搭铁，蓄电池也必须为负极搭铁。否则，当来自蓄电池的火线触及交流发电机的火线接线柱（一般标有“+”或“电枢”字样）时，蓄电池会通过二极管放电，使二极管立即烧坏。

②硅整流发电机必须与专用调节器和蓄电池配合使用，

更换蓄电池时，必须保持负极搭铁。

③发电机运转时，不要用试火花的方法检查发电机是否发电，否则，容易烧坏二极管。

④检修时，不允许用兆欧表或将 220 伏交流电流加到二极管上。

⑤发电机高速运转时，不要突然卸载，否则容易烧坏二极管。

⑥发动机熄火后，立即将电钥匙拨到零位或取下，否则蓄电池将长期向磁场绕组放电，从而造成电池亏电、磁场绕组烧坏。

⑦硅整流发电机的轴承润滑应用复合钠基润滑脂，填充加注要适宜，时间要及时。

⑧交流发电机不发电，常常是因为二极管损坏，在没有仪表检查二极管的情况下，可以用灯泡检测。具体检测方法是用蓄电池和仪表灯泡检查二极管，如图 4-16 所示。对每一个二极管交替检查两次（将二极管及引线方向倒过来一次），如灯泡一次亮，一次不亮，说明二极管良好；如两次均亮，说明二极管内部短路；两次均不亮，则说明二极管内部断路。短路和断路的二极管必须更换。更换时要分清硅二极管是正极管子还是负极管子，如管壳底上标记不清时，在前述的检查中若蓄电池负极接硅二极管引线，而正极经灯泡接外壳

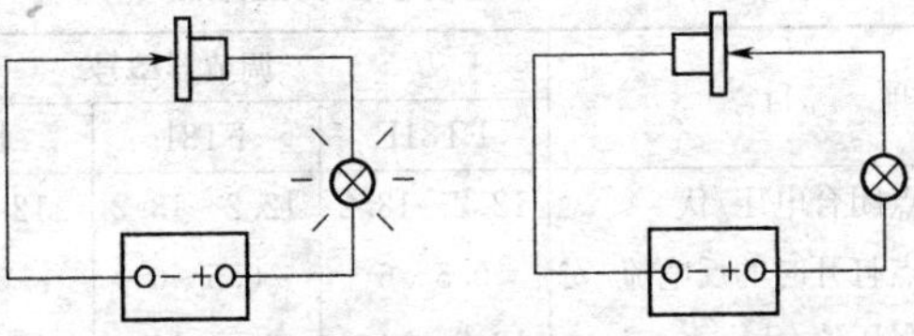

图 4-16　用蓄电池和仪表灯泡检查二极管

时灯亮，则说明该二极管为负极管子。反之，若蓄电池正极接硅二极管引线时灯亮，则为正极管子。

5. 发电机调节器的调整

发电机调节器FT-81型线路如图4-15所示，若工作性能不符合要求，可在机车上进行调整，条件是电流表必须准确，连接必须牢固，调整方法如下：

(1)**调限压值** 用手按住限压器，使触点闭合，提高发电机转速，调整调压器的弹簧长度，使车上电流表所指示的充电电流符合规定的限压值。

(2)**调限流值** 用手按住限压器，使触点闭合，提高发电机转速，调整限流器的弹簧长度使车上电流表指示的充电电流符合限流值。若再增加转速仍保持此数值，则认为适宜。

(3)**调闭合电压** 缓慢提高发电机转速，观察电源表和截流表，当截流器触点刚闭合时，电流表指针不应向“—”方向摆动，允许很轻微地向“+”方向摆动，否则，应调整截流器弹簧。

(4)**调反电流值** 提高发电机转速，让发电机向蓄电池充电，然后减小节气(油)门，观察截流器触点打开前的反电流值，如不符合规定值，则应调整截流器弹簧的长度。

发电机调节器调整数据见表4-13。

表4-13 发电机调节器调整数据

项　目	调节器型号		
	FT81E	FT81	FT81D
截流器触点闭合电压/伏	12.2～13.2	12.2～13.2	12.2～13.2
截流器触点打开时的反电流/安	0.5～6	0.5～6	0.5～6
调压器的限压值/伏	13.8～14.8	13.8～14.8	13.8～14.8
调节限压值时的负载电流/安	10	10	10

续表 4-13

项　目	调节器型号		
	FT81E	FT81	FT81D
限流器的限流值/安	19～21	17～19	12～14
调限压、限流值时发电机转速/(转/分)	3000	3000	2500

6. 发电机及调节器的常见故障与排除方法

硅整流交流发电机及调节器常见故障分析与排除方法见表 4-14。

四、起动机的使用与维修

1. 起动机的功用

起动机也称为起动电动机，它是将电能转换为机械能的专用设备。起动机的功用是将发动机起动，在完成起动后立即与发动机脱开并停止工作。

2. 起动机的结构

起动机由电枢总成、磁极、磁场绕组、机壳、前后端盖、换向器、电刷等零部件组成，起动机的结构如图 4-17 所示。为了通过大的电流，磁场绕组和电枢绕组均由较粗的矩形截面的铜线绕制。

3. 起动机的安装

先用汽油清洗电枢及外部驱动机构。清洗后，看其驱动是否灵活；安装时，在摩擦离合器的摩擦片间应涂石墨润滑脂，螺纹花丝部分涂有机油；起动机安装在发动机上，驱动齿轮端面与飞轮平面间距离以 3～5 毫米为宜，以保证齿轮正确啮合。

4. 起动机的使用

由于起动时电流很大，所以每次起动时间不超过 5 秒钟，

表 4-14　硅整流发电机及调节器的常见故障分析与排除方法

故障现象	故障部位	故障原因	排除方法
发电机完全不输出电流	接线或电流表	接线断开；接线错误或电流表损坏	1. 检查、紧固各连接线，有搭铁处，应予排除，检查电流表； 2. 定子、转子、调节器线圈烧坏或搭铁应更换或重绕； 3. 二极管损坏应更换； 4. 调节器触点烧蚀轻微可用白金砂条砂光，烧蚀严重应重铆或更换
	发电机	定子、转子线圈断路、短路或塔铁；硅二极管损坏；接线接头绝缘损坏，导线断开	
	调节器	调节器调整电压过低；接线桩头接触不良；内部短路、断路；触点烧熔贴在一起	
发电机输出电流不足	接线	接线断路、短路、接头松动；转子线圈局部短路；定子线圈局部短路或接头断开	1. 检查发电机皮带紧度，并加以调整； 2. 检查紧固各连接线； 3. 转子、定子线圈损坏，应拆下重绕； 4. 滑环有油污、应用汽油擦洗，烧蚀应用细砂纸打磨，电刷接触不良应予修理； 5. 调整调节器弹簧，使达到规定值
	发电机	部分二极管损坏；电刷接触不良，滑环有油污；发电机皮带太松	
	调节器	电压调整过低；触点烧焦；磁场线圈或电阻接线断开	
输出电流不稳	发电机	发电机皮带过松；转子、定子线圈即将短路或断路；电刷接触不良；接线桩头松动，接触不良；	
	调节器	触点脏污；电压调整不当；接线即将断开；	

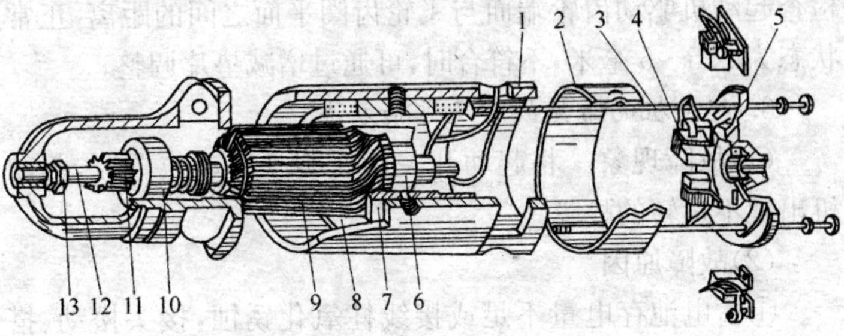

图 4-17 起动机的结构

1. 机壳 2. 防尘带 3. 拉固螺栓 4. 电刷 5. 后端盖 6. 换向器 7. 磁极 8. 磁场绕组 9. 电枢 10. 单向离合器 11. 驱动齿轮 12. 电枢轴 13. 限位螺母

起动时间间隔 1～2 分钟，如连续三次未能发动，应检查修理。冬天起动时，必须先用手摇把转动曲轴数次，经预热 15 分钟左右，方可起动起动机。驱动齿轮未进入齿圈啮合而高速运转，应迅速停止起动，待起动机停转后再起动。发动机着火后应立即松开按钮，使驱动齿轮退回原位。车辆行驶 2000 公里后，应检查起动机紧固件联接是否牢靠，导线接触是否良好。车辆行驶 8000 公里后，应检查起动机电刷在架内是否卡死，其弹簧压力是否正常，若有故障应拆下修理。

5. 起动机的保养

起动机应定期检查清洗。拆下防尘带，检查整流子表面与电刷的接触情况。整流子表面应平滑、清洁，接触面应大于 85%，电刷高度不低于 7 毫米，电刷弹簧压力应为 8.8～12.7 帕。如整流子表面粗糙，应用 0 号砂纸磨光。电刷弹簧压力低于 8.8 帕应调整或更换。检查电磁开关触点表面，若有烧坏或有黑斑，应用 0 号砂纸磨掉。检查磁场绕组、电枢绕组及线路状况，内部转动有无碰击，否则应维修保养。经常检查起动机驱动齿轮端面与飞轮齿圈平面之间的距离，正常状态为 2.5～5 毫米，不符合时，可通过增减垫片调整。

6. 起动机的常见故障及排除方法

(1)故障现象　将起动开关旋钮旋到起动位置时，起动机出现不运转的故障。

(2)故障原因

①蓄电池存电量不足或接线柱氧化锈蚀，接头松动、搭铁线松脱、因无电路或电路不通。

②电刷磨损过度，电刷弹簧压力减弱，电刷在刷架内卡住及搭铁不良，起动机整流子有油污、烧损或偏磨失圆，导致电刷与整流子接触不良，导电性能变差。

③起动开关触点烧损，电磁开关线圈与接线柱脱焊或线圈烧坏，影响大电流通过。

④起动机线圈绝缘被破坏，造成匝间短路或搭铁，使起动机不能正常工作。起动时间太长，烧毁并联线圈，或起动时电磁开关主触点不闭合，串联线圈仍通电，不能被短路隔开，而起动机又不转，这时若不及时松开起动按钮，常会使串联线圈也在短时间内烧毁。

(3)排除方法

①在接合起动开关旋钮，起动机不转的情况下，接通大灯开关，若灯不亮，说明蓄电池无电流输出。蓄电池存电不足，应补充。若接线柱与接头松动或氧化，应清除氧化物，牢固连接。

②接通大灯开关，若灯亮，说明蓄电池有电输出。再用旋具搭接电磁开关接线柱与蓄电池接线柱。若电磁开关铁心不动，说明电磁开关两线圈与接线柱脱焊或线圈烧坏，应检修。若电磁开关铁心立即动作，说明电磁开关线圈完好，

而是起动开关内部接触不良或电磁开关连接断路，应重新连接牢靠。

③接合起动开关旋钮，起动机不转，但电流表指针示值为－18～20 安培，说明电磁开关中吸力线圈电路中断。再用旋具(螺丝刀)搭接蓄电池接线柱和磁场接线柱，若起动机不转，很可能是整流子因沾油污、烧蚀、偏磨失圆或电刷弹簧弹力不足，引起接触不良，使电流不能经过电枢线圈与吸力线圈相通。整流子与电刷接触不良应修复。

④接合起动开关旋钮，电流表指针向"－"摆到头，起动机不转而发出"咔"的响声。此时可摇一下曲轴再起动，如仍不能起动，再用旋具搭接开关上蓄电池接线柱与磁场接线柱。搭接后，如起动机高速空转，说明开关接触盘与接触点严重烧损，不能接通主电路。当电磁开关接触盘及触点表面有轻微烧斑时，用"00"号细砂纸磨光。当烧蚀严重时，接触盘可调面使用。当接触盘局部熔化不能继续使用时，应换新品。为了保护电磁开关线圈不被烧损，起动时应将起动按钮按到底，每次起动时间不超过 5 秒钟。若一次起动不了，应间隔 1～2 分钟再起动。非紧急情况，不准用旋具搭火起动。

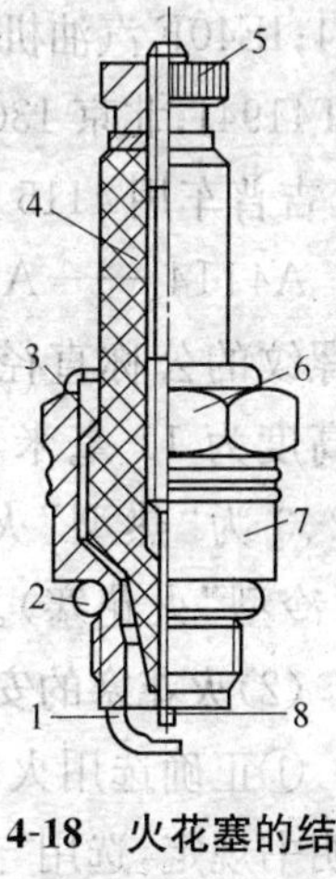

图 4-18　火花塞的结构

1. 侧电极　2. 垫圈
3. 瓷填料　4. 绝缘瓷体
5. 接线螺母　6. 接头螺母
7. 壳体　8. 中心电极

五、火花塞的使用与维修

1. 火花塞的功用与结构

火花塞主要用来产生火花点燃气缸内的混合气。火花塞的结构如图 4-18 所示。

2. 火花塞的正确使用

(1)火花塞的选用　火花塞的工作条件很恶劣，它要承受2万伏左右的高电压，1500℃～2200℃的高温，还有混合气燃烧的腐蚀和积炭的影响。选用火花塞应根据发动机的功率大小、冷却方式、压缩比和转速等参数的不同而选定。在一般情况下，若发动机功率大、压缩比大、转速高，则应选用"冷型"火花塞；对功率小、压缩比和转速小的发动机，则应选用"热型"火花塞。我国对火花塞冷、热程度的表示方法是以火花塞下部绝缘体积炽热端的长度来表示，一般将绝缘体下部长度约为8毫米左右的定为"冷型"，16毫米或以上的定为"热型"。按部颁JB2490—78标准的规定，火花塞型号的表示方法见表4-15。如AK-10型汽油机用火花塞型号为4114；IE40F汽油机用4118；解放牌汽车用4115；东风牌汽车用T4194J；北京130汽车用4115；桑塔纳汽车用4118；北京212吉普车用4115型。火花塞型号示例：

A4114 —— A表示矮座型，4表示火花塞旋入气缸部分螺纹的公称直径为14毫米，11表示火花塞旋入气缸部分高度为11毫米，尾数4表示火花塞热值为中型(热值1、2、3为"热型"火花塞；4、5、6为"中型"火花塞；7、8、9为"冷型"火花塞)。

(2)火花塞的安装

①正确选用火花塞。应按照汽车和汽油机的产品使用说明书规定，选用与该机配套的火花塞型号、规格。

②火花塞与汽油机支承面必须清洁平整。

③安装火花塞时，在火花塞上必须装上铜垫圈，以保证气缸密封性。

表 4-15　火花塞型号的表示方法

T	4	19	5	J
表示火花塞类型： 口　标准型 T　突出型 A　矮型 P　屏蔽型 B　半导体型 R　电极缩入型 Z　锥座型 Y　沿面跳火型	表示旋入螺纹公称尺寸和六角对边： 1:M10×1　S=6 4:M14×1.25　S=19 8:M18×1.5　S=22	表示旋入螺纹长度： 11:11mm 12:12mm 13:$\frac{1}{2}$in 19:19mm	表示火花塞热值： 1　热型 2　热型 3　热型 4　中型 5　中型 6　中型 7　冷型 8　冷型 9　冷型	表示派生产品特性： M：钨电极 C：固定螺母 L：Pt-Rb 偶 N：Ni-Cr 偶 Ni-Al B：不锈钢花 J：六角对边为 20.8 K：六角对边为 25.4

④旋紧火花塞时，最好用 M14×1.25 扭力扳手。螺纹的火花塞拧紧力矩如下：铸铁气缸盖为 24.5～34.3 牛·米(2.5～3.5 公斤·米)；铝气缸盖为 24.5～29.4 牛·米(2.6～3 公斤·米)。如无扭力扳手，则可先用手把火花塞拧紧，然后用套筒扳手拧紧倒退 1/4 圈。

(3)火花塞的维护　火花塞使用一段时间后，由于电极烧蚀而跳火间隙增大，有一些燃烧渣沉积，这将影响火花塞继续正常使用。因此，四冲程汽油机一般使用 200 小时，二冲程汽油机一般使用 100 小时左右，必须拆卸清洗一次。

①清洗。把火花塞拆卸后浸在汽油中，用毛刷刷洗，将沉积物剔除。

②检查。清洗后的火花塞应进行外观检查。如外观正常，可用缸外跳火法进行跳火试验。如跳火不正常，必须进行调整。

③调整。按汽油机产品说明书规定，用塞尺检测、调整火花塞跳火电极间隙(一般为 0.6～0.7 毫米)，不符合要求可轻轻扳动侧电极角度，扳动角度不宜过大，以免焊接处开裂。

④注重日常保养。选用汽油牌号要适合，避免爆燃，以防火花塞头部烧蚀。不使发动机长期超负荷作业，避免燃油燃烧不完全，火花塞积炭严重。经常用干净布或棉纱擦拭火花塞上部绝缘体，保持清洁，以免沾上油污。

3. 火花塞的常见故障及排除方法

(1)火花塞电极积炭严重

①分析原因：发动机长期超负荷作业，燃油燃烧不完全而造成火花塞积炭。

②排除方法:将火花塞拆下放在汽油容器中浸 5～10 分钟,取出用小竹片将积炭刮除,再用干净布条擦净炭屑。

(2)火花塞不着火

①分析原因:火花塞电极间隙过大,火花塞受硬物击碰,使绝缘体产生裂缝,裂缝内嵌入导电杂粒后,火花塞在工作中漏电严重时便打不着火。

②排除方法:电极间隙过大打不着火时,应将电极间隙调到 0.6～0.7 毫米规定值;漏电严重打不着火时,拆下火花塞检查绝缘体裂缝,如过大应换新件,同时注意安装新火花塞时拧紧力不要太大。

六、电喇叭的使用与维修

1. 电喇叭的功用与结构

汽车和拖拉机在运输作业时,需要音响信号,广泛应用的音响信号用电喇叭,鸣电喇叭有利于机车安全行驶。振动式电喇叭如图 4-19 所示。

2. 电喇叭的正确使用

驾驶员按下喇叭按钮,电流从蓄电池流经线圈、触点,当线圈通过电流时产生磁力吸引接触盘,通过中心螺杆推动振动膜,同时调整螺母压下触点臂,使触点分开切断电路电磁力消失,弹簧片和振动膜由于本身的弹力作用恢复原位,触点又重新闭合。电流再通过线圈产生吸力,吸动接触盘,如此反复,振动膜不断振动,发出音响。电喇叭按音量可分为高音和低音两类。按外形又可分为长筒形、螺纹形和盆形 3 种。使用喇叭不宜连续久按长鸣。

3. 电喇叭的调整

当电喇叭的音量和音调发生变化时,应及时调整。如

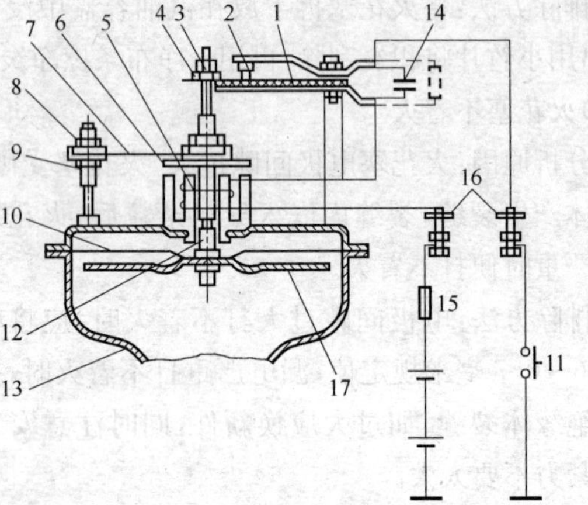

图 4-19　振动式电喇叭

1. 触点臂　2. 触点　3、8. 锁紧螺母　4、9. 调节螺母　5. 线圈　6. 接触盘　7. 弹簧钢片　10. 振动膜　11. 喇叭按钮　12. 中心螺杆　13. 喇叭筒　14. 电容器(或电阻器)　15. 喇叭熔断器　16. 接线柱　17. 共鸣盘

DL34DG/12 双音式电喇叭的额定电压为 12 伏，允许电压变化范围为 10.5～14 伏。在调整时，先保持电源电压为 12 伏、工作电流为 5 安培，然后改变电源电压，观察其工作电流和音量能否达到技术要求。

(1)电喇叭工作电流的调整　是通过调节调整螺母和触点臂的间隙来实现。调整方法是先拧松中心螺杆上的锁紧螺母，而后拧转调整螺母，即可改变调整螺母与触点臂的间隙。当工作电流大于额定电流时，把调整螺母和触点臂的间隙减小(用厚薄规测量其间隙)；反之，间隙增大。

(2)电喇叭音调的调整　喇叭音量高低可调整共鸣盘与电磁铁之间的间隙，这一间隙一般为 0.8～1.5 毫米，这个间隙的大小应根据喇叭的声音情况进行判定。当音量过高而发尖时,应调大这一间隙;当音调低哑时,应调小共鸣盘与电磁铁之间的间隙。在保证喇叭声音正常的情况下,共鸣盘与电磁铁的间隙应尽可能小,以减小喇叭工作时消耗的功率。

4. 电喇叭的常见故障及排除方法

(1)**触点烧蚀** 当工作电压过高,在触点并联的电容器松脱或失效时,极易出现此故障。可将电喇叭拆开,用细油石或0号砂纸修磨触点,并擦拭干净。

(2)**膜片损坏** 当触点严重烧蚀,以及零部件松动时,也易出现此故障。膜片损坏,只能换用新件。

(3)**线圈烧毁** 当电源电压过高、工作电流过大时,容易出现此故障。线圈烧坏,应重绕或换新件。

(4)**接触不良** 当通电时,电喇叭不响,则表明接线断路或内触点接触不良。当通电后,喇叭发出沙哑声,则表明触点调整不当或线路接头上接触电阻大,需要对电源通往喇叭的线路进行检查,并需重新调整触点间隙。

七、洗涤器和刮水器的使用与维护

洗涤器和刮水器配合使用,主要用以清洗车辆挡风玻璃上的雨水、尘土灰沙等脏物,保证驾驶员安全行驶。

①洗涤器与刮水器配合使用时,向上拨动刮水器的开关,即可通过洗涤器电动机喷出洗涤液,以清洗挡风玻璃上的尘土灰沙等脏物。喷嘴为球状体,可用一根细铁丝插入喷嘴孔内,调节其喷射角度,使洗涤液射向刮水器的雨刮工作范围内。

②洗涤器电动机为短时工作制的高速直流电动机,每

次工作时间不得超过 5 秒钟，如一次喷出洗涤液不够，可停数秒钟后，再接通一次，不允许连续工作，否则容易烧坏电动机。

③要经常保持洗涤管路通畅及筒盖通气，以保证筒内正常大气压力。洗涤液不宜注得太满，水管卡子固定在适当部位，不得将水管压弯，以免影响洗涤管路通畅，当喷嘴堵塞而射不出水柱时，可用细钢丝疏通。

(4)洗涤液不得使用酸碱性水质和含杂质较多的水，以免损坏机件和堵塞喷嘴。洗涤液可购买或自制。自制的配方是用乙醇 50％、洗涤剂 2％、甲醇 48％组成洗净剂，然后根据不同气温下的兑水比例加清洁水。洗涤液的配方见表 4-16。

表 4-16　洗涤液的配方

环境气温/℃	洗涤剂(％)	清水(％)
≥0	5	95
−8～0	20	80
−20～−8	35	65
≤−20	50	50

八、电气仪表的正确使用

拖拉机、汽车、摩托车和工程机械的电气仪表主要是用来监测它们工作状况的电气装置，以便驾驶员及时了解它们在工作中的表现。

电气仪表的接线如图 4-20 所示。

①当拆卸水温表、机油压力表、燃油表的传感器时，应将接头用绝缘胶布包扎好，以免短路，烧坏电表。安装机油压力表传感器时，应将有箭头标记的一边指向上方。

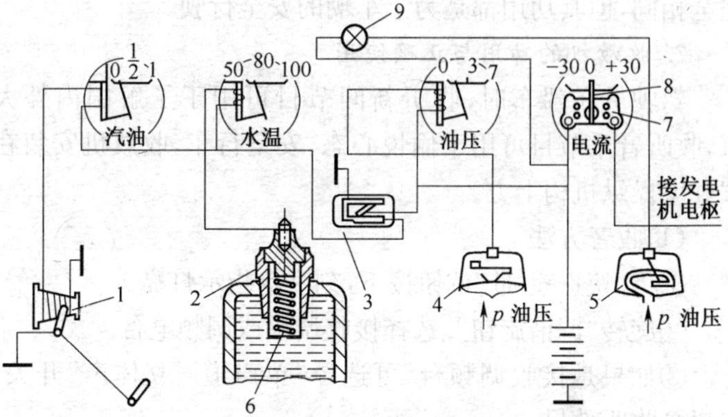

图 4-20　电气仪表的接线

1. 汽油表浮子　2. 水温感应塞　3. 电源稳压器　4. 机油压力感应塞　5. 机油压力过低信号器　6. 热敏电阻　7. 电流表导电板　8. 电流表指针磁钢　9. 机油压力过低信号指示灯

②拆卸燃油表传感器重新装回时，其衬垫最好换新件，以免密封不严渗漏，而影响燃油表计量的准确性。

③每年应对水温表进行一次校验，旋出感应器后将其浸入热水中，热水温度用标准温度计测量。

④每年用标准压力表校验一次机油压力表。

⑤仪表应保持清洁、安装必须牢靠。

九、灯光信号、收放机的使用与保养

1. 灯光信号的功用

拖拉机、汽车、摩托车和工程机械上装有多种多样的照明灯和灯光信号灯。主要有大灯（又称为前照灯）、示宽灯（又称为前小灯）、后灯（又称为尾灯）、转向灯（又称为方向灯）、牌照灯、制动信号灯（又称为刹车灯）、防雾灯、指示灯、顶灯等。各型号的车辆上的照明灯和信号灯种类和数量不完全相同，但其功用都是为了车辆的安全行驶。

2. 收放机的功用与正确使用

驾驶员在驾车时，收听新闻节目可用于了解国内外大事，收听音乐节目可用于愉悦心态、安全行车，收放机安装在驾驶室操纵机构上方。

(1)收音方法

①将“快进-退带”按钮按下，刻度盘指示灯亮。

②旋转“调谐旋钮”，选择接收调幅或调频电台。

③如果是接收调频台，可选择“单声道—立体声”开关，以提高收听效果。

④旋转音量电位器，选择合适的音量。

⑤旋转音调旋钮，选择适中的音调。

⑥旋动平衡旋钮，使左右声道输出适宜以增强立体声效果。

(2)放音方法

①接通电源，音量电位器置于适当位置后，将磁带对准收录机座孔慢慢推入(磁带盒开口的一端朝右)。推入后放音指示灯亮，即开始播放磁带录音。音量、音调、平衡钮同收音状态相同。

②在放音状态，轻推“快进-退带”按钮，处于快速卷带状态，此时可选择所需播放的节目，如再次轻推则恢复到放音状态。

③需换磁带时，用较大的力推入“快进—退带”按钮，盒带即会自动退出。

3. 灯系的保养

①所有灯光开关要安装牢固，防振防水。开启、关闭自如，不得因车辆振动而自行开启和关闭。

②各灯应搭铁良好，接线正确，对于双丝灯泡注意其共同搭铁线。

③要保持灯亮、反光镜的清洁。不干净的可用压缩空气吹或用脱脂棉蘸热水擦拭。

④换灯泡时，要切断电源，待灯泡冷却后换装。

⑤经常检查前大灯的光束方向。若照射方向与地面的角度太大或太小，照射方向左右散开或交叉时，可以调整前大灯的上下或左右调整螺钉，使前大灯光束能照清楚车前路面 100 米左右(车速 30 公里/小时以上)，或 60 米左右(车速 30 米/小时以下)即可。

第五章　运输工程机械油液的使用

第一节　运输工程机械油料的用途和分类

一、油料的用途

汽油和柴油是汽车、摩托车、拖拉机和工程机械的燃料。汽油、柴油在发动机气缸内燃烧产生的热能，使气体膨胀，推动活塞运动，以实现将热能转变成机械能而作功。驾驶员能否正确地选用和使用油料，这对于充分发挥机车的效率、减少故障、延长使用寿命、节约油料及安全行驶都具有重要的作用。

二、油料的分类

运输工程机械使用的油料种类有柴油、汽油、润滑油（机油）、齿轮油和凡士林（黄油）等。

第二节　运输工程机械燃油的选用

运输工程机械燃油主要用柴油和汽油。

一、柴油的种类与选用

我国生产的柴油分轻柴油、重柴油两类。轻柴油（国标

GB 252—87）是一般高速柴油机使用的燃料，主要用于拖拉机、柴油汽车、内燃机车、工程机械和小型船舶。按质量分为优级品、一级品和合格品 3 个等级。在实际工作中，拖拉机、汽车和工程机械均使用合格品轻柴油。

柴油的特点是自燃点低、黏度较大，在运输和储存过程中不易挥发，使用较安全。轻柴油分 10 号、0 号、−10 号、−20 号、−35 号、−50 号 6 个牌号。号数表示凝固点的温度，如−20 号柴油表示在零下 20℃时开始凝固失去流动性。因此，选用柴油应按季节变化而定，一般选用比环境气候温度低 5℃～10℃的柴油号数，否则柴油在油管中流动会受到阻碍。如南方夏季选用 10 号，春、秋季选用 0 号，冬季选用−10 号。我国地域辽阔，南北方温差较大，对轻柴油的选用见表5-1。

表 5-1　轻柴油的选用

轻柴油牌号	10号	0号	−10号	−20号	−35号	−50号
凝点不高于	10℃	0℃	−10℃	−20℃	−35℃	−50℃
适用地区的最低气温	15℃	5℃	−5℃	−15℃	−30℃	−45℃
风险率为10%的适用地区最低气温		4℃	−5℃	−14℃～−5℃	−29℃～−14℃	−44℃～−29℃
适用的地区和季节		全国各地4～9月；长江以南地区冬季	长城以南地区冬季；长江以南地区严冬	长城以北地区冬季；长城以南黄河以北地区严冬	东北、华北、西北寒区严冬	东北、华北、西北严寒区严冬

二、柴油的净化与正确使用

1. 柴油的净化

每吨柴油中含有50克左右的石英、矾土等杂质，一般使用柴油前至少经48～96小时的沉淀后方可使用。图5-1为柴油净化沉淀桶。

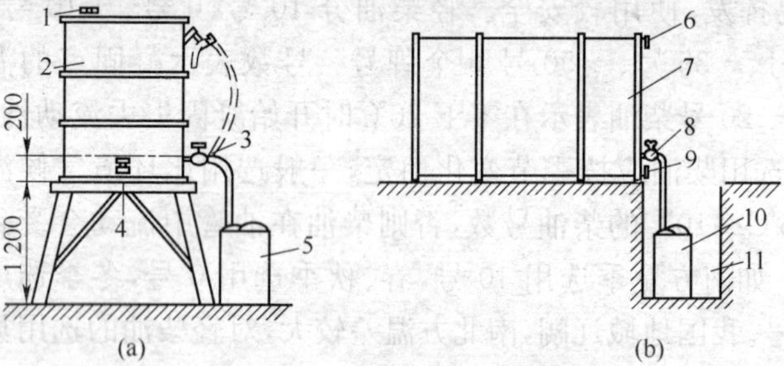

图5-1 柴油净化沉淀桶

(a)立式沉淀桶 (b)卧式沉淀桶

1. 加油口 2、7. 沉淀桶 3、8. 放油开关 4. 放污开关
5、10. 加油桶 6. 通气塞 9. 放污加油开关 11. 地坑

2. 柴油使用中的注意事项

①柴油储存中要注意防止污染、损失和失火。储油容器应分类专用，并明显标记，以免混乱错用。容器应可靠密封，防止尘垢污染。要特别注意防止水分浸入油料，柴油进水后凝点升高，并且加重硫分的酸蚀作用。柴油遇到明火容易起火，因此在储油点应严禁烟火。储油容器上严禁放置沾油棉纱等易燃物品。在存油地点必须备有灭火器材。

②加油要过滤。柴油加入拖拉机、柴油汽车和工程机械的油箱前，必须至少沉淀48小时，这样柴油各种微粒大部分沉淀到底层。当柴油用到离油桶底20厘米高时(不可用油桶底20厘米以下部分柴油)，应将柴油倒入密闭的容器内，经充

分沉淀后取上层油加入油箱。油箱加油口铜丝滤网不可任意取下，以加强过滤。另外，加油桶、手油泵等加油工具必须清洁专用，有条件者应采取密闭加油法。

③加油时，不许用明火照明，以防火灾。加油后，应及时盖好油桶盖，以防杂物进入。

④定期清洗油桶和加油工具，保持容器和工具洁净。不用塑料桶特别是农药桶长期存放柴油，否则将大大缩短柴油机 3 大偶件的使用寿命。

⑤油料要求远离易燃物、易爆物、高压线或电源等，并远离草垛、注意防盗。

⑥谨慎购买，防止购用假冒、伪劣柴油。

三、汽油的种类与选用

1. 汽油的种类

我国过去的车用汽油标准，按马达法辛烷值，将汽油分为 66 号、70 号、75 号、80 号和 85 号 5 个牌号。1986 年执行新的车用汽油标准（GB 484—86）后按研究法辛烷值将汽油分为 90 号和 97 号两个新牌号，并保留 66 号、70 号和 85 号 3 个旧牌号，1991 年又按研究法辛烷值新增添了 90 号、93 号和 95 号 3 个牌号的无铅车用汽油。新、旧牌号车用汽油对应关系见表 5-2。

表 5-2 新、旧牌号车用汽油对应关系

新牌号（研究法辛烷值）	—	—	—	90 号	93 号	95 号	97 号
旧牌号（马达法辛烷值）	66 号	70 号	75 号	80 号	85 号	—	—

2. 汽油的选用

要使汽油机工作时不发生爆燃，汽车驾驶员和汽油机操作手必须根据汽油机压缩比来选用合适的燃油。压缩比高的，应选择牌号较高的汽油。反之，可选用低牌号汽油。汽油牌号的选用可参照表5-3。

表5-3　汽油牌号的选用

发动机压缩比	6.2以下	6.2～7.0	7.0以上
选用汽油牌号	66	70、80(新号90)	85(新号93)
适应范围	小型汽油机	中型汽油机	大型汽油机

汽油使用中的注意事项可参看柴油使用的注意事项。

四、识别各种油料优劣的简便方法

为使驾驶员买油不上当受骗，现介绍油料简易鉴别方法：

(1)看颜色　轻柴油呈茶黄色，柴油、机油呈绿蓝至深棕色。齿轮油根据型号不同有黑色或黑绿色。润滑脂类中，钙基润滑脂呈黄褐色，钠基润滑脂呈黄色或浅褐色，钙钠基润滑脂呈浅黄白色。汽油呈淡黄色、橙黄色或浅红色。

(2)闻气味　柴油、机油有刺鼻气味；齿轮油有焦煳味；轻柴油有较重的柴油味；钙基润滑脂有机油味；汽油有强烈的汽油味。

(3)用手摸　轻柴油用手捻动，有光滑油感；柴油、机油较黏稠，蘸水捻动，稍乳化能拉短丝；齿轮油黏稠，沾手不易擦掉，能拉丝。润滑脂类：钙类脂蘸水捻动不乳化，光滑不拉丝；钠基脂蘸水捻动能乳化，可拉丝；钙钠基脂蘸水捻动不乳化、不沾手、稍能拉丝；用手摸汽油有发涩、凉爽的感觉。

(4)装瓶摇动　轻柴油装入无色透明玻璃瓶中约2/3的高度，摇动观察，油不挂瓶，产生的小气泡消失慢；柴油、机油装瓶摇动，泡少且难消失，油挂瓶；齿轮油装瓶摇动，油挂瓶时间长，瓶不净；汽油装瓶摇动，油不挂瓶。

以上这些简易方法，仅能识别常用油的基本特征，若要正确区分油料的优劣，还要通过仪器来测试、辨别油料的牌号。

第三节　运输工程机械润滑油的选用

一、润滑油的种类与选用

发动机润滑油（俗称机油）是以深度精制的矿物油或合成油为基础油，加有清净分散剂、抗氧剂、抗腐剂、抗磨剂、消泡剂等多种添加剂的优质润滑油。它分为汽油机机油和柴油机机油两类。新标准质量级别规定将汽油机机油分为QB、多级QB、QC、QD、QE和QF 6个质量级别；将柴油机机油分为CA、CC和CD 3个质量级别。国产各档机油质量的使用条件见表5-4。

表5-4　国产各档质量机油的使用条件

国产机油	质量档次	相当API质量档次	使用条件
普通汽油机机油	QB	SB	供负荷很低的老式汽油机使用
汽油机中高档稠化机油	QC QD	SC SD	供工作条件较苛刻的汽油机使用。EQ140、CA141、CA770、SH760等汽车及部分进口车用。QD级机油性能优于QC级机油
	QE	SE	供70年代以后生产的新型汽油机使用。QE级机油性能优于QC级和QD级机油
普通柴油机机油	CA	CA	供轻负荷、非增压柴油机使用

续表 5-4

国产机油	质量档次	相当 API 质量档次	使用条件
中负荷、低增压柴油机机油	CC	CC	供中负荷、低增压柴油机使用，130 系列、135 系列、140 系列等柴油机及部分进口车用
重负荷、增压柴油机机油	CD	CD	供重负荷、增压柴油机，高速、大功率柴油机及部分进口车用

注：质量档次中分两个系列，Q 表示汽油机、C 表示柴油机。

机油按机油黏度值的大小分级规定牌号。旧标准是按100℃时机油运动黏度的厘斯（沲）来规定机油牌号的，如汽油机机油有 6 号、10 号、15 号 3 个牌号；柴油机机油有 8 号、11 号、14 号 3 个牌号。新标准改用 SAE 黏度分级。汽油机机油的牌号、质量级别及使用范围见表 5-5，柴油机机油的牌号、质量级别及使用范围见表 5-6。

表 5-5 汽油机机油的牌号、质量级别及使用范围

用途	质量级别	牌号	使用范围
汽车及其他机械动力设备的润滑	QB 级汽油机油	20	北方地区冬季
		30	南方全年或北方夏季
		40	南方夏季磨损较大的汽车
	多级 QB 汽油机油（稠化型）	5W/20	严寒区冬季
		10W/30	－30℃以上寒区全年通用
		15W/30	除严寒区、寒区外，其他地区全年通用
		20W/30	

表 5-6　柴油机机油的牌号、质量级别及使用范围

用　途	质量级别	牌号	使　用　范　围
普通级高速和中速柴油机的润滑	CA 级柴油机油	20	北方地区冬季
		30	南方全年使用或北方夏季
		40	南方、负荷较大、磨损较严重的拖拉机
		50	重负荷柴油机如钻机、推土机、工程机械
国产大功率柴油机汽车和拖拉机、联合收割机的柴油机润滑	CC 级柴油机油	30	南方全年使用或北方夏季
		40	南方、负荷大、磨损较重的拖拉机
		5W/30	除严寒区、寒区外，全年使用
		10W/30	
		15W/40	除严寒区、寒区外，重负荷柴油机、拖拉机全年通用
		20W/40	
		20W/20	

二、润滑油的正确使用

1. 润滑油的作用

使用润滑油，在两个相互摩擦零件的表面，形成一层均匀而可靠的油膜，将两个零件的表面隔离开来，使金属表面不直接接触、不发生摩擦，达到零件不会急剧磨损、延长使用寿命的目的。

2. 润滑油的性质

(1)**黏度和黏度指数**　这一性能在很大程度上决定油膜的形成能力，它随温度而变化，有时润滑油温度每变化 10℃，黏度增减可达一倍。

(2)**酸值**　它含有机酸和无机酸两种。在使用过程中，受到氧化和分解作用，酸值会增加，对金属表面起腐蚀作用。

(3)**抗乳化度**　润滑油乳化后，不溶解性杂质就悬浮在油中，污损摩擦表面，破坏油膜，使润滑油过早变质。

(4)**抗氧化安定性**　即润滑油受热时抵抗空气氧化的功能，性能差的油容易氧化变质，油色变深，酸值和黏度均会

增加。

(5)**残炭** 润滑油在氧化时生成的胶质，在高温下分解成固态炭，或直接裂化为炭渣。润滑油炭化是有害的，还使润滑油耗量增加。因此，驾驶员应高度重视润滑油的性质。柴油机工作500小时后，应全部换用新机油。

3. 润滑油使用中的注意事项

(1)**正确选择机油黏度** 在保证发动机各种运转状况下都能良好润滑的前提下，选用黏度尽可能低一些的机油。同时要根据气温、季节来决定，气温高负荷大应选黏度大的机油；反之，则选黏度小的机油。片面认为机油黏度越大越好是错误的，机油黏度太大不仅起不到润滑作用，反而会增加摩擦阻力，同时在发动机起动时因上油太慢，容易出现短暂的干摩擦或半干摩擦，使机件磨损激增造成事故。

(2)**新旧机油不能混用** 据试验资料介绍，在用过的废机油中，含有大量的氧化物，这些氧化后的酸性化合物，不仅具有促使新鲜机油加速氧化的催化作用，而且产生腐蚀性。因此，在更换机油时，必须事先将油底壳、机油滤清器等所有润滑系统清洗干净，以免旧机油污染新机油，并要注重定期更换机油的时间。

(3)**机油不能含有水分** 如机油储存不当而进入水分，不仅会加速机油中添加剂的氧化过程，而且容易引起乳化变质，因此机油在储存中要注意防污染、防失火、防雨水。

(4)**机油沉淀96小时后使用** 新鲜机油中含有一定数量的机械杂质，使用前必须沉淀96小时以上，然后取其中上部干净的机油使用。另外，禁止在尘土飞扬处加油，而且储油桶、手加油泵等加油工具必须干净。

(5)**机油油位不准超过油尺上刻线** 机油油位若超过上

刻线，不仅增加机油耗量，引起烧机油、气缸产生积炭、使机油中炭粒增加，而且会加快气缸等零件磨损，缩短使用寿命。另外，多余的机油吸进气缸，易产生发动机“飞车”。

(6)做好机油的存放与保管　机油存放保管不善，轻则引起机油变质，重则引发火灾，因此必须注意储油桶不准长期存放在室外，以防油料变质；加油时不准用明火照明，以防火灾；加油后应及时盖好油桶，以防杂物进入；定期清洗油桶，保持油桶清洁；油料要远离易燃、易爆物，并注意防火、防盗。

三、润滑油的压力对柴油机工作的影响

柴油机采用机油压力表来指示机油压力。柴油机正常机油压力一般规定为 196～294 千帕（19.6～29.4 牛/厘米^2）；新设计高速多缸机一般规定为 390 千帕（39.2 牛/厘米^2）；怠速时机油压力应不低于 49 千帕（4.9 牛/厘米^2）。

柴油机正常工作时，润滑系统内必须保持一定的压力，以克服管道阻力，可靠地将润滑油输送到各个摩擦表面，并维持一定的机油循环速度，以便使零件保持可靠的润滑。

如果润滑系统油压过低，柴油机不能正常工作；如果油压过高，使机油泵零件负荷大，流动阻力增加，功率消耗大，而且泄漏飞油使更多的润滑油进入燃烧室，引起积炭结焦，缩短活塞使用寿命，并使机油消耗量增加。

四、润滑油的流量对柴油机工作的影响

为了保持可靠的摩擦表面油膜，就必须以一定的速度向摩擦表面不断地补充机油，同时，为了带走摩擦表面的热量，使润滑油保持循环也是必要的。

若机油循环流量过小，则润滑不可靠，由于热量不能及时带走，容易烧坏轴承；若循环流量过多，不但使机油消耗量

增加、积炭结焦，而且机油泵上的功率消耗增加。

五、润滑油的温度对柴油机工作的影响

柴油机机油的正常温度应保持在70℃～90℃，新设计的高速多缸机为85℃。润滑油的温度取决于柴油机的转速、负荷、冷却系统的工作、外界环境温度、气缸密封状况等。机油温度直接影响它的使用性能，也间接反映出轴承等零件的温度状况。

若柴油机工作负荷大、气温高或润滑油循环滞缓，冷却不良时，机油温度就会升高，此时其黏度降低，易从摩擦表面间挤出，致使摩擦表面不易形成油膜或油膜很薄，导致润滑不良而加剧零件磨损。同时温度升高也加速机油变质，机油温度每升高10℃，机油的氧化速度增加近1倍；如果润滑油温度过低、黏度增大，虽然对形成油膜有利，但润滑流动不快，对柴油机工作同样不利。

六、使用中识别机油好坏的简便方法

机油的好坏直接影响各零件的磨损量，过迟更换机油将使机械零件磨损加快，过早更换机油经济损失大。在无仪器鉴别情况下，检查使用一段时间后的机油是否变质，以决定换机油的周期，可采用下列简易方法进行。

①在洁白的滤油纸上滴一滴新机油，然后再滴一滴使用过的机油，观察对比变化情况（最好用放大镜观察）。如果使用中的油滴中心黑点有较多的硬沥青及炭粒，表明机油滤清器不好，并说明机油已变质；如果黑点较大，是黑褐色且均匀的颗粒，表明机油已严重变质，应更换机油；如果黑点四周黄色浸润痕迹的边界不很明显，则表明机油中的添加剂未完全失效；如果边界很清晰，表明添加剂已消耗到不起作用，也应换油。

②用直径 0.5 厘米、长 20 厘米的玻璃管，装入 19 厘米高度的新机油，并封好。另外用一个同样玻璃管装入同量的使用过程中的机油并封好。使两者同时颠倒，记录气泡上升的时间。如果两者气泡上升时间差超过 20%时，就应换机油。

③取使用中的机油 100 毫升，加入无铅汽油 200 毫升稀释，然后用滤油纸过滤并干燥，当油泥沉淀物产生量达 2 克时，就应换机油。

七、稠化机油的正确使用

稠化机油是在低黏度、低凝点的机油中，添加增稠剂及其他添加剂制成的。所以，稠化机油既能满足发动机低温分散性，又能满足高温清净性的要求，因而能南北通用、冬夏通用。

稠化机油采用多级油方式来表示。例如 10W/30，分子 10W 表示低温黏度（－17.7℃时的黏度范围），分母 30 表示 100℃时的黏度，同时规定了上述两个温度下的黏度。

稠化机油由于添加了特种添加剂的缘故，经使用一段时间后，机油颜色会变黑，同时在零件上形成一层黑色保护膜，均属正常现象。修理工在维修时，不必刮除黑色油膜。另外，稠化机油的挥发性较强，闪点较低，所以在使用中要注意防火安全。

第四节　运输工程机械其他油液的选用

一、齿轮油的选用

齿轮油含有胶质，颜色黑色或黑绿色，油性较好，主要用于机车的变速箱、差速器、转向器、减速器和后桥等传动零部件的润滑。

车用齿轮油按使用性能分为普通车辆齿轮油和双曲线车辆齿轮油两类。对变速箱内齿轮的转速、负荷、环境温度相同的普通圆柱齿轮，可选用普通齿轮油；对于后桥中双曲线锥齿轮的润滑，由于它承受负荷重，并有较高的滑动速度，故必须选用具有抗磨、抗压性能高的双曲线齿轮油，才能保证齿轮传动的正常润滑。

齿轮油的质量级别是按美国石油学会(API)的质量分级为GL1～GL5。级别越高，性能越好。普通齿轮油的质量级别为GL3，双曲线齿轮油为GL4或GL5。普通齿轮油采用SAE黏度分级有单级油90、双级油80W/90、85W/90三个牌号。双曲线齿轮油的牌号数字表示100℃时黏度的厘斯数。齿轮油的牌号及使用范围见表5-7。

表5-7　齿轮油的牌号及使用范围

种类	牌　号	使用范围	用　途
普通齿轮油	90 80W/90 85W/90	−5℃以上地区全年使用 −30℃以上地区全年使用 −20℃以上地区全年使用	采用螺旋锥齿轮的汽车、拖拉机，如铁牛-55型、东方红-75型拖拉机
双曲线齿轮油	18号 (克拉玛依炼油厂) 18号 (石油一厂)	−12℃以上地区全年使用 −26℃以上地区全年使用	采用双曲线齿轮的汽车、拖拉机及重负荷、高温作业的拖拉机，如上海-50型拖拉机

二、润滑脂的选用

润滑脂俗称为黄油，是机油中加皂类稠化剂而制成的。由于调制时所用的皂类不同，润滑脂被分为不同的种类，有钙基、复合钙基、钠基、钙钠基和锂基等几种润滑油。表示润滑脂软硬程度的指标是锥入度，牌号分为1、2、3、4、5，其锥入度越大，润滑脂的牌号越小、越软。常用农机专用瓶装的润滑脂如图5-2所示。

图5-2　常用农机专用瓶装润滑脂

(1)**钙基润滑脂**　它耐水不耐热，广泛用于温度70℃以下的滑动摩擦面，以及转速3000转/分以下的各种轴承。常用牌号有ZG-2和ZG-3。“Z”代表润滑脂，“G”代表钙基。

(2)**钠基润滑脂**　它耐热不耐水，适用于高速、高温不超过120℃轴承的润滑。常用牌号有ZN-2和ZN-3，“N”代表钠基。

(3)**钙钠基润滑脂**　性能介于钙基与钠基两种润滑脂之间，适用于100℃以下而又易与水接触的摩擦零部件的润滑。常用牌号有ZGN-1和ZGN-2号润滑脂，“GN”代表钙钠基。

拖拉机、汽车和工程机械常用润滑脂的牌号、主要性能和用途见表5-8。

表 5-8 常用润滑脂的牌号、主要性能和用途

类型	牌号	性状	主要性能	主要用途
钙基润滑脂	1 号钙基脂 2 号钙基脂 3 号钙基脂 4 号钙基脂	淡黄色到暗褐色，呈光滑均匀状	具有良好的抗水性和保护性，耐温性差，使用温度低	用于轮毂轴承和底盘各润滑部位及其他易与水或潮气接触的润滑部位，工作温度从－10℃到 60℃
	1 号复合钙基脂 2 号复合钙基脂 3 号复合钙基脂 4 号复合钙基脂		具有耐水、耐温和耐极压性	适用于各种用脂部位，长期工作温度为常温至 120℃
钠基润滑脂	2 号钠基脂 3 号钠基脂	淡黄色到褐色，呈纤维状，粘附性较差	具有较高的耐温性，但耐水性较差	适用于工作温度较高（达 120℃）、不接触水的润滑部位
钙钠基润滑脂	1 号钙钠脂 2 号钙钠脂	淡黄色到暗褐色，呈短纤维状或颗粒状	耐温性较钙基脂高，耐水性比钠基脂好	适用于潮湿和温度在 80℃以下 适用于潮湿和温度在 100℃以下
通用锂基脂	1 号锂基脂 2 号锂基脂 3 号锂基脂	呈褐色，光滑均匀状	兼有前述皂基脂的共同优点：良好的抗水性，较高的耐温性和防锈性	可在潮湿和高温范围内满足多数设备的润滑，适用温度范围为－20℃～120℃

三、制动液的选用

制动液俗称为刹车油，主要用于液压制动系统中传递压力，使机车的车轮停止转动。

机车制动液应选具有良好的高温抗气阻性能、低温性能和防腐性能的制动液，如国家新产品JG3(901)型聚醇醚合成制动液应该首选。

四、常用金属清洗剂的选用

使用金属清洗剂，可以节约大量的清洗油。使用1000克8112型农机清洗剂，可洗1～2台拖拉机，替代20～25千克清洗油。金属清洗剂清洗金属零件，不伤皮肤、不燃、无毒，使用安全可靠。

(1)金属清洗剂的选用　目前，常用金属清洗剂有8112型农机清洗剂、8318型金属清洗剂、SS-1型、SS-2型高效金属清洗剂、77-2型金属清洗兼防锈剂和77-3型干粉金属清洗剂等。

(2)金属清洗剂溶液的配制　一般配制浓度为2%～5%，视清洗件油污情况而定。一般零部件清洗取2%～3%的浓度，机械化清洗取2%的浓度，油污严重的复杂零部件取4%～5%的浓度。

(3)清洗剂溶液的温度　由于清洗剂的渗透能力比柴油差，因此，一般把清洗剂加温让清洗的零部件浸泡一段时间，清洗效果更好。清洗高熔点脂类和重油污件温度要高到40℃～50℃，一般稀油污件20℃～35℃，低于20℃清洗效果差些。

(4)清洗剂溶液使用周期　清洗剂溶液一般可多次重复使用，使用的周期，决定于清洗件的数量和机件的污垢程度。一次配制的洗液可以连续使用2～3个星期。

(5)清洗的脱水　零部件清洗后，一般自然干燥，如为了加速干燥，可用纱、布擦干。

(6)废水的处理　为了防止污染环境，对大量废水可在废水中加入0.2%氯化钙或0.1%明矾，静置1～2天使废油珠析出，去掉浮油，滤去固态杂质，然后进行排放。

常用的金属清洗剂见表5-9。

表5-9　常用的金属清洗剂

名　称	生产厂家	形状	浓度(%)	优　点
8112农机清洗剂	上海化工三厂	粉状	3～5	乳化分散性能强，去污力和漂洗性能强，常温洗
77-3干粉金属清洗剂	常州曙光化工厂	粉状	2～5	适用于拖拉机，可常温清洗，去污能力优良
通用金属清洗剂	牡丹江市日用化学品厂	膏状	2	去污、防锈能力强，价格便宜
TX-1金属清洗剂	山西运城合成洗涤剂厂	粉状	2～5	能防锈，有良好的润湿、乳化、分散性能
8318金属清洗剂	沈阳市油脂化工厂	粉状	3～5	防锈性能好
803金属清洗剂	哈尔滨市化工三厂	液状	2～5	防锈性能好

五、常用碱性清洗液和化学除锈液的选用

①体积大或油污重的机械零件，可选用金属清洗剂、柴

油或汽油除油污，而对于油污小件，则可选用碱性清洗液除油，使用碱性清洗液除油成本较低廉。常用碱性清洗液的配方及使用说明详见表 5-10。

表 5-10　常用碱性清洗液的配方及使用说明

配方	成分	比例(%)	使用说明
1	氢氧化钠 $NaOH$ 碳酸钠 Na_2CO_3 水玻璃 $nNa_2O\cdot mSiO_2$ 水 H_2O	0.5～1 5～10 3～4 91.5～85	①将溶液加热至 10℃～90℃浸洗 5～10 分钟。浸洗时，摇动或用刷子刷洗，以加强除油效果，取出后用冷水冲洗 ②$nNa_2O\cdot mSiO_2$ 即水玻璃。n 与 m 的比值是水玻璃的模数，一般 $n:m=1:3$。1：(2.2～2.6)的黏度较小；1：(2.8～3.3)的黏度较大。除油用的多为 $n:m=$ 1：(2.2～3.3)的水玻璃 ③水玻璃作乳化剂，能降低油膜表面的张力，使之分解成油滴
2	氢氧化钠 $NaOH$ 磷酸三钠 Na_3PO_4 水玻璃 $nNa_2O\cdot mSiO_2$ 水 H_2O	1～2 5～8 3～4 91～86	
3	磷酸四钠 Na_4PO_4 焦磷酸钠 NaH_2PO_4 水玻璃 $nNa_2O\cdot mSiO_2$ 烷基苯磺酸钠 $R\cdot C_2H_4\cdot SO_3Na$ 水 H_2O	5～8 2～3 5～6 0.5～1 87.5～82	

②化学除锈主要用于钢铁、铸铁制品和少量的铜、铝、镁合金及钢铜组合零件。化学除锈液的配方及使用说明见表 5-11。

表 5-11　化学除锈液的配方及使用说明

配方成分	比例(%)	处理温度/摄氏度	处理时间/分	使用说明
铬酐 CrO_3 磷酸 H_3PO_4 乌洛托平 $(CH_2)_2N_4$ 水 H_2O	180 克 100 克 3～5 克 1000 升	85～95	20～25	用于钢铜制品

续表 5-11

配方成分	比例（%）	处理温度/摄氏度	处理时间/分	使用说明
磷酸 H_3PO_4 铬酐 CrO_3 水 H_2O	7～9 13～15 80～76	80～90	10～30	1. 用于铜制及钢铜组合件，取出后中和、冲洗、擦干即可油封 2. 配方的比例是质量的百分比 3. H_3PO_4 密度 1.31

六、防冻液的选用

冬季气温较低，天寒地冻，拖拉机、汽车和工程机械的发动机在 0℃以下就易冻裂机体。为使机车在冬季低温下正常作业、运输，当气温临近 0℃前夕，就应给机车发动机加注冬季使用的防冻液。

目前，机车常用的防冻液有乙二醇、乙醇、甘油、甘油-乙醇等。由于这些防冻液的成分不同，其凝点也有所不同。因此，驾驶员应根据当地的气温和作业区域来选用适宜的防冻液。

一般情况下，机车所选用防冻液的凝点（凝固温度）应低于当地最低温度 10℃～15℃，以防气温骤降，防冻液丧失其防冻保护作用而冻坏机体。防冻液的使用方法及注意事项如下：

①加注防冻液前，要先放净机车冷却水，清除冷却系统内的水垢。其方法是卸掉节温器用 10 升水加苛性钠和 450 克煤油配制成清洗剂注入水箱，起动发动机中速运转 5～10

分钟，熄火后停放10～20分钟；再次起动发动机中速运转5～10分钟后熄火，然后放净清洗剂，注入清水；第三次起动发动机，换清水洗2～3次，直至放出的水清洁为止。清除水垢可防止防冻液冲淡，使凝点提高。

②防冻液不宜加注过满，一般为冷却系统容积的93%～95%。

③防冻液具有较强的吸湿性，加注后冷却系统应密封好，不泄漏。

④乙二醇是有机溶剂，在加注时不要洒在机体表面的油漆上。乙二醇、甘油防冻液常因挥发而减少，应及时添加清水。渗漏时，要加同一种凝点的同品种的防冻液。

⑤乙醇、甘油-乙醇防冻液酒精成分易燃、易挥发，因此，在储存、加注和使用时要注意防火。使用中因酒精挥发而液面降低时，可用80%的乙醇和20%的水混合均匀后进行补充。

⑥乙二醇、乙醇等防冻液有毒，添加时不要与皮肤接触，更不要用口吮吸，以防中毒。

⑦各种不同种类和不同凝点的防冻液，不可混装、混用。添加后所剩下的防冻液，要在容器上注明名称、凝点，然后密封妥善保管。

七、润滑油和润滑脂的使用禁忌

润滑油（俗称为机油）和润滑脂（俗称为黄油），在农机维修保养中被广泛应用。正确使用润滑油和润滑脂关系到机械使用寿命的长短。目前，在乡镇农机维修站中，有些修理工因使用润滑油和润滑脂不当，常出现一些不该出现的人为机械故障。

（1）安装气缸垫时涂黄油　有些农机修理工在维修安装

发动机气缸垫时，喜欢涂一层黄油在气缸垫上，认为这样可以增加拖拉机或农用车发动机的密封性。殊不知，这样做不仅无益，反而有害。众所周知，气缸垫是发动机气缸体与气缸盖之间重要的密封件，它不但要求严格密封气缸内所产生的高温高压气体，而且必须密封贯穿气缸盖、气缸体内的具有一定压力和流速的冷却水与机油，因而要求在拆装气缸垫时，必须特别注意其密封质量。如果在气缸垫上涂一层黄油，当气缸盖螺栓拧紧时，一部分黄油会被挤压到气缸水道和油道中去，另一部分留在气缸垫间。留在气缸垫间的黄油在发动机工作时，由于受高温影响，一部分会流入气缸燃烧，另一部分则会烧成积炭存在于气缸体与气缸盖的接合面上。这些积炭在高温高压作用下，极易将气缸垫烧穿或击穿，造成发动机漏气。因此，安装气缸垫时切勿涂抹一层黄油。

(2)保养钢板弹簧时加注黄油　有些农机修理工在保养或组合钢板弹簧时，为防止各钢片磨损而注黄油。其实，这是不符合技术要求的错误做法。由于黄油很容易从钢板间被挤出来，同时易沾附灰尘，将使钢板弹簧很快锈蚀，降低使用寿命40%以上。保养和组合汽车或农用车钢板弹簧时，应涂石墨钙基润滑脂。石墨钙基润滑脂是在钙基润滑脂中加入10%的鳞片石墨制成的，石墨本身是一种很好的润滑剂，其耐压性好。在机车行驶中，尤其行驶在高低不平的道路上时，各钢板弹簧有强烈的振动和摩擦，由于石墨钙基润滑脂耐性好，不易从钢板间被挤出来，可长期起润滑和保护作用，延长钢板弹簧的使用寿命。

(3)起动机轴承加注黄油　机车上的起动机轴承一般采用自润滑轴承或多孔含油轴承合金，是采用金属粉末(铁粉和铜粉)经混匀、压制、烧结成形后，浸入有一定温度的润滑油制成的含油耐磨合金材料。它主要使用在加油困难、轻载高速或低速负荷较大，以及需要经常换向的场合。起动机保养时，不要用汽油清洗轴承，以免冲淡润滑油，而应该用清洁的棉纱、棉布擦拭；更不应该加润滑脂，因为轴承配合间隙较小，润滑脂在轴承中存留不住，甩出后落在电刷与换向器上会引起起动无力，严重时会导致换向器烧蚀。

(4)**安装活塞环时涂黄油**　有的农机修理工为避免活塞环在安装时错位，在活塞环槽内抹上一层黄油再将环粘上，这样做危害很大。因为发动机工作时，活塞环槽内的黄油遇热会形成胶状物，影响活塞环的弹力，降低其密封性能，并产生积炭，从而加剧机件磨损、缩短机件使用寿命。

(5)**柴油车使用汽油车机油**　机油有柴油机机油和汽油机机油之分。汽油机和柴油机虽然同样在高温、高压、高速和高负荷条件下工作，但两者仍有较大区别。柴油机压缩比是汽油机的两倍多，其主要零件受到高温高压冲击要比汽油机大得多，因而有些零部件的制作方法不同。例如，汽油机主轴瓦与连杆可用材料较软、抗腐蚀性好的巴氏合金来制作，而柴油机的轴瓦则必须采用铅青铜或铅合金等高性能材料来制作，但这些材料的抗腐蚀性能较差，因此，柴油机机油需多加些抗腐剂，以便在使用中能在轴瓦表面生成一层保护膜来减轻轴瓦的腐蚀，并提高其耐磨性能。汽油机机油没有这种抗腐剂，如果将其加入柴油机，其轴瓦在使用中就容易出现斑点、麻坑，甚至成片脱落的不良后果，机油也会很快变脏，并导致烧、抱轴事故的发生。基于上述原因，千万别将汽油机机油加注到柴油机内使用。

(6)**润滑油只添加不更换**　有些驾驶员或修理工只注意检查润滑油量，并按标准添加到油尺的两刻线之间，而不注意检查润滑油的质量，忽视了对已经变质机油的更换，这将导致一些发动机的运动机件在较差的润滑环境中运转，从而加速各润滑机件的磨损。为此，在一般情况下，拖拉机或农用车在行驶 3500～5000 千米时，就应该更换发动机的润滑油。换入新润滑油时，最好清洗润滑油道，以免污染新润滑油。

(7)加润滑油宁多勿少　有些驾驶员和修理工怕机车缺油烧瓦抱轴，在操作中不按规定加油，使润滑油超过标准。加润滑油过多会有下列危害：

①机车行驶时曲轴搅动，使机油泡沫变质，增加曲轴转动阻力，这不仅会增加发动机油耗，而且还会降低发动机功率。

②由于机油从气缸臂上窜到燃烧室燃烧增多，从而使机油消耗量增多。

③加速了燃烧室积炭的形成，使发动机易产生爆燃现象。

第六章 运输工程机械安全驾驶技术

第一节 一般道路驾驶技术

一、驾车的基本要求

1. 驾驶姿势的基本要求

正确的驾驶姿势能够减轻驾驶员的劳动强度，便于使用各操纵装置，观察各种仪表和观望车前、周围情况，从而保持充沛的精力进行驾驶操作。

①驾驶前，根据自己的身材，将驾驶座位的高低及靠背的角度调整合适。

②驾驶时，身体对正转向盘坐稳、坐正、背靠椅背、胸部挺起，两手分别握持转向盘边缘左右两侧位置（按钟表面12小时的位置），左手在9、10时之间，右手在3、4时之间，两眼注视前方、看远顾近、注意两旁，左脚放在离合器踏板旁，右脚放在加速（油门）踏板上，思想集中地进行驾驶操作。

2. 驾驶员在驾驶机动车时的注意事项

①严格遵守交通规则，熟练掌握驾驶技术，按照交通标志、标线的规定驾驶车辆。

②借道行驶的车辆，应尽快驶回原车道，在驶回原车道时，必须查明情况，开转向灯，确认安全后再驶回原车道。

③在遇有行人或自行车并排行驶情况下，机动车应留有一定的安全距离或错开行驶。行人或自行车横穿马路时，机动车应从行人或自行车的后方绕行通过。

④行车中如遇少年儿童在公路上玩耍，驾驶员应倍加小心，提前减速、鸣喇叭，必要时应停车避让。

⑤乡村道路常有人赶着牲畜在路边行走，牲畜见机动车便骚动起来，放牧人为保护牲畜往往冲到路中驱赶，却忘了自己安全。对于这种行人，驾驶员既要看人，又要看牲畜。缓慢行驶，以确保人、畜的安全。

⑥遇到聋、哑、盲行人，要谨慎小心驾驶。凡遇到鸣号毫无反应的行人，就应该考虑可能是听觉失灵者，要尽快减速，从其身旁较宽一侧缓行避让通过。盲人通常听到机动车响声就急忙避让，但往往是避却不敢迈步。遇到此情况，应观察判断，视情况通过。必要时，可下车搀扶盲人离开危险区，尔后驾车通过。

⑦有些精神失常的行人，往往在公路上毫无规则地游荡，有时手舞足蹈地阻拦机动车，甚至横卧在道路上。遇到这种人，驾驶员应设法低速缓绕而行。如精神失常人与机车缠闹时，驾驶员应关闭驾驶室，让车处在随时起步状态，待精神病人离开后即起步行驶。

⑧乡村道路上推拉人力车的行人，消耗体力较大，往往控制不住行止。遇见这种情况，应尽量避让，并与其保持一定距离行车，以防刮撞碰伤人。

⑨雨天穿雨衣或骑自行车撑伞的行人，听觉和视线受到影响，不能及时发现和避让身后的机动车。对此驾驶员应提高警惕，加强观察，多鸣号，从路中间缓慢通过。

⑩乡村公路上骑自行车载货的行人，行驶不稳，很容易

见机动车因失去平衡而跌倒。遇到这种情况,驾驶员要及早鸣喇叭,观察动态,确保安全通过。

二、驾车在出车前、行驶中、收车后的准备与检查

1. 出车前的检查与准备

①检查燃油、机油、冷却水、制动液是否加足,不足的应补充,并检查有无渗漏现象。

②检查轮胎气压是否足够,不足应充足。

③发动机起动后,在不同转速下检查发动机和仪表的工作是否正常。

④检查灯光、喇叭、刮水器、仪表、指示灯是否正常。

⑤检查离合器、制动器是否正常有效。

⑥检查转向盘是否灵活。

⑦检查蓄电池接线柱清洁及接线坚固情况,通气孔是否畅通,电路是否接通。

⑧检查各机件连接部位有无松动现象。

⑨检查随车工具、附件是否带齐。

⑩检查装载是否合理、安全可靠。

⑪检查坐椅是否完好。

⑫在严寒天气,应该对发动机预热加温,以便起动发动机。

⑬发动机起动后,让发动机怠速运转升温,待发动机达到50℃左右时,方可起步出车。

2. 驾车在行驶中的检查

①注视各种仪表的工作情况是否良好。

②检查转向、制动装置的作用是否正常。

③注意发动机及传动系统有无异响和异常气味。

④停车检查轮胎螺母紧固情况和轮胎气压,检查钢板弹

簧是否折断，检查转向机构各部连接情况，检查制动鼓有无过热现象。

⑤检查车身、车厢及货物装载是否牢固，或有无偏移现象。

⑥检查各部位有无漏水、漏油、漏气、漏电现象。

3. 驾驶员收车后的工作和检查

①选择安全、不妨碍交通的地点停放。

②打扫车辆卫生、保持车容整洁。

③检查并补充燃油和润滑油。

④冬季未给冷却系统加防冻液的，应将冷却水放净。

⑤检查轮胎并清除胎纹中的卵石及杂物。

⑥采取安全措施，锁好车门和车窗。

三、驾车行驶速度的选择

驾驶员在行车中，应根据道路、气候、视线和交通等情况，来确定适宜的行车速度。

在良好的道路上行车时，一般都不以最高车速行驶，而应以经济车速行驶。一般经济车速是最高车速的50%～60%。驾驶员应坚持按经济车速行驶，这样既能节约用油、降低成本，又能维持正常的运输效率。如车速过高，不仅会增加燃料的消耗，加剧机件和轮胎的磨损，使车辆的经济性变坏，还容易发生事故。如车速过低，既降低了运输效率，还可能增加油料的消耗，这也是不适宜的。

四、驾车通过渣油路面和上下坡道时的操作要点

1. 驾车通过渣油路面的操作要点

由于渣油路面含10%～20%石蜡，有的路因用油过多，热稳定性差。

①根据渣油路面特点和变化，适当降低车速。

②表面光滑的渣油路面,附着系数小,尤其下雨后,车辆制动时易产生侧滑。因此,雨天行车操作时不要脱挡滑行。尽量避免急转转向盘和紧急制动,发现情况利用发动机的牵阻提前减速。

2. 驾车通过上下坡道时的操作要点

①通过一般的坡道,上坡时可利用车辆行驶惯性冲坡。坡道长而陡,或交通情况繁忙的路段不宜冲坡,应提前换入低速挡,使车辆保持足够的动力。

②下坡时,应根据坡度情况选择适当挡位,利用发动机的牵引作用,控制车速。尽量不要连续使用制动器,防止温度过高而失效。气压制动系统,如果气压不足,应停车充气。如果脚制动器失效,应立即换入低速挡,利用发动机的牵阻作用和手制动器停车。在一般措施失效的情况下,可操纵车辆向路边靠,利用天然障碍阻止停车,切勿空挡滑行。

③车辆上坡或下坡时,与前车距离要加大。

④车辆在下坡道上停车,首先应使发动机熄火,拉紧手制动器,将变速杆挂入倒挡(上坡停车应将变速杆挂入I挡)。

⑤进入坡道会车时,准确判断来车上下坡。灯光照射距离由远变近,表明来车已驶近上坡道处,反之则表明来车正在驶入下坡道。

五、驾车通过桥梁、隧道和涵洞时的操作要点

1. 驾车通过桥梁时的操作要点

公路上的桥梁有很多类型,如水泥桥、石桥、拱形桥、吊桥、浮桥和便桥等,所用的建筑材料和结构各不相同,通过时要根据这些桥的特点,分别采用适当的行驶方法操作,以保证安全地通过桥梁。

①通过水泥桥和石桥时,如果桥面宽阔平整,可按一般

行驶方法操作。如果桥面窄而不平，应提前减速，并注意对方来车，以慢速缓行通过。

②通过拱形桥时，因看不清对方车辆和车距情况，故应减速、鸣喇叭、靠右行，随时注意对面来车，减速行驶并做好制动准备，切忌冒险高速冲过拱形桥，以免发生碰撞。

③通过木板桥时，应降低车速，缓慢行驶。如遇年久失修的木板桥时，过桥前应检查桥梁的坚固情况，必要时，应让乘车人员下车，或卸下部分货物，以低挡速度行进。行进中随时注意桥梁受压后的情况，若听到响声，应加速行驶，不宜中途停车。

④通过吊桥、浮桥、便桥时，驾驶员应先下车查看，确认无问题后，方可缓行通过。如有乘车人员，应下车步行过桥。如遇又长又窄的便桥，应在有人引导下缓缓通过，避免在桥上换挡、停车等，以减少对桥梁的冲击。如遇钢轨便桥，一定要准确估计轮胎的位置，把稳转向盘，徐徐通过。

⑤通过泥泞、冰雪桥面时，有可能发生横滑的危险，必须谨慎行驶，从桥面中间慢慢通过。若桥面湿滑，应铺一些沙土、草袋，切勿冒险行驶。

2. 驾车通过隧道、涵洞时的操作要点

①车辆在进入隧道和涵洞之前100米处，就要降低车速，注意观察交通标志和有关规定，特别注意车辆装载高度是否在标志允许的范围之内，若无把握，应停车观察核实，切勿粗心大意。

②通过单行隧道和涵洞时，应观察前方有无来车，确认可以安全通过后，要鸣喇叭，开前后车灯，稳速通过。

③通过双车道隧道和涵洞时，应靠右侧行驶，注意来车交会，一般不鸣喇叭以减少噪声。

④通过隧道和涵洞时，如有人指挥，要自觉听从指挥，不准抢行。

⑤通过隧道和涵洞后，尤其长隧道和长涵洞，要待视力适应后再行车，必要时可停车使视力适应。

⑥避免在隧道和涵洞内变速、停车。

六、驾车通过田间小路和山路时的操作要点

1. 驾车通过田间小路时的操作要点

田间小道的特点是狭窄、路面不平，一般是土道，路面不结实。

①正确判断路面的情况，估计路面的宽度。

②握稳转向盘，降低车速，根据道路情况掌握好转向时机和转向速度。如果时机掌握不当，很难通过。如果转向速度过急，车辆失去横向稳定，则有翻车的危险。

③通过田间小道时，应靠路中间行驶，要注意路面和土质坚硬程度，要特别注意坑洼的地方。晴天在土路上行驶，因尘土飞扬，灰尘影响驾驶员视线。因此，尾随行驶时跟车不可太近。

④注意观察前方有无来车和行人或牲畜。通过前，要鸣喇叭提醒对方避让，如果对面已有行人、车辆进入路面，要观察好路面的宽度能否同时通过，如果不能，应选择适当地点停车，等来车及行人通过后再鸣喇叭进入路面。如果必须会车，应尽量降低车速，交会过程中注意掌握两车横向间距，不要乱打转向盘和使用制动器，以防车辆侧滑造成碰撞事故。

⑤要检查所载货物的装载情况，是否捆绑稳当，以免发生倾翻。

⑥雨天在土路上行车，既要防止车辆横滑和侧滑，又要谨防车轮陷进泥坑里。在积水的路段行驶时，尽量使用中、

低速挡，同时要稳住节气(油)门，控制好车速。在通过泥泞滑溜地段时，不可换挡和突然制动，减速应依靠放松加速踏板来控制。

⑦在泥泞松软的路段上行驶时要特别谨慎，必要时应先下车观察，当判明车轮不会陷入泥土中时，方可挂低速挡缓慢通过。如果路面有车辙，可沿车辙行驶，行驶中如果前轮发生侧滑，应稳定原来行驶方向，切不可减速或加速，更不能急转转向盘和紧急制动，以防加重侧滑。如果后轮发生侧滑时，不要使用制动，应稳住节气门，缓慢修正方向，直到解除侧滑为止。如果前轮引起车轮横滑时，应放松加速踏板，让车减速，然后平稳地将转向盘向前轮滑动的相反方向转动。如果后轮引起横滑，则将转向盘适当地转向横滑的一面，等横滑消除，车辆恢复正直行驶方向后，再回正转向盘。

2. 驾车通过山路时的操作要点

山区道路多在高山峻岭之中，地势起伏不平，坡道又长又陡，有的坡路常常有十几公里，甚至几十公里，长时间需要中、低速行驶。如革命老区井冈山、太行山的山路，弯道又多又急，转弯半径常在30米左右，甚至有时10几米，从而要频繁运转转向盘。且山高林密视线不良，有时只能看20～30米远。因此，在山区安全行车时应注意以下操作要点：

①认真检查车况。仔细检查转向、制动装置和轮胎、喇叭、灯光的技术状况，一定要保持完好。坡道行车，手制动器起着重要作用，所以对手制动器和传动轴必须认真、细心检查。

②控制车速。根据山路的坡度选择适当的低速挡位，利用发动机牵引作用和合理使用制动来控制车速。但不可过多地使用制动器来控制车速，这样容易使制动蹄片磨损，特

别是下长坡长时间使用脚制动，可使制动器过热，影响制动效果。

③不能采用紧急刹车。由于山区道路弯曲狭窄，紧急刹车容易使车辆产生侧滑，而出现侧滑是非常危险的。

④通过危险地段（如山洪暴发、山体滑坡）时，当发现前方路面有散乱的大小石块、泥沙、石堆，应看做山塌方的迹象，要选择安全地段及早停车仔细观察，确认可以通过时，加速一口气通过，途中切勿犹豫不决而停车，以防发生意外。如行车时，车前突然塌方，应立即停车后倒退到较安全地点躲避。如塌方发生在车的后方，突然觉得车旁有重物撞击时，应继续加速行驶一段路程，切不可盲目停车查看，以免造成事故。

⑤突然遇到恶劣天气时，应找一安全地点停车等待，同时做好人、车、物的安全防护工作，尽量在气候正常时通过山路，不可冒险前行。

七、驾车通过泥泞路和凹凸路时的操作要点

1. 驾车通过泥泞路时的操作要点

车辆在泥泞和翻浆地段上行驶，因车轮陷入泥浆，阻力增加，影响其行驶能力。又因附着力减小，车轮容易产生空转、侧滑，甚至陷车。不仅会增加燃料的消耗和机件的损坏，同时由于制动效能降低，转向盘也不易掌握。因此，必须适应泥浆路的特点，灵活运用转向盘及其操纵机构，进行正确操作。

①选择好行车路线。在泥泞的乡村道路上行驶，应选择泥泞层浅、溜滑较小的路面行驶。如泥浆较深，可循前车已辗出的车轮印迹行驶，因为车轮印迹表面比较坚实，或垫沙石、草木后再通过。通过时，应防止有障碍物碰车辆的底盘。

有拱度的路面，应尽量在路中间行驶。

②匀速行驶。在泥泞地段，应挂中速挡或低速挡，保持匀速，一鼓作气地通过。途中不宜停车、换挡、制动，以免车辆陷入或被迫在泥浆路上起步。

③防止侧滑。泥泞路上附着性能很差，易发生侧滑现象。因此，在行驶中慎用制动，不可过猛踏制动踏板。转转向盘也不能过急，尤其是在坡道或转弯处更应注意。一旦出现侧滑，应立即放松加速踏板减低车速，在路面允许的条件下立即把转向盘向着车轮侧滑的方向转动，防止继续侧滑或发生事故。

2. 驾车通过凹凸路时的操作要点

车辆在乡村凹凸不平道路上行驶，由于路面不平，车身剧烈振动，容易损坏机件。有时因振动过剧，驾驶员控制转向盘和加速踏板的能力失控，使方向忽左忽右、车速忽快忽慢，容易发生危险。

①在凹凸不平的道路上行驶，驾驶员应保持正确的行驶姿势，即腰背部贴紧座位靠背，两手握稳转向盘，尽量不使身体摆动或跳动。在行驶中，还要随时注意车辆各部件的响声和装载物资的情况。右脚跟适当用力紧贴驾驶室底板，保证加速踏板稳定，以便车辆匀速行驶。

②通过面积小的凹凸路段时，可先放松加速踏板使车速降低，然后踏下离合器踏板滑行通过。这样可缓慢地通过凹凸过甚之处，减轻撞击，使轮胎和机件少受损伤。

③通过波浪式的凹凸路面时，应控制车辆的速度和利用惯性力来适应路状。要求做到减少冲撞和剧烈的振跳，匀速前进，尽可能避免使用制动器。

④通过凸形较大的障碍物时，应先减速换低挡，在接近

障碍物时缓慢通过。要使两前轮正面接触障碍，当前轮驶抵障碍物时，应加节气门，待前轮刚越过障碍物凸顶时，即松抬加速踏板，让前轮自然下滑。然后用同样的方法使后轮越过障碍物，再继续前进。

⑤通过大凹坑时，先放松加速踏板，运用间歇制动的方法使车速减慢，利用车辆的惯性缓慢前进，待前轮进入凹坑后再加速。前轮一通过凹坑就立即放松加速踏板，使后轮缓慢下坑，然后再加速使后轮通过。

八、驾车通过铁路道口和上、下渡船时的操作要点

1. 驾车通过铁路道口时的操作要点

公路与铁路平面交叉道口常发生冲撞事故，造成车毁人亡，损失惨重。

①通过铁路道口时，要提前降低车速，密切注意有无火车驶来，并听从铁路道口管理人员的指挥。

②在道口等待放行时，应尾随前车依次纵列停放，不可超越抢前而造成交通堵塞。

③穿越铁路道口时，应一口气通过，不得在火车行驶区域内换挡、制动、停车、熄火滑行。一旦在火车行驶区域内车辆发生故障，应立即报告道口看守人员，采取防护措施，并设法将车辆推、拉出轨道，不得任其停留。

④穿越无人看守的铁路道口时，要切实做到“一看、二慢、三通过”。确认两边无火车驶来后，一口气通过，严禁与火车抢道，以保安全。

⑤在穿越道口时，应注意突出路面的道岔、枕木，以防损坏轮胎。

2. 驾车通过上、下渡船时的操作要点

驾车通过上、下渡船时应细心谨慎，重视安全规章制度。

①车辆到达渡口时，应按到达先后依次排列待渡，并遵守渡口管理人员的指挥，不得强行抢渡。

②待渡时，应适当拉开车距，驾驶员在车上等候。如需下车，应当采取安全措施，即将发动机熄火，拉紧手制动杆，变速杆挂Ⅰ档或倒挡，前后轮用三角木或石块塞住，以防车辆溜动。

③上渡船时，随乘人员必须下车，车辆宜用Ⅰ挡或Ⅱ挡，对正跳板方向，在渡口管理人员的指挥下，缓慢行驶，不可加油门猛冲，不能中途变速。要正确判断车轮在跳板上所处位置。前后轮驶上或离开跳板时，有时会发生拉动，影响方向，此时应细心操作，力求平衡。

④上渡船停妥后，应立即熄火，拉紧手制动杆，用三角木或石块塞住前后轮、驾驶员应坐在车上。

⑤渡船靠岸后，撤去三角木，将变速杆放入空挡，然后发动车辆，随前车缓行，以保持渡船平衡，防止倾斜。

⑥下渡船的行驶路线，要听指挥，下船时如为陡坡或道路泥泞时，应与前车保持适当的距离，以防前车倒退而发生撞车。

九、驾车涉水和通过积沙路段时的操作要点

1. 驾车通过涉水路段时的操作要点

①车辆涉水前，应查清水深、流速、流向和水底的坚实程度，以及车辆进、出水的路线情况。

②水深不得超过车辆最大涉水深度，应当用低速挡保持车辆平稳而有足够的动力，徐徐下水，不要在水路中停车、变速和急剧转向。

③车辆通过漫水桥时，要有人引路。

④由于涉水后，车辆的制动性能大幅度降低，所以涉水

后，应用低速挡行驶，轻踏制动踏板，使制动蹄片上的水分由于摩擦生热而挥发掉，待制动性能恢复后，再进入正常行驶。

2. 驾车通过积沙路段时的操作要点

①进入积沙路段前，应停车仔细观察道路情况，探明进、出行路线。如果沙层较浅，且沙路较短时，可用高速挡通过。如沙层较深时，应选择沙层较浅、底层较硬或表面有野草和有车辙的地方行驶，不要绕行和超车。表面有硬皮的沙层时，不能循车辙行驶，应另选路线，防止陷入沙层中。

②如果沙路较长，最好邀车同行，以互相救助。进入沙地后尽量保持匀速、直线行驶，不可忽快忽慢。若需转弯，应尽量加大转弯半径，禁止猛转转向盘转急弯，否则会造成陷车。

③在沙地上行驶尽量避免停车，如必须停车，应选择草地或车轮下垫木板、石块等物，以防车轮下陷，起动困难，并将车背向风沙停放，以免微沙吹进机件内。

④若车辆驱动轮发生打滑现象，应立即停车，排除车轮周围积沙，将车倒退一段距离后，再挂低速挡匀速前进，不能在原地继续驱动，以防越陷越深。

⑤若车辆已被陷住，首选用铁锹清除积沙，然后用木杠、垫木将驱动轮撬起，轮下垫木板、树木等材料，再挂低速挡驶出。如果无法驶出，不可强行驱动，防止进一步深陷，只有用其他车救援陷车，将陷车拖出沙坑。

十、驾车通过集镇时的操作要点

①县乡集镇因地方小，街、巷道路较窄，所以行驶时，应尽量避免超车。停车时，应妥善选择停车地点，以免阻塞交通。

②集镇道路两旁的房屋比较低且外突，树梢、悬挂物外

伸，因此，行车时要注意避让，防止碰撞，特别是装运超宽或超高货物时，更应特别留心注意。

③遇到逢场赶集时，要注意赶集人动态，应低速鸣喇叭缓行，绝不可强行挤开人群。遇到传统性的庙会，更应尊重当地民情风俗，谨慎行驶。

④集镇的街道一般不设人行横道线，路面较窄，行人没有约束，横穿道路较随意，故应格外警惕行人突然从车前横穿，发生事故。

⑤集镇道路允许牲畜通过，遇到畜力车时，应在较远处鸣喇叭，靠近牲畜时，切勿再鸣喇叭，应以缓慢速度通过，以防牲畜受惊乱窜而发生事故。

第二节　特殊情况驾驶技术

一、夜间驾驶技术

夜间行车是驾驶员常遇到的情况之一。

①注意睡眠休息。夜间行车因要改变一般人白天工作，夜间休息的生活节律，使人的生物钟出现短时的紊乱，而容易产生疲劳感，同样的事物，夜间判断需要的时间比白天多，费精力，加上夜间周围环境比白天单调，驾驶员易出现精神和目光的疲劳而打瞌睡。因此，驾驶员预计夜间行车时，白天午饭后切勿贪玩，最好睡 4～5 小时，以保持行车精力。夜间行车 80 公里左右应停车稍休息，以解疲劳。凌晨4～6 时是人最易打瞌睡的时间，最好在凌晨 4 时前停车休息。如任务紧急要跑通宵，则停车时用冷水洗头、洗脸，用清凉油擦太阳穴，可暂时消除瞌睡。若瞌睡十分严重，冒险行车不如睡上 1～2 小时，稍作调整后再上路。

②维持照明良好。平时要经常检查、保养，使灯光照明处于良好状态。有的车灯安装调试不正确，不但缩小了驾驶员的视距视角，还会给对方来车造成炫目。除了保持发电机和蓄电池正常工作外，要特别注意车灯本身搭铁问题。

③夜间灯光使用。驾车在平坦道路、视线良好、车速较快时，尽量多使用远光灯。转弯、过桥时要变换远、近光，必要时还要鸣喇叭。会车时应降低车速，安全礼让，距来车150米左右应主动变换近光。若对方没有变换灯光或情况复杂时，应靠右让行，勿开赌气车。

④注意行车速度。行车速度应根据气候、地形、时间、暗亮度等情况，比白天适当降低。在弯道、坡道、桥梁等地视线不良应减速慢行，夜间倒车、调头要注意观察、选好地点，必要时要由专人指挥方可进行。

⑤注意道路识别。夜间对道路观察和判断比较困难，驾驶员应根据交通标志、路旁地形、发动机声音和灯光照射距离等帮助自己判断和选择变速时机。一般说，发动机声音轻松是下坡、沉闷是上坡；灯光照射远是下坡、照射近是上坡；行驶中灯光照向路的一侧是缓弯，前面突然不见路是急弯。

二、夏季驾驶技术

夏季气温高、雨水多，昼长夜短，对行车有不利因素，要做到安全行车，除每日做好机车维修保养外，夏季行车还应注意：

①夏季驾驶室气温高，为防止中暑必须保持驾驶室内通风良好。出车前要准备饮水、人丹、十滴水等防暑药品，如途中发生头昏口苦、浑身无力等中暑症状，应立即停车休息或服药，等恢复正常再继续行车。

②夏季雷雨、大雨、暴雨时有发生，如遇雷阵雨，应控制

车速，不要急踩刹车以防侧滑。大雨或暴雨视线不清，易出事故，应停车休息。如在山区行车，应将车停在安全地段，要随时防止塌方危害。

③夏季天热散热较慢，发动机水温易上升。如发现水温超过 95℃，应选择阴凉通风处降温，可揭开发动机罩以利通风。如散热器“开锅”，应先停车等发动机怠速运转降温后再添加冷却水。在“开锅”揭开水箱盖时，要注意勿烫伤手臂，“开锅”时切勿加冷水。

④夏季燃油挥发性强，容易酿成火灾。为防止发生火灾，应杜绝燃油渗漏、线路松动、搭铁不良。绝不能用塑料桶盛装燃油，以免引起静电反应，不宜在雷雨时加燃油。

⑤行车时不要超速、超载、快速转弯或紧急制动。否则，会造成胎压骤增，引起爆胎。当轮胎温度过高时，应将车停在阴凉通风的地方降温，切勿向胎浇冷水降温。

三、冬季驾驶技术

①冬季行车发动机较难起动，因此，起动前一定要先预热。手摇预热是用手摇把空摇发动机数十转，再用手把摇发动机起动，尽量少用蓄电池起动。起动前，在严冬可用木炭火烘烤油底壳，以缓解因冷冻稠的机油，但必须有专人看管，同时火焰不宜过高，以免发生意外事故。多次加放热水预热是将热水加入水箱后，把发动机水套放水开关打开放水，并随放随加，使机体温度上升而起动发动机。

②严寒时，车辆的金属件韧性变弱、脆。因此，行车时应避免载重的车辆剧烈冲撞跳振，以免钢板弹簧等机件损伤。

③途中停车时，应选择避风地点，车头不应逆风，应选干燥地点停放。停车时间长，必须观察水温表，必要时起动发动机 1 次，以保持一定水温。晚上停车，最好停在室内停车

场，做好安全保温工作。

④冬季车辆防冻措施有加注防冻液法和放水法两种。加注防冻液法就是在水箱内加注乙二醇-水型和甘油-水型等防冻液。放水法就是当气温在0℃以下时，车辆停放在露天又无保暖设备应将水箱及发动机水套内的冷却水放出。其方法是先将水箱冷却水放出后，使发动机怠速运转1～2分钟，将残留在水套内的水完全排净，最后关闭放水开关。

⑤在寒冬行车，应携带防滑链、三角木、绳索等防滑用品，以备后用。

四、遇畜力车驾驶技术

畜力车是指以牲畜为动力的车辆，是我国乡村非常普通的一种运输工具。畜力车较多的是马车、驴车、牛车、螺车等。畜力车的特点是车速较慢、控制困难、牲畜听到高声异响容易惊车，造成车祸。牲畜是靠人来驾驭的，一般都较驯服，但也有些缺乏经验的新手，牲畜不听他的“使唤”。如果驾驶员不充分估计这种情况，就有可能发生交通事故。

①车辆正遇到畜力车时，要在距离畜力车较远的地方鸣喇叭，注意观察牲畜的动态，如果牲畜两耳直竖，行走犹豫，则应减速慢行，并随时做好停车准备。这时切不可再按喇叭，也不能加大节气门，以防牲畜惊恐，汽车遇畜力车时的行驶，如图6-1所示。

②遇路边停有牲畜时，要注意牲畜乱动，以防牲畜车左侧的行人受到惊吓，往道路中间躲闪或摔倒，从而发生被撞事故。

③在超越畜力车时，要给畜力车留有足够的路面，以防距离过近，畜力车颠行、摇晃或控制不住发生事故。

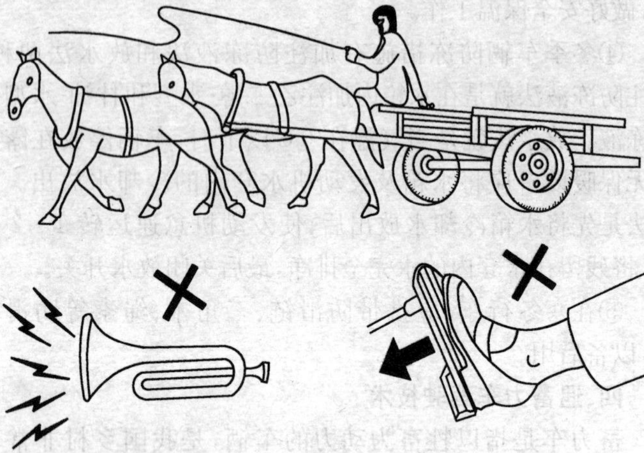

图 6-1　汽车遇畜力车时的行驶

五、遇人力车驾驶技术

人力车是指独轮车、两轮平板车、脚踏三轮车等。其特点是结构简单、速度慢，载货后速度更慢。人力载重车起步时，要花较大力气才能驱动前进，所以人力车的操纵者一般不愿经常停下。因此，当车辆遇到人力车争道时，驾驶员要体谅理解，不可与之争道，以免发生交通事故。

①两轮平板车载货量较大，往往是两人一前一后地推拉前进。在上坡时有的绳背牵，有的在后推行。平板车消耗人体力很大，但可以装载数米长的木材、钢材、混凝土预制件等。当其下坡时，往往不易控制。因此，车辆遇到这种情况，应与其保持一定距离，以防乱撞。

②独轮车在小城镇和农村较常见，其稳定性差，若两侧载货不均匀，会失去平衡，全靠人的臂力支撑、推动，因而推车人的劳动强度大。车辆行驶遇到独轮车时，应"敬而远之"，以防碰撞出事故。

六、遇儿童、老人和残疾人驾驶技术

儿童、老人和残疾人在道路上行驶的特点是慢，且不易让道。行驶途中若遇到儿童、老人和残疾人时，应提前按喇叭，告诉行人，并提高警惕，随时做好刹车或停车的准备。临近时，坚持低速慢行，注意行人动向，绝不允许鸣号或其他戏弄行为。发现儿童随尾扒车，应及时制止。行车途中若多次鸣号后，行人仍无躲让时，则可能是聋哑残疾人或醉汉，此时一定要谨慎驾驶，必要时采取临时停车。

七、遇急转弯驾驶技术

急转弯行车通常存在着视线盲区。因此，必须降低车速至20公里/小时(拖拉机15公里/小时)，鸣喇叭、靠右行，严禁掩占道、快速行驶。

八、遇傍山险路驾驶技术

在急弯窄道，地形险峻的山路上行车时，要集中精力，放慢车速，沿靠山一侧行驶。不要窥视深涧悬崖，以免分散精力产生紧张心理。要注意对方来车，主动选择安全地段会车，如果会车有危险，应及时停车。转弯要慢行，陡坡处转弯，要提前换入低速挡。在悬崖处不使用紧急制动，以免侧滑坠车。

九、装载危险物品驾驶技术

车辆运输危险物品指的是工业与民用中的易燃、易爆、剧毒、具有放射性等物品。

①车辆运输危险物品时，要设立明显的标志，并配备干粉灭火器。两轮或三轮摩托车严禁运载危险物品，装载液化气等槽车必须装有防静电接地链。运输危险物品的车辆，严禁搭乘无关人员，也不准混装其他货物，还需有专职的押运人员。实习驾驶员不准驾驶运输危险物品的车辆。

②在运输危险物品途中，严禁超速行驶，白天时车速不得超过 40 公里/小时，夜间或雨雾天气不得超过 20 公里/小时，严格遵守操作规程，途中不得停车住宿。车辆加油时，应先卸下危险物品，只能空车进入加油站。

③装载危险物品的车辆与前车的安全距离为：平坦路上 50 米，上下坡时不得少于 300 米；车辆遇闹市及人口稠密区应当绕道通过。

④在运输危险物品前，应先到当地公安机关办理相关手续。如运输爆炸物品时，应事先在当地公安机关办理《爆炸物品运输证》。

十、遇交通阻塞驾驶技术

驾驶车辆遇有交通阻塞情况时，要查明原因，一般有绕行道路可绕道行驶。如系暂时阻塞，要按顺序停车。驾驶员要服从交通管理人员的指挥，不要乱按喇叭，不要离开车辆，以便随着阻塞的车辆前进，不要争道抢行和逆行，以防造成再度阻塞。

第三节　异常气候驾驶技术

一、在雨、雾、雪异常气候中驾驶技术

①在雨中行车，路面附着系数较小，容易产生侧滑，所以禁止滑行，并尽量避免急转转向盘和紧急制动。大雨或久雨后，一定要查明道路情况，当有雨水冲垮道路、路基下沉、山石塌方堵塞道路时，要防止因道路塌陷、山体滑坡而发生事故。

②在雾中行车，应打开小灯和防雾灯，降低车速，经常鸣喇叭。浓雾太大，应靠路边暂停，注意要打开示宽灯，待雾浓

降低时再继续行驶。雾天行车,应与车辆和行人保持充足的安全距离,并严禁超越其他正在行驶的车辆。

③在雪中行车,为避免雪地强阳光对眼睛的损害,驾驶员应戴好有色眼镜防护。如无有色眼镜,则可适当停车,避免造成雪盲而引起双眼晕眩、视力疲劳,影响行车安全。在积雪道路上,因路况不明,应尽量不要超车,会车时应选择比较安全的地段交会。在转弯、坡路及河谷等危险积雪地段行驶时,应特别注意行驶路线,稍有可疑,应立即停车勘察,若有车辙,应循车辙前进,转向盘不得猛回,以防偏出车辙打滑、下陷。在积雪路上,不宜采取紧急制动,以免车辆侧滑发生危险,停车前应提早换入低速挡,降低车速,缓慢地使用制动停车。

二、在结冰道路上驾驶技术

在结冰道路上行驶,因地面附着力小,车轮容易造成空转和滑溜,致使车辆行进困难,甚至发生危险。其困难程度随地形的高低、冰层的厚薄、车辆的技术性能、载货量,以及早中晚时差不同情况有所不同。

①做好防滑措施。一般在结冰路面上行驶,要在驱动轮上安装防滑链,如图 6-2 所示。防滑链不宜装得太紧或太松,以防损坏轮胎或在途中自行脱落。

②正确选择行驶路线。结冰路上如有车辙,应顺车辙行驶,如没有车辙,应行驶在路中间,不要忽左、忽右,应尽量保持直线行驶。

③安全起步。冰路上起步,驱动轮容易打滑,因此要少踏加速踏板,防止驱动轮滑轮。如起动困难,可在驱动轮下铺垫煤渣、沙土或干草等,也可用镐锹把驱动轮下面及前方结冰路面刨成沟槽,以提高车轮附着力,使车辆在冰路上安全起步。

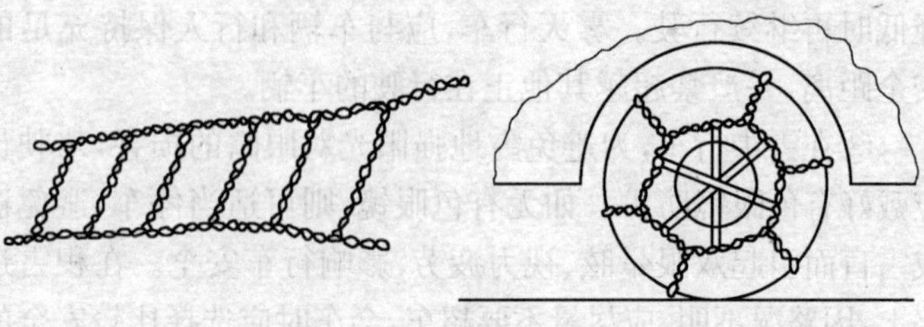

（a）　　　（b）

图 6-2　驱动轮上安装防滑链

(a)防滑链　(b)防滑链的安装

④匀速行驶。根据结冰路况，应选择适当的挡位并保持匀速行驶。在极光滑的冰路上，应用低速Ⅰ挡缓缓通过。在不甚光滑的路面，需要提高车速时，应逐渐柔和地踏下加速踏板，以防止驱动轮因突然加速而打滑。

⑤在结冰坡道上行驶，应估计坡度大小及发动机的爬坡能力，预先挂入低速挡，避免中途变速。如因路滑不能上坡时，应根据地形选择宽阔平坦处暂停，在滑溜处铺撒沙、土，再加速上坡。下坡时，应用低速挡，以发动机牵引力控制车速，避免使用制动器，如必须使用制动器时，应在不踏离合器踏板的情况下，间隔轻踏制动踏板。当车辆发生侧滑时，立即将转向盘向后轮滑动的方向适当回转。

⑥在结冰道路转弯时，车速要缓慢，转弯半径要适当增大，切不可急转转向盘，更不可边转转向盘边踏制动踏板，以免车辆发生侧滑。

⑦在结冰道路上会车时，应提前减速，选择较宽地点，加大横向距离，缓行会车。结冰路上原则上不超车，若必须超车时，应跟随前车行驶，保持的车距应比平时增大 2 倍以上。

⑧在通过冰冻的河面时，必须了解冰层厚度、冰的性质、

车载货量、气温等条件。经确认安全时,方可在冰河上以低速挡匀速行驶,并保持车距。

第四节　驾车中突发险情的应急处理

一、驾车中发动机突然“飞车”时的应急处理

发动机转速失去控制后转速急剧上升,超过允许值并达到规定的危险程度,通常把这种现象称为“飞车”,飞车是最危险的故障之一。“飞车”时发动机声音振耳、机身抖动。驾驶员若惊慌失措,不能及时降低转速或熄火,有伴随着一声巨响、机毁人伤的事故出现。因此,发动机一旦发生“飞车”,驾驶员应沉着、冷静、迅速、果断采用措施,使发动机熄火停车。

(1)**迅速切断油路**　当发动机出现“飞车”时,用切断油路停止供油的办法既有效又方便。对于单缸发动机可先拧松高压油管一端螺母而停止供油。对于多缸发动机可先拧松喷油泵体上输油管的螺钉,或者迅速用手将高压分泵手柄逆时针转过约180°,使高压泵的挺杆提起,将配气机构凸轮轴传来的动力切断,迫使高压泵停止供油,发动机迅速熄火。

(2)**迅速切断气路**　当车辆出现“飞车”时,可迅速用较大厚衣服或包布堵住空气滤清器的进气口,使发动机“闷死”,迫使发动机熄火。

(3)**迅速推(拉)减压杆**　对设有起动减压机构的车辆出现“飞车”时,可迅速压下起动减压阀操纵杆,使全部进、排气门打开,发动机就会熄火停机。

(4)**挂上快挡、加重负荷**　将车辆开向土堆等障碍物,使发动机憋灭。

以上应急处理措施需果断，并同时进行，直至发动机熄火。发动机发生“飞车”后，要认真查找原因，详细检查，修复或更换损坏的零件，避免留下隐患，导致再次发生事故。

二、驾车方向突然失控时的应急处理

车辆在行驶中方向突然失控，这时驾驶员应果断采取措施，利用脚制动停车，但不可踩得过猛，以免发生甩尾。在用脚制动时手制动应并用，同时将转向盘尽可能地向有天然障碍物的地方打，以达到路边停靠脱险的目的。

三、驾车中上坡突然失控下滑时的应急处理

车辆上坡时一旦失控下滑，应尽量采取手制动和脚制动停车。如果停不住，应根据下坡道的不同情况采取不同措施。如下坡道不长且路面宽阔，又无其他车辆时，可打开车门侧身后视，操纵转向盘控制车辆向安全地方下溜，待到平地后再设法停车。如地形复杂，后溜滑有危险时，应把车辆倒向靠山的一侧，使车尾抵在山石上而将车辆停住。在这种紧急情况下，驾驶员要沉着、镇静，绝不可打错转向盘，以免发生车祸。

四、驾车中下坡脚制动突然失灵时的应急处理

下坡途中，脚制动突然失灵时，可沉着迅速挂上低速挡，以增强发动机的制动作用，同时要正确地掌握转向盘，再使用手制动。用手制动器时，要把操纵杆上的按钮按下，逐渐拉紧操纵杆，使车速在手制动作用下逐渐降低，直至停车。使用手制动时，不可一次拉紧不放，也不可拉得太慢，要迅速拉紧，拉一下，松一下，再拉一下，再松一下，直到车辆接近停车时，再将手制动固定在拉得最紧的位置上，使其牢固停住。在拉手制动的同时，要握好转向盘，使车辆避开危险目标。如下坡无法控制车速时，应果断地利用天然障碍物，将车辆擦靠路旁的岩石、大树、路坎等，以达到停车的目的。

五、驾车中突然侧滑时的应急处理

车辆在行驶中突然发生侧滑，主要是使用制动和转弯横向力过大引起的。如果是使用制动不当引起的侧滑，应立即松开制动踏板；如果是使用转弯横向力过大引起的侧滑，则应松开加速踏板，降低车速，同时迅速将转向盘朝侧滑一边转动。转转向盘要顾及道路条件，特别是弯道引起的侧滑，更要注意转向盘转动的幅度，以免车辆冲出路面。

若在泥泞路上行驶，后轮发生侧滑时，应将转向盘朝侧滑的一方转动，使后轮摆回路中，当车身恢复正直时，即可回正转向盘继续行驶。在制止侧滑时，转向盘不可转错方向，否则会使侧滑加剧。在坡度较大的路面上，车辆已靠边行驶发生后轮侧滑时，前轮向侧滑方向转动不可过大，以免造成相反效果。

六、驾车中落水时的应急处理

驾车意外落入水中，驾乘人员落在水中要比其他紧急情况下更加惊慌失措。当车辆落入水中，一定要知道：车窗是易逃脱的途径，要想方法摇下车窗或打破窗而出逃，而想打开车门是非常困难的，这是因为在水的压力作用下，车门被紧紧压住，不易打开逃生。

七、驾车中翻车时的应急处理

车辆行驶时由于路况、车况、操作、碰撞等原因，会出现翻车事故。在翻车前一般都有先兆，驾驶员应根据先兆及时采取措施。若急转弯翻车，驾驶员有一种急剧转向，车身向外侧飘起的感觉。若掉沟翻车，车身先慢慢倾斜，然后才会翻车。若纵向翻车，先有前倾或后倾、车头下沉或车尾翘起的感觉，然后才会完全翻转。

车辆发生翻车事故的瞬间，驾驶员要头脑清醒做好紧急处理，若感到车辆不可避免地要翻车时，应紧紧抓住转向盘，两脚踩住踏板，使身体固定，随着车体翻转。如果向深沟滚翻，应迅速趴到坐椅下，抓住转向盘或踏板，身体夹在变速杆或坐垫下，稳住身体，避免身体在驾驶室内滚动而受伤。如果驾驶室是敞式的，在预感到要翻车时，应抓住转向盘，身体尽量往下躲缩，在车体翻转时，更应抓紧，不可松手，以免身体被甩出车外，导致被车体碾压的后果。

翻车时，不可顺着翻车的方向跳车，以防跳出后又被车体压上，而应向翻转方向的相反方向跳跃。若在车中感到不可避免要被抛出车外时，应在被翻出车厢的瞬间，猛蹬双腿，增加向外抛出的力量，以增大离开危险区的距离。落地时，用双手抱头顺势向惯性力的方向跑动或滚动一段距离，以减轻落地的重量，躲开车体，避免遭受第二次损伤。

八、驾车中发生相撞时的应急处理

1. 发生迎面相撞时的应急处理

当无法避免与迎面来车相撞时，应迅速判断可能撞击的方位和力量。如果撞击的方位不在驾驶员一侧或撞击力量较小时，驾驶员应用手臂支握着转向盘，两腿向前蹬直，身体向后倾斜，以此形成与惯性相反的力，保持身体平衡，以免在撞击瞬间，头撞到前挡风玻璃而受伤。如果判断撞击的部位临近驾驶座位或撞击力较大时，驾驶员应迅速避离转向盘，同时将两腿迅速抬起。因为车体相撞时，发动机部位和转向盘都会产生严重的向后移位。

2. 发生侧面相撞时的应急处理

侧面相撞多发生在岔路口，这种撞击若发生在驾驶室部位，危险性相当大。因为车的侧翼部位没有防撞设施。防止这种撞击的有效方法是提前发现险情，及时调转车头方位，让车身部位与来车相撞。如果侧面来车将会对着驾驶员乘坐的部位撞击时，驾驶员应迅速往驾驶室的另一侧移动，同时用手拉着转向盘，以便控制方向和借助转向盘稳住身体。如事先估计将要发生撞击时，可立即顺车转向，努力争取使侧面相撞变成碰撞，以减小损伤的程度。

九、驾车中轮胎爆裂时的应急处理

驾车如遇轮胎爆裂，应紧握转向盘控制行驶方向，迅速放松加速踏板，利用发动机制动将车缓慢停住。注意千万不能紧急踏下制动踏板，以防车辆跑偏。

若前轮爆裂，会造成方向立即向破胎一侧跑偏。此时，双手用力控制转向盘，松开加速踏板，使车辆正直平稳减速，利用滚动阻力使车辆停住，千万不可急于使用制动，那样反而加剧跑偏的倾斜度，而且制动越急，急转向的力量就越大，甚至会出现侧翻事故。

若后胎爆裂，会发生车辆尾部摇摆，但方向一般不会失控，可反复踩制动踏板，只能缓踩，不可猛踩，使车辆负荷移向前轮，然后将车停住。

十、驾车中发生火灾时的应急处理

车辆发生火灾一般发生在撞车、翻车，或保养、加油之际，是由于燃油被火点燃引起的。

①立即切断电源，即拉下电源开关，或拔下蓄电池正极或负极。

②关闭油箱开关或取走车上的燃油。

③关闭点火开关后即设法离开驾驶室，因为驾驶室都是易燃品。

④在保养或加油时发生火灾，应先将车辆迅速驶离油库。如果几辆车在一起或车场引发火灾，应迅速将其他车辆

分散或将其驶离危险区及人口稠密区再设法灭火。

⑤车辆发生火灾，应迅速使用灭火器将火扑灭，一般车上应备有灭火器，灭火器的使用方法如图 6-3 所示。

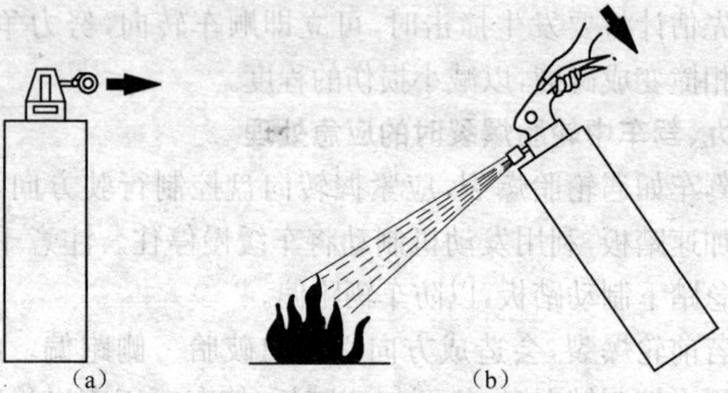

图 6-3　灭火器的使用方法

(a)拔出保险销　(b)对准火源按下手把

干粉灭火器主要用于扑灭石油产品、可燃气体、电气设备、有机溶剂等物资的火灾。使用时，一只手将灭火器上的喷嘴对准燃烧物，另一只手拔出保险销，握紧提把，干粉即喷出。微小颗粒的干粉覆盖在燃烧物上，隔绝火焰的热辐射，并分解出不燃气体，从而防止继续燃烧，要注意车上无灭火器也不要用水扑救。

1211 灭火器主要用于扑灭各种油类、可燃气体和电气设备等初起火灾，尤其适于车辆灭火用。使用时，拔出保险销，握住提把，对准火源，按下压把，灭火器内的灭火剂即行喷出。

第五节　驾车途中故障的应急维修

一、油箱漏油、水箱漏水的应急维修

1. 油箱漏油的应急维修

车辆在行驶中，由于锈蚀和行车颠簸使油箱松动，常在焊接处及油箱底部发生漏油现象，不仅造成油料浪费，而且也容易引起火灾，驾驶员发现油箱漏油应及时焊修，在途中受条件限制，可用如下应急方法处理：

(1)环氧树脂粘补法　对于小裂纹、小破口，可以找一块布、牙膏铝皮、方便面袋料，擦净上面后涂上一层薄环氧树脂胶待用，再将油箱破漏处周围用砂布除去漆层、污物、锈蚀，并涂一层薄粘胶，待半干后，将涂胶布贴在漏油处，并压紧使之贴实。如洞口较大，可再用布涂上树脂胶加贴一层，待干后，即可使用。

(2)肥皂-棉花粘补法　首先用较软的肥皂压入裂缝处，堵住漏油，然后用一小团棉花（最好是新的）和肥皂加水充分调匀（将肥皂割成小碎片后加入少量水，把棉花放在硬处如轮辋上，用榔头反复敲调均匀），使棉花与肥皂产生很大黏性，并具有一定拉力。擦净漏油缝四周漆土，将调好的棉花-肥皂粘贴在漏缝处，用手压紧，过几分钟表面稍干后，即可行驶。一般行驶几百公里不会脱落，待返回后进行焊补。

2. 水箱漏水的应急维修

车辆长期使用井水、较脏的河塘水，易使水箱管或散热片腐蚀、裂损而漏水。修理时，应先做好清洁和除垢工作，如清除夹塞在散热片的杂物、油污、上下水室及散热管内水垢等，以便观察漏水位置及损伤程度。车辆在行驶途中，可采用如下堵漏方法：

①采用水箱堵漏剂，这是最简便、可靠的方法。其方法是将水箱堵漏剂倒入水箱内，起动发动机，堵漏剂就像絮状物随渗出水将水箱的破漏口堵住。

②如多根水箱铜（铝）管被异物刺穿漏水，可用尖嘴钳将管夹扁，或剪断后将断口两端夹扁，再用环氧树脂胶粘补

渗漏部位。如无条件，也可用肥皂或溶化后的松香进行粘补。

二、气缸垫烧坏的应急维修

车辆行驶途中，若出现气缸垫烧坏，车上又无新件更换，冲坏不大时，可拆下气缸盖，垫上适量的石棉绳或铺上旧气缸垫上的铜皮，上紧气缸盖螺栓仍可继续使用，如烧坏处呈一道小口，应将小口处清理干净，再用铝箔纸填补并加缠绕，或用石棉线外加包一层香烟铝箔。如没有石棉线，可自原气缸垫边缘剔取填料使用，不得接近螺孔及水套口处，包补应稍厚一些，以备装复后压实。

另外，若维修换下来的旧气缸垫没有明显损坏，可放在炉火或木炭火上，正反两面均匀地烘烤 2～3 分钟(注意不得烘焦)，恢复原有性能，可放在车上作为行车时应急备用件。

三、离合器摩擦片打滑的应急维修

车辆行驶途中，会出现离合器打滑现象，分析原因，因摩擦片磨损过甚、踏板无自由行程、压盘弹簧过软或折断，摩擦片有油污。若摩擦片因沾上油污而打滑时，拆下飞轮壳盖，擦净盖内的油污及脏物，将底部的小孔用棉纱堵上，倒入 1～1.5 升的柴油。待离合器散热后，把盖装复。然后起动发动机，低速运转，并且不停地慢踩缓抬离合器踏板，使离合器片和压盘得到冲洗。清洗 1～2 分钟后熄火，倒掉脏油，试用离合器，如果还不理想，则可用同样方法再清洗一次。

四、蓄电池接线柱夹损坏的应急维修

①若接线柱夹松动，可拧紧夹头螺栓。若拧紧夹头螺栓后仍然松动，可采用加金属衬片的方法应急处理，即剪一块

尺寸适当的铜片或铁片，将蓄电池接线柱包上半圈，再装入接线柱夹，并拧紧夹头螺栓即可。蓄电池接线柱夹松动的应急处理如图 6-4a 所示。

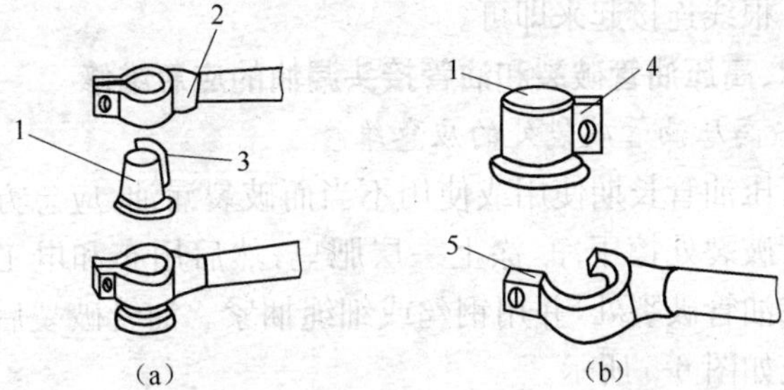

图 6-4　蓄电池接线柱损坏的应急处理

(a)接线柱夹松动　(b)接线柱夹断裂一半

1. 蓄电池接线柱　2. 接线柱夹　3. 金属垫片

4. 自制夹头　5. 损坏的接线柱夹

②接线柱夹损裂一半，可用铁、铝、铜板自制夹头，或用电容器固定夹头代用，并用螺栓将接线柱夹未断裂的半环和自制的夹头紧固在一起即可，蓄电池接线柱夹断裂一半如图 6-4b 所示。

五、蓄电池单格电池短路的应急维修

当蓄电池某一单格电池短路而影响发动机起动时，可以采用下列应急方法维修。在短路单格的两接线柱处装螺钉，用粗铜线将其连接时，可以在行车途中暂时使用。

六、电压调节器烧坏的应急维修

行驶途中遇硅整流发电机调节器烧坏，如 FT70 型调节器烧坏，一时无相同型号的调节器更换，这时可采用直流发电机配用的 FT81 型或 FT81D 型调节器的一组电压调节器应急使用。接线方法是发电机的“F”接线柱接到调节器的磁场上,发电机的“－”接线柱接到调节器的接地接线柱上,而发电机硅整流元件组输出的“＋”接线柱接到调节器的“电池”或“电枢”上,并把调节器的“电池”和“电枢”两根接线柱另用一根线连接起来即可。

七、高压油管破裂和油管接头漏油的应急维修

1. 高压油管破裂处的应急维修

高压油管长期使用或使用不当而破裂漏油,应急方法是将油管破裂处擦干净,涂上一层肥皂,然后用布和电工胶布缠绕在油管破裂处,并用钢丝或细绳捆紧。油管破裂后的应急措施如图 6-5 所示。

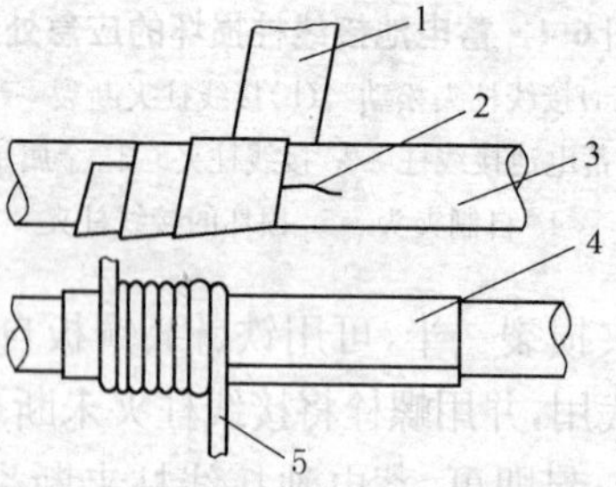

图 6-5　油管破裂后的应急措施

1. 胶布　2. 裂纹　3. 油管　4. 宽布条　5. 细绳

2. 油管接头漏油的应急维修

机车作业时,如发现油箱与油箱接头处渗漏油,一般为油管喇叭与油管螺母不密封所致。发现这种情况,可用棉纱或石棉线在油管喇叭口下缘缠绕几圈后,再将油管螺母与油管接头拧紧即可根治。

八、液压制动管路混入空气和缺少制动液的应急维修

1. 液压制动管路混入空气的应急维修

车辆在途中遇此情况,严重时会导致整车制动失效。为

此要迅速停车，排除液压系统中的空气。通常排除空气需要两人协作进行，因在途中只有驾驶员一人，可采用由驾驶员一人排除管路内空气的方法。

①用一专用橡胶管的一端接在某一放气螺钉上，另一端插入盛有半瓶制动液的玻璃瓶中。

②先让制动液充满各制动分泵。将制动踏板踩到底，待制动液充满各分泵后，抬起踏板，停 5～10 秒钟，以此方法重复 3～4 次。然后，检查制动总泵内的储油量，如不足应添加。

③建立液压系统内的排气压力（也称为剩余压力）。慢踩快放制动踏板 2～3 次。制动管路空气的建立油压排除如图 6-6a 所示。每次间隔 3～5 秒钟，直至制动踏板升至最高位置。此时，制动系统内的剩余压力一般可达 0.15～2 个大气压。

④迅速把某一分泵的放气螺钉拧松 1/3～1/2 转，制动管路空气的排除如图 6-6b 所示，带有空气泡沫的制动液便喷出。反复 1～2 次，直至该分泵内的空气彻底排净。

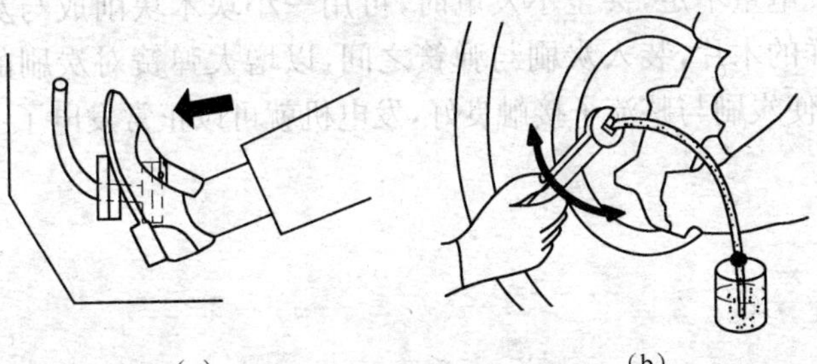

(a)　　　　　　(b)

图 6-6　制动管路空气的排除

(a)建立油压　(b)排放空气

依照上述方法，排放其余各分泵内的空气。

2. 制动液缺少的应急维修

机车在运输作业中，如发生液压制动胶管爆裂，使制动液流失。制动液缺少时，应先修好爆裂的胶管(参照高压油管破裂应急维修方法)，然后制成一定浓度的肥皂水来临时应急，替代制动液使用。

九、风扇胶带折断的应急维修

车辆在行驶中，风扇胶带突然折断，一时又找不到新件，可采取下列应急方法处理：

①将折断风扇胶带处的两头各钻一小孔，用较粗的钢丝或铜丝，将其连接起来应急使用。

②用棕绳若干股搓紧，以原三角胶带宽度与直径及长度编结成圆圈形状，绳头要夹在中间，不可露在外面，以防转动时缠绕，然后用细铜丝或细钢丝扎紧，再用水浸湿后装用。在使用途中，应经常浇点水在棕绳上，以保持其湿润。

十、直流发电机电刷磨损到极限的应急维修

在行车途中，如发生因电刷磨损到极限位置，致使发电机发电量不足，甚至不发电时，可用一小块木块削成与炭刷一样的木片，装入炭刷与弹簧之间，以增大弹簧对炭刷的压力，使炭刷与整流子接触良好，发电机就可以正常发电了。

附　录

一、道路交通标志图解

1. 警告标志

警告标志有 33 种，形状为正三角形，颜色为黄底、黑边、黑色图案；叉形符号为白底红边。其作用都是提醒驾驶员注意危险，减速慢行的标志。

图 1　十字交叉

图 2　T 型交叉

图 3　T 型交叉

图 4　T 型交叉

图 5　Y 型交叉

图 6　环型交叉

图 7　向左急转弯

图 8　向右急转弯

图 9　反向弯路

图 10　连续弯路

图 11　上陡坡

图 12　下陡坡

图 13　两侧变窄

图 14　右侧变窄

图 15　左侧变窄

图 16　双向交通

图 17　注意行人

图 18　注意儿童

图 19　注意信号灯

图 20　注意落石

图 21　注意横风

图 22　易滑

图 23　傍山险路

图 24　堤坝路

图 25　村庄

图 26　隧道

图 27　渡口

图 28　驼峰桥

图 29　过水路面

图 30　铁路道口

图 31　叉形符号

图 32　施工

图 33　注意危险

2. 禁令标志

禁令标志有 35 种，形状为圆形、倒等边三角形，颜色为白底、红边、红斜杠、黑色图案，其作用是根据道路情况，对车辆加以限制，确保交通安全，具有严格的强制性。

图 34　禁止通行

图 35　禁止驶入

图 36　禁止机动车通行

图 37　禁止载货汽车通行

图 38　禁止后三轮摩托车通行

图 39　禁止大型客车通行

图 40　禁止汽车拖、挂车通行

图 41　禁止拖拉机通行

图 42　禁止手扶拖拉机通行

图 43　禁止摩托车通行

图 44　禁止某两种车通行

图 45　禁止非机动车通行

图 46　禁止畜力车通行

图 47　禁止人力货运三轮车通行

图 48　禁止人力车通行

图 49 禁止骑自行车下坡

图 50 禁止行人通行

图 51 禁止向左转弯

图 52 禁止向右转弯

图 53 禁止掉头

图 54 禁止超车

图 55 解除禁止超车

图 56 禁止停车

图 57 禁止非机动车停车

图 58 禁止鸣喇叭

图 59 限制宽度

图 60 限制高度

图 61 限制质量

图 62 限制轴重

图 63 限制速度

图 64　解除限制速度

图 65　停车检查

图 66　停车让行

图 67　减速让行

图 68　会车让行

3. 指示标志

指示标志有 21 种，形状为圆形、长方形、正方形，颜色为蓝底、白色图案，其作用是用以指引驾驶人员安全行驶和停车。

图 69　直行

图 70　向左转弯

图 71　向右转弯

图 72　直行和向左转弯

图 73　直行和向右转弯

图 74　向左和向右转弯

图 75　靠右侧道路行驶

图 76　靠左侧道路行驶

图 77　立交直行和左转弯行驶

图 78　立交直行和右转弯行驶

图 79　环岛行驶

图 80　单向行驶(向左或向右)

图 81　单向行驶(直行)

图 82　机动车道

图 83　非机动车道

图 84　步行街

图 85　鸣喇叭

图 86　准许试刹车

图 87　干路先行

图 88　分向行驶方向

图 89　车道行驶方向

二、运输工程机械生产企业产品及通信地址明细表

序号	机械名称	型　号	生 产 单 位	地　　址	邮编
1	三轮农用车	时风牌系列	山东时风集团有限责任公司	山东高唐时风路 1 号	252800
2	三轮农用车	奔马牌系列	河南奔马股份有限公司	河南长葛市人民路北段	461200
3	三轮农用车	飞彩牌系列	安徽飞彩集团有限公司	安徽宣城	242000
4	四轮农用车	龙马牌系列	福建龙马股份有限公司	福建龙岩市工业西路 6 号	364000
5	四轮农用车	赣江牌系列	江西正力机械有限公司	江西南昌市莲塘中大道 199 号	330200
6	四轮农用车	宝石牌系列	杭州杭桂机电有限公司	浙江杭州转塘凌家桥	310024
7	大型拖拉机	上海牌 50/65 系列	上海拖拉机内燃机公司	上海市黄兴路 2012 弄 40 号	200433
8	大型拖拉机	约翰·迪尔 720/804 型	天津约翰迪尔天拖有限公司	天津市南开区红旗路 278 号	300190
9	中型拖拉机	黄海金马 404 型	江苏悦达盐城拖拉机有限公司	江苏盐城市文港南路 90 号	224002
10	中型拖拉机	丰收牌系列	南昌江铃拖拉机有限公司	江西南昌市井冈山大道 683 号	330002
11	小型拖拉机	常州东风-12 型	江苏东风农机集团公司	江苏常州市新冶路 10 号	213012
12	小型拖拉机	四方牌 81B 型	浙江四方集团拖拉机有限公司	浙江永康市永拖路 57 号	321301
13	农用挂车	1.5～7 吨	河北张家口拖车总厂	张家口市工业中横街 25 号	075000
14	船用挂桨	配 1.5～5 吨船	盐城江洋外贸动力机制造公司	江苏盐城市黄海东路 49 号	224002
15	二轮摩托车	建设牌系列	重庆建设工业集团有限公司	重庆市谢家湾	630050
16	三轮摩托车	飞豹牌	吉林长春长铃集团有限公司	吉林长春市	130000
17	载货汽车	江铃牌系列	江西江铃汽车销售有限公司	南昌市迎宾北大道 272 号	330001

续表

序号	机械名称	型 号	生 产 单 位	地 址	邮编
18	载货汽车	江淮牌系列	安徽江淮汽车集团公司	合肥市东流路 148 号	230022
19	载货汽车	跃进牌系列	南京跃进汽车集团贸易公司	南京市潘龙路 236 号	210037
20	推土机	东方红牌系列	洛阳第一拖拉机股份有限公司	洛阳市建设路 154 号	471004
21	推土机	上海牌 SH 系列	上海拖拉机内燃机公司	上海市黄兴路 2012 弄 40 号	200433
22	挖掘机	WY1.3 型	广西玉林玉柴工程机械有限公司	玉林市天桥路 168 号	537005
23	挖掘机	WYS-16 型	河北宣化采掘机械厂	宣化市东升路 1 号	075105
24	装载机	宜工牌系列	江西宜春工程机械厂	宜春市环城西路 1 号	336000
25	装载机	临工牌系列	山东临沂工程机械股份公司	临沂市金雀山路 17 号	276000
26	铲运机	MJD-1 型	江西赣州工程机械厂	江西赣州市黄金岭工业开发区	341009
27	压路机	YZJ10B 型	河南洛阳建筑机械厂	河南洛阳市	471000
28	翻斗车	C-10 型	河北石家庄建筑机械厂	河北石家庄市和平东路 10 号	050000
29	混凝土搅拌机	JZ350 型	河北石家庄建筑机械厂	河北石家庄市和平东路 10 号	050000
30	挖穴机	1W-20、50、70 型	江西南昌旋耕机厂	江西南昌县莲塘镇五一路 354 号	330200
31	起重机	吊 2～4 吨	江苏淮安市富康建筑机械厂	淮安市运河街商机厂内	223200
32	农用吊车	吊 1～3 吨	江苏东台市富康工程机械厂	东台市范公政府西门南	224226

续表

序号	机械名称	型　号	生产单位	地　址	邮编
33	小型柴油机	165、195、1115 型	江苏四达集团公司	无锡市洛社中兴东路 66 号	214000
34	小型柴油机	S1100A 型	宁夏长城机器制造厂	银川市新市区西夏西路	750021
35	小型汽油机	IE40FP、165F 型	江苏无锡市汽油机厂	无锡市通扬路 64 号	214000
36	大型柴油机	6130 型	天津动力机厂	天津市南口西路 4 号	300230
37	中型柴油机	480、495Q 型	江苏扬州柴油机厂	扬州市渡江西街 46 号	225001
38	橡胶轮胎	朝阳牌系列	浙江杭州中策橡胶有限公司	杭州市海潮路 1 号	310000
39	橡胶轮胎	有为牌系列	天津巨华丰橡胶有限公司	天津市开发区微山路 8 号	300000
40	电焊机	半自动 NBC 系列	山东济南市历城电焊设备厂	济南市市中区土屋路 18 号	250002
41	金属清洗剂	Ⅰ、Ⅱ型	山东德州市武城洗涤剂厂	德州市解放路邹李 407 号	253000
42	火花塞	普通铜芯	湖南株洲湘火炬火花塞有限公司	株洲市红旗北路 3 号	412000
43	粘胶剂	哥俩好牌	辽宁抚顺合乐化学有限公司	抚顺市南杂木镇	113000
44	减振器	配三轮农用车	河北保定江辉减振器有限公司	河北高阳县南庞口工业小区	071504
45	钢板弹簧	配汽车农用车	江西南昌钢铁有限责任公司	南昌市郊罗家集镇	330012
46	活塞环	配各种摩托车	福建东亚机械有限公司	福建仙游县木兰街坑尾 18 号	351200
47	喷油器	配汽车农用车	江苏无锡油泵油嘴厂	无锡市人民西路 107 号	214031
48	轴瓦铜套	配柴油机	江西赣东北轴瓦厂	江西省弋阳县城	334400

三、常用法定计量单位和原工程单位对照表

名称	法定单位	原工程单位	换算关系
长度	千米(km);米(m); 厘米(cm); 毫米(mm)	公里(km); 公尺(m)	1km=1000m; 1m=100cm; 1cm=10mm
体积、容积	升(l); 立方米(m^3)	公升(l); 立方米(m^3)	$1m^3$=1000l
时间	[小]时(h); 分(min);秒(s)	[小]时(h); 分(min);秒(s)	1h=60min; 1min=60s
速度	千米/时(km/h); 米/秒(m/s)	公里/时(km/h); 公尺/秒(m/s)	1m/s=3.6km/h
转速	转/分(r/min)	转/分(rpm)	
质量	千克(kg);克(g); 吨(t)	公斤(kg)	1t=1000kg; 1kg=1000g
力、重力	牛[顿](N)	公斤力(kgf)	$1N=1kg\cdot m/s^2$ =0.102kgf; 1kgf=9.8N
力矩、转矩	牛[顿]·米(N·m)	公斤力·米(kgf·m)	1kgf·m=9.8N·m
压力、压强	千帕(kPa); 兆帕(MPa)	公斤力/厘米²(kgf/cm^2); 毫米水柱(mmH_2O); 毫米水银柱(mmHg)	$1kgf/cm^2$=98kPa =0.098MPa; 1毫米水柱高=0.0098kPa; 1毫米水银柱高=0.1333kPa
能、功	焦耳(J)	公斤力·米(kgf·m)	1J=1N·m=0.102kgf·m; 1kgf·m=9.807J
功率	千瓦(kW) 瓦(W)	马力(PS)	1PS=0.735kW =735W

续表

名称	法定单位	原工程单位	换算关系
流量	立方米/秒(m^3/s); 立方米/时(m^3/h); 升/秒(l/s)	立方米/秒(m^3/s); 立方米/时(m^3/h); 公升/秒(l/s)	$1m^3/s=3600m^3/h$; $1m^3/s=1000h/s$
油耗率(比油耗)	克/千瓦·时 (g/kW·h)	克/马力·小时 (g/ps·h)	1g/ps·h=1.36g/kW·h

注:在农机书刊中常见以下计量单位,其换算是:①英寸(in),1in=25.4mm;②市亩,1市亩=$667m^2$;③公顷(hm^2),1公顷($1hm^2$)=15市亩;④马力(PS),1PS=0.735kW。